微生物菌种资源描述规范汇编

国家自然科技资源平台“微生物菌种资源”项目组　编

（增补版）

中国农业科学技术出版社

图书在版编目（CIP）数据

微生物菌种资源描述规范汇编：增补版/国家自然科技资源平台“微生物菌种资源”项目组编．北京：中国农业科学技术出版社，2009.3
ISBN 978-7-80233-556-1

Ⅰ.微…　Ⅱ.国…　Ⅲ.微生物-菌种-种质资源-描写-规范
Ⅳ.Q939-65

中国版本图书馆CIP数据核字（2009）第006106号

责任编辑　朱　绯
责任校对　贾晓红　康苗苗

出 版 者　中国农业科学技术出版社
北京市中关村南大街12号　邮编：100081
电　　话　(010)82109704(发行部)(010)82106626(编辑室)
(010)82109703(读者服务部)
传　　真　(010)82106626
网　　址　http://www.castp.cn
经 销 者　新华书店北京发行所
印 刷 者　北京华忠兴业印刷有限公司
开　　本　787 mm×1 092 mm　1/16
印　　张　39.5
字　　数　961千字
版　　次　2009年3月第1版　2009年3月第1次印刷
定　　价　98.00元

项目名称：
微生物菌种资源
主持单位：
中国农业科学院农业资源与农业区划研究所
参加单位：
中国药品生物制品检定所
中国医学科学院医药生物技术研究所
中国兽医药品监察所
中国食品发酵工业研究院
中国科学院微生物研究所
中国林业科学研究院森林生态环境与保护研究所
武汉大学
国家海洋局第三海洋研究所

《微生物菌种资源描述规范汇编》编写委员会

顾　　问　陈文新　俞永新　郭志伟　许增泰
孙绪华　刘　旭　唐华俊　陶天申

主　　编　姜瑞波

副 主 编　（按姓氏笔画排序）
方呈祥　叶　强　朴春根　余利岩　邵宗泽　陈　敏
周宇光　张瑞颖　顾金刚　程　池

编写成员　（按姓氏笔画排序）
丁彦博　马　凯　马晓彤　戈　梅　方呈祥　牛永春
王　杰　王有智　王海胜　王爱民　王笑梅　邓　晖
冯　兴　叶　强　左雪梅　田国忠　石继春　刘光远
刘红宇　刘秀英　刘英昊　刘景利　刘湘涛　刘新文
孙建宏　朱海霞　朴春根　江　红　阮丽军　阮志勇
何文华　何建勇　何继军　余利岩　吴国华　张　华
张　强　张从禄　张月琴　张玉琴　张向民　张怡轩
张晓霞　张瑞颖　李　永　李　健　李世贵　李业英
李伟杰　李怀方　李明义　李金霞　杜昕波　杨承槐
汪来发　辛玉华　连云阳　陈　涓　陈　敏　陈　琼
陈先国　陈保文　周　涛　周宇光　范在丰　姚　粟
姜连连　姜瑞波　宫　晓　胡井雷　赵　耘　赵其平
殷　瑜　贾建华　郭　芳　郭义东　郭素英　顾金刚
康孟佼　淮稳霞　隋惠萍　黄　兵　黄明玉　焦如珍
程　池　童光志　董　辉　谢　阳　谢　磊　韩红玉
褚以文　颜新敏　薛青红　戴志红　魏凤祥

微生物菌种资源描述规范函审和会审专家

院士 （按姓氏笔画排序）

陈文新　俞永新

专家 （按姓氏笔画排序）

丁久元　于嘉琳　孔华忠　毛开荣　王　龙　王　杨　王　栋
王　璋　王云峰　王幼珊　王永坤　王异静　王君玮　王启兰
王志亮　王贺祥　王家勤　王富强　王薇青　王耀耀　邓　宇
韦革宏　东秀珠　冯　力　卢孟柱　宁国赞　田　敏　田永强
田克恭　田呈明　白　启　白逢彦　刑来君　刘　群　刘双江
刘志恒　刘杏忠　刘秀梵　刘德虎　吕志唐　师东方　庄文颖
庄剑云　朱兴全　朱国强　朱昌雄　朱春宝　朱瑞良　江焕贤
池振明　阮继生　何绍江　吴文平　宋　未　宋存江　张　华
张　辉　张天宇　张东升　张甲耀　张克勤　张利平　张金霞
张彦明　张博润　李　俊　李文均　李俊英　李钟庆　李顺鹏
李慧姣　杜连祥　杨汉春　杨合同　杨苏生　杨瑞馥　杨增歧
汪　明　沈瑞祥　肖冬光　辛晓芳　邱德文　闵　航　陆承平
陈　宁　陈　谊　陈文良　陈代杰　陈红运　陈福勇　陈燕妍
周　蛟　周广和　周礼红　周立平　周孟津　周俊初　周培瑾
国立耘　林芳灿　罗信昌　郑　明　金章旭　俞敦年　姚一建
姜　平　娄　忻　胡先奇　胡国全　胡润茂　贺　伟　赵文霞
赵启祖　赵宝华　唐尔明　徐　平　徐凤花　徐丽华　涂长春
秦进才　索　勋　莫湘筠　袁佩娜　袁国芳　钱秀萍　陶天申
陶建平　商鸿生　崔治中　崔晓龙　曹　毅　曹永生　梁　朝
章初龙　隋新华　黄　英　黄　玲　黄亦存　喻盛甫　彭德良
曾　明　程振泰　葛　诚　董小平　蒋玉文　蒋建东　蒋桃珍
覃重军　谢宝贵　谢家仪　辜青吾　简　恒　裘季燕　裴疆森
谭　琦　戴　斌

本规范的编写过程中得到了上述院士、专家多次书函或会议的帮助和指导，在此表示衷心的感谢！

前　言

微生物在自然界起着极复杂而又重要的作用，它们的生命活动与人类和动植物的生存有着密切的关系。没有微生物的存在，没有它们对各种物质所进行的各种转化，其他生命也将终止。微生物是地球上生物多样性最为丰富，用于生物技术革新最有潜力的生物资源，尤其是在降低污染和可持续性发展方面均为其他方法所不能比拟的。据估计，在发达国家，微生物产品的年产值约占国民生产总值的6%～10%。在继动物、植物两大生物产业后，微生物产业在20世纪已经成为第三大生物产业，随着生物技术的飞速发展，微生物产业的产值在不断增长，年产值至少超过2 000亿美元。尽管DNA重组技术可以构建生产人类所需产物的工程菌株，但当今生物技术发展的起点仍然是寻找和发现有开发价值的生命现象。

1992年，联合国环境发展大会通过了《生物多样性公约》(convention on biological diversity)，公约指出："生物资源是指对人类具有实际或潜在用途或价值的遗传资源、生物和维持易地保护及研究植物、动物和微生物的设施。"这是对微生物资源及其如何保护最具权威性的论述，也是将微生物与动物、植物一样作为一类重要资源的最好阐明。无论是维持生态系统的平衡，还是提供对人类具有实际或潜在用途或价值的资源，动物、植物、微生物都具有其不可替换的作用。因此，微生物菌种保藏不仅仅是为当前的生产和科研服务，更重要的是未来发展的需要，即肩负着管理微生物资源和保护生物多样性的重任。

广义的微生物菌种资源泛指所有的微生物。狭义的微生物菌种资源是指人工可以培养、可持续利用的、有一定科学意义、具有实际或潜在应用价值的微生物。这些微生物包括：无细胞结构不能独立生活的病毒、亚病毒（类病毒、拟病毒、朊病毒）、具原核细胞结构的真细菌、古细菌以及具真核细胞结构的真菌、单细胞藻类、原生动物等。目前，世界各国对这项资源都给予了极大的重视。

1970年"世界菌种保藏联合会"（WFCC）成立，之后，我国普通、农业、工业、兽医、林业、医学、药用、教学、海洋9个国家专业微生物菌种保藏中心及个别大学的菌种保藏中心共计16个机构（包括香港和台湾各一个）先后在WFCC注册，这是微生物菌种保藏工作划时代的事件。除此之外，许多其他的科研或生产机构也保藏有大量的微生物菌种。随着平台项目的深入发展，9个国家中心保藏可共享菌种约20万株。

微生物菌种资源平台建设之前，微生物菌种资源的描述不统一，造成一定的混乱，给微生物菌种资源的共享带来许多困难，同时也限制了微生物菌种资源收集和保藏工作的进一步发展。针对这一现状，科技部启动了微生物资源平台建设项目。平台建设的目的是充分运用信息、网络等现代技术，在统一菌种资源描述规范的基础上，根据科技发展的要求，对微生物菌种资源进行标准化整理、整合，通过数据化和网络化，最终建设微生物菌种资源的收集、整理、保藏、评价、共享利用、研究开发的功能性平台，为工业、农业、食品、医药、林业、环境等各行业的生产、科研及现代化服务。

微生物菌种资源描述规范是微生物资源平台建设的前提。只有在描述规范的基础上，分散保藏在各个单位的微生物菌种资源的信息才能标准化描述，实现数据化和网络化，更好地为菌种资源的收集、整理、保藏、评价、共享和利用研究服务。经过四年的实践证明，描述规范在平台建设中起到了很大的作用，为了今后能更全面更规范的指导我国微生物菌种资源的描述，微生物菌种资源平台项目组决定出版“微生物菌种资源描述规范汇编”。

本规范汇集了“微生物菌种资源共性描述规范”、“微生物菌种资源采集环境描述规范”、“微生物代谢产物药理活性描述规范”、“微生物菌种目录编写规范”和古菌、细菌、放线菌、酵母菌、小型丝状真菌、大型真菌、病毒、原虫八个类群的57个描述规范和微生物菌种编码体系。

由于描述规范编写人员专业水平所限，加之微生物类群丰富，遗传特性差别巨大，与动物、植物相比而言，对微生物的特性了解较少，因此，在制定的微生物菌种资源描述规范中难免存在错误、遗漏，敬请读者不吝斧正。

本汇编的规范由国家自然科技资源平台建设项目提出。

本汇编的规范起草单位：中国农业科学院农业资源与农业区划研究所、中国药品生物制品检定所、中国医学科学院医药生物技术研究所、中国兽医药品监察所、中国食品发酵工业研究院、中国科学院微生物研究所、中国林业科学研究院森林生态环境与保护研究所、武汉大学、国家海洋局第三海洋研究所。

“微生物菌种资源”项目组

2008年10月

一、微生物菌种资源
共性描述规范

第一节　微生物资源概况

微生物资源是国家的重要战略生物资源之一，开拓微生物资源已成为新生物经济的增长点，继动物、植物两大生物产业后，微生物产业在20世纪已经成为第三大生物产业，欧美发达国家总产值的8%～12%与微生物相关。随着生物技术的飞速发展，微生物产业的产值在不断增长，年产值超过2 000亿美元，在工业、农业、林业、医药、环境、能源等诸多领域发挥着重要作用。微生物资源在推动生命科学发展方面的作用是显而易见的。大肠杆菌和酵母菌作为模式生物赋予了人类揭示生命本质的启示和手段，其限制性内切酶的应用是现代分子遗传学发展和基因工程的基础。目前，已发现的1万余种抗菌素中70%～80%以上是由放线菌产生。进入21世纪后，在市场需求和国际竞争的拉动下，一场以发展生物产业、抢占生物经济制高点、确保国家安全为内容的生物科技和产业革命正在世界范围内形成，面对21世纪经济发展的机遇和挑战，以现代生物技术为基础的微生物资源的保护及利用将是未来全球生物资源竞争的一个战略重点。

我国是世界上物种多样性最丰富的国家之一，但迄今我国自己定名的微生物种类和拥有自主知识产权的微生物新基因只占很少部分。据统计，目前在全世界转基因作物种植面积中占90%以上所用的基因均源自于微生物资源。人类目前面临的食品不足、能源短缺、环境恶化等问题的解决，除了寄希望于提高已利用生物资源的效率外，还有赖于在尚未利用的物种中寻找新的可用资源。在人才、信息全球化的背景下，资源则是制约生命科学发展和生物科技创新的头等重要因素。国内教育、科研、产业等行业对高质量微生物菌种资源的需求日益提升，微生物菌种资源共享服务能力的建设，可持久服务于国民经济发展和满足日益增长的社会需求。

一、微生物资源多样性

微生物的类群多且丰富，功能也多种多样，微生物新种属的发现认知，将是一个长期的过程。我国生态类型极具多样性和代表性，由此孕育了丰富多样的微生物资源和特有类型。目前，我国真核微生物的已知物种数约9 000种，仅占我国估计物种数的4%，占全世界已知种数的11%，其中可人工培养的种数约800～1 000种。在我国已查明的9 000种真核微生物中，我国特有种超过2 000种。此外，我国是世界上食用菌遗传资源最丰富的国家之一。地球上已知能形成大型子实体的真菌估计约有10 000多种，其中可以食用的2 000多种。我国已发现食用菌871种，分属于16目53科143属。其中能够进行人工栽培的有80多种，目前商业化栽培的有50多种。由于我国原核微生物资源缺少全面调查研究，尚无法估计已发现的物种数量。ICCC-11会议上微生物生态型（phenotype）的提出，对于理解、研究微生物资源的多样性具有深刻意义。我国是生物多样性最为丰富的国家之一，由于历史的原因，在微生物资源的保藏数量、保藏质量，远远落后于日本、美国等生物多样性不丰富的国家，对微生物资源的研究也与资源大国的地位不符，微生物资源收集、保存、研究的积累量偏低将成为微生物学研究及产业发展的瓶颈。

二、我国微生物菌种资源的保藏与共享现状

20 世纪 20～30 年代开始，随着我国微生物学研究的起步，我国微生物遗传资源的收集、整理就一直紧密伴随着微生物学科的发展，如农业微生物遗传资源的收集、保藏工作是 20 世纪 20 年代在华北农科所开始，伴随着土壤微生物学诞生发展，50 年代由中国农科院土壤肥料研究所的菌种室负责收集、整理工作。在微生物学的研究与发展中，我国获得了一大批的微生物遗传资源或材料，广泛应用于农业（农用抗生素、Bt）、工业发酵、食品生产、微生物药物、环境治理、沼气能源、微生物饲料等各领域研究与生产。

自 2003 年开始，我国逐步加大对微生物资源收集、整理、评价、保藏与共享工作的经费投入。由中国农业科学院农业资源与农业区划研究所牵头，以中国农业、林业、医学、药用、工业、兽医、普通、典型和海洋 9 个国家级专业菌种保藏管理中心为核心，组织 11 个部委、19 个省市 76 家单位共同参与国家微生物菌种资源共享平台的建设，累计完成：1. 研究制定了 57 个描述规范和 38 个技术规程，多层次和多角度规范了资源收集、标准化整理、安全保藏及数字化表达，指导资源整理整合，为改变条块分割、资源分散、信息混乱的状况提供了依据；2. 研发 1 个共性数据库和 6 个个性数据库，建设 10 个网站，开发信息检索系统，实现信息的数据化和网络化，截至 2006 年底，检索信息达到 11.2 万株；3. 标准化收集、整理、整合各类资源 11.2 万株，复制备份 90 万余份，安全保藏于 9 个国家库内。补充 2.4 万余株菌的 16S rDNA 或 18S rDNA 或 ITS 等分子生物学信息、4.8 万余株菌的重要的生理生化实验，1.6 万余株菌的功能特性，补充形态特征、照片 3.5 万余幅，补充 1 万余株菌的采集环境和文献信息，菌株信息和实物共享数量和质量大幅提高。

表 1　各微生物菌种资源保藏管理中心历年出版目录情况

序号	目录名称	年限	种类	收录菌株数量（株）
1	中国农业菌种目录	1991 年版	310	1 389
2	中国农业菌种目录	2001 年版	510	2 490
3	中国农业菌种目录	2005 年版	716	3 336
4	模式菌目录（农业中心）	2005 年版	242	242
5	中国林业菌种目录	1996 年版	323	646
6	中国林业菌种目录	2006 年版	425	3 166
7	中国医学细菌目录	1993 年版	355	4 633
8	中国药学菌种目录	2004 年版	240	
9	中国药学菌种目录	2006 年版	240	2 156
10	中国工业菌种目录	2001 年版		1 691
11	益生菌目录	2007 年版	11	143
12	中国兽医菌种目录	2002 年版		2 174
13	中国兽医菌种目录	2007 年版	225	2 238

（续表 1）

序号	目录名称	年限	种类	收录菌株数量（株）
14	中国普通微生物菌种目录	1982 年版		2 900
15	中国普通微生物菌种目录	1988 年版		4 014
16	中国普通微生物菌种目录	1997 年版		5 166
17	中国普通微生物菌种目录	2003（增补版）		
18	中国典型培养物目录	1998 年		3 000
19	中国菌种目录	1992 年版		10 714
20	中国菌种目录	2007 年版	/	21 000

表 2　各资源平台 2005～2007 年度对外提供共享的资源份数统计

序号	中心名称	2006 年	2007 年	合计
1	中国农业菌种中心	2 232	2 568	4 800
2	中国林业菌种中心	1 136	1 452	2 588
3	中国工业菌种中心	5 200	7 156	12 156
4	中国兽医菌种中心	2 893	4 022	6 915
5	中国普通菌种中心	6 520	7 480	14 000
6	武汉大学菌种中心	4 560	5 440	10 000
7	国家海洋菌种中心	167	183	350
8	中国医学菌种中心	63	1 309	1 372
9	中国药用菌种中心	8 063	11 435	19 498
	合计	22 834	30 919	53 553

三、微生物资源学的发展趋势与方向

1. 微生物资源增量挖掘

加强微生物菌种资源收集、保藏的投入力度，加强微生物菌种功能验证、评价工作，特别是在抗生素、酶制剂、发酵有机物制品、农用微生物制剂、疫苗、医学诊断、微生物医药学、食品工程、微生物降解剂、生物转化、海洋等方向展开微生物菌种资源的收集、功能验证评价工作。

2. 加强微生物菌种资源分类鉴定水平

建立快速分类鉴定技术体系，针对高压、高温、盐碱、低温、厌氧、高渗等极端环境微生物资源分离、筛选的环境微生物菌株，提高快速分类鉴定能力，注重收集、保藏动植物、人类的重要病原微生物，并展开安全评价工作。

3. 加快对保藏技术的储备研究

针对微生物资源中难以保藏的微生物类群，通过系统研究保藏技术以及保藏工艺，对不易保藏的一些类群提出保藏技术方法，结合微生物菌种保藏的现代化改造和建设，提高各类微生物资源长期、安全保藏的技术能力。

4. 微生物信息学建设

建设分类、鉴定专家信息数据库。微生物分类学家在全球范围内正在日益减少，通过建立专家数据库形式，按照专业类群划分，吸纳国内、国际优秀的分类专家参与微生物菌种资源共享服务，建立分类、鉴定咨询渠道，在长期咨询的过程中来提高微生物资源分类、鉴定的工作水平。建设微生物资源的检索数据库。利用先进的网络、数据库技术，在存储微生物多元化信息数据的基础上，构建微生物菌种资源的搜索系统，对国内微生物资源检索“一站式”的信息管理系统。

5. 共享环境搭建与制度机制建设

微生物菌种资源共享服务规范能力建设。为保证微生物菌种资源机构能够持续提供高质量的生物材料，结合 OECD 提出 BRC 概念，以及 ISO9000 以及 ISO10725 认证要求，各微生物菌种保藏管理中心或供应实体，根据自己的实际情况，编写规范管理程序，按照要求进行认证管理。建设微生物生物材料的规范转移秩序。通过研究制定符合各专业微生物菌种保藏机构的 MTA 协议，并宣传贯彻，从而在国内微生物菌种资源的共享交流方面形成有序流动的局面。在分析调查、研究整理数据的基础上，根据各类重要、特殊的微生物资源区域分布特征、重要程度、濒危等情况，制定各类群的微生物资源采集与保护的建议。

第二节 国内外微生物菌种资源工作规范化发展历程

2007 年 10 月 7 ~ 11 日世界培养物保藏联合会（World Federation of Culture Collection，WFCC）在德国 Goslar 举办第十一届会议（the 11th International Conference on Culture Collection，ICCC-11）。自 ICCC-8 至 ICCC-11，其会议主题一直紧紧围绕微生物资源中心的使命与未来展开，由 ICCC-8 的主题是资源保藏中心与生活质量提高（ICCC-8，Culture Collections to improve the quality of life），到 ICCC-9 的新世纪的微生物遗传资源（ICCC-9 with the theme "Microbial，cellular and genetic resources" for the new millennium），其主题是阐述微生物资源的重要性与人类密切关系，ICCC-10 的会议主题转为"生物资源中心与创新"（ICCC-10，Innovative Roles of Biological Resources Centers）和 ICCC-11 的会议主题变为"科学为服务，服务为科学"（ICCC-10，Science for Service，Service for Science），进一步明确了微生物资源保藏机构使命与如何提高保藏、服务能力，从而为国家科技事业发展提供资源支撑。我国自 1979 年起，成立了中国普通、农业、工业、医学、药用、兽医和林业 7 个国家微生物菌种保藏中心，以及后来教育部成立的中国典型培养物保藏管理中心、国家海洋局成立的海洋微生物菌种保藏管理中心。在近 30 年中，微生物菌种资源保藏中心为社会各界持续性提供生物材料、保存、鉴定等服务内容。进入 21 世纪后，在市场需求和国际竞争的拉动下，一场以发展生物产业、抢占生物经济制高点、确保国家安全为内容的生物科技和产业革命正在世界范围内形成，面对 21 世纪经济发展的机遇和挑战，以现代生物技术为基础的微生物资源的保护及利用将是未来全球生物资源竞争的一个战略重点，微生物菌种保藏中心为微生物资源持续利用的核心机构，其使命亦将随步调整。

一、微生物菌种保藏机构的发展起源及定位

现代科学技术缘起欧洲，微生物菌种资源保藏机构也是自欧洲发起，根据现有的可查证的资料表明，最早意识到公共性微生物菌种保藏的是捷克微生物学家 Frantisek Kral。1887 年，Soyka 教授首次公布了一种在固体培养基上制备微生物进行陈列展览的方法。1889 年，Soyka 与 Kral 共同作为共同作者发表了一篇题为"建立细菌博物馆的建议与指南"的论文，随后 Kral 制备封闭的玻璃管或平板对细菌培养物进行展览。Kral 在发现有些被封闭的微生物存活时间比预计要长，于是 1890 年，Kral 在布拉格建立了私人实验室，取名 Karl 细菌学实验室，并设立菌种保藏室。菌种保藏室建立早期，Karl 收集的菌种很少，仅是自己实验室分离的细菌、酵母菌和一些真菌。随着菌种保藏室的工作逐渐被他人了解，许多欧洲、美国的微生物学家与他合作，将自己分离的有价值的微生物菌种交给 Karl 保藏。Karl 菌种室自 1890 ~ 1911 年的 21 年间，Karl 努力与国际上许多微生物学家合作，收集有价值的微生物菌种，并为了更好地将这些菌种服务于当时的微生物学研究与应用，分别于 1900 年、1902 年、1904 年和 1911 年出版了菌种目录，目前只有 1911 年的目录版本幸存至今，共计 63 页，记载了 800 个菌株的信息，目录中还有 7 张表格，列出 Karl 菌种保藏室的服务项目，例如，制备显微玻片、提供活体微生物、制备琼脂平板单个

菌落、制作展览微生物样品、显微照相等服务内容。1911 年 7 月 22 日 Karl 去世后，菌种保藏室交给 Ernst Pribram 教授，并于 1914 年将 Karl 保藏的菌种带到奥地利维也纳州立血清研究所。由于 1911 ~ 1914 年期间，这些菌种无人管理和没有规范的保藏技术，Ernst Pribram 重新检测后，大部分菌种失去活性。第二次世界大战前几年，Pribram 教授将保藏室的部分菌种带到美国芝加哥 loyola 大学，1938 年 Pribram 教授遇车祸去世，带去的微生物菌种命运也无从知晓，留在欧洲的菌种也因第二次世界大战而被毁掉。除 Kral 建立的菌种保藏室之外，还建立了几个私立菌种保藏机构，主要设在巴黎、比利时、伦敦和日本的有关微生物研究所，但这些保藏机构的资料至今无从查找，能够延续至今的最早菌种保藏单位是荷兰的 CBS（Centralbureaú voor Schimmelcultures），于 1906 年在国际植物学会的支持下建立，主要保藏丝状真菌、酵母菌等。随后，一些菌种保藏机构相继成立，美国 1925 年成立了 ATCC（America Type Culture Collection，ATCC）。

我国的微生物菌种资源保藏开展时间较早，但发展过程比较曲折。我国近代微生物菌种保存始于 20 世纪 20 年代，但只有零星的菌种存放在有关酿造实验室，新中国成立之前，国家一直处于战乱时期，对微生物种质资源收集、保藏工作不重视，没有专门的机构，菌种保藏、检测、鉴定技术及设施相当落后，将数量比较多的菌种资源加以收集、保存，则是 30 年代后期方心芳先生在黄海化学工业研究社进行的，并为我国的菌种保藏付出了大量的心血，在抗日大后方，为躲避日本飞机轰炸，他总是想方设法把菌种保护好，避免其损失。1950 年冬，当美国侵略军把战火燃烧到鸭绿江边，中国科学院竺可桢副院长到“黄海”征询如何转移保藏在大连科学研究所内的微生物菌种时，方心芳提出了设立全国性菌种保藏机构的建议；1951 年，中国科学院成立了菌种保藏委员会；1953 年初，菌种保藏委员会成为具有实体的科研机构，在方心芳的具体领导下着手积极开展菌种收集、保藏和研究工作。新中国成立后，一些研究单位相继成立了微生物菌种保藏组，如中国农业科学院土壤肥料研究所，收集根瘤菌和微生物肥料、农用抗生素等农业微生物菌种；中国医药生物制品检定所，收集医学细菌微生物菌种等。1979 年，在原国家科委的组织领导下，召开了第一届全国菌种保藏会议，成立了中国微生物菌种保藏管理委员会，成立了 6 个专业性保藏管理中心。1984 年 7 月，召开了第二届全国菌种保藏会议，成立了第七个专业性保藏管理中心，分别是普通微生物、农业微生物、工业微生物、兽医微生物、林业微生物、医学微生物、抗生素（后改为药用微生物）菌种中心，7 个中心在各自专业领域内收集、鉴定、评价、保藏、供应微生物菌种，并承担国际交流任务。由于菌种保藏属于基础性公益性工作，多年得不到正常经费的资助，菌种保藏管理委员会便自行停止了一切活动。

二、微生物菌种保藏机构发展阶段及其特征

纵观国内外众多的微生物菌种保藏机构，其承担的核心职能是“服务”，如何服务于科学大众，如何服务于未来，微生物菌种保藏机构在其发展过程中经历了以下三个阶段：

1900 ~ 1963 年：微生物菌种保藏机构的兴起阶段，此阶段主要由世界各国的科学家个人、学会以及研究所发起，根据自己的研究方向，相继成立专门的微生物菌种保藏机构，这个阶段微生物菌种保藏机构以微生物菌种的收集、保藏、鉴定工作为主，收集、保藏的菌种多是研究者个人或研究所的分离、交换的研究菌株。微生物菌种保藏机构独立于任何学术团体之外，处于分散发展阶段，其发展目标、运行规范程序具有自发性，微生物

菌种的保藏数量处于原始积累阶段。在此期间，爆发了两次世界大战，在欧洲，除荷兰的CBS等少数的微生物菌种保藏机构幸免于难，得以保存外，绝大多数的微生物菌种保藏机构及其微生物菌种丧失殆尽。

1963～2004年：微生物菌种保藏机构规范运行探索。应Skerman教授等人的提议，国际微生物学会协会（International Association of Microbiological Societies，IAMS）于1963年增设微生物菌种保藏专业委员会，根据IAMS的建议，于1970年成立世界微生物培养物保藏联盟（World Federation of Culture Collection，WFCC），WFCC是国际生物科学联合会（International Union of Biological Science，IUBS）和国际微生物学会联合会（International Union of Microbiological Societies，IUMS）多学科间的委员会，旨在推进培养物保藏中心与科学研究、工业应用部门的信息联络，共计召开10次专门的国际会议，多次举办培训班，促进培养物的分类鉴定、保藏技术发展应用等。在WFCC标准化委员会工作推动下，由Dr. Hawksworth等人主编WFCC关于建议与运行微生物菌种保藏机构指南《WFCC GUIDELINES FOR THE ESTABLISHMENT AND OPERATION OF COLLECTIONS OF CULTURES OF MICROORGANISMS》于1990年出版，并于1999年发布第二版。随着《生物多样性公约》（CONVENTION ON BIOLOGICAL DIVERSITY）的签署，WFCC出台了在生物多样性保护公约下的异地保存微生物遗传资源的框架计划《WORLD FEDERATION FOR CULTURE COLLECTIONS（WFCC）INFORMATION DOCUMENT ON ACCESS TO EX-SITU MICROBIAL GENETIC RESOURCES WITHIN THE FRAMEWORK OF THE CONVENTION ON BIOLOGICAL DIVERSITY》。WFCC以及微生物菌种保藏机构非常重视数据信息工作，1972年，在联合国环境规划署和联合国教科文组织的支持下，WFCC建立了世界数据中心（World data Center，WDC），由澳大利亚昆士兰大学的Skerman教授主持；1986年，该中心移至日本东京，更名为World data Center of Microorganisms，简称WDCM。各国相继开展了微生物菌种资源的数据库建设及网络共享等方面的工作。

2004年至今，生物资源中心（Biological Resources Center，BRC）建设发展阶段。1999年“支持BRC科技基础设施OECD东京研讨会”会议上，OECD参加国在建立BRC的重要性上达成了共识。进入21世纪以来，生命科学和生物技术，尤其在基因组学研究方面的迅猛发展，使国际社会和科技界，愈来愈认识到生物资源对人类生活质量的提高和经济可持续发展的重要性，并已采取了具体和有巨大影响力的行动，敦促和指导各国建立新型的生物资源中心（BRC），以满足在新世纪中生物多样性保护、生命科学和生物技术发展的需要。传统意义上的微生物菌种保藏管理中心由于其拥有的资源基础优势，责无旁贷地从功能定位上转化为多功能、多服务内容的微生物资源与研究应用中心。2004年，在WFCC的第十届世界培养物大会的主题思想是将原有的微生物保藏中心改进为资源中心，或建立新的微生物资源中心模式的保藏机构。2004～2007年，OECD一直进行“BRC”建立及操作指南编撰工作，2007年出版了《OECD Best Practice Guidelines for Biological Resource Centres》，并对BRC的定义、职能及范围进行了很好的诠释。2007年10月7～11日在德国Goslar举办的第十一届培养物保藏大会，更进一步在保藏机构中推进了BRC的认证管理及操作工作，将微生物保藏机构的管理纳入国际标准行列，从而能够希望通过菌种保藏机构日常的管理运转，为科技大众提供更为广泛、有效的科技服务。

三、21世纪微生物菌种中心所面临的紧迫任务

微生物菌种保藏机构自成立以来，一直以来所承担的核心职能包括菌种收集保藏、供应生物材料、提供保藏服务、培训保藏人员、菌种鉴定以及从事分类、评价等研究工作。进入21世纪后，随着生命科学、化学、计算机科学、信息学的飞速发展，微生物菌种保藏机构必须满足国际科学家群体和工业生产对生物材料、信息的高标准和专业要求，必须提供生物材料以满足生物科学领域研究与发展需求，并优先满足生物技术发展的需求，主要体现在以下几个方面：

第一，随着生物技术的快速发展以及微生物在众多领域的应用，持续提供高质量、高标准生物材料是微生物菌种中心长期面临的核心任务，微生物菌种保藏机构自身管理质量认证体系建设将是首当其冲的关键。国际上一些微生物菌种保藏机构已经完成了质量管理、实验室认证，如CABI、DSMZ、ATCC等，详见表3，我国的一些微生物菌种保藏机构也已开始进行认证工作。

表3　部分WFCC微生物菌种机构成员及其认证情况（David smith，2007）

菌种保藏机构名称及缩写	国家或地区	认证标准
Arocret Group Co.，AGO	Taiwan	C：ISO9000
Centro Nacional de Biopreparados，Biocc	Cuba	C：ISO9000
CABI Genetic Resources Collection，CABI	UK	A：ISO17025
Czech Culture Collection of Microorganisms，CCCM		C：ISO9000
Culture Collection and Research Center，CCRC	Taiwan	C：ISO9000
Coleccion Esanola de Cultivos Tipo，CECT	Spain	C：ISO9000
Collection de I'Institut Pasteur，CIP	France	C：ISO9000
Deutsche Sammlung von Mikroorganismen und Zellkulturen，DSMZ	Germany	C：ISO9000
European Collection of Cell Cultures，ECACC	UK	C：ISO9000
Interlab Cell line Collection，ICLC	Italy	GMP
IFM Quality Service Pty Ltd，IFM	Australia	ILAC Guide 13：2000
Insitute of Higiene and epidemiology Mycology，IHEM	Belgium	C：ISO9000 A：ISO17025
LMBP Plasmd Collection，LMBP	Belgium	C：ISO9000
LMG University of Gent，LMG	Belgium	C：ISO9000
Mycology University Louvain la Neuve，MUCL	Belgium	C：ISO9000
National Collectional of Industrial Food Marine Bacteria，NCIMB	UK	C：ISO9000
National Collection of Pathogenic Vireses，NCPV	UK	C：ISO9000
National Collection of Type Cultures，NCTC	UK	C：ISO9000
National Collection of Yeast Cultures，NCYC	UK	C：ISO9000

第二，微生物菌种信息化、网络化、科学数据的多元化是促进科技创新的关键。目

前，世界各国政府和众多企业都非常重视生物信息技术。例如，欧美各国及日本相继成立了生物信息数据中心，美国有国家生物技术信息中心 NCBI，英国有欧洲生物信息研究所，日本有 70 余家制药、生物及高技术公司组成的“生物产业信息化共同体”等。就微生物菌种保藏机构而言，发达国家的菌种保藏机构已完成数据库网络的建设，一些地区的菌种保藏机构的共享网络正在形成，如欧洲培养物保藏网络，www. cabri. org，亚太地区的微生物网络已经完成了数据库的制定，WFCC 目前正在倡导建设微生物资源信息的全球的微生物资源网络。通过网络信息技术将分散的菌株信息以及相关联的多元化科学数据联系在一起，将科学家的信息结果集中，使用者从而节约社会劳动，促进科技进步。

第三，微生物资源的挖掘利用与保护、保存是微生物资源工作的核心，微生物新种属的发现认知，将是一个长期的过程。以巴斯德研究酵母发酵为人类有意识利用微生物资源开始的话，至今已有 100 多年的历史；20 世纪 50 年代后，则是大规模利用微生物资源的黄金期，并且取得了辉煌的成就。80 年代以后，由于分子生物学技术的发展，才意识到我们所认识的微生物仅仅是实有数的 1% ~10% 。例如，目前我们所知道的真菌仅占 5% ，实际可能有 150 多万种，所知道的细菌仅占 12% ，实际可能有 4 万种。如果说我们所认识到的微生物资源仅占实有数的 10% ，实际被人们利用的不到 0. 1% ，对微生物功能多样性的认识有待于进一步加强，微生物的开发利用有巨大的提升空间。ICCC-11 会议上的微生物生态型（phenotype）的提出，对于理解、研究微生物资源的多样性具有深刻意义。

第四，高通量、大量的筛选、鉴定微生物菌种资源是新时期资源高效利用的前提。已分离、保存的微生物菌种资源，由于研究条件限制、研究力量不足和运行、管理的机制不健全原因，很多菌种缺少较全面的特性评价，对于菌种的信息了解太少，有的连最基本的菌种信息都不全。已有的评价工作也多停留在表观性状或产量性状，缺乏对遗传信息、代谢产物信息、基因信息等的了解，不能满足对菌种资源质量的要求，严重影响了对微生物菌种资源的研究和开发，使大量的资源未能充分发挥作用。

四、高效的微生物菌种资源服务体系的特征

微生物菌种保藏机构自成立之日起，即是公益性运行性质，纵观国内外运行良好的微生物菌种保藏机构，莫不体现以下特征。

1. 稳定性

微生物资源保藏机构的稳定性包括微生物菌种保藏机构的稳定存在、科技人员的稳定、运转经费的稳定等。微生物菌种保藏机构从事微生物菌种资源收集、保藏、鉴定、整理等工作，需要科技人员的持续投入与参与，科技人员变动、流失对微生物资源工作的影响较大。CBS 经历两次世界大战，微生物菌种得以长期保存。我国微生物菌种资源保藏工作在 20 世纪 90 年代曾经经历过低潮，菌种中心曾经陷于停顿状态，直接影响了我国的资源保藏事业的发展。

2. 长期性

微生物资源机构长期稳定的存在，对于本国、本地区的微生物学研究与产业的发展会有积极的促进作用。在世界各国的科技发展规划中，如何保证资源保藏机构长期稳定存在，并持续性为科技创新服务，是共同面对的重要课题。我国微生物资源保藏与发达国家相比，由于缺少稳定性的长期支持，发展受到一定的制约，所保藏的微生物菌种资源数量与质量存在一定差距，需要长期积累。

3. 前瞻性

微生物资源保藏机构的研究应具有前瞻性。荷兰菌种保藏机构 CBS 与英国 CABI 是世界著名的菌物研究中心，其多年来一直主导国际菌物学的研究，德国 DSMZ 对原核生物分类研究在国际上具有独特地位，美国的 ATCC 在开拓资源应用领域、市场具有独特地位。我国的微生物菌种保藏机构需持续在资源收集领域保持前瞻性，如加大对海洋、高温、盐碱、低温、厌氧、高渗等极端环境微生物资源分离、收集、分类、鉴定、保藏工作，注重抗生素、酶制剂、发酵有机物制品、农用微生物制剂、疫苗、医学诊断、微生物医药学、食品工程、微生物降解剂、生物转化、海洋功能验证评价研究，才能为科技创新、产业发展提供持续的共享服务。

4. 规范性

微生物菌种资源机构能够持续提供高质量的生物材料，结合 OECD 提出 BRC 概念，以及 ISO9000 和 ISO10725 认证要求，各微生物菌种保藏管理中心或供应实体，根据自己的实际情况，编写规范管理程序，按照要求进行认证管理。建设微生物生物材料的规范转移秩序。通过研究制定符合各专业微生物菌种保藏机构的 MTA 协议，并宣传贯彻，从而在国内微生物菌种资源的共享交流方面形成有序流动的局面。

第三节 微生物菌种资源描述规范的制定及其意义

进入21世纪以来，生命科学和生物技术，尤其在基因组学研究方面的迅猛发展，使国际社会和科技界，愈来愈认识到生物资源对人类生活质量的提高和经济可持续发展的重要性，并已采取了具体和有巨大影响力的行动，敦促和指导各国建立新型的生物资源中心（BRC），以满足在新世纪中生物多样性保护、生命科学和生物技术发展的需要。传统意义上的微生物菌种保藏管理中心由于其拥有的资源基础优势，责无旁贷地从功能定位上转化为多功能、多服务内容的微生物资源与研究应用中心。

BRC是支撑生物技术发展的必需基础，能够向社会各界提供活细胞、生物基因以及与生物体相联系的遗传及功能信息等服务。BRC收集的资源包括可培养的生物（微生物、植物、动物、人类细胞）、可培养生物的可复制部分（基因、质粒、病毒、cDNA）、不可培养物的组织、细胞，以及与其相关的分子、生理、结构、生物信息等。此外，BRC须满足国际科学家群体和工业生产对生物材料、信息的高标准和专业要求，必须提供生物材料以满足生物科学领域研究与发展需求，并优先满足生物技术发展的需求。BRC的内涵：BRC的基本功能首先是保存生物多样性和基因资源，其次是科学调查、研究、发展基础平台根本元素，具有多种复合功能，存在有多种类型、样式，既可以有复合型、综合型，也可以有专业型。

一、微生物菌种资源描述规范制定背景

微生物遗传多样性与环境密切相关，环境微生物是自然界中群体数目最庞大、种属类群最繁多、基因资源最丰富和应用范围最广泛的一类生物。环境微生物在长期进化过程中获得的抗逆性（如耐盐、耐酸碱、耐寒等），生物降解特性（如对农药等有机污染物的降解）和其他优良的生物特性（如合成杀虫抗病活性物等）。长期以来对环境微生物的研究仅局限在占其总量约1%的可培养微生物上，而对其余99%的难培养微生物包括具有特殊研究和应用意义的特殊环境，如极端胁迫环境和极端污染环境微生物仍知之甚少。我国具有复杂的地理环境和丰富的生物多样性，蕴藏着大量的微生物物种和基因资源尚未被研究和开发。20世纪80年代以后，随着分子生物学技术的发展，才意识到我们所认识的微生物仅仅是实有数的1%～10%，实际被人们利用的不到0.1%。

微生物资源研究单位众多、分散，缺乏规范的交流、保护、保藏意识，资源损失、流失现象严重。我国有众多的大学、研究机构都从事微生物方面的研究工作。据不完全调查，我国主要的微生物资源单位共计保藏约12万株，且随着研究的深入，微生物遗传资源量会持续增加，一些经过驯化、诱变、改造的重要微生物菌株或基因已经成为重要的生产或科研材料。但由于缺少规范保护保藏意识、能力，一些重要的微生物遗传资源失活或丧失活性，一些由于人员变动、退休，使微生物遗传资源损失，得不到保藏与传承。此外，我国科技人员在对外交流的过程中，由于管理缺位或程序复杂等诸多原因，使我国的微生物遗传资源得不到有效的保护。

微生物是一个巨大的基因资源库，在人类基因组和后基因组完成和启动后，人们正面临如何应用组合化学、组合生物合成、代谢途径工程、基因移动、蛋白质组和基因组的定向进化等生物技术，寻求和发现下一代化学治疗剂和代谢活性物质，在这一目标中微生物仍然是最大的潜在生物资源，是生物科学技术发展创新的基础主题。通过对大肠杆菌、肺炎链球菌、噬菌体微生物遗传性质的研究使人们揭示了 DNA 是遗传物质，并阐明了基因的传递、调控、表达等诸多规律；酵母菌是真核生物的模式菌，通过对比研究发现，酵母全序列基因组与人类的基因组在功能、调控等方面存在较大同源性。当前在分子生物学、生物工程等领域使用的酶几乎均为微生物所提取。生物技术、基因重组技术的发展与应用也是基于微生物的质粒、酶（限制性内切酶、连接酶等）和发酵研究。大肠杆菌和酵母菌已成为基因重组产品重要的工具菌，例如：重组乙肝疫苗、多种细胞因子（干扰素、白细胞介素 2、肿瘤坏死因子等）和基因重组胰岛素等制品。微生物（细菌、酵母、病毒）基因组的研究，作为人类基因组的研究的模型也已获得有意义的成果。

二、微生物菌种资源描述规范制定的意义

1. 制定描述规范是微生物资源整合的前提基础

科技信息是巨大的社会财富，科学数据库是将科技信息转化为生产力的重要手段。由于各种科技数据和文献的急剧增长，利用传统的工具和方法已不能有效地处理和传播，于是不得不求助于计算机和先进的通信技术，推动科学数据库及信息技术的发展和应用。科学数据、信息的有效集成与传播，统一标准的描述规范是建立科学数据库的必要条件，只有每一个菌株的描述、数据都是按照标准、规范进行，数据的获得根据数据质量管理规范，这样的数据才是合法的数据，综合得出的菌种信息才能够完整，菌株、信息的共享才有意义。

2. 制定描述规范是对微生物菌种资源持续研究的必然要求

微生物菌种资源涵盖范围较广，包括细菌、真菌、病毒、细胞代表株及其信息。我们人类对微生物认识水平有限，以巴斯德研究酵母发酵算人类有意识利用微生物资源开始的话，至今已有 100 多年的历史，20 世纪 50 年代后，则是大规模利用微生物资源的黄金期。描述规范的制定便于快速明确菌种信息类型与是否含有持续研究的价值，便于整合与共享交流，利于后人持续的进行研究。

3. 描述规范是菌种资源信息化的前提

微生物菌种的描述规范的制定是微生物菌种资源信息化的基本框架的第一步，是实现有效共享的基本保证。目前，世界各国政府和众多企业都非常重视生物信息技术。例如，欧美各国及日本相继成立了生物信息数据中心，美国有国家生物技术信息中心 NCBI，英国有欧洲生物信息研究所，日本有 70 余家制药、生物及高技术公司组成的“生物产业信息化共同体”等。而戈德曼萨克斯财团 2001 年的一份报告显示，美国国际商用机器公司 IBM、Sun、康伯和摩托罗拉等公司每家已至少与生物技术公司和调研公司达成 12 项合作意向，共有 140 多项合作协议，合作内容涉及各种技术领域，包括基因芯片、用计算机模拟药效等。

微生物菌种资源共性描述规范

微生物菌种资源共性描述规范

一、引言

根据国家自然科技资源平台建设的总体目标，研究制定国家自然科技资源平台微生物菌种资源共性描述规范，以整合全国微生物菌种资源，规范微生物菌种资源的收集、保藏、鉴定、评价、研究和利用，实现微生物菌种资源的充分共享和可持续利用。

二、共性描述规范制定原则和方法

（一）原则

1. 既要考虑资源利用者的需要，也要考虑资源收藏者的实际情况；
2. 结合当前和长远发展需要，以资源共享为主要目标；
3. 优先考虑我国现有基础，兼顾将来发展；
4. 统一微生物种质资源共性信息，统一描述项目；
5. 讲求实效，注重可操作性。

（二）内容和方法

1. 描述符类别分为6类

1）护照信息；

2）标记信息；

3）基本特征特性描述信息；

4）其他描述信息；

5）收藏单位信息；

6）共享信息。

2. 描述符编码

由描述符类别加两位顺序号组成，如“101”、“202”、“301”等。

3. 描述符的代码应是有序的

三、共性描述规范

（一）共性描述表

表1 微生物菌种资源共性描述表

护照信息			
平台资源号＊（1）		菌株保藏编号＊（2）	
中文名称（3）		属名＊（4）	
种名加词（5）		其他保藏中心编号（6）	

（续表 1）

来源历史（7）		收藏时间（8）	
原始编号（9）		原产国（10）	
标记信息			
资源归类编码＊（11）			
模式菌株＊（12）	1：模式菌株 2：非模式菌株		
主要用途＊（13）	1：分类 2：研究 3：教学 4：分析检测 5：生产 6：其他		
基本特征特性描述信息			
特征特性（14）			
具体用途（15）			
生物危害程度＊（16）	1：一类 2：二类 3：三类 4：四类 5：不清楚		
寄主名称（17）			
致病对象（18）	1：人 2：动物 3：人畜共患 4：植物 5：微生物 6：无 7：不清楚		
致病名称（19）		传播途径（20）	
分离基物（21）		采集地（22）	
培养基编号＊（23）		培养温度＊（24）	
其他描述信息			
基因元器件（25）			
记录地址（26）		图像（27）	
收藏单位信息			
机构名称＊（28）		机构名称缩写（29）	
隶属单位名称＊（30）			
资源保藏类型＊（31）	1：培养物 2：二元培养物 3：基因 4：其他		
保存方法＊（32）	1：液氮超低温冻结法 2：－80℃冰箱冻结法 3：真空冷冻干燥法 4：矿物油法 5：定期移植法 6：其他		
实物状态＊（33）	1：有实物 2：无实物		
共享信息			
共享方式＊（34）	1：公益性共享 2：公益性借用共享 3：合作研究共享 4：知识产权性交易共享 5：资源纯交易性共享 6：资源租赁性共享 7：资源交换性共享 8：收藏地共享 9：行政许可性共享		
提供形式＊（35）	1：斜面培养物 2：冻干物 3：冻结物 4：其他		
获取途径＊（36）	1：邮件 2：现场获取 3：网上订购 4：其他		
联系方式＊（37）			
源数据主键（38）			

注：＊必填项

（二）共性描述规范简表

表 2　　微生物菌种资源共性描述规范简表

序号	类别	编码	描述符	说明
1	1	101	平台资源号	国家自然科技资源 e-平台统一生成的资源编号
2	1	102	菌株保藏编号	菌种资源在保藏单位的编号
3	1	103	中文名称	菌种资源的中文名称
4	1	104	属名	菌种资源的分类学属名
5	1	105	种名加词	菌种资源分类学的种名加词
6	1	106	其他保藏中心编号	菌种资源在其他保藏中心的保藏编号
7	1	107	来源历史	菌种资源在收藏单位之间的转移情况
8	1	108	收藏时间	菌种资源被保藏机构收集、保藏的时间
9	1	109	原始编号	菌种资源的原始分离编号
10	1	110	原产国	菌种资源分离基物采集地所在国家名称
11	2	201	资源归类编码	国家自然科技资源平台资源分级归类与编码标准中的编码
12	2	202	模式菌株	菌种资源是否是模式菌株
13	2	203	主要用途	1：分类 2：研究 3：教学 4：分析检测 5：生产 6：其他
14	3	301	特征特性	菌种资源的分类学特征、营养类型、最适温度类型、水活度、酸碱适应性、需氧类型以及其他特殊特性
15	3	302	具体用途	菌种资源的具体用途
16	3	303	生物危害程度	1：一类 2：二类 3：三类 4：四类 5：不清楚
17	3	304	寄主名称	菌种资源寄生宿主的中文或拉丁名称
18	3	305	致病对象	1：人 2：动物 3：人畜共患 4：植物 5：微生物 6：无 7：不清楚
19	3	306	致病名称	菌种资源引起的疾病名称及其组织部位
20	3	307	传播途径	传播途径主要包括接触传播、空气传播、食物传播、水传播、血液传播等
21	3	308	分离基物	菌种资源分离基物的具体名称
22	3	309	采集地	分离基物的采集地区和采集地点
23	3	310	培养基编号	菌种资源最适培养基的统一编号
24	3	311	培养温度	菌种资源的最适培养温度
25	4	401	基因元器件	特定用途的载体或核酸片段包括质粒、F 因子、载体、筛选标记基因、启动子、增强子、信号肽基因等
26	4	402	记录地址	提供菌种资源详细信息的网址或数据库记录链接
27	4	403	图像	菌种资源的细胞或菌落形态的数字图像

（续表 2）

序号	类别	编码	描述符	说明
28	5	501	机构名称	菌种资源保藏机构全称
29	5	502	机构名称缩写	菌种资源保藏机构名称的英文缩写
30	5	503	隶属单位名称	菌种资源保藏机构隶属单位全称
31	5	504	资源保藏类型	1：培养物 2：二元培养物 3：基因 4：其他
32	5	505	保存方法	1：液氮超低温冻结法 2：－80℃冰箱冻结法 3：真空冷冻干燥法 4：矿油覆盖法 5：定期移植法 6：其他
33	5	506	实物状态	1：有实物 2：无实物
34	6	601	共享方式	1：公益性共享 2：公益性借用共享 3：合作研究共享 4：知识产权性交易共享 5：资源纯交易性共享 6：资源租赁性共享 7：资源交换性共享 8：收藏地共享 9：行政许可性共享
35	6	602	提供形式	1：斜面培养物 2：冻干物 3：冻结物 4：其他
36	6	603	获取途径	1：邮件 2：现场获取 3：网上订购 4：其他
37	6	604	联系方式	获取菌种资源的联系方式，如保藏机构的地址、邮编、联系人、电话、E-mail 等
38	6	605	源数据主键	连接菌种资源特性数据的主键值

（三）共性描述规范

微生物菌种资源共性描述规范

1 范围

本规范规定了微生物菌种资源统一的描述符及其分级标准。

本规范适用于微生物菌种资源的收集、整理和保存，数据标准和数据质量控制规范的制定，以及数据库和信息共享网络系统的建立。

2 规范性引用文件

下列文件中的条款通过本规范的引用而成为本规范的条款。凡是注明日期的引用文件，其随后所有的修改单（不包括勘误的内容）或修订版均不适用于本规范，然而，鼓励根据本规范达成协议的各方研究是否可使用这些文件的最新版本。凡是不注明日期的引用文件，其最新版本适用于本规范。

国务院令第 424 号《病原微生物实验室生物安全管理条例》。

科技部自然科技资源平台联合管理办公室文件《微生物资源分类编码体系》。

3 护照信息

3.1 平台资源号

国家自然科技资源 e-平台统一生成的资源编号，平台资源号长度为 18 位，前 9 位是资源单位编码，后 9 位是流水号，参见附件 2。

3.2 菌株保藏编号

微生物菌种资源在保藏机构的保藏编号，由前缀和菌株编号两部分组成。前缀为保藏机构名称的英文缩写，前缀和菌株编号之间留半角空格。

3.3 中文名称

微生物菌种资源的中文名称。尚无中文译名时，可填“暂无”。

3.4 属名

微生物菌种资源的分类学属名。非英文词（拉丁词、希腊词等）以斜体字表示。

3.5 种名加词

微生物菌种资源分类学的种名加词，以种名加词 +（亚种或变种的加词）表示，非英文词（拉丁词、希腊词等）以斜体字表示，未确定种名，种的加词以“sp.”（正体字）代替。

3.6 其他保藏中心编号

微生物菌种资源在其他菌种保藏中心的保藏编号。其他保藏中心编号前以等号“=”开头，保藏编号之间用等号“=”连接。

3.7 来源历史

微生物菌种资源在收藏单位之间的转移情况。收藏单位前以左指向箭头“←”开头，收藏单位之间用左指向箭头连接。

3.8 收藏时间

微生物菌种资源被保藏机构收集、保藏的时间。格式为 YYYYMMDD，其中 YYYY 为年，MM 为月，DD 为日。

3.9 原始编号

微生物菌种资源的原始分离编号。

3.10 原产国

微生物菌种资源分离基物采集地所在国家名称。

4 标记信息

4.1 资源归类编码

国家自然科技资源平台资源分级归类与编码标准中的编码，参见《微生物资源分类编码体系》。

4.2 模式菌株

微生物菌种资源是否为模式菌株。

1：模式菌株；

2：非模式菌株。

4.3 主要用途

微生物菌种资源的主要用途。

1：分类；
2：研究；
3：教学；
4：分析检测；
5：生产；
6：其他。

5 基本特征特性描述信息

5.1 特征特性

微生物菌种资源的主要分类学特征、营养类型、最适温度类型、水活度、酸碱适应性、需氧类型以及其他特殊特性（如代谢特点和突变类型等）。

5.2 具体用途

微生物菌种资源的具体用途。

5.3 生物危害程度

病原微生物菌种资源的分类，其分类方法见《病原微生物实验室生物安全管理条例》。

1：一类；
2：二类；
3：三类；
4：四类；
5：不清楚。

5.4 寄主名称

微生物菌种资源寄生宿主的中文或拉丁名称。

5.5 致病对象

病原微生物菌种资源的致病对象类群。

1：人；
2：动物；
3：人畜共患；
4：植物；
5：微生物；
6：无；
7：不清楚。

5.6 致病名称

微生物菌种资源引起的疾病名称及其组织部位。

5.7 传播途径

微生物菌种资源在自然界的传播途径，如接触传播、空气传播、食物传播、水传播、血液传播等。

5.8 分离基物

微生物菌种资源分离物质的具体名称，对于寄生或共生的宜指明分离的具体组织部位。

5.9 采集地

微生物菌种资源分离基物的采集地区和采集地点。

5.10 培养基编号

微生物菌种最适培养基编号用4位数表示，具体编号参考《中国菌种目录》。如果《中国菌种目录》中不包含该培养基，应写明培养基配方和制作方法。

5.11 培养温度

微生物菌种资源的最适培养温度，单位为℃。

6 其他描述信息

6.1 基因元器件

微生物菌种资源携带的特定用途的质粒、F因子、载体、筛选标记基因、启动子、增强子、信号肽基因等。

6.2 记录地址

提供微生物菌种资源详细信息的网址或数据库记录链接。

6.3 图像

微生物菌种资源的数字图像信息，如细胞、菌丝、菌落、生殖体等。数字图像的文件大小宜在200K以内，以外部文件存放，在该字段上填写图像文件的文件名称。图像文件命名规则为：平台资源号.jpg。

7 保藏单位信息

7.1 机构名称

微生物菌种资源保藏机构的全称。

7.2 机构名称缩写

微生物菌种资源保藏机构名称的英文缩写。

7.3 隶属单位名称

微生物菌种资源保藏机构隶属单位全称。

7.4 资源保藏类型

微生物菌种资源的类型。

1：培养物；

2：二元培养物；

3：基因；

4：其他。

7.5 保藏方法

微生物菌种资源长期保藏采用的技术方法。

1：液氮超低温冻结法；

2：－80℃冰箱冻结法；

3：真空冷冻干燥法；

4：矿物油法；

5：定期移植法；

6：其他。

7.6　实物状态

微生物菌种资源的实物状态。

1：有实物；

2：无实物。

8　共享信息

8.1　共享方式

微生物菌种资源的共享方式。

1：公益性共享；

2：公益性借用共享；

3：合作研究共享；

4：知识产权性交易共享；

5：资源纯交易性共享；

6：资源租赁性共享；

7：资源交换性共享；

8：收藏地共享；

9：行政许可性共享。

8.2　提供形式

提供给资源利用者的微生物菌种资源的形式。

1：斜面培养物；

2：冻干物；

3：冻结物；

4：其他。

8.3　获取途径

获得微生物菌种资源的途径。

1：邮件；

2：现场获取；

3：网上订购；

4：其他。

8.4　联系方式

获取微生物菌种资源的联系方式，包括保藏机构的地址、邮编、联系人、电话、E-mail 等。

8.5　源数据主键

连接微生物菌种资源特性数据的主键值，以菌种保藏编号（无空格）表示。

附件1　共性描述示例

微生物菌种资源共性描述示例

护照信息			
平台资源号＊（1）	1511C0001000000001	菌株保藏编号＊（2）	ACCC 10257
中文名称（3）	岸喜盐芽孢杆菌	属名＊（4）	*Halobacillus*
种名加词（5）	*litoralis*	其他保藏中心编号（6）	= DSM 10405 = ATCC 200076
来源历史（7）	← DSMZ	收藏时间（8）	20040218
原始编号（9）	SL－4	原产国（10）	美国
标记信息			
资源归类编码＊（11）	15131311104		
模式菌株＊（12）	1：模式菌株 2：非模式菌株		
主要用途＊（13）	1：分类 2：研究 3：教学 4：分析检测 5：生产 6：其他		
基本特征特性描述信息			
特征特性（14）	杆状，G^+，形成椭圆形内生芽孢，好氧、最适盐浓度为10%，可耐1%～24%的NaCl浓度，葡萄糖、蔗糖、麦芽糖、果糖产酸，半乳糖不产酸，不分解酪朊、淀粉，接触酶、氧化酶阳性		
具体用途（15）	分类学及高盐极端微生物的研究		
生物危害程度＊（16）	1：一类 2：二类 3：三类 4：四类 5：不清楚		
寄主名称（17）			
致病对象（18）	1：人 2：动物 3：人畜共患 4：植物 5：微生物 6：无 7：不清楚		
致病名称（19）		传播途径（20）	
分离基物（21）	土壤表面高盐的沉积物	采集地（22）	尤他州，大盐湖
培养基编号＊（23）	0002	培养温度＊（24）	30℃
其他描述信息			
基因元器件（25）			
记录地址（26）	http：//www.accc.org.cn	图像（27）	1511C0001000000001.jpg
收藏单位信息			
机构名称＊（28）	中国农业微生物菌种保藏管理中心	机构名称缩写（29）	ACCC
隶属单位名称＊（30）	中国农业科学院农业资源与农业区划研究所		
资源保藏类型＊（31）	1：培养物 2：二元培养物 3：基因 4：其他		
保存方法＊（32）	1：液氮超低温冻结法 2：－80℃冰箱冻结法 3：真空冷冻干燥法 4：矿物油法 5：定期移植法 6：其他		
实物状态＊（33）	1：有实物 2：无实物		

（续表 1）

共享信息	
共享方式＊（34）	1：公益性共享 2：公益性借用共享 3：合作研究共享 4：知识产权性交易共享 5：资源纯交易性共享 6：资源租赁性共享 7：资源交换性共享 8：收藏地共享 9：行政许可性共享
提供形式＊（35）	1：斜面培养物 2：冻干物 3：冻结物 4：其他
获取途径＊（36）	1：邮件 2：现场获取 3：网上订购 4：其他
联系方式＊（37）	北京海淀区中关村南大街 12 号，中国农业科学院农业资源与农业区划研究所，邮编：100081，电话：010-82108636，联系人：姜瑞波，E-mail：accc@caas. ac. cn
源数据主键（38）	ACCC 10257

注：＊必填项。

附件 2

平台资源号长度为 18 位，前 9 位是资源单位/人编号，后 9 位是流水号。

1 前 9 位数字编写规则

1.1 资源保藏单位/人编号规则

编号规则：微生物菌种资源分类编号（15）+ 单位所在区域编号（2 位）+ 资源单位性质代码（P 或 C）+ 资源保藏单位/人序号（4 位）。

1.2 单位所在区域编号

代码	省市名称	代码	省市名称
11	北京市	44	广东省
12	天津市	45	广西壮族自治区
13	河北省	46	海南省
14	山西省	50	重庆市
15	内蒙古自治区	51	四川省
21	辽宁省	52	贵州省
22	吉林省	53	云南省
23	黑龙江省	54	西藏自治区
31	上海市	61	陕西省
32	江苏省	62	甘肃省
33	浙江省	63	青海省
34	安徽省	64	宁夏回族自治区
35	福建省	65	新疆维吾尔自治区
36	江西省	71	台湾省
37	山东省	81	香港特别行政区
41	河南省	82	澳门特别行政区
42	湖北省	99	不详
43	湖南省		

1.3 资源单位性质代码

P（Person）表示资源提供者是自然人；

C（Corporation）表示资源提供者是法人实体。

1.4 资源保藏单位/人序号

资源保藏单位/人序号排名不分先后，只依据数据进入 e-平台数据库的先后顺序来编号，具体序号由国家自然科技资源平台管理联合办公室统一给出。

2 后 9 位数字编写规则

后 9 位数字为流水号，依据数据进入 e-平台数据库的先后顺序生成。

微生物菌种资源采集环境描述规范

前　　言

环境多样性造就了生物多样性。自然界中，微生物的分布最为广泛、生物多样性最为丰富，对采集环境的规范描述有助于理解微生物菌株功能、特性。

微生物菌种资源采集环境描述规范的制定是规范整理、整合我国现有微生物菌种资源的前提，是菌株数据化、网络化的基础，也是充分利用各类微生物菌种资源，实现微生物菌种资源的全面共享和促进国际交流的需要。

微生物菌种资源采集环境描述规范

1 范围

本规范规定了微生物菌种资源采集环境的描述要素和描述规范。

本规范适用于微生物菌种资源的收集、整理和保藏，以及数据库和信息共享网络系统的建立。

2 术语和定义

下列术语和定义适用于本规范。

2.1 微生物菌种资源 microbioal resources

微生物菌种资源是指有一定科学意义、具有实际或潜在实用价值的细菌、真菌、病毒、细胞株等培养物以及微生物基因及其相关的信息数据。

2.2 采集环境 sample environment

指分离源的采集场所。

3 要求

3.1 描述要求

采集环境的描述条款应明确而无歧义，并且：

——对本规范规定的描述内容力求完整；

——清楚、准确。

3.2 描述要素

描述要素分为2类：

——M：必备要素，必须描述的要素；

——O：可选要素，其描述与否视具体菌株而定。

4 描述内容

4.1 样品名称（O）

宜指明采集样品名称。

4.2 采集环境

4.2.1 采集地区（M）

应指明采集地点所属国家（或地区）的行政区划，详细到县。

4.2.2 采集具体地点（M）

应指明采集分离地的具体地点。

4.2.3 采集地的坐标位点（M）

应指明采集地点经度、纬度和海拔高度。

4.2.4 采集地点的生境类型（M）

应指明采集地点的生境类型，如陆地、海洋、湿地、河泊、森林、沼泽、山坡、山谷、园林、耕地、工厂（生产区、加工区或储藏区）、公共建筑物（学校、博物馆、办公室）、医院、住所等。如是极端环境，应描述高温、低温、极端高酸、高碱、高盐、高渗透压、高压、高辐射、太空等极端异常环境。

4.3 采集时间的气候特征（M）

应指明采集时的主要气候特征（如雨季或旱季）及天气状况等。

4.4 指明采集时间（M）

应指明采集时间，具体到年月日，格式为YYYYMMDD，其中YYYY为年，MM为月，DD为日。

4.5 采集人（M）

应指明采集人的姓名，并指出所在单位的名称。

4.6 分离源（M）

4.6.1 土壤和污泥（M）

对于土壤和污泥样品的采集，一般为表层5～10cm。应指明土壤和土质类型、植被和酸碱度等。采集于污泥的样品应指明污泥类型（如池塘沉积物、海洋沉积物等）。

4.6.2 水源（M）

对于采集水中的样品，应描述水域性质：如海洋、河流、湖泊、泉水、溪流、池塘等；水的深度；水温和pH等；应描述采集样品类型是否为水中浮悬物、水底沉积土、栖生或共生的动植物等。

4.6.3 空气（M）

应指明采样的场所、温度、高度。

4.6.4 生物体（M）

应指明动、植物的名称；采集动、植物或人的样本应指明器官、组织部位等。

4.6.5 动物排泄物或动物尸体（M）

应指明动物及其排泄物的名称。

4.6.6 自然培养（或发酵）物（M）

应指明培养（或发酵）物的名称，原料构成与成熟状态，培养（或发酵）的温度与方式（液态或固态）。

4.7 宿主（O）

对于寄生微生物，宜指明下列内容：

——宿主学名；

——宿主俗名；

——宿生部位；

——传播媒介；

——传播途径；

——宿主类型，即死体营养寄生菌或活体营养寄生菌。

附表 1　　　　**微生物菌种资源采集环境描述表**

描述日期：　　年　　月　　日

<table>
<tr><td colspan="7">采集基本信息描述</td></tr>
<tr><td colspan="2">样品名称</td><td colspan="5"></td></tr>
<tr><td colspan="2">采集人</td><td></td><td>采集人所在单位</td><td colspan="3"></td></tr>
<tr><td colspan="2">采集样品编号</td><td></td><td>采集时间</td><td colspan="3"></td></tr>
<tr><td colspan="2">采集时季节及气候特征</td><td colspan="5"></td></tr>
<tr><td colspan="7">采集地、环境信息描述</td></tr>
<tr><td colspan="2">采集地所在国家/地区</td><td></td><td>采集地点名称</td><td colspan="3"></td></tr>
<tr><td colspan="2">采集地坐标</td><td colspan="5">经度：　　纬度：　　海拔：　　m</td></tr>
<tr><td colspan="2">采集地环境类型
(可列出数据)</td><td colspan="5"></td></tr>
<tr><td colspan="7">分离源信息描述</td></tr>
<tr><td>土壤</td><td>类型</td><td></td><td>植被</td><td></td><td>pH</td><td></td></tr>
<tr><td colspan="2">污泥</td><td>污泥沉积类型</td><td colspan="2"></td><td>pH</td><td></td></tr>
<tr><td rowspan="2">水源</td><td>水域性质</td><td></td><td>水的深度</td><td></td><td>水温</td><td></td></tr>
<tr><td>水的 pH</td><td></td><td>水中采集样品的类型</td><td colspan="3"></td></tr>
<tr><td>空气</td><td>采样场所</td><td></td><td>温度</td><td></td><td>高度</td><td></td></tr>
<tr><td rowspan="2">生物体</td><td>动、植物名称</td><td colspan="3"></td><td>部位、组织名称</td><td></td></tr>
<tr><td>人的部位名称</td><td colspan="5"></td></tr>
<tr><td rowspan="2">发酵物</td><td>名称</td><td></td><td>原料构成</td><td></td><td>成熟状态</td><td></td></tr>
<tr><td>温度</td><td></td><td>发酵方式</td><td colspan="3"></td></tr>
<tr><td rowspan="3">宿主</td><td>学名</td><td colspan="3"></td><td>俗名</td><td></td></tr>
<tr><td>寄生部位</td><td colspan="3"></td><td>传播媒介</td><td></td></tr>
<tr><td>传播途径</td><td colspan="3"></td><td>宿主类型</td><td></td></tr>
</table>

微生物代谢产物药理活性描述规范

前　言

微生物次生代谢产物种类繁多，其化学结构、生物活性的多样性极其丰富，几乎所有种类的药物筛选模型都能从微生物中筛选到活性物质。微生物菌种资源是创新药物的天然宝库，自20世纪40年代开始应用青霉素以来，随着抗生素研究的不断深入，药用微生物菌种资源不断被挖掘，其应用范围也日益扩大，从抗菌、抗肿瘤、抗病毒抗生素发展到各种酶抑制剂、受体颉颃剂、免疫调节剂和具有特殊药理活性的物质。

制定微生物代谢产物药理活性描述规范是规范化整理和整合我国现有微生物菌种资源的基础，是形成药用微生物菌种资源信息网络的前提，也是实现微生物菌种资源全面共享和促进国际交流的需要。

微生物代谢产物药理活性描述规范

1 范围

本规范规定了微生物代谢产物药理活性的描述要素和描述规范。

本规范适用于微生物菌种资源的收集、整理和保藏，数据库和信息共享网络系统的建立。

2 术语和定义

2.1 *药用微生物菌种资源* culture resources of pharmaceutical microorganisms

药用微生物菌种资源包括具有实际应用或潜在应用价值的各类天然来源或采用生物技术方法构建的微生物药物产生菌及相关信息，以及对于微生物药物与生物技术药物的研究与开发具有一定科学意义的各种模式菌、工程菌、基因受体和供体菌，遗传物质及相关信息资源。

2.2 *微生物药物* microbial medicine

来源于微生物次生代谢产物及其衍生物的药物总称为微生物药物，包括具有抗微生物感染、抗肿瘤、抗病毒作用的传统抗生素以及酶抑制剂、免疫调节剂、受体颉颃剂和其他具有特殊药理活性的物质。

2.3 *微生物代谢产物* metabolites from microorganisms

是微生物在其生命活动过程中产生的代谢产物，包括初级代谢产物（primary metabolites）和次级代谢产物（secondary metabolites），前者是微生物自身生长、繁殖所必需的代谢产物，如氨基酸、核苷酸等，后者是由初级代谢产物衍生而来的，与微生物基本生命活动无关，抗生素是微生物最重要的次生代谢产物。

2.4 *半数抑制浓度* IC_{50} median inhibitory concentration

是指一种药物能将某种酶的活性或肿瘤细胞生长或病毒复制抑制 50% 所需的浓度。

2.5 *最低抑菌浓度* MIC minimal inhibitory concentration

指抑制细菌生长的最低抗生素浓度。

2.6 *半数致死量* LD_{50} median lethal dose

引起一群受试对象 50% 个体死亡所需的药物剂量。

2.7 *半数中毒剂量* TD_{50} median toxic dose

指一群受试对象 50% 个体发生中毒所需的药物剂量。

2.8 *半数有效量* ED_{50} median effective dose

指一群受试对象 50% 个体产生一种特定效应的药物剂量。

3 要求

3.1 描述要求

——描述内容应清楚、准确，力求完整；

——要充分考虑该菌株的最新研究进展；

——能被微生物专业人员理解。

3.2 描述要素

描述要素分为2类：

——M：必备要素，必须描述的要素；

——O：可选要素，其描述与否视具体代谢产物而定。

4 描述内容

4.1 基本信息

4.1.1 活性代谢产物的名称或药物或化合物的化学名称（M）

应列出活性代谢产物的名称或药物或化合物的化学名称。

4.1.2 活性代谢产物或药物或化合物的中文名称（M）

应列出药物或化合物的中文名称，尚无中文译名时，填写“暂无”。

4.1.3 药物或化合物的结构类别或结构式（M）

应描述该药物或化合物的结构类别或结构式。

4.1.4 药物或化合物的分子式，分子量（M）

应列出该药物或化合物的分子式，分子量。

4.1.5 活性代谢产物或药物或化合物首次报道的国家、发现者和年代（M）

应指明该药物或化合物首次报道的国家、发现者及所在单位和年代。

4.1.6 产生菌的学名（M）

应指明该菌株的完整的科学名称，对于未鉴定到种的菌株，种名以“sp.”表示；对于未鉴定的菌株，以“Strain No XX”表示。

4.1.7 产生菌的中文名（M）

应指明该菌株的中文名称（如有别名，应在括号中注明）。尚无中文译名时，填写“暂无”。

4.1.8 产生菌原产国的保藏号与保藏机构（M）

应指明该菌株在原产国的保藏号与保藏机构。

4.1.9 产生菌的国家资源库编号（M）

应指明该产生菌在国家微生物种质资源库的编号。

4.1.10 菌株保藏方法与条件（M）

应指明该产生菌株的保藏方法与条件。

4.1.11 菌株的发酵条件（M）

应描述该产生菌的斜面培养基，种子培养基和发酵培养基的具体组成和发酵条件。

4.2 生物学活性描述

4.2.1 具有抗菌活性的代谢产物或药物或化合物

4.2.1.1　活性检定方法与条件（M）

描述体外活性检定菌、检定培养基、检定方法和条件。

4.2.1.2　抗菌谱及测定方法（M）

抗菌谱测定中应包括 G^+ 细菌，G^- 细菌，酵母样真菌，丝状真菌等通过公开渠道获得的代表菌株（M）；

应描述抗菌谱的测定方法，如检定培养基、检定方法和条件（M）；

应描述在活性测定中具有同类别化学结构或相同作用机理的阳性对照化合物名称及活性强度（M）；

可描述 MIC 值（O）。

4.2.1.3　作用机制（O）

可描述活性物质的作用靶位和作用机制。

4.2.1.4　临床用途（O）

如已应用于临床，可描述临床的主要适应证。

4.2.2　具有抗病毒活性的代谢产物或药物或化合物

4.2.2.1　体外筛选模型

描述体外筛选模型，所用的细胞、毒株或酶等（M）。

可描述具体的筛选方法（O）。

4.2.2.2　抗病毒谱（O）

描述抗哪些病毒，以及它们的 IC_{50} 及 TD_{50} 值。

4.2.2.3　体内活性检测模型（O）

描述所用动物模型，给药途径和检测方法，描述 LD_{50} 及 ED_{50} 值。

4.2.2.4　阳性对照（M）

应描述在体内外活性测定中具有同类别化学结构或相同作用机理的阳性对照化合物名称及活性强度。

4.2.2.5　作用机制（O）

描述活性物质的作用靶位和机制。

4.2.2.6　临床用途（O）

如已应用于临床，可描述临床的主要适应证。

4.2.3　抗肿瘤抗生素

4.2.3.1　筛选模型（M）

应描述所采用的筛选模型：微生物、细胞、瘤株或酶等。

4.2.3.2　体外活性（M）

应描述体外活性测定方法，IC_{50} 值（M）。

可描述 TD_{50} （O）。

4.2.3.3　抗肿瘤谱（M）

应描述抗肿瘤谱及抗肿瘤活性，IC_{50} 值。

4.2.3.4　体内活性（O）

描述所用动物模型，给药途径和瘤株，描述 LD_{50} 和 ED_{50} 值。

4.2.3.5　阳性对照（M）

应描述在体内外活性测定中具有同类别化学结构或相同作用机理的阳性对照化合物名

称及活性强度。

4.2.3.6 作用机制（O）

可描述活性物质的作用靶位和机制。

4.2.3.7 临床用途（O）

如已应用于临床，可描述临床的主要适应证。

4.2.4 微生物来源具有生理调节活性的物质

4.2.4.1 体外筛选模型（M）

描述采用的筛选模型及作用靶位。

4.2.4.2 生理调节活性（M）

描述生理调节活性的类别及活性强度。

4.2.4.3 阳性对照（M）

应描述在体内外活性测定中具有同类别化学结构或相同作用机理的阳性对照化合物名称及活性强度。

4.2.4.4 临床用途（O）

如已应用于临床，可描述临床的主要适应证。

4.2.5 其他活性

4.2.5.1 筛选模型（M）

描述筛选方法及作用靶位。

4.2.5.2 生物学活性（M）

描述生物学活性类别及活性强度。

4.2.5.3 阳性对照（M）

应描述在体内外活性测定中具有同类别化学结构或相同作用机理的阳性对照化合物名称及活性强度。

附表 1　　微生物代谢产物药理活性描述表

描述日期：　　年　　月　　日

基本信息	
活性代谢产物的名称或药物或化合物的化学名称	
活性代谢产物或药物或化合物的中文名称	
药物或化合物的结构类别或结构式	
药物或化合物的分子式，分子量	
活性代谢产物或药物或化合物首次报道的国家、发现者和年代	
产生菌的学名	
产生菌的中文名	
产生菌原产国的保藏号与保藏机构	
产生菌的国家资源库编号	
菌株保藏方法与条件	
菌株的发酵条件	

（续附表 1）

生物学活性描述		
生物学活性描述	活性检定方法与条件	
	抗菌谱及测定方法	
	作用机制	
	临床用途	
具有抗病毒活性的代谢产物或药物或化合物	体外筛选模型	
	抗病毒谱	
	体内活性检测模型	
	阳性对照	
	作用机制	
	临床用途	
抗肿瘤抗生素	筛选模型	
	体外活性	
	抗肿瘤谱	
	体内活性	
	阳性对照	
	作用机制	
	临床用途	
微生物来源具有生理调节活性的物质	体外筛选模型	
	生理调节活性	
	阳性对照	
	临床用途	
其他活性	筛选模型	
	生物学活性	
	阳性对照	

微生物菌种目录编写规范

前　　言

微生物菌种资源是国家重要生物资源之一，是微生物学研究及生物技术产业持续发展的基础。

微生物菌种目录是实现微生物菌种资源信息共享的有效形式，编写微生物菌种目录是微生物菌种保藏管理中心重要工作。

本规范的目的是指导微生物菌种目录的编写，以提高微生物菌种资源的共享效率和服务水平。

微生物菌种目录编写规范

1 范围

本规范规定了微生物菌种目录的编写规则及基本内容。

本规范适用于微生物菌种资源的收集、整理和保藏，以及数据库和信息共享网络系统的建立。

2 规范性引用文件

下列文件中的条款通过本标准的引用而成为本规范的条款。凡是注明日期的引用文件，其随后所有的修改单（不包括勘误的内容）或修订版均不适用于本规范，然而，鼓励根据本规范达成协议的各方研究是否可使用这些文件的最新版本。凡是不注明日期的引用文件，其最新版本适用于本规范。

国务院令第424号《病原微生物实验室生物安全管理条例》。

3 要求

3.1 明确、无歧义

微生物菌种目录规范所规定条款应该明确而无歧义：

——在其范围内所规定的界限内按需要力求完整；

——信息清楚、准确；

——充分考虑最新信息；

——能被未参加目录编制的专业人员所理解。

3.2 统一性

微生物菌种目录的结构、文体和术语应保持一致。系列版本目录的结构及编号应尽可能相同。类似的条目应使用类似措辞来表达；相同的条目应使用相同的措辞来表达。

在微生物菌种目录中，某一给定的概念应使用相同的术语。对于已定义的概念应避免使用同义词。每个选用的术语应尽可能只有惟一的含义。

3.3 协调性

为了达到所有目录整体协调的目的，每版微生物菌种目录应遵照现行的有关条款，尤其涉及下列方面：

——标准化术语；

——术语的原则与方法；

——量、单位及其符号；

——缩写语；

——参考文献；

——技术制图；

——图形符号。

3.4　不同语种版本的等效性

当提供目录的其他语种版本时，不同版本应保证在结构和内容的一致。

3.5　适用性

目录的内容应便于理解与采用。

3.6　计划性

为了保证微生物菌种资源信息共享，应定期更新出版微生物菌种目录。

3.7　描述要素

描述要素分为2类：

——M：必备要素，微生物菌种目录必须记载的菌种资源信息；

——O：可选要素，微生物菌种目录可选择记载的菌种资源信息。

4　菌种目录编写内容

4.1　封面（M）

封面应包括目录的中英文名称，出版年度，编写单位（者）名称，出版机构名称等内容。

4.2　前言（M）

前言应包括菌种目录的简要介绍、菌种目录涵盖菌种情况及适用对象等内容。

4.3　菌种保藏单位（者）简介（M）

应包括菌种保藏单位（者）主要工作领域、保藏菌种类群与数量、人员状况、共享、服务功能介绍、负责人介绍及联系方式等。

4.4　使用说明（M）

应包括相关菌种资源机构全称及缩写，菌种目录中特殊符号、名词解释及使用本目录所需要信息等内容。

4.5　目次（M）

目次所列的内容和顺序如下：

——前言；

——机构介绍；

——菌种目录；

——带有标题的条（需要时列出）；

——附录；

——在目次中应列出完整的标题。在电子文件中，目次应自动生成。

4.6　菌种目录（M）

4.6.1　菌种分类条目排列顺序规范

1）病毒；

2）古菌；

3）细菌；

4）放线菌；

5）酵母菌；

6）丝状真菌；

7）原生动物；

8）细胞系；

9）藻类；

10）基因材料。

4.6.2　菌株条目排列规范

1）菌株条目按照菌种学名的字母顺序排列。

2）未定种名的菌株排在同一属的末尾。

3）种内菌株的排序依菌株库藏编号升序排列。

4.6.3　菌株条目内容

4.6.3.1　菌株名称（M）

应列出菌种资源分类学属名、种名、中文名、俗称。

4.6.3.2　菌株保藏编号（M）

应列出该菌株的库藏编号。

4.6.3.3　模式菌株（O）

应列出该菌株是否为模式菌株。

4.6.3.4　来源历史（M）

应列出得到该菌株的途径，如菌株转移经过多个保藏机构，则保藏机构名称之间用一个左指向的箭头←连接，并应列出其他中心该菌株的编号。

4.6.3.5　提供者（O）

宜列出菌种资源提供人/单位的名称。

4.6.3.6　原始编号（O）

宜列出该菌株的最初分离编号。

4.6.3.7　分离基物（O）

宜列出该菌株的分离源，宜指明具体的分离物质。

4.6.3.8　采集部位、地点（O）

宜列出采集分离基物的具体部位、地点。

4.6.3.9　生物危害程度（M）

应列出该菌株的生物危害程度，其分类方法见《病原微生物实验室生物安全管理条例》。

4.6.3.10　培养基编号（M）

应列出培养该菌株的最适培养基的统一编号。

4.6.3.11　培养温度（M）

应列出该菌株的最适培养温度。

4.6.3.12　主要用途（O）

宜列出代谢产物类型、分析检测、教学、生产及主要功能特性等。

4.6.3.13　遗传性状（O）

宜列出该菌株的遗传标记等信息。

4.6.3.14　参考文献（O）

宜列出该菌株的公开发表的文献资料。

4.7　附录

4.7.1　附录一：培养基（M）

应列出培养基编号、名称、配方及制作方法等。

4.7.2　附录二：编号索引（M）

应列出菌株库藏编号、学名、所在页码等。

4.7.3　附录三：菌株学名索引（M）

应按拉丁字母的升序列出菌株学名及所在页码等。

4.7.4　附录四：文献索引（M）

应列出文献编号、作者姓名、题目、期刊名、卷、页、年等。

4.7.5　附录五：功能索引（O）

宜列出主要的功能特性、菌株编号、名称、页码等。

4.7.6　附录六：菌种供应、服务内容及收费标准（M）

应列出菌种机构所能够提供的服务项目及收费原则、标准。

4.7.7　附录七：菌种复活培养的技术规程（M）

应列出斜面菌种的转接方法、冻干菌种的恢复培养技术方法。

4.7.8　附录八：其他（O）

二、古　菌

古菌（Archaea）是原核生物中的一大类。它们既与细菌（真细菌）有很多相似之处，又有另一些特征相似于真核生物。古菌是目前生物地球化学研究的热点之一，其种类繁多、数量巨大，生活环境多样性高，在全球的生物地球化学作用中扮演着重要的角色。古菌的研究对阐明生命运动的基本规律、揭示生命起源和物种进化、生物圈与地圈环境的相互作用等方面具有重要的意义，并可为探讨和推测外太空生命问题提供依据。同时，古菌作为一类特殊的生物资源，其应用又有别于其他微生物，古菌资源的开发正成为微生物应用的热点之一。

在古菌发现的初期，不少科学家研究发现，尽管古菌在细胞形态、大小及基因组大小方面与细菌相似，但在系统发育学上却为一个独立的进化分支，和细菌的亲缘关系比和真核生物还要远；另外它们还具有独特的细胞结构，如细胞壁骨架为蛋白质或假肽聚糖，细胞膜含油醚键，DNA 复制和转录的调控机制以及代谢中的酶作用方式既不同于细菌又不同于真核生物，因而可能是地球上的第三种生命形式。

早在 1977 年，Carl Woese 和 George Fox 就提出了三原界（Urkingdom）学说，原因是他们发现了一大类原核生物在 16S rRNA 的系统发生树上和其他原核生物有很大的区别。1990 年，Carl Woese 根据核糖体小亚基 rRNA（SSU rRNA）基因序列分析，构建了泛生命进化树，并提出生命的三域系统（Three-Domain system）。该系统将地球生命划分为细菌（Bacteria）、古菌（Archaea）和真核生物（Eucarya）三域。其中古菌（Archaea）是一群具有独特的基因结构或系统发育生物大分子序列的单细胞生物，通常生活在地球上极端的生境或生命出现初期的自然环境中，如超高温、高酸碱度、高盐或无氧环境，大多数营自养和异养生活，并具有特殊的生理功能。事实上，在我们这个星球上，古菌代表着生命的极限，确定了生物圈的范围。例如，一种叫做热网菌（*Pyrodictium*）的古菌能够在高达 113℃的温度下生长，这是迄今为止被发现的最高生物生长温度。近年来，利用现代分子生物学的方法和手段，尤其是借助微生物分子生态学的技术，人们发现，古菌广泛存在于各种生态环境中，如土壤、海水、沼泽地、火山口等。

尽管不同类群的古菌的生活习性大相径庭，但古菌的各个类群却有着共同的、有别于其他生物的细胞学及生物化学特征。例如，古菌细胞膜含由分枝碳氢链与 D 型磷酸甘油，以醚键相连接而成的脂类，而细菌及真核生物细胞膜则含由不分枝脂肪酸与 L 型磷酸甘油，以酯键相连接而成的脂类；细菌细胞壁的主要成分是肽聚糖，而古菌细胞壁则不含肽聚糖。古菌染色体 DNA 呈闭合环状，基因也组织成操纵子（操纵子为原核生物基因表达和调控的基本结构单位），生物活性相关的基因常以操纵子的结构形式协调基因表达的开启和关闭，呈典型的原核生物特征，但古菌在 DNA 复制、转录、翻译等方面，古菌却具有明显的真核特征：采用非甲酰化甲硫氨酰 tRNA 作为起始 tRNA，启动子、转录因子、DNA 聚合酶、RNA 聚合酶等均与真核生物的相似。

目前，可在实验室可培养的古菌生物主要包括三大类群，即产甲烷菌、极端嗜热菌和极端嗜盐菌。产甲烷菌生活于富含有机质且严格无氧的环境中，如沼泽地、水稻田、反刍动物的反刍胃等，参与地球上的碳素循环，负责甲烷的生物合成；极端嗜盐菌生活于盐湖、盐田及盐腌制品表面，它能够在盐饱和环境中生长，而当盐浓度低于 10% 时则不能生长；极端嗜热菌通常分布于含硫或硫化物的陆相或水相地质热点，如含硫的热泉、泥潭、海底热溢口等，绝大多数极端嗜热菌严格厌氧，在获得能量时完成硫的转化。

一、古菌的类群

按照分类学特性，古菌域（The Domain Archaea）是由四界组成，即①泉古菌界（Crenarchaeota），包括极端嗜热的元素硫代谢菌或嗜酸嗜热菌，它们多数生活在陆地硫黄热泉或海底热溢口中，多数能代谢元素硫，有目前能在最高生活温度下生长的微生物；②广域古菌界（Euryarchaeota），该界生物类群最为丰富，是古菌域中最大的界，包括产甲烷菌、极端嗜热、嗜盐菌等；③初生古菌界（Korarchaeota），这类微生物没有纯培养被分离得到，目前只有近年来利用 PCR 扩增得到的热泉中新的古菌 rDNA。这类微生物在系统发育中的地位比泉古菌界和广域古菌界更原始。④纳米古菌界（Nanoarchaeota），该界发现较晚，它与已描述的其他 3 个古菌界的 16S rDNA 同源性只有 69% ~81%，迄今为止只有由 Karl Stetter 于 2002 年在冰岛的热泉口发现的骑行纳古菌（*Nanoarchaeum equitans*）一个种，这是在另一种古菌燃球菌（*Ignicoccus*）上生活的专性共生菌。纳古菌的细胞直径大约 400 nm，基因组只有 48 万个碱基对，这是目前已发现的有细胞生物中（即除掉病毒之外）基因组最小的生物。它的 16S rDNA 和其他生物相差很多，不能通过常规方法检测得到。通过核糖体小亚基 rRNA 的系统发生树，初步将其单列为一个门。

（一）泉古菌界（Crenarchaeota）

泉古菌界（Crenarchaeota）包括极端嗜热和嗜酸嗜热的古菌，它们多数生活在陆地硫黄热泉或海底热溢口中，多数能代谢元素硫；泉古菌界只含有一个纲，即热变型菌纲（Thermoprotei）。这个界的古菌形态多样，包括杆状、球状、丝状和盘状细胞。革兰染色阴性。专性嗜热，生长温度范围为 70 ~113℃，是目前已知的能够允许生物生长的最高温度。所有的菌都嗜酸，最低生长 pH 值达 2。好氧、兼性厌氧或严格厌氧的化能无机自养或化能异养。化能异养性的菌可能进行硫呼吸。

目前这个界共有 4 个目，分别是热变型菌目（Thermoproteals）、硫还原球菌目（Desulfurococcales）、硫化叶菌目（Sulfolobales）和 Itoch 等 2003 年新发现的 Caldisphaeres 目，该目目前只有一个种。

（二）广古菌界（Euryarchaeota）

广古菌界（Euryarchaeota）的成员无论在细胞形态、代谢类型和系统发育分支方面都显示了丰富的多样性。细胞形态包括球形、杆形、叶片形、螺旋形、盘形、三角形或方形的细胞。这个界共包括了 5 个生理类群的古菌，即产甲烷古菌、极端嗜盐古菌、无细胞壁古菌、还原硫酸盐古菌和极端嗜热的 So 代谢古菌；分属于 7 个纲，即甲烷杆菌纲（Methanobacteria）、甲烷球菌纲（Methanococci）、盐杆菌纲（Halobacteria）、热原体纲（Thermoplasmata）、热球菌纲（Thermococci）、古球菌纲（Archaeoglobi）和甲烷火菌纲（Methanopyri）。除甲烷球菌纲被分为 3 个目外，其余的 6 个纲都只有 1 个目。

1. 产甲烷古菌（*Methanogens*）

产甲烷古菌是一类极端厌氧古菌，广泛分布于自然和人工厌氧生境中。能够利用一碳或二碳化合物产生甲烷的古菌，不能代谢比乙酸更复杂的有机物。产甲烷古菌均生长在严格厌氧的环境中，是迄今已知的要求氧化—还原电势最低的生物。产甲烷古菌和其他细菌形成一种特殊的互营关系持续降解生物质并接受末端电子产生甲烷，处于厌氧生物链最末端的产甲烷古菌在生物圈碳元素循环中起着重要作用。

目前，国内外已公开报道的产甲烷古菌分 5 目，11 个科，30 个属，140 多种（包括同名的种）。根据底物利用的差异性，可以把产甲烷古菌分为三种营养类型：（1）氢营养型：氧化 H_2 还原 CO_2 产生甲烷，也包括能氧化甲酸的产甲烷古菌；（2）甲基营养型：利用甲基化合物（甲醇、甲胺、二甲基硫化物）作为底物生长；（3）乙酸营养型：利用乙酸产甲烷。

2. 极端嗜盐古菌（Extremely Halophilic Archaea）

极端嗜盐古菌是一群生活在高盐环境（如盐湖、盐碱湖、晒盐场以及含盐浓度高的土壤）中的微生物。极端嗜盐古菌的一般是指，最低生长 NaCl 浓度为 1.5mol/L，最适生长 NaCl 浓度为 2 ~ 4mol/L，最高生长 NaCl 浓度为 1.5mol/L 的一类古菌。极端嗜盐古菌经常被称为 Halobacteria，这是因为嗜盐杆菌属（*Halobacterium*）的成员是极端嗜盐古菌中第一个被描述以及研究最透彻的代表菌株。极端嗜盐古菌的细胞壁缺少肽聚糖，含有醚脂以及典型的古菌 RNA 聚合酶结构。它们对大多数细菌型抗生素不敏感，具有典型的古菌特性。所有极端嗜盐古菌都以二分分裂的形式繁殖，不形成休眠态或孢子。多数嗜盐古菌不运动，少数以鞭毛运动。嗜盐古菌基因组的组成非常特别，含有一些可占细胞总 DNA 25% ~ 30% 的大型质粒，这些质粒的 GC 含量约为 57% ~ 60%，而染色体 DNA 的 GC 含量为 66% ~ 68%。除了这些大型质粒外，极端嗜盐古菌的基因组还含有大量的高度重复序列，但其功能不清楚。

在 16S rRNA 序列和其他特征的基础上，将所有的极端嗜盐古菌均归于盐杆菌纲（Halobacteria）、盐杆菌目（Halobacteriales）、盐杆菌科（Halobacteriaceae），共包括了 18 个属。

3. 嗜酸热原体（*Thermoplasma*）

嗜酸热原体（*Thermoplasma*）是一类无细胞壁的原核生物，类似于支原体，但在系统发育学上却是古菌的一个成员，属于广古菌界（Euryarchaeota）。热原体是一类嗜酸嗜热化能有机营养菌，在复合培养基中最适生长温度是 55℃，最适 pH 值是 2。除了少数菌株外，其他所有热原体菌株都曾从自热废煤堆分离到。为了能在没有细胞壁的情况下经得住渗透压而生存，以及抵抗低 pH 值和高温的极端环境，热原体已形成了一种在化学上具有独特结构的细胞膜。热原体基因组非常令人感兴趣。像其他支原体一样，热原体也含有非常小的基因组。热原体的基因组 DNA 长度只有 1.1Mb，GC 含量为 46%，DNA 由一类高碱性的 DNA 结合蛋白所包被，并将 DNA 装配成类似于真核细胞核小体的球形颗粒。这类蛋白质与真核细胞的碱性组蛋白非常类似，二者氨基酸序列也很相似。目前热原体纲只有 1 个目，3 个科。

二、古菌菌种资源的研究与利用

古菌不仅在生命进化树中位于特殊的系统分支，而且还具有特殊的生命过程和功能，古菌多生长于极端自然环境，古菌在遗传信息的传递方面（如 DNA 复制、转录、翻译等）与真核生物相似，而在代谢方面则与细菌接近。因此，研究古菌不仅对于阐明生命运动的基本规律、揭示生命起源和物种进化等方面的奥秘具有重大意义，而且有助于了解较为复杂的真核生物的一些重要生物学过程。从发展生物技术的角度看，极端环境古菌所产生的酶比普通酶更能耐受严酷条件，在许多领域具有良好的应用前景。近年来，对古菌的科学和商业兴趣促成了古菌研究的迅速发展，尤其是在以下方面取得了瞩目的成就。

1. 对生命极限的探索

尽管极端环境中的生物类群多样性丰富，但目前能在生命的最高温度、最低 pH 值和最高盐浓度的条件下生长的仅有古菌这一类群。就目前所知，地球上古菌、细菌和真核微生物能生存的最高温度极限分别为 121℃、95℃和 62℃；最低 pH 值是嗜酸嗜热古菌保持的 0～0. 8；最高的盐浓度是嗜盐古菌的 5. 2mol/L（饱和）NaCl。随着新的古菌类群的不断发现，生命的极限也在被改写，2003 年分离于北太平洋海底热液口的代号为 Strain 121 的古菌，其最高生长温度达到 121℃，是目前生命活动的最高温度极限，其耐受温度甚至达到 130℃。通过对大量极端环境下古菌的充分研究，将为人类探索生命极限、解密极限耐受之谜提供了一条可行的途径。随着人类对极端环境，乃至太空环境的不断探求，不同新的极限生物资源，尤其是古菌资源被发现，生命的定义不断在改写，生物圈的极限边界也在不断被拓展。

2. 对生命起源的探索

在 Carl Woese 以 rRNA 序列同源性为基础构建的生命树中，大部分古菌（尤其是嗜热古菌）和少数嗜热细菌位于“根”部，据此有人提出生命热起源的假说。另外，虽然古菌在代谢上表现出多样性，但它们对极端环境（高盐、高温、低 pH、严格厌氧）的适应性却是共同的，在生长上主要以自养代谢为主，大量研究表明，自养代谢是出现在光合作用之前的代谢类型，属于古老的生活方式，因此，古菌很可能是早期的生命形式，同时在火星上也发现了古菌的身影，更坚定了科学家对古菌作为生命早期形式的信念。古菌作为揭示生命起源与早期演化过程的良好模式生物被广泛深入地研究，随着大量古菌的全基因组测序的完成，后基因组时代的来临，通过古菌的研究，对解释生命起源将有十分重要的意义。

另外尽管古菌的细胞形态和结构与细菌的更相似，但其遗传过程的分子基础和机制与真核生物的更接近；而且真核基因组中有大量的古菌基因类似物。研究极端古菌遗传机制对于揭示真核生物遗传过程一些关键步骤的分子细节具有重要意义。

3. 对生命多样性的认识

和其他类群微生物一样，目前多数的极端古菌都是未培养或不可培养的。通过现代分子生物学技术的发展，利用未培养技术，可以让人们了解更多的生物存在于我们的环境中，尤其是通过对古菌的研究，极端的生命多样性的不断被揭示。目前极端微生物中主要是古菌，如目前发现的 80 多个超嗜热菌中只有 8 个是细菌，其余全是古菌。

4. 古菌资源的应用

古菌大多生长在普通微生物不能生存的那些环境条件，如高温、低温、高盐、高压、高或低的 pH 值等极端环境中。它们体内产生的各种酶一般也能在极端的条件下保持活性，这些酶在实践应用中具有很多优良的性状，在现代生物技术中将发挥巨大的作用。由嗜热微生物产生的嗜热酶具有高温反应活性，以及对有机溶剂、去污剂和变性剂的较强抗性，使它在食品、医药、制革、石油开采及废物处理等方面都有广泛的应用潜力。嗜冷酶的特殊性质使其在工业生产应用中具有一些优势：低温下催化反应可防止污染（同源的嗜温酶不活泼），经过温和的热处理即可使嗜冷酶的活力丧失，而低温或适温处理不会影响产品的品质等。嗜盐酶因其特殊的活性（在高盐浓度下仍保持高活性），可应用于处理海产品、酱制品及化工、制药、石油发酵等工业部门排放的含高浓度无机盐废水以及海水淡化等方面。

另外很多古菌能产生独特的代谢产物，如一种盐生嗜盐杆菌（*H. salinarum*）的紫膜（purple membrane），其所含的视觉物质即细菌视紫红质，是开发生物芯片的重要材料之一，紫膜具有特殊光能转化作用，所以把这类嗜盐杆菌也称之为“没有叶绿素的光合细菌”，可利用它作生物能电池。紫膜作为生物纳米材料极有开发潜力，据报道，紫膜的特定突变体的市场价格比黄金贵 1 万倍。

产甲烷菌是古菌中最大的类群，同时也是分布范围最广的类群。厌氧微生物是重要的代谢分解生物类群，作为厌氧降解生物链的末端，产甲烷菌最终转化有机物为再生能源——甲烷，有效的降低了污染。在厌氧降解的颗粒污泥中，产甲烷菌的生物量多，作用独特，处于极重要的地位。在产甲烷状态下，丙酸、丁酸、苯甲酸的降解效率要远远高于硫酸盐以及硝酸盐还原的状态。

甲烷在地球大气中的平均浓度只有 CO_2 的 0.49%，但是等摩尔的 CH_4 所造成的温室效应是 CO_2 的 20 ~ 26 倍，CH_4 在大气中的寿命大约是 12 年，是影响全球气候变化的重要气体之一。地球上的甲烷可以分为生物来源和非生物来源，其中油气田、火山等非生物来源的甲烷很少。$^{14}CH_4$ 的测定表明，约有 70% 的甲烷是生物源。因此来自生物 CH_4 产生受到极大的关注。如何减少稻田、沼泽的甲烷释放是减缓温室气体的举措之一。而且，微生物降解有机大分子产生的甲烷是一种很有价值的替代能源。因此，对甲烷菌资源和生物多样性的研究具有重要的理论意义和潜在的应用价值。

综上所述，古菌资源在科学研究与促进科技进步和行业发展中发挥着重要的作用，作为一群独特的生物群体，古菌资源越来越受到人类的关注，因此，对古菌资源进行统一规范的标准化描述对古菌资源的保护、研究与开发利用将起到积极的促进作用。

古菌菌种资源描述规范

前　　言

古菌是一群具有独特的基因结构或系统发育生物大分子序列的单细胞生物，通常生活在地球上极端的生境或生命出现初期的自然环境中，如超高温、高酸碱度、高盐及无氧环境，营自养和异养生活。古菌在细胞大小，结构及基因组结构方面与细菌相似，但其在遗传信息的传递方面更类似于真核生物。古菌主要包括产甲烷菌、极端嗜盐菌、无细胞壁的和极端嗜热并代谢硫菌。古菌资源的研究不仅为更好的认识生命现象、生物的进化和起源提供了极好的理论基础，也为生物技术的进一步发展提供更广阔的资源基础。

制定本规范是为了规范古菌菌种资源描述，便于古菌菌种资源的收集、保藏、鉴定、评价、研究和利用，有效整理菌种资源，促进菌种资源信息化，实现菌种资源的高效共享和可持续利用。

古菌菌种资源描述规范

1 范围

本规范规定了古菌菌种资源的描述内容和描述规范。

本规范适用于古菌菌种资源的收集、整理和保藏，以及数据库和信息共享网络系统的建立。

2 术语和定义

本规范采用下列术语、定义、符号和缩略语。

2.1 古菌 Archaea

Woese 根据核糖体小亚基 rRNA 基因序列分析，构建了泛生命进化树，提出生命的三域学说。该学说将地球生命划分为细菌、古菌和真核生物三域。古菌是一群具有独特的基因结构或系统发育生物大分子序列的单细胞生物，通常生活在地球上极端的生境或生命出现初期的自然环境中，如超高温、高酸碱度、高盐及无氧环境，营自养和异养生活。古菌在细胞大小，结构及基因组结构方面与细菌相似，但其在遗传信息的传递方面更类似于真核生物。古菌中主要包括产甲烷菌、极端嗜盐菌、无细胞壁的和极端嗜热并代谢硫菌。

3 古菌菌种资源基本信息

3.1 要求

应根据平台标准《微生物菌种资源共性描述规范》要求，对古菌菌种的共性进行描述，具体描述内容逐项记入附表 1 中。

描述要素分为 2 类：

——M：必须描述的要素；

——O：可选要素，其描述与否视具体菌株而定。

3.2 平台资源号（M）

国家自然科技资源 e-平台统一生成的资源编号，平台资源号长度为 18 位，前 9 位是资源单位编码，后 9 位是流水号，参见《微生物菌种资源共性描述规范》。

3.3 菌株保藏编号（M）

微生物菌种资源在保存机构的保藏编号，由前缀和菌株编号两部分组成。前缀，即保藏机构名称的英文缩写，前缀和菌株编号之间应留半角空格。

3.4 拉丁学名（M）

应指明该菌株的学名。种的名称应包括属名、种加词及定名人和定名时间；种级以下分类群的名称应包括属名、种加词和种下等级的加词及该分类群的定名人和定名时间，种加词和种下等级的加词之间用指示其等级的术语（如 subsp.，var.，forma 等）相连。未鉴定到种的菌株，以“属名 sp.”表示。

3.5 中文名称（M）

微生物菌种资源的中文名称，尚无中文译名时，可填“暂无”。

3.6 资源归类编码（M）

国家自然科技资源平台资源分级与编码标准中的编码，参见《微生物菌种资源分类编码体系》。

3.7 收藏时间（M）

微生物菌种资源被保藏机构收集、保存该菌株的时间。格式为 YYYYMMDD，其中 YYYY 为年，MM 为月，DD 为日。

3.8 来源历史（M）

微生物菌种资源在收藏单位之前的转移情况。收藏单位前以左指向箭头“←”开头，收藏单位之间用左指向箭头“←”连接。

3.9 原始编号（M）

微生物菌种资源的原始分离编号。

3.10 模式菌株（M）

微生物菌种资源是否为模式菌株。

1：模式菌株；

2：非模式菌株。

3.11 其他保藏单位编号（O）

微生物菌种资源在其他菌种保藏中心的保藏编号。其他保藏中心编号前以等号“ = ”开头，保藏编号之间用等号“ = ”连接。

3.12 原产国（M）

微生物菌种资源分离基物采集地所在国家名称。

3.13 鉴定人（O）

应指明该菌株的鉴定人姓名。

3.14 分离人（O）

该菌株的原始分离人的姓名。

3.15 分离时间（O）

该菌株的最初分离时间。格式为 YYYYMM，其中 YYYY 为年，MM 为月。

3.16 分离基物（M）

该菌株的分离源，宜指明具体分离自何种物质。

3.17 采集地区（O）

分离基物采集地的行政区划，详细到县。

3.18 采集地生境（O）

分离基物采集具体地点的生态环境描述。

3.19 采集时间（O）

采集分离基物样品的时间。

3.20 培养基编号（M）

微生物菌种最适培养基编号用 4 位数表示，具体编号参考《中国菌种目录》。如果《中国菌种目录》中不包含该培养基，应写明培养基配方和制作方法。

3.21 培养温度（M）

应指明该菌株的最适培养温度。

3.22 具体用途（O）

宜指明微生物菌种资源的具体用途。

3.23 生物危害程度（M）

病原微生物菌种资源的分类，其分类方法见《病原微生物实验室生物安全管理条例》。

1：一类；

2：二类；

3：三类；

4：四类；

5：不清楚。

3.24 致病对象（O）

病原微生物菌种资源的致病对象类群。

1：人；

2：动物；

3：人畜共患；

4：植物；

5：微生物；

6：不清楚。

3.25 传播途径（O）

微生物菌种资源在自然界的传播途径，主要包括接触传播、空气传播、食物传播、水传播以及血液、体液传播等。

3.26 寄主名称（O）

微生物菌种资源寄生宿主的中文名称或拉丁文名称。

3.27 基因元器件（O）

宜指明该菌株所携带的特定用途的质粒、F 因子、载体、筛选标记基因、启动子、增强子、信号肽基因等。

4 古菌菌种特征特性描述信息

4.1 要求

要求将本章所列条文的内容逐项记入附表 1 中，相应特征的具体描述内容详见表 A。可根据不同菌种的特性增加描述内容。不同的描述特征可用相应的符号表示，表中出现的所有符号均应加以注解说明。描述要素分为 2 类：M 为必须描述的要素；O 为可选要素，其描述与否视具体菌株而定。

4.2 表型信息

4.2.1 个体形态特征（M）

古菌不同分类单元的细胞具有不同的形态（包括球形、裂片状、叶片状、三角形、四方形、螺旋形、片状和杆状，也存在单细胞、多细胞的丝状体或聚集体等）、细胞大小、运动性、鞭毛、胞鞘、细胞团块的颜色、革兰氏染色反应。细胞内含物及贮藏物的存在与否也是区分不同分类群特征之一。

4.2.2 培养特征（M）

指固体琼脂培养基上的菌落形态、液体培养情况、荧光色素的产生情况。

4.2.3 生理生化特征（M）

古菌分类中常用的生理生化特征有：营养类型；对氧的需求；对温度（最适、最低和最高生长温度）、pH 值的需求及耐受性；对盐的耐受性（最适、最低和最高生长的 NaCl 浓度）；产生甲烷的底物；利用各种碳源、氮源、硫源及其他特殊化合物的能力；对生长因子及其他特殊化合物及营养的需求；各种代谢反应如：糖、醇的发酵等；酶反应。

4.2.4 细胞化学成分特征（M）

指细胞壁组成和细胞膜脂类组成。

4.3 基因型信息

4.3.1 DNA 碱基组成（G＋Cmol%）（O）

4.3.2 16S rRNA 基因序列（M）。如该序列提交到 GenBank，宜给出其注册号（O）。

4.4 其他描述信息

4.4.1 图像信息（O）

菌种的菌落形态和个体形态特征图像。

4.4.2 参考文献（O）

宜列出与该菌株有关的参考文献。

附表 1 古菌菌种资源描述表

描述日期：　　年　　月　　日

基本信息			
平台资源号		菌株保藏编号	
拉丁学名		中文名称	
资源归类编码		收藏时间	
来源历史		原始编号	
是否模式菌株		其他保藏机构编号	
原产国或地区		鉴定人	
分离人		分离时间	
分离基物		采集地区	
采集地生境		采集时间	
培养基		培养温度	
生物危害程度		致病对象	
传播途径		寄主名称	
具体用途		基因元器件	

（续附表 1）

<table>
<tr><th colspan="7">特征特性信息</th></tr>
<tr><td rowspan="15">表型信息</td><td rowspan="8">个体形态特征</td><td>形状</td><td></td><td rowspan="8">培养特征</td><td rowspan="4">菌落形态、大小、质地、颜色等</td><td rowspan="4"></td></tr>
<tr><td>大小</td><td></td></tr>
<tr><td>运动性</td><td></td></tr>
<tr><td>鞭毛</td><td></td></tr>
<tr><td>胞鞘</td><td></td><td>液体培养情况</td><td></td></tr>
<tr><td>革兰氏染色反应</td><td></td><td rowspan="3">荧光色素的产生情况</td><td rowspan="3"></td></tr>
<tr><td>细胞内含物及贮存物</td><td></td></tr>
<tr><td>其他形态特征</td><td></td></tr>
<tr><td rowspan="6">生理生化特征</td><td>营养类型</td><td colspan="4"></td></tr>
<tr><td>氧的需求</td><td colspan="4"></td></tr>
<tr><td>对 pH 的需求</td><td colspan="4"></td></tr>
<tr><td>对温度需求</td><td></td><td colspan="2">各种代谢反应如：糖、醇的发酵等</td><td></td></tr>
<tr><td>对盐的需求</td><td></td><td colspan="2">各种酶反应如：接触酶，氧化酶等</td><td></td></tr>
<tr><td>利用各种碳源、氮源及其他化合物的能力</td><td></td><td colspan="2">对生长因子及其他特殊化合物及营养的需求</td><td></td></tr>
<tr><td>细胞化学成分特征</td><td>细胞壁组成</td><td></td><td colspan="2">细胞膜脂类组成</td><td></td></tr>
<tr><td rowspan="3">基因型信息</td><td colspan="2">DNA 碱基组成（G + Cmol%）</td><td colspan="4"></td></tr>
<tr><td colspan="2">16S rRNA 基因序列</td><td colspan="4"></td></tr>
<tr><td colspan="2">GenBank 注册号</td><td colspan="4"></td></tr>
<tr><th colspan="7">其他信息</th></tr>
<tr><td colspan="2">图像信息</td><td colspan="2"></td><td>文献信息</td><td colspan="2"></td></tr>
</table>

产甲烷古菌菌种资源描述规范

前　言

产甲烷古菌（*Methanogenic archaea*）是一个生理和表型特征十分独特的类群，隶属于古菌域（Archaea）的广古菌门（Euryarchaeota）。到目前为止，分离鉴定的产甲烷菌已有200多种，归入3个纲、5个目、9个科、26个属。作为古菌域的成员，产甲烷古菌这一分支发生在地球有最早的生命形式的时候，所以产甲烷菌的生化特性与其他的生命形式有很大的不同。尽管产甲烷古菌是严格的厌氧微生物，但却广泛分布于沼泽、湖泊、海洋沉积物及瘤胃动物的胃液、厌氧污泥消化器等自然和非自然的缺氧生态系统中。

产甲烷菌是厌氧发酵过程的最后一个成员，在自然界碳素循环中扮演重要角色，处于厌氧生物链最末端的产甲烷古菌在生物圈碳循环中起着重要作用，因为在生物产甲烷的过程中，产甲烷古菌和其他微生物形成了一种特殊的互营关系，使中间产物不产生积累，持续降解生物质并接受末端电子产生甲烷，从而解除生物链的反馈抑制。同时，产甲烷古菌所释放出来的甲烷也是导致温室效应的重要因素，因此产甲烷菌的研究备受关注。

制定本规范是为了规范产甲烷菌菌种资源描述，便于产甲烷菌菌种资源的收集、保藏、鉴定、评价、研究和利用，有效整理菌种资源，促进菌种资源信息化，实现菌种资源的高效共享和可持续利用。

产甲烷古菌菌种资源描述规范

1 范围

本规范规定了产甲烷古菌菌种资源的描述内容和描述要求。

本规范适用于产甲烷古菌菌种资源的收集、整理、保藏，以及数据库和信息共享网络系统的建立。

2 规范性引用文件

下列文件中的条款通过本规范的引用而成为本规范的条款。凡是注明日期的引用文件，其随后所有的修改单（不包括勘误的内容）或修订版均不适用于本规范，然而，鼓励根据本规范达成协议的各方，研究是否可使用这些文件的最新版本。凡是不注明日期的引用文件，其最新版本适用于本规范。

国务院令第424号《病原微生物实验室生物安全管理条例》

3 术语和定义

本规范采用下列术语、定义、符号和缩略语。

3.1 产甲烷古菌 *Methanogenic Archaea*

产甲烷古菌是一类能够将简单的无机或有机化合物厌氧发酵转化成产生 CH_4 和 CO_2 的厌氧微生物，它们生活在各种自然环境中，甚至在一些极端环境中，是厌氧食物链最末端的一个成员。产甲烷菌是古菌中最大的一个类群，它明显区别于地球上的多数需要氧气和复杂化合物生长的生物，它们只能利用简单的一、二碳化合物和氢气作为能源进行生长。

4 要求

4.1 对菌株的描述条款应明确而无歧义，并且：

——对本规范规定的描述内容应清楚、准确，力求完整；

——要充分考虑菌株的最新研究进展；

——实验结果均需在指定的标准条件下得出；

——能被微生物学专业人员理解。

4.2 描述信息

4.2.1 必选描述信息

所有资源都必须有的描述信息，在描述符号后以（M）表示。

4.2.2 可选描述信息

可选做的描述信息，在描述符号后以（O）表示。

5 产甲烷古菌菌种资源基本信息

5.1 要求

要求将本章所列条文的内容逐项记入附录表中。

5.2 基本信息

5.2.1 平台资源号（M）

国家自然科技资源 e-平台统一生成的资源编号，平台资源号长度为 18 位，前 9 位是资源单位编码，后 9 位是流水号，参见《微生物菌种资源共性描述规范》。

5.2.2 学名（M）

应指明该菌株的学名，包括属名、种加词及定名人、定名时间。

5.2.3 中文名称（M）

微生物菌种资源的中文名称，尚无中文译名时，可填“暂无”。

5.2.4 资源归类编码（M）

国家自然科技资源平台资源分级与编码标准中的编码，参见《微生物菌种资源分类编码体系》。

5.2.5 菌株保藏编号（M）

微生物菌种资源在保藏机构的保藏编号。由前缀和菌株编号两部分组成。前缀为保藏机构名称的英文缩写，前缀和菌株编号之间应留半角空格。

5.2.6 其他保藏单位编号（O）

微生物菌种资源在其他菌种保藏中心的保藏编号。其他保藏中心编号前以等号“＝”开头，保藏编号之间用等号“＝”连接。

5.2.7 来源历史（O）

微生物菌种资源在收藏单位之前的转移情况。收藏单位前以左指向箭头“←”开头，收藏单位之间用左指向箭头“←”连接。

5.2.8 分离人（O）

该菌株的最原始分离人的姓名。

5.2.9 分离时间（O）

该菌株的最初分离时间。

5.2.10 原始编号（M）

微生物菌种资源的原始分离编号。

5.2.11 鉴定人（O）

应指明该菌株的鉴定人姓名。

5.2.12 鉴定人所在单位（O）

应指明该菌株的鉴定人所在的单位。

5.2.13 收藏时间（M）

微生物菌种资源被保藏机构收集、保存该菌株的时间。格式为 YYYYMMDD，其中 YYYY 为年，MM 为月，DD 为日。

5.2.14 原产国（M）

微生物菌种资源分离基物采集地所在国家名称。

5.2.15　采集地区（O）

分离基物采集地的行政区划，详细到县，GB 行政区划代码按 GB T2260—1999 中规定进行。

5.2.16　分离基物（O）

微生物菌种资源分离物质的具体名称，对于寄生或共生的宜指明分离的具体组织部位。

5.2.17　采集地生境（O）

分离基物采集具体地点的生态环境描述。

5.2.18　生物危害程度（M）

病原微生物菌种资源的分类，其分类方法见《病原微生物实验室生物安全管理条例》。

1：一类；

2：二类；

3：三类；

4：四类；

5：不清楚。

5.2.19　培养基编号（M）

微生物菌种最适培养基编号用 4 位数表示，具体编号参考《中国菌种目录》。如果《中国菌种目录》中不包含该培养基，应写明培养基配方和制作方法。

5.2.20　模式菌株（M）

微生物菌种资源是否为模式菌株。

1：模式菌株；

2：非模式菌株。

5.2.21　分类学地位（M）

应指明该菌株所属的界、门、纲、目及科。如该种已鉴定亚种，应指明该菌株的亚种名称。

6　产甲烷古菌菌株特征特性描述信息

6.1　要求

要求将本章所列条文的内容逐项记入附表 1 中。

6.2　表型信息

6.2.1　个体形态特征（M）

产甲烷古菌不同分类单元的细胞具有不同的形态（包括短杆状、杆状、球状、不规则球状、八叠球状、弯曲丝状，也存在单细胞、多细胞的丝状体或聚集体等）、细胞大小、运动性、泡囊、鞭毛、革兰氏染色反应。细胞内的贮藏物颗粒、晶体、气泡的存在与否也是区分不同分类群特征之一。

6.2.2　培养特征（M）

产甲烷古菌培养特征包括生长在滚管或者固体琼脂培养基上的菌落形态、液体培养情况、荧光产生情况。

6.2.3 生理生化特征（M）

产甲烷菌分类中常用的生理生化特征有：营养类型；对氧的需求；对温度（最适、最低和最高生长温度）、pH 的需求及耐受性；对盐的耐受性（最适、最低和最高生长的 NaCl 浓度）；基质范围；碳源利用特征；对生长因子及其他特殊化合物及营养的需求；酶反应。

6.2.4 细胞化学成分特征（M）

细胞化学成分特征主要指：细胞壁组成和细胞膜脂类组成。

6.2.5 具体用途（M）

指所描述菌株的具体用途。如模式菌株、能产生某些特殊的次生代谢产物等。

6.2.6 致病性和致病对象（O）

菌株是否具有致病性，如有致病性，应指明菌株的治病对象是人类、动物、植物或微生物。

6.3 基因型信息（O）

6.3.1 DNA 碱基组成（G + Cmol%）（O）

6.3.2 16S rDNA 序列在 GenBank 中的注册号（O）

6.3.3 质粒/基因元件（O）

菌株所携带的特定用途的质粒、基因片段的名称。

6.4 其他描述信息

6.4.1 图像信息（O）

菌种的菌落形态和个体形态特征图像。

6.4.2 参考文献（O）

宜列出与该菌株有关的参考文献。

6.4.3 保存方法（M）

菌种资源长期保存采用的技术方法。以下几种方法可供选择：

1. 液氮超低温冻结；
2. 液体管定期移植；
3. 其他。

附表 1 **产甲烷古菌菌种资源描述表**

描述日期： 年 月 日

基本信息			
平台资源号			
学名		中文名称	
资源归类编码		菌株保藏编号	
其他保藏机构编号		来源历史	
分离人		分离时间	
原始编号		鉴定人	
鉴定人所在单位		收藏时间	

（续附表 1）

<table>
<tr><th colspan="7">基本信息</th></tr>
<tr><td colspan="3">原产国或地区</td><td></td><td colspan="2">采集地区</td><td></td></tr>
<tr><td colspan="3">分离基物</td><td></td><td colspan="2">采集地生境</td><td></td></tr>
<tr><td colspan="3">生物危害等级</td><td></td><td colspan="2">培养基</td><td></td></tr>
<tr><td colspan="3">模式菌株</td><td></td><td colspan="2">分类地位</td><td></td></tr>
<tr><th colspan="7">特征特性信息</th></tr>
<tr><td rowspan="21">表型信息</td><td rowspan="8">个体形态特征</td><td>形状</td><td></td><td rowspan="8">培养特征</td><td rowspan="4">（滚管或平板）菌落形态、大小、质地、颜色等</td><td rowspan="4"></td></tr>
<tr><td>大小</td><td></td></tr>
<tr><td>运动性</td><td></td></tr>
<tr><td>鞭毛</td><td></td></tr>
<tr><td>泡囊</td><td></td><td>液体培养情况</td><td></td></tr>
<tr><td>革兰氏染色反应</td><td></td><td rowspan="3">荧光产生情况</td><td rowspan="3"></td></tr>
<tr><td>细胞内含物及贮存物</td><td></td></tr>
<tr><td>其他形态特征</td><td></td></tr>
<tr><td rowspan="8">生理生化特征</td><td>营养类型</td><td colspan="4"></td></tr>
<tr><td>氧的需求</td><td colspan="4"></td></tr>
<tr><td>对 pH 的需求</td><td colspan="4"></td></tr>
<tr><td>对温度需求</td><td colspan="4"></td></tr>
<tr><td>对盐的需求</td><td colspan="4"></td></tr>
<tr><td>基质范围</td><td colspan="4"></td></tr>
<tr><td>对生长因子及其他特殊化合物及营养的需求</td><td colspan="4"></td></tr>
<tr><td>各种酶反应</td><td colspan="4"></td></tr>
<tr><td>细胞化学成分特征</td><td>细胞壁组成</td><td></td><td>细胞膜脂类组成</td><td colspan="2"></td></tr>
<tr><td>具体用途</td><td></td><td colspan="4"></td></tr>
<tr><td>致病对象</td><td></td><td colspan="4"></td></tr>
<tr><td colspan="6" style="display:none"></td></tr>
<tr><td colspan="6" style="display:none"></td></tr>
<tr><td rowspan="3">基因型信息</td><td colspan="2">DNA 碱基组成（G + Cmol%）</td><td colspan="4"></td></tr>
<tr><td colspan="2">16S rDNA 序列（GenBank 注册号）</td><td colspan="4"></td></tr>
<tr><td colspan="2">质粒/基因器件</td><td colspan="4"></td></tr>
<tr><th colspan="7">其他信息</th></tr>
<tr><td colspan="3">图像信息</td><td></td><td colspan="2">文献信息</td><td></td></tr>
<tr><td colspan="3">保存方法</td><td colspan="4"></td></tr>
</table>

三、细　菌

广义的细菌即为原核生物，是指一大类细胞核无核膜包裹，只存在称作核区（nuclear region）或拟核的裸露 DNA 的原始单细胞生物，包括真细菌（eubacteria）和古生菌（archaea）两大类群。真细菌通常分为 6 种类型，即细菌（狭义）、放线菌、蓝细菌、支（植）原体、立克次氏体和衣原体。本章内容所指细菌为除放线菌以外的真细菌。

细菌广泛分布于土壤和水中，或者与其他生物共生。人体身上也带有相当多的细菌。据估计，人体内及表皮上的细菌细胞总数约是人体细胞总数的十倍。此外，也有部分种类分布在极端的环境中，例如温泉，甚至是放射性废弃物中，它们被归类为嗜极生物。从 1984 年本手册的第 1 版至 2001 年开始出版《伯杰氏系统细菌学手册》第 2 版可以看出，该领域的研究呈现了暴发性的增长趋势，共记载了 2 200多个新种和 390 个新属，所包括的物种已超过 5 000个。然而，细菌的种类是如此之多，科学家研究过并命名的种类只占其中的小部分，并且绝大多数细菌目前尚不能纯培养。

细菌对环境、人类和动物既有益处又有危害。一些细菌为病原体，在人及动物体中导致了炭疽病、破伤风、伤寒、肺炎、梅毒、霍乱和肺结核、鼠疫、砂眼等细菌性疾病；在植物中，细菌导致叶斑病、火疫病和萎蔫。同时细菌在食品、医疗、生物防治、环境治理、农业生产和冶金等领域具有重要的应用价值。比如细菌通常与酵母菌及其他种类的真菌一起用于发酵食物，例如在醋的传统制造过程中，就是利用空气中的醋酸菌（*Acetobacter*）使酒转变成醋，利用细菌制造出了与人类生活息息相关的食品如奶酪、泡菜、酱油、醋、酒等；有些细菌能降解多种有机化合物，可对污染环境进行生物修复，另外，根瘤菌的生物固氮作用、微生物饲料、微生物肥料、污水的净化等等方面有着广泛的应用。

细菌具有许多不同的代谢方式。自养细菌只需要二氧化碳作为它们的碳源，光合自养细菌可通过光合作用从光中获取能量，依靠氧化化合物获取能量的，称为化能自养细菌。另外一些细菌依靠有机物形式的碳作为碳源，称为异养生物。

根据它们对氧气的反应，大部分细菌可以被分为以下三类：一些只能在氧气存在的情况下生长，称为需氧菌；另一些只能在没有氧气存在的情况下生长，称为厌氧菌；还有一些无论有氧无氧都能生长，称为兼性厌氧菌。细菌也能在人类认为是极端的环境中旺盛地生长，这类生物被称为极端微生物，包括嗜热细菌、嗜盐微生物、嗜酸细菌和嗜碱细菌、嗜冷细菌和嗜压微生物等。

第 2 版的《伯杰氏系统细菌学手册》中，细菌域分为 23 个门，28 个纲。其中位于细菌系统树根部的有 9 个门，分别是产液菌门（Aquificae）、热袍菌门（Thermotoga）、热脱硫菌门（Thermodesulfobacteria）、异常球菌栖热菌门（Deinococcus Thermus）、目前只有一个种的金矿菌门（Chrysiogenetes）、绿色屈挠菌门（Chloroflexi）、热微菌门（Thermomicrobia）、硝化螺菌门（Nitrospirae）和铁还原杆菌门（Deferribacteres）。

革兰阴性细菌中的变形细菌在第 2 版的《伯杰氏系统细菌学手册》中被提升为门的地位，并包括了 5 个纲：α-变形菌纲（Alphaproteobacteria）、β-变形菌纲（Betaproteobacteria）、γ-变形菌纲（Gammaproteobacteria）、δ-变形菌纲（Deltaproteobacteria）和 ε-变形菌纲（Epsilonproteobacteria）。其他革兰阴性细菌门包括浮霉状菌门（Planctomycetes）、衣原体门（Chlamydiae）、绿细菌门（Chlorobi）、螺旋体门（Spirochates）、梭杆菌门（Fusobacteria）、疣微菌门（Verrucomicrobia）、拟杆菌门（Bacteroides）（包括拟杆菌、黄杆菌和鞘氨醇杆菌）、酸杆菌门（Acidobaceria）、纤杆菌门（Fibrobacteres）、蓝细菌门（Cyanobacteria）和网团菌门（Dictyoglomi）。但蓝细菌门属于一个独立于革兰阴性和阳性细菌的分支。

革兰阳性细菌则根据它们的 GC 含量分为低 GC 含量的“厚壁菌门（Firmicutes）”和高 GC 含量的“放线杆菌门（Actinobacteriaphy）”。前者包括支原体、梭菌、芽孢杆菌、乳杆菌和互营生孢细菌分支；后者包括节杆菌、分枝杆菌、棒杆菌、诺卡菌群、陌生菌和链霉菌等。本章所描述的细菌不包括放线杆菌门中放线菌亚纲的种类。

细菌菌种资源描述规范

前　　言

细菌菌种资源是微生物菌种资源的重要组成部分，是微生物学研究、教学及生物技术产业持续发展的基础，是微生物多样性的重要组成部分。随着科学水平的进步，人们已深刻地认识到微生物菌种保藏对遗传资源和生物多样性的收集和保存具有重要的价值。

制定本规范是为了规范细菌菌种资源描述，便于细菌菌种资源的收集、保藏、鉴定、评价、研究和利用，有效整理菌种资源，促进菌种资源信息化，实现菌种资源的高效共享和可持续利用。

细菌菌种资源描述规范

1 范围

本规范规定了细菌菌种资源描述的内容和描述要求。

本规范适用于细菌菌种资源的收集、整理和保藏，以及数据库和信息共享网络系统的建立。

2 术语和定义

本规范采用下列术语、定义、符号和缩略语。

2.1 细菌 bacterium，复数 bacteria

本规范采用广义的细菌概念，指 Woese 泛生命树所界定的细菌域中的所有分类群。细菌是一类种类繁多，无处不在的单细胞原核生物。其基本形态为球状、杆状和螺旋状，有些放线菌则形成菌丝体，菌体宽度一般为 0.5 ~ 2μm。大多数细菌具有含肽聚糖的细胞壁。细菌通常是以二分裂法进行增殖，间或出现一些不等分裂和出芽的种类。有一部分细菌还形成芽孢。细菌的遗传结构可通过突变、接合、转导或转化发生改变。其营养要求各不相同，代谢方式也各具其特征。

3 细菌菌种资源基本信息

3.1 要求

应根据平台标准《微生物菌种资源共性描述规范》要求，对细菌菌种的共性进行描述，具体描述内容逐项记入附表 1 中。

描述要素分为 2 类：

——M：必须描述的要素；

——O：可选要素，其描述与否视具体菌株而定。

3.2 平台资源号（M）

国家自然科技资源 e-平台统一生成的资源编号，平台资源号长度为 18 位，前 9 位是资源单位编码，后 9 位是流水号，参见《微生物菌种资源共性描述规范》。

3.3 菌株保藏编号（M）

微生物菌种资源在保藏机构的保藏编号。由前缀和菌株编号两部分组成。前缀为保藏机构名称的英文缩写，前缀和菌株编号之间应留半角空格。

3.4 拉丁学名（M）

应指明该菌株的学名。种的名称应包括属名、种加词及定名人和定名时间；种级以下分类群的名称应包括属名、种加词和种下等级的加词及该分类群的定名人和定名时间，种加词和种下等级的加词之间用指示其等级的术语（如 subsp.，var.，forma 等）相连。未鉴定到种的菌株，以“属名 sp.”表示。

3.5 中文名称（M）

微生物菌种资源的中文名称，尚无中文译名时，可填“暂无”。

3.6 资源归类编码（M）

国家自然科技资源平台资源分级与编码标准中的编码，参见《微生物菌种资源分类编码体系》。

3.7 收藏时间（M）

微生物菌种资源被保藏机构收集、保存该菌株的时间。格式为 YYYYMMDD，其中 YYYY 为年，MM 为月，DD 为日。

3.8 来源历史（M）

微生物菌种资源在收藏单位之前的转移情况。收藏单位前以左指向箭头“←”开头，收藏单位之间用左指向箭头“←”连接。

3.9 原始编号（M）

微生物菌种资源的原始分离编号。

3.10 模式菌株（M）

微生物菌种资源是否为模式菌株。

1：模式菌株；

2：非模式菌株。

3.11 其他保藏单位编号（O）

微生物菌种资源在其他菌种保藏中心的保藏编号。其他保藏中心编号前以等号“＝”开头，保藏编号之间用等号“＝”连接。

3.12 原产国（M）

微生物菌种资源分离基物采集地所在国家名称。

3.13 鉴定人（O）

应指明该菌株的鉴定人姓名。

3.14 分离人（O）

该菌株的原始分离人的姓名。

3.15 分离时间（O）

该菌株的最初分离时间。格式为 YYYYMM，其中 YYYY 为年，MM 为月。

3.16 分离基物（M）

该菌株的分离源，宜指明具体分离自何种物质。

3.17 采集地区（O）

分离基物采集地的行政区划，详细到县。

3.18 采集地生境（O）

分离基物采集具体地点的生态环境描述。

3.19 采集时间（O）

采集分离基物样品的时间。

3.20 培养基（M）

微生物菌种最适培养基编号用 4 位数表示，具体编号参考《中国菌种目录》。如果《中国菌种目录》中不包含该培养基，应写明培养基配方和制作方法。

3.21　培养温度（M）

应指明该菌株的最适培养温度。

3.22　具体用途（O）

宜指明微生物菌种资源的具体用途。

3.23　生物危害程度（M）

病原微生物菌种资源的分类，其分类方法见《病原微生物实验室生物安全管理条例》。

1：一类；

2：二类；

3：三类；

4：四类；

5：不清楚。

3.24　致病对象（O）

病原微生物菌种资源的致病对象类群。

1：人；

2：动物；

3：人畜共患；

4：植物；

5：微生物；

6：不清楚。

3.25　传播途径（O）

微生物菌种资源在自然界的传播途径，主要包括接触传播、空气传播、食物传播、水传播以及血液、体液传播等。

3.26　寄主名称（O）

微生物菌种资源寄生宿主的拉丁文名称和中文名称。

3.27　基因元器件（O）

宜指明该菌株所携带的特定用途的质粒、F 因子、载体、筛选标记基因、启动子、增强子、信号肽基因等。

4　细菌菌种资源特征特性描述信息

4.1　要求

要求将本章所列条文的内容逐项记入附表 1 中，相应特征的具体描述内容详见表 1。可根据不同菌种的特性增加描述内容。不同的描述特征可用相应的符号表示，表中出现的所有符号均应加以注解说明。描述要素分为 2 类：M 为必须描述的要素；O 为可选要素，其描述与否视具体菌株而定。

4.2　表型信息

4.2.1　个体形态特征（M）

细菌描述中常用的个体形态特征有：形状、大小、排列方式、运动性、鞭毛、芽孢、荚膜、抗酸染色，革兰氏染色反应、细胞内含物及贮藏物的存在与否等。上述形态特征具体到某一分类单元，可以只对其中部分内容进行描述。

4.2.2　培养特征（M）

细菌培养特征主要应包括固体琼脂培养基上的菌落形态、半固体琼脂培养基中的穿刺生长情况、液体培养情况、水溶性色素和非水溶性色素的产生情况。

4.2.3　生理生化特征（M）

在细菌分类中常用的生理生化特征有：营养类型；氧的需求；对温度、pH 的需求及耐受性；对盐的耐受性；利用各种碳源、氮源、硫源及其他特殊化合物的能力；对生长因子及其他特殊化合物及营养的需求；对抗生素的敏感性；固氮能力；代谢产物；各种代谢反应，如：糖、醇的发酵等；酶反应。

4.2.4　血清反应（O）

4.2.5　细胞化学组分特征（M）

细胞化学成分特征主要包括：细胞脂肪酸组分分析、醌组分分析、枝菌酸、细胞壁氨基酸、细胞壁糖型、磷酸类脂等。

4.3　基因型信息

4.3.1　DNA 碱基组成（G + Cmol%）（O）

4.3.2　16S rRNA 基因序列（M）

如该序列提交到 GenBank，宜给出其注册号。

4.4　其他描述信息（O）

4.4.1　图像信息（O）

菌种的菌落形态和个体形态特征图像。

4.4.2　参考文献（O）

宜列出与该菌株有关的参考文献。

附表 1　　　　**细菌菌种资源描述表**

描述日期：　　年　　月　　日

基本信息			
平台资源号		菌株保藏编号	
拉丁学名		中文名称	
资源归类编码		收藏时间	
来源历史		原始编号	
是否模式菌株		其他保藏机构编号	
原产国或地区		鉴定人	
分离人		分离时间	
分离基物		采集地区	
采集地生境		采集时间	
培养基		培养温度	
生物危害程度		致病对象	
传播途径		寄主名称	
具体用途		基因元器件	

（续附表 1）

<table>
<tr><th colspan="7">特征特性信息</th></tr>
<tr><td rowspan="25">表型信息</td><td rowspan="8">形态特征</td><td>形状、大小、排列</td><td></td><td rowspan="8">培养特征</td><td rowspan="3">半固体培养基穿刺生长情况</td><td rowspan="3"></td></tr>
<tr><td>运动性、鞭毛</td><td></td></tr>
<tr><td>芽孢、荚膜</td><td></td></tr>
<tr><td>革兰氏染色反应</td><td></td><td>明胶穿刺培养情况</td><td></td></tr>
<tr><td>细胞内含物及贮存物</td><td></td><td>荧光色素的产生</td><td></td></tr>
<tr><td>繁殖方式</td><td></td><td rowspan="3">其他培养特征</td><td rowspan="3"></td></tr>
<tr><td>抗酸染色</td><td></td></tr>
<tr><td>其他形态特征</td><td></td></tr>
<tr><td rowspan="7">生理生化特征</td><td>营养类型</td><td></td><td colspan="2">各种代谢反应如：糖、醇的发酵，牛奶反应等</td><td></td></tr>
<tr><td>对氧的需求、对光照的需求</td><td></td><td colspan="2">各种酶反应如：接触酶，氧化酶等</td><td></td></tr>
<tr><td>对温度、pH 的需求及耐受性</td><td></td><td colspan="2">对抗生素的敏感性</td><td></td></tr>
<tr><td>对盐的耐受性</td><td></td><td colspan="2">固氮能力</td><td></td></tr>
<tr><td>对生长因子及其他营养的需求</td><td></td><td colspan="2">免疫特征</td><td></td></tr>
<tr><td rowspan="2">利用各种碳源、氮源及其他化合物的能力</td><td rowspan="2"></td><td colspan="2">血清反应</td><td></td></tr>
<tr><td colspan="2">其他生理生化特征</td><td></td></tr>
<tr><td rowspan="3">细胞化学成分特征</td><td>细胞脂肪酸</td><td></td><td colspan="2">细胞壁氨基酸</td><td></td></tr>
<tr><td>醌</td><td></td><td colspan="2">细胞壁糖型</td><td></td></tr>
<tr><td>枝菌酸</td><td></td><td colspan="2">磷酸类脂</td><td></td></tr>
<tr><td colspan="2" rowspan="2">基因型信息</td><td rowspan="2">DNA 碱基组成（G + Cmol%）</td><td rowspan="2"></td><td colspan="2">16S rRNA 基因序列</td><td></td></tr>
<tr><td colspan="2">GenBank 注册号</td><td></td></tr>
<tr><th colspan="7">其他描述信息</th></tr>
<tr><td colspan="2">图像信息</td><td colspan="2"></td><td colspan="2">参考文献</td><td></td></tr>
</table>

根瘤菌菌种资源描述规范

前　　言

根瘤菌（*Rhizobia*）是一类能够侵染豆科植物根部或茎部形成根瘤/茎瘤，可进行共生固氮的革兰氏阴性细菌。它与豆科植物的共生固氮功能是最强大的生物固氮体系之一，在农业生产中起着重要的作用。据联合国粮农组织（FAO）估计，全球每年由生物固定氮的量接近2亿吨，相当于地球上每年固氮总量的70%左右，其中根瘤菌与豆科植物的共生固氮约占50%，因此对根瘤菌共生固氮功能的研究及根瘤菌资源的保护和利用极为重要。

我国根瘤菌菌种资源极为丰富，而且近百年来在根瘤菌的固氮生物学、固氮生物化学、固氮遗传学及应用方面展开了大量的研究，获得了大量有价值的菌株。制定本规范是为了使根瘤菌菌种资源描述标准化，便于根瘤菌菌种资源的收集、保藏、鉴定、评价、研究和利用，有效整理菌种资源，促进菌种资源信息化，实现菌种资源的高效共享和可持续利用。

根瘤菌菌种资源描述规范

1 范围

本规范规定了根瘤菌菌种资源的描述内容及其描述要求。

本规范适用于根瘤菌菌种资源的收集、整理和保藏，数据库和信息共享网络系统的建立。

2 术语和定义

2.1 根瘤菌 *Rhizobia*

是一类能侵染豆科植物根部或茎部形成根瘤/茎瘤，可进行共生固氮的革兰氏阴性细菌。

2.2 根瘤菌菌种资源 Rhizobal resources

指可培养的有一定科学意义、具有实际或潜在实用价值的根瘤菌菌种及其相关信息。

3 要求

3.1 描述要求

——描述内容应清楚、准确，力求完整；

——充分考虑该菌株的最新研究进展；

——易被微生物专业人员理解。

3.2 描述要素

描述要素分为2类：

——M：必备要素，必须描述的要素；

——O：可选要素，其描述与否视具体菌株而定。

4　描述内容

4.1　基本信息

4.1.1　学名（M）

该菌株的完整的科学名称。对于鉴定到属，未鉴定到种的菌株，种名以“属名 sp.”表示。

4.1.2　中文名称（M）

微生物菌种资源的中文名称，尚无中文译名时，可填“暂无”。

4.1.3　资源归类编码（M）

国家自然科技资源平台资源分级与编码标准中的编码，参见《微生物菌种资源分类编码体系》。

4.1.4　菌株保藏编号（M）

微生物菌种资源在保藏机构的保藏编号。由前缀和菌株编号两部分组成。前缀为保藏机构名称的英文缩写，前缀和菌株编号之间应留半角空格。

4.1.5　其他保藏机构编号（O）

微生物菌种资源在其他菌种保藏中心的保藏编号。其他保藏中心编号前以等号“＝”开头，保藏编号之间用等号“＝”连接。

4.1.6　来源历史（M）

微生物菌种资源在收藏单位之前的转移情况。收藏单位前以左指向箭头“←”开头，收藏单位之间用左指向箭头“←”连接。

4.1.7　分离人（O）

该菌株最初分离人的姓名。

4.1.8　分离时间（O）

该菌株的分离时间（年月日：YYYYMMDD）。

4.1.9　原始编号（O）

微生物菌种资源原始分离编号。

4.1.10　鉴定人（O）

该菌株的鉴定人。

4.1.11　鉴定人所在单位（O）

该菌株的鉴定人所在单位。

4.1.12　收藏时间（O）

微生物菌种资源被保藏机构收集、保存该菌株的时间。格式为 YYYYMMDD，其中 YYYY 为年，MM 为月，DD 为日。

4.1.13　原产国（M）

微生物菌种资源分离基物采集地所在国家名称。

4.1.14　采集地区（O）

该菌株的采集地行政区划，详细到县。

4.1.15　分离宿主（O）

具体的分离宿主名称。

4.1.16　采集地生境（O）

描述该菌株分离宿主采集具体地点的生态环境，参照《微生物菌种资源采集环境描述规范》。

4.1.17　培养基编号（M）

微生物菌种最适培养基编号用4位数表示，具体编号参考《中国菌种目录》。如果《中国菌种目录》中不包含该培养基，应写明培养基配方和制作方法。

4.1.18　具体用途（M）

微生物菌种资源的具体用途。

4.2　收藏单位信息及共享方式

4.2.1　收藏单位名称

4.2.2　资源类型

微生物菌种资源的类型：

1：培养物；

2：二元培养物；

3：基因；

4：其他。

4.2.3　保存方法（M）

菌种资源长期保存采用的技术方法。

1：液氮超低温冻结法；

2：-80℃冰箱冻结法；

3：真空冷冻干燥法；

4：矿物油法；

5：定期移植法；

6：其他。

4.2.4　提供形式（M）

提供给资源利用者的微生物菌种资源类型：

1：斜面培养物；

2：冻干物；

3：冻结法；

4：其他。

4.3　根瘤菌菌株特征特性描述

4.3.1　特征特性信息

4.3.1.1　菌落特征（M）

菌落形态（形状、隆起、边缘、颜色、大小），并应指明菌株培养所用培养条件。

4.3.1.2　细胞特征（M）

菌株营养细胞的显著特征：

——革兰氏染色特征，应指明培养时间；

——细胞的大小以“宽×长”表示，单位μm；

——细胞的形状及排列方式。

4.3.2　生理生化特性

4.3.2.1　惟一碳源利用（O）

在好氧条件下对不同碳源（见附录1）的利用情况。

4.3.2.2　惟一氮源利用（O）

在好氧条件下对不同氮源（见附录2）的利用情况。

4.3.2.3　对抗生素抗性的测定（O）

测定根瘤菌对不同类型、不同浓度的抗生素（见附录3）的抗性。

4.3.2.4　耐盐性（M）

对不同浓度的 NaCl（一般包括2.0% ~6.0% NaCl）的耐受性。

4.3.2.5　初始 pH 生长（M）

在不同的 pH（一般包括 pH 值4 ~10）的生长情况，并指明最低、最高、最适 pH。

4.3.2.6　生长温度（M）

生长的最低、最高、最适温度，以℃表示。

4.3.2.7　过氧化氢酶（接触酶）（O）

利用3% ~10% 的 H_2O_2 检测菌株是否产生过氧化氢酶。

4.3.2.8　氧化酶（O）

与1% 盐酸四甲基苯二胺水溶液反应检测是否产生氧化酶。

4.3.2.9　脲酶测定（O）

利用脲酶将尿素分解产氨的反应检测是否产生脲酶。

4.3.2.10　苯丙氨酸脱氨酶（O）

在苯丙氨酸脱氨酶的作用下，苯丙氨酸脱氨形成苯丙酮酸的反应。

4.3.2.11　BTB 反应（M）

根据在加有溴麝香草酚兰（BTB）的 YMA 培养基上颜色的变化检测菌株的产酸或产碱特性。

4.3.2.12　3-酮基乳糖产生（O）

是否利用乳糖产生3-酮基乳糖。

4.3.2.13　硝酸盐还原测定（O）

可否将硝酸盐还原为亚硝酸盐。

4.3.2.14　肉汁蛋白胨生长（O）

在37℃培养条件下是否利用肉汁蛋白胨培养基生长。

4.3.2.15　石蕊牛奶反应（O）

在石蕊牛奶中的产酸、产碱、胨化、酸凝、还原反应。

4.3.2.16　对生长因子的需要（O）

对生长因子（一般包括：泛酸钙、盐酸硫胺素、尼克酰胺）的需要。

4.3.2.17　血清型（O）

菌株的抗原—抗体反应类型。

4.3.3　基因型信息

4.3.3.1　基因元器件（O）

菌株携带的特定的质粒、固氮基因片段的名称等。

4.3.3.2　G + C mol%（O）

菌株的鸟嘌呤（G）和胞嘧啶（C）在核苷酸中的摩尔百分含量。

4.3.3.3 核苷酸序列信息（M）

菌株的核苷酸序列信息，如16S rDNA或23S rDNA等，并注明核苷酸序列注册号。

4.3.4 结瘤特性

4.3.4.1 与豆科植物的结瘤（M）

与寄主植物有效结瘤的测定。

4.3.4.2 交叉结瘤（O）

与其他豆科植物的有效结瘤的能力。

4.3.5 其他信息

4.3.5.1 图像信息（O）

给出菌株的菌落、细胞等图像信息。

4.3.5.2 文献信息（O）

列出菌株公开发表的文献资料。

附录 1

碳源

D-阿拉伯糖
半乳糖醇
果糖
肌醇
乳糖
苹果酸盐
麦芽糖
葡萄糖
D-甘露糖
棉籽糖
鼠李糖
D-核糖
乙酸钠
柠檬酸钠
琥珀酸钠
D-山梨糖醇
山梨糖
淀粉
蔗糖
酒石酸盐
海藻糖
香草酸
木糖
纤维二糖
D-精氨酸
DL-天冬酰胺
DL-脯氨酸
L-苏氨酸
L-组氨酸
其他碳源

附录 2

氮源

DL-丙氨酸
L-精氨酸
L（+）-天冬氨酸
L-胱氨酸
D-谷氨酸
L-谷氨酸
甘氨酸
次黄嘌呤
L-异亮氨酸
L-赖氨酸
L-甲硫氨酸
L-苯丙氨酸
D-苏氨酸
D-缬氨酸
氯化铵
硝酸钾
其他氮源

附录 3

抗生素

氨苄青霉素（5μg/ml）
氨苄青霉素（50μg/ml）
氨苄青霉素（100μg/ml）
氨苄青霉素（300μg/ml）
杆菌肽（5μg/ml）
杆菌肽（50μg/ml）
杆菌肽（100μg/ml）
杆菌肽（300μg/ml）
氯霉素（5μg/ml）
氯霉素（50μg/ml）
氯霉素（100μg/ml）
氯霉素（300μg/ml）
红霉素（5μg/ml）
红霉素（50μg/ml）
红霉素（100μg/ml）
红霉素（300μg/ml）
卡那霉素（5μg/ml）
卡那霉素（50μg/ml）
卡那霉素（100μg/ml）
卡那霉素（300μg/ml）
新霉素（5μg/ml）
新霉素（50μg/ml）
新霉素（100μg/ml）
新霉素（300μg/ml）
多黏菌素（5μg/ml）
多黏菌素（50μg/ml）
多黏菌素（100μg/ml）
多黏菌素（300μg/ml）
链霉素（5μg/ml）
链霉素（50μg/ml）
链霉素（100μg/ml）
链霉素（300μg/ml）
其他不同浓度的抗生素。

附表 1

根瘤菌菌种资源描述表

描述日期： 年 月 日

<table>
<tr><th colspan="4">基本信息</th></tr>
<tr><td>学名</td><td></td><td>中文名称</td><td></td></tr>
<tr><td>资源归类编码</td><td></td><td>菌株保藏编号</td><td></td></tr>
<tr><td>其他保藏机构编号</td><td></td><td>来源历史</td><td></td></tr>
<tr><td>分离人</td><td></td><td>分离时间</td><td></td></tr>
<tr><td>原始编号</td><td></td><td>鉴定人</td><td></td></tr>
<tr><td>鉴定人所在单位</td><td></td><td>收藏时间</td><td></td></tr>
<tr><td>原产国或地区</td><td></td><td>采集地区</td><td></td></tr>
<tr><td>分离基物</td><td></td><td>采集地生境</td><td></td></tr>
<tr><td>模式菌株</td><td></td><td>培养基</td><td></td></tr>
</table>

<table>
<tr><th colspan="7">特征特性信息</th></tr>
<tr><td rowspan="14">特征特性信息</td><td rowspan="3">个体形态特征</td><td>革兰氏染色反应</td><td></td><td rowspan="3">培养特征</td><td>菌落形态</td><td></td></tr>
<tr><td>大小</td><td></td><td>培养基</td><td></td></tr>
<tr><td>形状，排列</td><td></td><td>培养时间</td><td></td></tr>
<tr><td rowspan="9">生理生化特征</td><td>惟一碳源的利用</td><td></td><td colspan="2">苯丙氨酸酶</td><td></td></tr>
<tr><td>惟一氮源的利用</td><td></td><td colspan="2">BTB 反应</td><td></td></tr>
<tr><td>对抗生素抗性的测定</td><td></td><td colspan="2">3-酮基乳糖</td><td></td></tr>
<tr><td>耐盐性</td><td></td><td colspan="2">硝酸盐还原测定</td><td></td></tr>
<tr><td>初始 pH 值生长</td><td></td><td colspan="2">肉汁蛋白胨生长</td><td></td></tr>
<tr><td>生长温度范围</td><td></td><td colspan="2">石蕊牛奶反应</td><td></td></tr>
<tr><td>过氧化氢酶（接触酶）</td><td></td><td colspan="2">对生长因子的需求</td><td></td></tr>
<tr><td>氧化酶</td><td></td><td colspan="2">其他生理生化特征</td><td></td></tr>
<tr><td>脲酶</td><td></td><td colspan="2">血清型</td><td></td></tr>
<tr><td>基因型信息</td><td>G + Cmol%</td><td></td><td colspan="2">核苷酸序列信息</td><td></td></tr>
<tr><td>结瘤特性</td><td>与豆科植物的结瘤</td><td></td><td colspan="2">交叉结瘤</td><td></td></tr>
</table>

<table>
<tr><th colspan="4">其他描述信息</th></tr>
<tr><td>图像信息</td><td></td><td>参考文献</td><td></td></tr>
</table>

好氧芽孢细菌菌种资源描述规范

前　　言

本规范规定了对不同类群好氧、兼性厌氧芽孢细菌菌种资源进行描述所应包括的基本内容和要求。不包括专性厌氧生长的芽孢细菌以及化能自养生长的芽孢细菌。

好氧芽孢细菌菌种资源描述规范

1 范围

本规范规定了部分芽孢细菌菌种资源描述的内容。

本规范适用于好氧、兼性厌氧芽孢细菌菌种资源的描述，不包括专性厌氧生长的芽孢细菌以及化能自养生长的芽孢细菌。

2 术语和定义

下列术语和定义适用于本规范。

2.1 好氧芽孢细菌 Aerobic endospore-forming bacteria

一类好氧或兼性厌氧的能产生芽孢的细菌，多为革兰氏阳性细菌。化能异养，通过好氧呼吸作用或/和发酵作用对有机质进行分解。在一定条件下，菌体内的结构发生变化，形成芽孢。芽孢对热、干燥和化学物质等环境因素有较强的抵抗力。包括芽孢杆菌属（*Bacillus*）、类芽孢杆菌属（*Paenibacillus*）、短芽孢杆菌属（*Brevibacillus*）、双芽孢杆菌属（*Amphibacillus*）、嗜盐芽孢杆菌属（*Halobacillus*）、硫胺素芽孢杆菌属（*Aneurinibacillus*）、脂环酸芽孢杆菌属（*Alicyclobacillus*）、地芽孢杆菌属（*Geobacillus*）、纤细芽孢杆菌属（*Gracilibacillus*）、海洋芽孢杆菌属（*Marinibacillus*）、盐芽孢杆菌属（*Salibacillus*）、枝芽孢杆菌属（*Virgibacillus*）、脲芽孢杆菌属（*Ureibacillus*）、芽孢乳杆菌属（*Sporolactobacillus*）、芽孢八叠球菌属（*Sporosarcina*）等十几个属。

3 好氧芽孢细菌菌种资源基本信息

3.1 要求

应根据平台标准《微生物菌种资源共性描述规范》要求，对好氧芽孢细菌的共性进行描述，具体描述内容逐项记入附表1中。

描述要素分为2类：

——M：必须描述的要素；

——O：可选要素，其描述与否视具体菌株而定。

3.2 平台资源号（M）

国家自然科技资源e-平台统一生成的资源编号，平台资源号长度为18位，前9位是资源单位编码，后9位是流水号，参见《微生物菌种资源共性描述规范》。

3.3 菌株保藏编号（M）

微生物菌种资源在保存机构的保藏编号，由前缀和菌株编号两部分组成。前缀，即保藏机构英文名称的缩写，前缀和菌株编号之间应留半角空格。

3.4 拉丁学名（M）

应指明该菌株的学名。种的名称应包括属名、种加词及定名人和定名时间；种级以下分类群的名称应包括属名、种加词和种下等级的加词及该分类群的定名人和定名时间，种加词和种下等级的加词之间用指示其等级的术语（如 subsp.，var.，forma 等）相连。未鉴定到种的菌株，以“属名 sp.”表示。

3.5 中文名称（M）

应指明该菌株的中文名称（如有别名，应在括号中注明）。尚无中文译名时，可填“暂无”。

3.6 资源归类编码（M）

国家自然科技资源平台资源分级归类与编码标准中的编码。具体编码参见《微生物菌种资源共性描述规范》中的微生物菌种资源分类编码。

3.7 收藏时间（M）

应指明保藏机构收集、保藏该菌株的时间。格式为 YYYYMMDD，其中 YYYY 为年，MM 为月，DD 为日。

3.8 来源历史（M）

得到该菌株的途径。如菌株转移经过多个保藏机构，则保藏机构之间用一个左指向的箭头“←”连接。

3.9 原始编号（M）

该菌株的原始分离编号。

3.10 是否模式菌株（M）

应指明该菌株是否为模式菌株。

3.11 其他保藏单位编号（O）

该菌株在其他菌种保藏机构中的菌株保藏编号。每个其他编号均由等号“=”开头，如编号不止一个时，中间也用等号“=”连接。

3.12 原产国或地区（M）

菌种的分离基物采集地所在国家、地区的名称，ISO 国家或地区代码。

3.13 鉴定人（O）

应指明该菌株的鉴定人姓名。

3.14 分离人（O）

该菌株的原始分离人的姓名。

3.15 分离时间（O）

该菌株的最初分离时间。格式为 YYYYMM，其中 YYYY 为年，MM 为月。

3.16 分离基物（M）

该菌株的分离源，宜指明具体分离自何种物质。

3.17 采集地区（O）

分离基物采集地的行政区划，详细到县。

3.18 采集地生境（O）

分离基物采集具体地点的生态环境描述。

3.19 采集时间（O）

采集分离基物样品的时间。

3.20 培养基（M）

微生物菌种最适培养基编号用 4 位数表示，具体编号参考《中国菌种目录》。如果

《中国菌种目录》中不包含该培养基，应写明培养基配方和制作方法。

3.21　培养温度（M）

应指明该菌株的最适培养温度。

3.22　具体用途（O）

宜指明微生物菌种资源的具体用途。

3.23　生物危害程度（M）

应指明该菌株的生物危害类群，具体参照《病原微生物实验室生物安全管理条例》。

3.24　致病对象（O）

病原微生物菌种的致病对象类群，如人类、动物、植物或微生物等。

3.25　传播途径（O）

微生物菌种资源在自然界的传播途径，主要包括接触传播、空气传播、食物传播、水传播以及血液、体液传播等。

3.26　寄主名称（O）

菌种寄生宿主的拉丁文名称和中文名称。

3.27　基因元器件（O）

宜指明该菌株所携带的特定用途的质粒、F 因子、载体、筛选标记基因、启动子、增强子、信号肽基因等。

4　好氧芽孢细菌菌种特征特性描述信息

4.1　要求

要求将本章所列条文的内容逐项记入附表 1 中，不同特征的具体描述内容详见表 1。可根据不同菌种的特性增加描述内容。不同的描述特征可用相应的符号表示，表中出现的所有符号均应加以注解说明。

描述要素分为 2 类：

——M：必须描述的要素；

——O：可选要素，其描述与否视具体菌株而定。

4.2　表型信息

4.2.1　个体形态特征（M）

对芽孢细菌的细胞形状、大小、革兰氏染色反应、形成芽孢的条件、芽孢的形状、位置、有无伴孢晶体等进行描述。

4.2.2　生理特征（M）

应对芽孢细菌的运动性和生长条件，包括：生长温度、生长 pH 值、需氧性以及盐的耐受生长等进行试验，记录试验结果，作为特征描述的部分内容。

4.2.3　生化特征（M）

应对芽孢细菌做下列生化试验，并记录试验结果，作为其特征描述的部分内容。

——过氧化氢酶（接触酶）测定；

——氧化酶反应；

——脲酶试验；

——精氨酸双水解酶试验；

——碳水化合物产酸试验（碳水化合物种类参见附表 1）；

——从葡萄糖产气试验；

——水解试验（具体试验内容参见附表 1）；

——卵磷脂酶反应；

——VP 试验；

——硝酸盐还原试验。

4.2.4　化学特征的测定分析（O）

主要包括芽孢细菌含有的甲基萘醌和细胞壁二氨基酸的分析。

4.3　基因型信息（M）

4.3.1　DNA 碱基组成（G + Cmol%）（O）

4.3.2　DNA 探针杂交（O）

4.3.3　16S rRNA 基因序列（M）

如该序列提交到 GenBank，宜给出其注册号（O）。

4.4　其他特征信息（O）

4.4.1　致病性

好氧芽孢细菌中有的能引起人类疾病，描述时应注明该菌是否是人的条件致病菌或致病菌，若是，则应进一步指明它所引起的疾病名称。

4.4.2　血清学反应

根据细菌抗原抗体反应确定菌种或菌型。描述时应注明具体采用的方法、特异性抗体及反应结果。

4.4.3　其他补充试验

附表 1 中，包括了主要的描述内容，但并不是全部内容。针对不同描述对象，可选择附表 1 中的部分内容，进行菌种资源的描述。必要时，可补充附表 1 中未包括的特定描述内容。

附表 1　　　　　**好氧芽孢细菌菌种资源描述表**

描述日期：　　　年　　月　　日

基本信息			
平台资源号		菌株保藏编号	
拉丁学名		中文名称	
资源归类编码		收藏时间	
来源历史		原始编号	
是否模式菌株		其他保藏机构编号	
原产国或地区		鉴定人	
分离人		分离时间	
分离基物		采集地区	
采集地生境		采集时间	
培养基		培养温度	
生物危害程度		致病对象	
传播途径		寄主名称	
具体用途		基因元器件	

特征特性信息

类别	子类	项目	结果	项目	结果
表型信息	个体形态特征	革兰氏阳性		革兰氏阴性	
		细胞形状	杆状		
			球状		
		细胞直径大于1 μm			
		形成伴孢晶体			
		形成内生芽孢的条件、		形成条件、位置	
		芽孢形状、位置		圆形或其他形状	
		孢囊膨大			
		是否形成液泡			
	生化特性	接触酶		氧化酶	
		卵磷脂酶		精氨酸双水解酶	
		脲酶			
		VP反应		硝酸盐还原	
		VP终pH值>7		反硝化（产气）	
		VP终pH值<6		产生H_2S	
		产生吲哚		ONPG	
		碳水化合物产酸		葡萄糖产气	
		葡萄糖		棉籽糖	
		阿拉伯糖		蔗糖	
		甘露醇		海藻糖	
		木糖		半乳糖	
		甘油		果糖	
		麦芽糖		乳糖	
		果糖		七叶灵	
		水解酪朊		水解明胶	
		水解淀粉		水解吐温80	

类别	子类	项目	结果	项目	结果
生理特征	需氧性	兼性厌氧生长			
		微好氧生长			
		严格好氧			
	温度生长试验(℃)	5		10	
		20		30	
		40		50	
		55		65	
	NaCl生长试验(%)	2		5	
		7		10	
		15		20	
	pH生长试验	3.0		5.5	
		5.7		6.8	
		9.0		10.0	
	生长需要Na/Mg离子				
	0.001%溶菌酶生长				
化学特征	主要脂肪酸				
	细胞壁二氨基酸				
	MK-6		MK-7		
	MK-8		MK-9		
基因型信息	G+C mol%				
	BREV 174F探针杂交				
	ANEU 506F探针杂交				
	PAEN 515F探针杂交				
	16S rRNA基因序列				
其他特征信息					
	血清学反应				

乳酸细菌菌种资源描述规范

前　　言

乳酸细菌是指能利用可发酵糖产生乳酸的细菌，这类细菌在自然界分布广泛，在工业、农业和医药等与人类生活密切相关的领域有着很高的应用价值，同时这类细菌中的一些种类又是人、畜的致病菌，因此受到人们极大的重视。对乳酸细菌的特征进行描述，将有助于人们对它们的认识和了解，用其利，防其弊。本规范规定了对不同类群乳酸细菌进行描述应包括的基本内容和要求。

乳酸细菌菌种资源描述规范

1 范围

本规范规定了部分乳酸细菌菌种资源描述的内容。

本规范适用于以下乳酸细菌有关属的菌种资源的描述：

乳杆菌属（*Lactobacillus*）、链球菌属（*Streptococcus*）、肠球菌属（*Enterococcus*）、乳球菌属（*Lactococcus*）、双歧杆菌属（*Bifidobacterium*）、片球菌属（*Pediococcus*）、明串珠菌属（*Leuconostoc*）、漫游球菌属（*Vagococcus*）、四联球菌属（*Tetragenococcus*）、气球菌属（*Aerococcus*）、肉食杆菌属（*Carnobacterium*）。

2 术语和定义

下列术语和定义适用于本规范。

2.1 乳酸细菌 Lactic Acid Bacteria

乳酸细菌是一类能利用可发酵糖（主要指葡萄糖）主要产生乳酸的细菌的通称，不是细菌分类学范畴内的规范名称。

3 乳酸细菌菌种资源基本信息

3.1 要求

应根据平台标准《微生物菌种资源共性描述规范》要求，对乳酸细菌的共性进行描述，具体描述内容逐项记入附表1中。

描述要素分为2类：

——M：必须描述的要素；

——O：可选要素，其描述与否视具体菌株而定。

3.2 平台资源号（M）

国家自然科技资源e-平台统一生成的资源编号，平台资源号长度为18位，前9位是资源单位编码，后9位是流水号，参见《微生物菌种资源共性描述规范》。

3.3 菌株保藏编号（M）

微生物菌种资源在保藏机构的保藏编号。由前缀和菌株编号两部分组成。前缀为保藏机构名称的英文缩写，前缀和菌株编号之间应留半角空格。

3.4 拉丁学名（M）

应指明该菌株的学名。种的名称应包括属名、种加词及定名人和定名时间；种级以下分类群的名称应包括属名、种加词和种下等级的加词及该分类群的定名人和定名时间，种加词和种下等级的加词之间用指示其等级的术语（如 subsp.，var.，forma 等）相连。未鉴定到种的菌株，以“属名 sp.”表示。

3.5　中文名称（M）

微生物菌种资源的中文名称。尚无中文译名时，可填“暂无”。

3.6　资源归类编码（M）

国家自然科技资源平台资源分级与编码标准中的编码，参见《微生物菌种资源分类编码体系》。

3.7　收藏时间（M）

应指明保藏机构收集、保藏该菌株的时间。格式为 YYYYMMDD，其中 YYYY 为年，MM 为月，DD 为日。

3.8　来源历史（M）

微生物菌种资源在收藏单位之前的转移情况。收藏单位前以左指向箭头“←”开头，收藏单位之间用左指向箭头“←”连接。

3.9　原始编号（M）

微生物菌种资源的原始分离编号。

3.10　模式菌株（M）

微生物菌种资源是否为模式菌株。

1：模式菌株；

2：非模式菌株。

3.11　其他保藏单位编号（O）

微生物菌种资源在其他菌种保藏中心的保藏编号。其他保藏中心编号前以等号“=”开头，保藏编号之间用等号“=”连接。

3.12　原产国（M）

微生物菌种资源分离基物采集地所在国家名称。

3.13　鉴定人（O）

应指明该菌株的鉴定人姓名。

3.14　分离人（O）

该菌株的原始分离人的姓名。

3.15　分离时间（O）

该菌株的最初分离时间。格式为 YYYYMM，其中 YYYY 为年，MM 为月。

3.16　分离基物（M）

微生物菌种资源分离物质的具体名称，对于寄生或共生的宜指明分离的具体组织部位。

3.17　采集地区（O）

分离基物采集地的行政区划，详细到县。

3.18　收藏时间（O）

微生物菌种资源被保藏机构收集、保存该菌株的时间。格式为 YYYYMMDD，其中 YYYY 为年，MM 为月，DD 为日。

3.19　采集地生境（O）

分离基物采集具体地点的生态环境描述。

3.20　采集时间（O）

采集分离基物样品的时间。

3.21　培养基编号（M）

应参照《中国菌种目录》，指明培养该菌种所用培养基的编号，如《中国菌种目录》没有收录，应给出该培养基的具体配方及制作方法。

3.22　培养温度（M）

应指明该菌株的最适培养温度。

3.23　具体用途（O）

宜指明微生物菌种资源的具体用途。

3.24　生物危害程度（M）

病原微生物菌种资源的分类，其分类方法见《病原微生物实验室生物安全管理条例》。

1：一类；

2：二类；

3：三类；

4：四类；

5：不清楚。

3.25　致病对象（O）

病原微生物菌种资源的致病对象类群。

1：人；

2：动物；

3：人畜共患；

4：植物；

5：微生物；

6：不清楚。

3.26　传播途径（O）

微生物菌种资源在自然界的传播途径，主要包括接触传播、空气传播、食物传播、水传播以及血液、体液传播等。

3.27　寄主名称（O）

微生物菌种资源寄生宿主的拉丁文名称和中文名称。

3.28　基因元器件（O）

宜指明该菌株所携带的特定用途的质粒、F因子、载体、筛选标记基因、启动子、增强子、信号肽基因等。

4　乳酸细菌菌种特征特性描述信息

4.1　要求

要求将本章所列条文的内容逐项记入附表1中，相应特征的具体描述内容详见附表1。可根据不同菌种的特性增加描述内容。不同的描述特征可用相应的符号表示，表中出现的所有符号均应加以注解说明。

描述要素分为2类：

——M：必须描述的要素；

——O：可选要素，其描述与否视具体菌株而定。

4.2 表型信息

4.2.1 个体形态特征（M）

对乳酸细菌的细胞形状、细胞排列方式、革兰氏染色反应、鞭毛、是否形成内生芽孢等进行描述。

4.2.2 生理特征（M）

应对乳酸细菌的生长条件，包括：生长温度、生长 pH、需氧性以及盐的耐受生长、所要求的必需生长因子（如：吐温 80，YE 等）等进行试验，记录试验结果，作为特征描述的部分内容。

4.2.3 生化特征（M）

应对乳酸细菌做下列生化试验，并记录试验结果，作为其特征描述的部分内容。

——过氧化氢酶（接触酶）测定；

——精氨酸产氨试验；

——碳水化合物发酵产酸试验（碳水化合物种类参见附表 1）；

——从葡萄糖和葡萄糖酸盐产气试验；

——果糖-6-磷酸盐磷酸酮酶（F6PPK）试验（双歧杆菌）。

4.2.4 代谢产物分析

碳水化合物代谢的特异性终产物是乳酸细菌属、种鉴定的依据之一，分析结果应包括在特征描述中。

4.2.4.1 气相色谱分析法（M）

利用气相色谱分析技术，测定乳酸细菌代谢碳水化合物的主要终产物的种类以及它们的摩尔比。

4.2.4.2 乳酸旋光性测定（O）

不同类群的乳酸细菌所产乳酸的旋光性不同，可以利用旋光仪或乳酸脱氢酶法测定乳酸细菌所产乳酸的旋光性。

4.2.5 化学特征的测定分析（O）

主要包括对乳酸细菌含有的甲基萘醌和细胞壁二氨基酸的分析。这些特征的分析有助于乳酸细菌的鉴别，必要时可选择薄板层析或液相色谱分析法对其进行分析测定，并将测定结果作为特征描述的部分内容。

4.3 基因型信息

4.3.1 DNA 碱基组成（G + Cmol%）（O）

4.3.2 16S rRNA 基因序列分析（M）

如该序列提交到 GenBank，宜给出其注册号。

4.4 其他特征信息（O）

4.4.1 图像信息

宜给出菌株的菌落形态图像、细胞显微形态图像。

4.4.2 与人类的关系

一些乳酸菌的属种可用于工业、农业和医药生产，有的属种则对人畜致病，对于这些菌的描述，应具体注明其用途或所致疾病名称。

4.4.3 血清学反应

对于某些细菌，可根据其抗原成分不同，利用已知的特异性抗体测定其有无相应的抗原以确定菌种或菌型。描述时应注明具体采用的方法、特异性抗体及反应结果。

4.4.4 抗生素敏感试验

细菌对不同抗菌药物的敏感性所显示的差异程度往往也显示了该菌株所具有的特征，这种特征有时也成为细菌分类鉴定上的指征。必要时可进行该项试验，注明所采用的具体试验方法，并记录试验结果。

4.4.5 其他补充试验

附表1中，包括了主要的描述内容，但并不是全部内容。针对不同描述对象，可选择附表1中的部分内容，进行菌种资源的描述。必要时，可补充附表1中未包括的特定描述内容。

4.4.6 文献信息

宜列出与菌株相关的公开发表的文献资料的详细信息。

附表 1　　　　乳酸细菌菌种资源描述表

描述日期：　　年　　月　　日

基本信息			
平台资源号		菌株保藏编号	
拉丁学名		中文名称	
资源归类编码		收藏时间	
来源历史		原始编号	
是否模式菌株		其他保藏机构编号	
原产国或地区		鉴定人	
分离人		分离时间	
分离基物		采集地区	
采集地生境		采集时间	
培养基		培养温度	
生物危害程度		致病对象	
传播途径		寄主名称	
具体用途		基因元器件	

特征特性信息

表型信息					
个体形态特征	革兰氏染色	阳性		阴性	
	细胞形状	杆状			
		球状			
		多形态			
	细胞排列方式	成对			
		成链			
		四联			
	鞭毛（运动性）				
	形成内生芽孢				
生化特性	接触酶		氧化酶		
	精氨酸水解		VP反应		
	葡萄糖产气		葡萄糖酸钠产气		
	碳水化合物产酸		F6PPK酶		
	葡萄糖		松三糖		
	葡萄糖酸钠		蜜二糖		
	苦杏仁苷		棉籽糖		
	阿拉伯糖		鼠李糖		
	纤维二糖		核糖		
	七叶灵		水杨苷		
	果糖		山梨醇		
	半乳糖		蔗糖		
	乳糖		海藻糖		
	麦芽糖		木糖		
	甘露醇		淀粉		
	甘露糖		菊糖		
	甘油				

生理特征			
需氧性	兼性厌氧生长		
	微好氧生长		
	厌氧生长		
温度生长试验（℃）	0		
	10		
	15		
	35		
	45		
NaCl生长试验（%）	4		
	6.5		
	8		
	10		
	18		
pH生长试验	4.5		
	7.0		
	9.2		
	9.6		

代谢产物				
	L-乳酸			
	D-乳酸			
	DL-乳酸			
	乙酸			
	乳酸、乙酸			
化学特征	m-DAP		Orn	
	L-Lys		MK-7	
	MK-8		MK-9	
	主要脂肪酸			

肠道杆菌菌种资源描述规范

前　　言

肠道杆菌（Enteric bacilli）是一大群寄居于人和动物肠道中、兼性厌氧的革兰氏阴性无芽孢杆菌，常随人与动物粪便排出，广泛分布于水、土壤或腐物中。大多数肠道杆菌只有在人体免疫力低下或细菌侵入肠道以外部位时，才引起疾病；而沙门氏菌属、志贺氏菌属、耶尔森氏菌属和病原性埃希氏菌属等致病性肠道杆菌，能引起人类肠道疾病。

肠道杆菌菌种资源是微生物菌种资源的重要组成部分，与其他微生物菌种资源有着相似的共性描述内容，又具有其特殊性。本规范根据当前国家自然科技资源平台建设的总体要求，结合肠道杆菌菌种资源的特点而制定，以实现肠道杆菌菌种资源描述信息的规范化，有利于肠道杆菌菌种资源的收集、保存、鉴定、评价、研究和利用，科学整理菌种资源，促进菌种资源信息化，实现菌种资源的高效共享和可持续利用。

肠道杆菌菌种资源描述规范

1 范围

本规范规定了肠道杆菌菌种资源的描述内容、描述要求。

本规范适用于肠道杆菌菌种资源的收集、整理和保存，数据库和信息共享网络系统的建立。

2 规范性引用文件

下列文件中的条款通过本规范的引用而成为本规范的条款。凡是注明日期的引用文件，其随后所有的修改单（不包括勘误的内容）或修订版均不适用于本规范，然而，鼓励根据本规范达成协议的各方，研究是否可以使用这些文件的最新版本。凡是不注明日期的引用文件，其最新版本适用于本规范。

《病原微生物实验室生物安全管理条例》国务院令第424号；

GB 19489—2004 实验室 生物安全通用要求；

GB T2260—1999 全国县及县以上行政区划代码表；

3 术语、定义、符号、缩写语

3.1 肠道杆菌 Enteric bacilli

是一大群寄居于人和动物肠道中的革兰氏阴性无芽孢杆菌，常随人与动物粪便排出，广泛分布于水、土壤或腐物中。大多数肠道杆菌只有在人体免疫力低下或细菌侵入肠道以外部位时，才引起疾病；而沙门氏菌属、志贺氏菌属、耶尔森氏菌属和病原性埃希氏菌属等致病性肠道杆菌，能引起人类肠道疾病。

肠道杆菌属于肠杆菌科（Enterobacteriaceae），《伯杰氏细菌鉴定手册》第9版（1994年）中的肠杆菌科有30个属，含115个以上的种或亚种。其中沙门氏菌属、志贺氏菌属、耶尔森氏菌属和病原性埃希氏菌属是具有明显致病作用的细菌。其他菌属如枸橼酸杆菌属、爱德华氏菌属、肠杆菌属、欧文氏菌属、克雷伯氏菌属、变形杆菌属、普罗威登斯氏菌属、沙雷氏菌属菌等多为条件致病菌。

3.2 肠道杆菌菌种资源 Enteric bacilli culture collections

是指经妥善保藏管理的肠道杆菌菌种实物及其相关信息。

4 描述要求

4.1 描述要求

对菌株的描述条款应明确而无歧义，并且：

——描述内容应清楚、准确，力求完整；

——要充分考虑该菌株的最新研究进展；

——能被微生物专业人员理解。

4.2　描述要素

描述要素分为2类：

——M：必备要素，必须描述的要素；

——O：可选要素，其描述与否视具体菌株而定。

5　描述内容

5.1　资源基本信息

5.1.1　平台资源号（M）

国家自然科技资源e-平台统一生成的资源编号，平台资源号长度为18位，前9位是资源单位编码，后9位是流水号，参见《微生物菌种资源共性描述规范》。

5.1.2　拉丁学名（M）

应指明该菌株的完整的科学名称。对于鉴定到属，未鉴定到种的菌株，种名以“属名 sp.”表示。

5.1.3　中文名称（M）

应指明该菌株的中文名称（如有别名，可在括号中注明）。尚无中文译名时，填写“暂无”。

5.1.4　资源归类编码（M）

应指明该菌株的资源归类编码，参见《微生物菌种资源归类编码体系》。

5.1.5　菌株保藏编号（M）

应指明该菌株在专业保藏机构的保藏编号，保藏编号由前缀和菌株编号两部分组成。前缀为保藏机构英文名称的缩写，前缀和菌株编号之间应留空格。

5.1.6　其他保藏机构编号（O）

宜指明该菌株在其他菌种保藏机构的菌株保藏编号。每个其他保藏机构的编号均由等号“=”开头，如编号不止一个时，中间也用等号“=”连接。

5.1.7　来源历史（M）

应指明得到该菌株的途径。如菌株转移经过多个保藏机构，则保藏机构之间用一个左指向的箭头“←”连接。

5.1.8　分离人（M）

应指明该菌株最初分离人的姓名。

5.1.9　分离时间（M）

应指明该菌株的分离时间。

5.1.10　原始编号（M）

应指明该菌株最初分离编号。

5.1.11　鉴定人（O）

宜指明该菌株的鉴定人。

5.1.12　鉴定人所在单位（O）

宜指明该菌株的鉴定人所在单位。

5.1.13　收藏时间（O）

宜指明保藏机构收集、保存该菌株的时间。

5.1.14 原产国或地区（M）

应指明该菌株分离基物采集地所在国家、地区名称，ISO 国家代码，具体到县。

5.1.15 分离基物（O）

宜指明具体的分离基物名称。

5.1.16 采集地生境（O）

宜描述该菌株分离基物采集具体地点的生态环境，参照《微生物菌种资源采集环境描述规范（试行）》。

5.1.17 生物危害等级（M）

应指明该菌株的生物危害等级归类，参照《病原微生物实验室生物安全管理条例》。

5.1.18 培养基（M）

适合肠道杆菌生长的营养物质的名称及统一编号。应参照《中国菌种目录》指明该菌株的培养基编号，如《中国菌种目录》没有收录该培养基，应给出配方及制作方法。

5.1.19 培养条件（M）

指适宜肠道杆菌菌株生长的温度（以℃表示）、相对湿度和其他条件。

5.1.20 培养时间

肠道杆菌在特定培养条件下，生长至成熟（稳定）所需要的时间，以 h 表示。

5.1.21 模式菌株（M）

凡是模式菌株应予指明。

5.1.22 分类地位（M）

应指明每个菌株的界、门、纲、目、科、属、种、亚种等。

5.2 特征特性信息

5.2.1 形态特征（M）

5.2.1.1 菌落形态

应指明菌落大小、颜色、形状、表面状况以及其他显著特征，并指明描述菌落形态所用培养基的名称或配方、培养条件。

5.2.1.2 细胞特征

细胞的显著特征：

——革兰氏染色特征，应指明培养时间；

——细胞的大小，以“宽×长”表示，单位为 μm；

——细胞的形状及排列方式；

——鞭毛特征。

5.2.1.3 培养特性

应描述细菌在血琼平板上是否出现溶血，溶血的类型，在液体培养中是否呈均匀混浊生长等。

5.2.2 生理生化特征（M）

5.2.2.1 普通生理生化特征

描述该菌株的生化反应：是否分解葡萄糖，是否产酸，是否产气；氧化酶是否阴性，触酶是否阳性，是否还原硝酸盐；靛基质产生试验、甲基红试验、VP 试验和枸橼酸盐试验、脱羧酶赖氨酸、精氨酸双水解酶、鸟氨酸脱羧酶、硫化氢产生、尿素分解、苯丙氨酸和动力试验；DNA 水解酶（25℃）、明胶水解（22℃）和脂酶水解；发酵乳糖、蔗糖、甘露醇、卫矛醇、水杨苷、肌醇、阿东醇、山梨醇、阿拉伯糖、棉籽糖、鼠李糖、麦芽糖、木糖、海藻糖和蜜二糖及 OPNG 试验结果。

5.2.2.2　快速细菌鉴定系统结果（O）

给出快速细菌鉴定系统结果。

5.2.3　表面抗原分型（M）

应描述肠道杆菌抗原分型基础、方法和抗原分型结果。主要血清学分型基础是：耐热的菌体（O）抗原、不耐热的鞭毛（H）抗原和包被（K）抗原三种。

5.2.4　基因型信息（O）

5.2.4.1　G + Cmol%

宜描述该菌株 DNA 的 G + Cmol% 含量，并描述分析所用的方法。

5.2.4.2　16S rDNA 序列

宜描述肠道杆菌 16S rDNA 的测序结果，提供在 GenBank/EMBL/DDBJ 中的序列注册号。

5.2.5　生物学特性（O）

5.2.5.1　感染致病性或毒性

宜描述该菌株对人或动物的感染性或致病性，其侵袭力和毒力。

5.2.5.2　致病机制及传播途径

宜描述该菌株的致病机制以及传播途径。

5.2.5.3　流行季节

宜描述该菌株所致疾病与季节的关系。

5.2.5.4　地理分布

宜描述该菌株所致疾病的地理分布。

5.2.5.5　组织嗜性

宜描述该菌株的主要易感组织和主要易感细胞。

5.2.5.6　对宿主致病的病理变化

宜描述该菌株对宿主致病的病理变化情况。

5.2.5.7　对热的抵抗力

宜描述该菌株对温度的耐受程度。

5.2.5.8　消毒剂的敏感性

宜描述该菌株对消毒剂敏感的种类及敏感程度。

5.2.5.9　对抗生素的敏感性

宜描述该菌株对抗生素敏感的种类及敏感程度。

5.2.5.10　免疫保护性

宜描述针对肠道杆菌的细胞或体液免疫及其保护作用。

5.2.6　功能特性

宜描述肠道杆菌菌种的主要用途。包括分类学、分析检测、经济用途、环保、医学、研究、教学等。

5.3 其他信息

5.3.1 保藏方法（M）

保存肠道杆菌菌种资源采用的技术方法。包括液氮超低温冻结、-80℃冰箱冻结、真空冷冻干燥、石蜡油斜面、斜面、其他等。

5.3.2 显微图片（M）

肠道杆菌的显微图片。

5.3.3 参考文献（O）

肠道杆菌菌种资源相关的资料信息，包括书籍、期刊、学术报告及其他。

附表1 **肠道杆菌菌种资源描述表**

描述日期：　　年　　月　　日

基本信息			
平台资源号			
学名		中文名称	
资源归类编码		菌株保藏编号	
其他保藏机构编号		来源历史	
分离人		分离时间	
原始编号		鉴定人	
鉴定人所在单位		收藏时间	
原产国或地区		采集地区	
分离基物		采集地生境	
生物危害等级		培养基	
培养条件		培养时间	
模式菌株		分类地位	

特征特性信息				
个体形态特征	形状		大小	
	排列		鞭毛	
	染色方法及结果		菌毛	
	荚膜或包膜		其他形态特征	
培养特征	生长培养条件		菌落大小	
	菌落形态		菌落表面	
	菌落边缘		动力	
	溶血		其他培养特征	
肠道杆菌科细菌的共同特性	氧化酶		触酶	
	还原硝酸盐		分解葡萄糖产酸产气	

（续附表 1）

<table>
<tr><th colspan="6">特征特性信息</th></tr>
<tr><td rowspan="16">种、属
鉴别特性</td><td colspan="2">靛基质产生</td><td></td><td>甲基红试验</td><td></td></tr>
<tr><td colspan="2">VP 试验</td><td></td><td>枸橼酸盐试验</td><td></td></tr>
<tr><td colspan="2">赖氨酸脱羧酶</td><td></td><td>精氨酸双水解酶</td><td></td></tr>
<tr><td colspan="2">鸟氨酸脱羧酶</td><td></td><td>硫化氢产生</td><td></td></tr>
<tr><td colspan="2">尿素分解</td><td></td><td>苯丙氨酸</td><td></td></tr>
<tr><td colspan="2">脂酶水解</td><td></td><td>DNA 水解酶（25℃）</td><td></td></tr>
<tr><td colspan="2">发酵乳糖</td><td></td><td>明胶水解（22℃）</td><td></td></tr>
<tr><td colspan="2">蔗糖</td><td></td><td>甘露醇</td><td></td></tr>
<tr><td colspan="2">卫矛醇</td><td></td><td>水杨苷</td><td></td></tr>
<tr><td colspan="2">肌醇</td><td></td><td>阿东醇</td><td></td></tr>
<tr><td colspan="2">山梨醇</td><td></td><td>阿拉伯糖</td><td></td></tr>
<tr><td colspan="2">棉籽糖</td><td></td><td>鼠李糖</td><td></td></tr>
<tr><td colspan="2">麦芽糖</td><td></td><td>木糖</td><td></td></tr>
<tr><td colspan="2">海藻糖</td><td></td><td>蜜二糖</td><td></td></tr>
<tr><td colspan="2">ONPG 试验</td><td></td><td>其他</td><td></td></tr>
<tr><td colspan="2">抗原分型方法</td><td></td><td>感染致病性或毒性</td><td></td></tr>
<tr><td rowspan="8">其他生理
生化特性</td><td rowspan="3">抗原分
型结果</td><td>O</td><td></td><td rowspan="3">传播途径</td><td rowspan="3"></td></tr>
<tr><td>H</td><td></td></tr>
<tr><td>K</td><td></td></tr>
<tr><td colspan="2">致病与季节关系</td><td></td><td>传播方式</td><td></td></tr>
<tr><td colspan="2">组织嗜性</td><td></td><td>所致疾病地理分布</td><td></td></tr>
<tr><td colspan="2">对热的抵抗力</td><td></td><td>宿主致病病理变化</td><td></td></tr>
<tr><td colspan="2">对抗生素的敏感性</td><td></td><td>对消毒剂的敏感性</td><td></td></tr>
<tr><td colspan="2">免疫保护性</td><td></td><td>其他生理生化特征</td><td></td></tr>
<tr><td>基因型信息</td><td colspan="2">DNA 碱基组成
（G＋Cmol%）</td><td></td><td>基因序列
（GenBank 注册号）</td><td></td></tr>
<tr><th colspan="6">其他描述信息</th></tr>
<tr><td>保藏方法</td><td colspan="5"></td></tr>
<tr><td>图像信息</td><td colspan="5"></td></tr>
<tr><td>参考文献</td><td colspan="5"></td></tr>
</table>

棒杆菌属菌种资源描述规范

前　　言

棒杆菌是重要的工业生产菌种，同时有一些菌种又是人和动物的致病菌，所以对棒杆菌属的特征进行规范描述十分必要。制定本规范是为了规范棒杆菌属菌种资源描述标准，便于棒杆菌属菌种资源的收集、保存、鉴定、评价、研究和利用，有效整理菌种资源，促进菌种资源信息化，实现菌种资源的高效共享和可持续利用。

棒杆菌属菌种资源描述规范

1 范围

本规范规定了棒杆菌属菌种资源的描述要素和描述规范。

本规范适用于棒杆菌属菌种资源的收集、整理和保藏，数据标准和数据质量控制规范的制定，以及数据库和信息共享网络系统的建立。

2 规范性引用文件

下列文件中的条款通过本规范的引用而成为本规范的条款。凡是注明日期的引用文件，其随后所有的修改单（不包括勘误的内容）或修订版均不适用于本规范，然而，鼓励根据本规范达成协议的各方研究是否可使用这些文件的最新版本。凡是不注明日期的引用文件，其最新版本适用于本规范。

国务院令第424号《病原微生物实验室生物安全管理条例》；

3 术语和定义

下列术语和定义适用于本规范。

3.1 棒杆菌属 *Corynebacterium*

棒杆菌属属于高G+C革兰氏阳性菌系统发育分支，细胞呈直到弯曲的细杆，具有渐尖或棒端的杆菌。革兰氏染色阳性（有时不均匀着色）；不产芽孢；不运动；不抗酸或弱抗酸；常含有异染粒；细胞常呈典型的“V”字形排列；兼性厌氧到好氧；接触酶阳性；化能异养；具有A1γ型直接交联的肽聚糖，细胞壁含*meso*-DAP；细胞糖组分含阿拉伯糖和半乳糖；除少数种外，都含有枝菌酸；磷酸类脂为PI型，主要甲基萘醌为MK-8（H_2）和MK-9（H_2）。属内大部分种的G+Cmol%为51%～68%。

分类地位为：放线菌门（Actinobacteria）、放线菌纲（Actinobacteria）、放线菌目（Actinomycetales）、棒杆菌亚目（Corynebacterineae）、棒杆菌科（Corynebacteriaceae）、棒杆菌属（*Corynebacterium*）。

模式种为白喉棒杆菌（*Corynebacterium diphtheriae*）。

3.2 枝菌酸 mycolic acids

放线菌类酯中一种具有分支结构的长链高分子脂肪酸。

3.3 聚β-羟丁酸 poly-β-hydroxybutyric acid，简称PHB

细胞内颗粒的一种，细菌特有的贮存物，可作为碳源和能源，当碳源丰富而氮源不足时，一些细菌积累PHB。

3.4 异染粒 metachromatic granular

细胞内颗粒的一种磷酸的聚合物，由于可以将蓝色的碱性染料变为红色而得名。

3.5　外毒素 exotoxin

细菌在生长过程中由细胞内分泌到细胞外的毒性物质，化学成分一般是蛋白质。

4　要求

4.1　描述要求

——描述内容应清楚、准确无歧义，力求完整；

——要充分考虑该菌株的最新研究进展；

——要充分考虑利用者对菌株信息的需求；

——能被微生物专业人员理解。

4.2　描述要素

描述要素分为 2 类：

——M：必备要素，必须描述的要素；

——O：可选要素，其描述与否视具体菌株而定。

4.3　按描述内容所列条目的要求逐项填写附表 1

5　描述内容

5.1　基本信息

5.1.1　平台资源号（M）

国家自然科技资源 e-平台统一生成的资源编号，平台资源号长度为 18 位，前 9 位是资源单位编码，后 9 位是流水号，参见《微生物菌种资源共性描述规范》。

5.1.2　学名（M）

应指明该菌株完整的科学名称。对于鉴定到属、未鉴定到种的菌株，以“*Corynebacterium* sp.”或“*Corynebacterium* spp.”表示。

5.1.3　中文名称（M）

应指明该菌株的中文名称（如有别名，可在括号中注明）。尚无中文译名时，填写“暂无”。

5.1.4　资源归类编码（M）

棒杆菌属的资源归类编码为 15131531101。

5.1.5　菌株保藏编号（M）

应指明该菌株在专业保藏机构的保藏编号。保藏编号由前缀和菌株编号两部分组成。前缀为保藏机构英文名称的缩写，前缀和菌株编号之间应留空格。

5.1.6　其他保藏中心编号（M）

宜指明该菌株在其他菌种保藏中心的保藏编号。其他保藏中心编号前以等号“=”开头，保藏编号之间用等号“=”连接。

5.1.7　来源历史（M）

得到该微生物菌种资源的途径，应指明该菌株在收藏单位之间的转移情况。收藏单位前以左指向箭头“←”开头，收藏单位之间用左指向箭头“←”连接。

5.1.8　分离人（O）

应指明该菌株最初分离人的姓名。

5.1.9　分离时间（O）

宜指明该菌株的分离时间。格式为 YYYYMMDD，其中 YYYY 为年，MM 为月，DD 为日。

5.1.10　原始编号（O）

宜指明该菌株原始分离编号。

5.1.11　鉴定人（O）

宜指明该菌株的鉴定人。

5.1.12　鉴定人所在单位（O）

宜指明该菌株的鉴定人所在单位。

5.1.13　收藏时间（O）

宜指明保藏机构收集、保存该菌株的时间。格式为 YYYYMMDD，其中 YYYY 为年，MM 为月，DD 为日。

5.1.14　原产国或地区（O）

应指明该菌株分离基物采集地所在国家或地区名称。

5.1.15　采集地（O）

宜指明该菌株分离基物的采集地区（经纬度及海拔）和采集地点。

5.1.16　分离基物（O）

宜指明该菌株具体的分离物质，对于寄生或共生的宜指明分离的具体组织部位。

5.1.17　采集地生境（O）

宜描述该菌株分离基物采集地的具体生态环境。采样时间的气候特征等。参照《微生物菌种资源采集环境描述规范》。

5.1.18　生物危害程度（M）

应指明该菌株的生物危害程度。参照《病原微生物实验室生物安全管理条例》将微生物分为：

1：一类；

2：二类；

3：三类；

4：四类；

5：未确定。

5.1.19　致病对象（M）

应指明该菌株的致病对象类群。包括：

1：无；

2：人类；

3：动物；

4：人畜共患；

5：植物；

6：微生物；

7：未确定。

5.1.20　致病名称（O）

应指明该菌种能够引起的疾病名称及感染的组织部位寄主名称。

5.1.21　传播途径（O）

传播途径主要包括：

1：接触；

2：空气；

3：食物；

4：水；

5：血液；

6：其他。

5.1.22　培养基编号（M）

适合肠道杆菌生长的营养物质的名称及统一编号。应参照《中国菌种目录》指明该菌株的培养基编号，如《中国菌种目录》没有收录该培养基，应给出配方及制作方法。

5.1.23　模式菌株（M）

应指明该菌株是否为模式菌株，其中模式菌株包括当前承认种的模式和异名的模式。

1：模式菌株；

2：非模式菌株。

5.1.24　分类地位（O）

应指明该菌株的界、门、纲、目、科、属、种。

如需要，应指明该菌株的变种、亚种名等。

5.2　多相分类特征

5.2.1　液体标准培养条件（M）

棒杆菌属成员的液体培养特征形态描述应在标准培养条件下培养并描述。标准培养条件包括标准培养基、培养温度及培养时间。常用标准培养基有：酪蛋白胨－大豆蛋白胨液体培养基（peptone casein-bean peptone medium）；蛋白胨－酵母提取物－葡萄糖培养基（PYG）；培养温度：37℃（人和动物寄生菌和病原菌）或25～30℃（非病原菌）。培养时间为：24～48h。最适 pH。

5.2.1.1　细胞形态（M）

应指明细胞的形态，包括直杆状、弯杆状、棒状或鞭柄状等。

5.2.1.2　细胞排列方式（M）

应指明细胞的排列方式，包括单个、成对、“V”字形或几个平行细胞的栅状排列。

5.2.1.3　细胞革兰氏染色（M）

应指明细胞的革兰氏染色结果。

5.2.1.4　细胞的运动性（M）

应指明细胞是否有运动性。

5.2.1.5　是否生孢（M）

应指明细胞是否产生芽孢。

5.2.1.6　细胞内物质及附属物（M）

应指明细胞内是否有异染粒或聚β-磷酸盐颗粒；是否有鞭毛和纤毛。

5.2.1.7　细胞大小（M）

应指明该菌株单个营养细胞的大小，并以“宽×长”表示，单位为微米（μm）。

5.2.1.8　氧的需求性（M）

应指明该菌株对氧的需求情况，包括厌氧、微需氧、好氧、兼性厌氧等。

5.2.1.9　宏观特征（O）

是否浑浊，是否有颗粒沉淀，是否形成膜。

5.2.1.10　培养温度与 pH（M）

应指明该菌株生长的最适温度（℃）和最适 pH。

5.2.1.11　生长因子需求情况（M）

宜指明该菌株生长是否需要其他生长因子。

5.2.1.12　耐盐性（O）

宜指明该菌种能够耐受的最高 NaCl 的浓度以及最适的 NaCl 浓度。

5.2.2　固体培养特征

5.2.2.1　固体标准培养条件（M）

棒杆菌属菌种的固体培养特征形态描述应在标准培养条件下培养并描述，标准培养条件包括标准培养基、培养温度及培养时间。标准培养基有：脑心浸液琼脂培养基（BHI agar）、营养琼脂培养基（Nutrient agar）；葡萄糖琼脂培养基（Glucose agar）；血琼脂培养基（Columbia blood agar）。培养温度为：37℃或25℃。培养时间为：24～48h。

5.2.2.2　菌落质地（M）

应指明该菌株在固体培养基上形成的菌落的质地：是否透明，与培养基结合是否紧密，是否触之易碎。

5.2.2.3　菌落颜色（M）

应指明该菌株在固体培养基上形成菌落的颜色以及是否产生可溶性色素及其颜色。

5.2.2.4　菌落特征（M）

应指明该菌株在固体培养基上形成的菌落的特征，包括：

——菌落表面光滑或粗糙；

——菌落边缘是否平滑（全缘）；

——菌落是平伏还是隆起。

5.2.2.5　图像信息（O）

宜给出该菌株的菌落、细胞等的光镜与电镜图像信息，并注明所用培养基、培养时间及放大倍数等。

5.2.3　生理生化特征

5.2.3.1　糖类产酸试验（M）

宜指明该菌株是否能够利用以下 15 种糖产酸：葡萄糖（glucose）、阿拉伯糖（Arabose）、木糖（xylose）、鼠李糖（rhamnose）、果糖（fructose）、半乳糖（galactose）、甘露糖（mannose）、乳糖（lactose）、麦芽糖（maltose）、蔗糖（sucrose）、海藻糖（trehalose）、棉籽糖（raffinose）、水杨苷（salicin）、糊精（dextrin）、淀粉（starch）。

5.2.3.2　酶学试验（O）

宜指明该菌株不同酶学试验的反应结果，包括：磷酸酶（phosphatase），接触酶（catalase），脂肪酶（lipase），β-葡萄糖苷酸酶（β-glucuronidase），鸟氨酸脱羧酶（ornithine decarboxylase），精氨酸水解酶（arginine dehydrolase），赖氨酸脱羧酶（lysine decarboxylase），α，β－半乳糖苷酶（α，β-galactosidase），N-乙酰-β-氨基葡萄糖苷酶（N-acetyl-β -glucosaminidase），β − 葡萄糖苷酶（β -glucosidase），吡嗪酰胺酶（pyrazinamidase）等。

5.2.3.3　硝酸盐还原试验（O）

宜指明该菌株是否能够还原硝酸盐。

5.2.3.4　熊果苷裂解试验（O）

宜指明该菌株能否分解熊果苷。

5.2.3.5　七叶灵水解试验（O）

宜指明该菌株能否水解七叶灵。

5.2.3.6　淀粉水解试验（O）

宜指明该菌株是否水解淀粉。

5.2.3.7　石蕊牛奶试验（O）

宜指明该菌株是否有石蕊牛奶的反应以及反应的现象，包括颜色、是否凝固。

5.2.3.8　明胶液化试验（O）

宜指明该菌株是否液化明胶。

5.2.3.9　尿素分解实验（O）

宜指明该菌株能否产生脲酶分解尿素。

5.2.3.10　马尿酸水解试验（O）

宜指明该菌株能否水解马尿酸。

5.2.3.11　酪氨酸水解试验（O）

宜指明该菌株能否水解酪氨酸。

5.2.3.12　酪素水解试验（O）

宜指明该菌株能否水解酪素。

5.2.3.13　药物敏感试验与溶血试验（M）

因部分棒杆菌菌株为人畜病原菌，所以宜指明该菌株对不同抗生素的敏感性及能否溶血。

5.2.4　细胞化学组分分析

5.2.4.1　细胞壁的成分分析（M）

宜指明细胞壁的主要氨基酸组分。

5.2.4.2　全细胞水解物的糖分析（M）

宜指明全细胞水解物的主要糖。

5.2.4.3　细胞脂肪酸分析（M）

宜指明脂肪酸的组成及所占比例。

5.2.4.4　磷酸脂类分析（M）

宜指明主要磷酸脂类组成。

5.2.4.5　甲基萘醌类分析（O）

宜指明主要的甲基萘醌的组成及所占的比例。

5.2.4.6　枝菌酸分析（M）

宜指明主要的枝菌酸。

5.2.5　分子分类信息

5.2.5.1　血清型（O）

宜指明该菌株的抗原—抗体反应类型。

5.2.5.2　基因元器件（O）

宜指明该菌株携带的特定用途的质粒、载体、噬菌体、筛选标记基因、启动子、增强子、信号肽基因等。

5.2.5.3　DNA 的 G + C mol%（M）

宜指明该菌株 DNA 的鸟嘌呤（G）和胞嘧啶（C）在核苷酸中的摩尔百分含量。

5.2.5.4　基因序列信息（M）

宜指明该菌株的基因序列信息，如 16S rRNA 基因，并注明核苷酸序列注册号。

5.3　具体用途（O）

应指明该菌株的具体用途。

5.4　文献信息（O）

宜列出该菌株公开发表的文献资料。

5.5　保藏方法（M）

应指明适合该菌株短期和长期保藏的技术和方法。保藏单位信息、共享方式、提供形式、获取途径、联系方式。

附表 1　　棒杆菌属菌种资源描述表

描述日期：　　年　　月　　日

基本信息			
平台资源号			
学名		中文名称	
资源归类编码		菌株保藏编号	
其他保藏中心编号		来源历史	
分离人		分离时间	
原始编号		鉴定人	
鉴定人所在单位		收藏时间	
原产国或地区		采集地（海拔、经纬度）	
分离基物		采集地生境	
生物危害程度		致病对象	
致病名称		传播途径	
培养基编号		培养温度（℃）	
模式菌株		分类地位	
寄主名称		保藏类型	
保存方法		获取途径及联系方式	

（续附表 1）

特征特性信息				
液体	液体标准培养条件			
培养特征	细胞形态及大小			
	细胞排列方式			
	革兰氏染色			
	耐盐性			
	细胞运动性			
	氧的需求			
	宏观特征			
	胞内物质及附属物			
	生长因子			
	培养温度及 pH			
固体培养特征	固体标准培养条件			
	菌落质地			
	菌落颜色			
	菌落特征			
细胞化学组分分析	细胞壁氨基酸			
	全细胞水解物糖类型			
	细胞脂肪酸分析			
	磷酸类脂分析			
	甲基萘醌类分析			
	枝菌酸分析			
生理生化特性	糖类发酵实验			
	酶学试验			
	生长因子需求试验			
	硝酸盐还原试验		石蕊牛奶试验	
	明胶液化实验		熊果苷裂解试验	
	尿素分解试验		马尿酸水解	
	七叶灵水解		酪氨酸水解	
	酪素水解		药物敏感试验	
	淀粉水解		溶血试验	
	温度试验		pH 试验	
	耐盐试验		耐酸性试验	

（续附表 1）

<table>
<tr><td colspan="5">特征特性信息</td></tr>
<tr><td rowspan="3">遗传信息</td><td>血清型</td><td></td><td>基因元器件</td><td></td></tr>
<tr><td>DNA 的 G + Cmol%</td><td></td><td>核苷酸序列信息</td><td></td></tr>
<tr><td>营养缺陷型</td><td></td><td></td><td></td></tr>
<tr><td colspan="5">其他信息</td></tr>
<tr><td colspan="2">具体用途</td><td></td><td>图像信息</td><td></td></tr>
<tr><td colspan="2">文献信息</td><td></td><td>保存方法</td><td></td></tr>
</table>

黄杆菌菌种资源描述规范

前　言

黄杆菌（*flavobacteria*）是一类不形成内生孢子的革兰氏阴性、杆状或球杆状的细菌，广泛存在于土壤、水体（海水或淡水）等生境中，在流通的商品蔬菜和乳制品中也能发现。这类细菌能在不同的温度条件下生长，包括极地的冷环境和高温区域。除少数菌株外，黄杆菌对植物、动物、环境以及人类不产生危害。

黄杆菌属（*Flavobacterium*）由 Bergey 等（1923 年）定名。虽然 Jooste（1985 年）首先定名黄杆菌科（Flavobacteriaceae），但他对该科没有正式的描述。1992 年，Reichenbach 等将黄杆菌科合格化，并发表其相应的详细描述。黄杆菌划归为细菌域（Domain Bacteria）、拟杆菌门（Bacteroidetes）、黄杆菌纲（Flavobacteria）、黄杆菌目（Flavobacteriales）、黄杆菌科（Flavobacteriaceae）。伯杰氏系统细菌学手册（第一版）中列出了 14 个属，Bernardet 等（2002 年）发表黄杆菌新分类单元最低描述标准时包括 18 个属，2004 年增加到 26 个属，2005 年 1 月至 2006 年 6 月 3 日，该科就拥有 54 个属（合格发表或合格化的）。可见，这类细菌的多样性极为丰富。

本规范规定了对不同种类的黄杆菌进行描述应包括的基本内容和要求。

黄杆菌菌种资源描述规范

1 范围

本规范规定了黄杆菌菌种资源描述的内容；

本规范适用于黄杆菌相关属菌种资源的描述。

2 规范性引用文件

下列文件中的条款通过本标准的引用而成为本标准的条款。凡是注明日期的引用文件，其随后所有的修改单（不包括勘误的内容）或修订版均不适用于本标准，然而，鼓励根据本标准达成协议的各方研究是否可使用这些文件的最新版本。凡是不注明日期的引用文件，其最新版本适用于本标准。

国务院令第424号《病原微生物实验室生物安全管理条例》。

3 术语和定义

下列术语和定义适用于本规范。

3.1 黄杆菌 *Flavobacteria*

黄杆菌是一类不形成内生孢子的革兰氏阴性、杆状或球杆状的细菌，一般不发酵葡萄糖，大多数种产生色素。

4 黄杆菌菌种资源基本信息

4.1 要求

应按平台标准《微生物菌种资源共性描述规范》要求对黄杆菌的共性进行描述，具体描述内容逐项记入附表1中。

描述要素分为2类：

——M：必须描述的要素；

——O：可选要素，其描述与否视具体菌株而定。

4.2 平台资源号（M）

国家自然科技资源e-平台统一生成的资源编号，平台资源号长度为18位，前9位是资源单位编码，后9位是流水号，参见《微生物菌种资源共性描述规范》。

4.3 拉丁学名（M）

应指明该菌株的学名。种的名称应包括属名、种的加词、定名人及定名时间；种级以下分类群的名称应包括属名、种的加词、种下等级的加词、该分类群的定名人及定名时间，种的加词与种以下等级的加词之间用指示其等级的术语（如subsp.）相连，未鉴定到种的菌株以“属名 sp.”表示。

4.4　中文译名（M）

应指明该菌株的中文译名。尚无中文译名者，可暂时空缺。

4.5　资源归类编码（M）

指该菌株在国家自然科技资源平台资源分级归类与编码标准中的编码。具体编码见微生物菌种资源分类编码体系。

4.6　菌株保藏编号（M）

微生物菌种资源在保存机构的保藏编号，由前缀和菌株编号两部分组成。前缀，即保藏机构名称的缩写，遵照《中国菌种目录》第一和第二版的有关规定。前缀与菌株编号之间应留空格。

4.7　其他保藏单位编号（O）

该菌株在其他菌种保藏机构中保藏编号。每个其他编号均由等号“＝”号开头，如果其编号多于一个时，中间也用等号“＝”连接。

4.8　来源历史（O）

获得该菌株的途径。如菌株转移经过多个保藏机构，则保藏机构之间用一个左指向的箭头连接。

4.9　分离人（O）

该菌株原始分离人的姓名。

4.10　分离时间（O）

该菌株的最初分离时间。

4.11　原始编号（O）

该菌株的最初分离编号。

4.12　鉴定人（M）

应指明该菌株鉴定人的姓名。

4.13　原产国或地区

菌种的分离基物采集地所在国家、地区的名称，ISO 国家代码。

4.14　收藏时间（M）

应指明保藏机构收集、保存该菌株的日期。

4.15　分离基物（源）（O）

该菌株的分离基物（源），应指明具体分离自何种物质。

4.16　采集地区（O）

分离基物采集地的行政区划，详细到县。

4.17　生物安全等级（M）

应指明该菌株的生物安全等级归类，具体参照《病原微生物实验室生物安全管理条例》。

4.18　培养基（M）

微生物菌种最适培养基编号用 4 位数表示，具体编号应参照《中国菌种目录》。如果《中国菌种目录》没有收录，应给出该培养基的具体配方及制作方法。

4.19　模式菌株（M）

应指明该菌株是否为模式菌株。

4.20 生长温度（M）

应指明该菌株的最适生长温度。

5 黄杆菌菌种特征特性描述信息

5.1 要求

要求将本章所列条文的内容逐项记入附表1中，相应特性的具体描述内容详见表A。可根据不同菌种的特性增加描述内容。不同的描述特性可用相应的符号表示，表中出现的所有符号均应加以注解说明。描述要素分为2类：M为必须描述的要素；O为可选要素，其描述与否视具体菌株而定。

5.2 表型信息

5.2.1 个体形态特征（M）

应对黄杆菌的细胞形状、细胞排列方式、革兰氏染色反应、鞭毛、是否形成内生孢子以及是否产生色素等进行描述。

5.2.2 生理特性（M）

应对黄杆菌的生长条件，包括生长温度与pH、需氧性以及盐的耐受生长、所要求的必须生长因子等进行试验，记录试验结果，并作为特性描述的部分内容。

5.2.3 生化特性（M）

应对黄杆菌进行以下生化试验，记录试验结果，并作为其特性描述的部分内容。

——过氧化氢酶（接触酶）测定；

——纤维素的降解；

——碳水化合物发酵产酸试验（碳水化合物种类参见附表1）；

——从葡萄糖和葡萄糖酸盐发酵产气试验；

——琼脂的降解。

5.2.4 化学特性的测定分析（O）

主要包括对黄杆菌全细胞脂肪酸组分、Capnophilic代谢等进行测定。这些特性的分析有助于对黄杆菌的鉴别；必要时可选择薄层层析或气/液相色谱分析法进行测定，并将测定结果作为特性描述的部分内容。

5.3 遗传信息

5.3.1 DNA碱基组成（G+Cmol%）（O）

5.3.2 16S rRNA基因序列分析（M）

将16S rRNA基因序列提交给GenBank注册，提供该序列的注册号。

5.4 其他特性信息（O）

5.4.1 与人类的关系

黄杆菌中有些种或菌株可用于工业、农业和医药生产，有的则对人畜致病。对于这些菌种的描述应具体注明其用途或所致疾病名称。

5.4.2 血清学反应

对于某些细菌，可根据其抗原成分的不同，使用已知的特异性抗体测定其有无相应的抗原，以确定菌株的类型。描述时应注明具体采用的方法、特异性抗体及其反应结果。

5.4.3 抗生素敏感试验

细菌对不同抗菌药物的敏感程度往往显示该菌株所具有的特性。这种特性有时也成为细菌分类鉴定的指征，必要时可进行该项试验；描述时应注明所采用的具体试验方法，并记录试验结果。

5.4.4　其他补充试验

附表1中，包括了主要的描述内容，但并不是全部内容。针对不同的描述对象，可选择附表1中的部分内容进行菌种资源的描述。必要时，可补充附表1中未包括的特定描述内容。

附表1　　**黄杆菌菌种资源描述表**

描述日期：　　年　　月　　日

基本信息			
平台资源号			
拉丁学名		中文译名	
资源归类编码		菌株保藏编号	
其他保藏机构编号		来源历史	
分离人		分离时间	
原始编号		鉴定人	
原产国		收藏时间	
分离基物		采集地区	
生物危害等级		培养基	
模式菌株		培养温度（℃）	

特征特性信息

表型信息					
个体形态特征	革兰氏染色	阳性		阴性	
	细胞形状	杆状			
		球杆状			
		球状			
	细胞排列方式	单个			
		成对			
		成链			
	鞭毛(运动性)				
	菌落颜色				
生化特性	接触酶		氧化酶		
	吲哚试验		VP反应		
	葡萄糖产气		葡糖酸钠产气		
	碳水化合物利用				
	葡萄糖		松三糖		
	半乳糖		蜜二糖		
	甘露糖		棉籽糖		
	阿拉伯糖		鼠李糖		
	纤维二糖		核　糖		
	木　糖		菊　糖		
	果　糖		山梨醇		
	β-半乳糖苷		蔗　糖		
	乳　糖		海藻糖		
	麦芽糖		明　胶		
	七叶灵		淀　粉		
	甘　油		硝酸盐还原		
	纤维素降解		琼脂降解		

生理特性			
需氧性	兼性厌氧生长 微好氧生长 厌氧生长		
生长温度试验（℃）	0		
	10		
	25		
	37		
	42		
NaCl生长试验（%）	4.0		
	6.5		
	8.0		
	10.0		
	18.0		
pH生长试验	4.5		
	7.0		
	8.5		
	9.6		

化学组分	
特征性脂肪酸	
磷脂型	
醌　型	
类胡萝卜素	

抗生素试验	
氨苄青霉素 (10μg/ml)	
氨苄青霉素 (50μg/ml)	
氨苄青霉素 (100μg/ml)	
四环素	
链霉素	

遗传信息	G+C mol %		16S rRNA基因序列 (GenBank注册号)
其他信息			
图像信息		保存方法	
文献信息			

双歧杆菌菌种资源描述规范

前　　言

双歧杆菌栖居于人和各种动物的肠道、反刍动物的瘤胃、人的口腔和阴道以及污水等处。目前已报道的该属的种有 30 多个。

本规范规定了对双歧杆菌菌种进行描述应包括的基本内容和要求。

双歧杆菌菌种资源描述规范

1 范围

本规范规定了双歧杆菌属内不同种的菌种资源的描述内容。

2 术语和定义

下列术语和定义适用于本规范。

2.1 双歧杆菌属 *Bifidobacterium*

双歧杆菌属主要特征：细胞呈现多样形态，有较规则短杆形或纤细杆状具尖细末端的，有球形，有长而稍弯曲状的或呈各种分枝或分叉形，棍棒状或匙形。细胞单个或链状、“V”字形、栅栏状排列或聚集成星状。革兰氏阳性，不抗酸、不形成芽孢，不运动。菌落光滑、凸圆、边缘完整、乳脂至白色、有光泽，质地柔软。厌氧，产生磷酸解酮酶类，接触酶阴性（星状双歧杆菌和蜜蜂双歧杆菌例外），DNA 的碱基组成 G + Cmol% 为 55% ~67% 。

3 双歧杆菌菌种资源基本信息

3.1 要求

应根据平台标准《微生物菌种资源共性描述规范》要求，对双歧杆菌的共性进行描述，具体描述内容逐项记入附表 1 中。

描述要素分为 2 类：

——M：必须描述的要素；

——O：可选要素，其描述与否视具体菌株而定。

3.2 平台资源号（M）

国家自然科技资源 e-平台统一生成的资源编号，平台资源号长度为 18 位，前 9 位是资源单位编码，后 9 位是流水号，参见《微生物菌种资源共性描述规范》。

3.3 菌株保藏编号（M）

微生物菌种资源在保存机构的保藏编号，由前缀和菌株编号两部分组成。前缀，即保藏机构名称的缩写，前缀和菌株编号之间应留半角空格。

3.4 拉丁学名（M）

应指明该菌株的学名。种的名称应包括属名、种加词及定名人和定名时间；种级以下分类群的名称应包括属名、种加词和种下等级的加词及该分类群的定名人和定名时间，种加词和种下等级的加词之间用指示其等级的术语（如 subsp. , var. , forma 等）相连。未鉴定到种的菌株，以“属名 sp. ”表示。

3.5 中文名称（M）

应指明该菌株的中文名称（如有别名，应在括号中注明）。尚无中文译名时，可填

“暂无”。

3.6　资源归类编码（M）

国家自然科技资源平台资源分级归类与编码标准中的编码。具体编码参见《微生物菌种资源共性描述规范》中的微生物菌种资源分类编码。

3.7　收藏时间（M）

应指明保藏机构收集、保藏该菌株的时间。格式为 YYYYMMDD，其中 YYYY 为年，MM 为月，DD 为日。

3.8　来源历史（M）

得到该菌株的途径。如菌株转移经过多个保藏机构，则保藏机构之间用一个左指向的箭头“←”连接。

3.9　原始编号（M）

该菌株的原始分离编号。

3.10　是否模式菌株（M）

应指明该菌株是否为模式菌株。

3.11　其他保藏单位编号（O）

该菌株在其他菌种保藏机构中的菌株保藏编号。每个其他编号均由等号“=”开头，如编号不止一个时，中间也用等号“=”连接。

3.12　原产国或地区（M）

菌种的分离基物采集地所在国家、地区的名称，ISO 国家或地区代码。

3.13　鉴定人（O）

应指明该菌株的鉴定人姓名。

3.14　分离人（O）

该菌株的原始分离人的姓名。

3.15　分离时间（O）

该菌株的最初分离时间。格式为 YYYYMM，其中 YYYY 为年，MM 为月。

3.16　分离基物（M）

该菌株的分离源，宜指明具体分离自何种物质。

3.17　采集地区（O）

分离基物采集地的行政区划，详细到县。

3.18　采集地生境（O）

分离基物采集具体地点的生态环境描述。

3.19　采集时间（O）

采集分离基物样品的时间。

3.20　培养基（M）

微生物菌种最适培养基编号用 4 位数表示，具体编号应参照《中国菌种目录》。如《中国菌种目录》没有收录，应给出该培养基的具体配方及制作方法。

3.21　培养温度（M）

应指明该菌株的最适培养温度。

3.22　具体用途（O）

宜指明微生物菌种资源的具体用途。

3.23　生物危害程度（M）

应指明该菌株的生物危害类群，具体参照《病原微生物实验室生物安全管理条例》。

3.24　致病对象（O）

病原微生物菌种的致病对象类群，如人类、动物、植物或微生物等。

3.25　传播途径（O）

微生物菌种资源在自然界的传播途径，主要包括接触传播、空气传播、食物传播、水传播以及血液、体液传播等。

3.26　寄主名称（O）

菌种寄生宿主的拉丁文名称和中文名称。

3.27　基因元器件（O）

宜指明该菌株所携带的特定用途的质粒、F 因子、载体、筛选标记基因、启动子、增强子、信号肽基因等。

4　双歧杆菌菌种特征特性描述信息

4.1　要求

要求将本章所列条文的内容逐项记入附表 1 中，相应特征的具体描述内容详见附表 1。可根据不同菌种的特性增加描述内容。不同的描述特征可用相应的符号表示，表中出现的所有符号均应加以注解说明。

描述要素分为 2 类：

——M：必须描述的要素；

——O：可选要素，其描述与否视具体菌株而定。

4.2　表型信息

4.2.1　个体形态特征（M）

对双歧杆菌的细胞形状（杆状或其他形态）、革兰氏染色反应、是否形成内生芽孢等进行描述。

4.2.2　生理特征（M）

应对双歧杆菌的生长条件，包括：生长温度、生长 pH 以及需氧性进行试验，记录试验结果，作为特征描述的部分内容。

4.2.3　生化特征（M）

应对双歧杆菌做下列生化试验，并记录试验结果，作为其特征描述的部分内容。

——过氧化氢酶（接触酶）、脲酶测定；

——果糖-6-磷酸盐磷酸酮酶（F6PPK）试验；

——碳水化合物发酵产酸试验（碳水化合物种类参见附表 1）。

4.2.4　代谢产物分析（M）

碳水化合物代谢的特异性终产物是鉴定双歧杆菌的依据之一，分析结果应包括在特征描述中。

4.2.5　化学特征的测定分析（O）

主要指对双歧杆菌的细胞壁组分的二氨基酸的分析。应选择薄板层析或氨基酸自动分析仪对其进行分析测定，并将测定结果作为特征描述的部分内容。

4.3 基因型信息

4.3.1 DNA 碱基组成（G+Cmol%）（O）

4.3.2 16S rRNA 基因序列分析（O）

如该序列提交到 GenBank，宜给出其注册号。

附表 1　　双歧杆菌菌种资源描述表

描述日期：　　年　　月　　日

基本信息			
平台资源号		菌株保藏编号	
拉丁学名		中文名称	
资源归类编码		收藏时间	
来源历史		原始编号	
是否模式菌株		其他保藏机构编号	
原产国或地区		鉴定人	
分离人		分离时间	
分离基物		采集地区	
采集地生境		采集时间	
培养基		培养温度	
生物危害程度		致病对象	
传播途径		寄主名称	
具体用途		基因元器件	

特征特性信息

表型信息						
个体形态特征	革兰氏染色	阳性		阴性		
	细胞形状	多形态				
	形成内生芽孢					
生化特性	接触酶					
	脲酶					
	F6PPK酶					
	碳水化合物产酸					
	葡萄糖		松三糖			
	葡萄糖酸钠		蜜二糖			
	苦杏仁苷		棉籽糖			
	阿拉伯糖		鼠李糖			
	纤维二糖		核糖			
	七叶灵		水杨苷			
	果糖		山梨醇			
	半乳糖		蔗糖			
	乳糖		海藻糖			
	麦芽糖		木糖			
	甘露醇		淀粉			
	甘露糖		菊糖			
	甘油					

生理特征			
需氧性	兼性厌氧生长		
	厌氧生长		
温度生长试验（℃）	15		
	45		
pH生长试验	4.5		
	9.0		

代谢产物		
	L-乳酸	
	D-乳酸	
	DL-乳酸	
	乙酸	
	乳酸：乙酸	
化学特征	胞壁二氨基酸	

基因型信息	G+C mol%		16S rRNA基因序列 GenBank注册号	

紫色非硫细菌菌种资源描述规范

前　　言

本规范规定了对紫色非硫细菌菌种资源进行描述所应包括的基本内容和要求。

紫色非硫细菌菌种资源描述规范

1 范围

本规范适用于紫色非硫细菌菌种资源的描述，不包括其他光合细菌如蓝细菌、着色杆菌科、外硫红螺菌科、绿色硫细菌、多细胞丝状绿细菌、螺旋杆菌和好氧生长但不产生分子氧的光合细菌等。

2 术语和定义

下列术语和定义适用于本规范。

2.1 紫色非硫细菌 *Purple Nonsulfur Bacteria*

紫色非硫细菌是不放氧光合细菌中种属最多，系统学起源最复杂，分布最广泛，形态及生理生化最为多样的一群菌。该群包括能进行厌氧光合作用的α-变形杆菌纲和β-变形杆菌纲的一些细菌。光合色素为细菌叶绿素 a 和 b 及各种各样的类胡萝卜素。内膜系统与细胞质膜相连。目前包括 21 个属：红螺菌属（*Rhodospirillum*）、褐螺菌属（*Phaeospirillum*）、红球形菌属（*Rhodopila*）、红篓菌属（*Rhodocista*）、红弧菌属（*Rhodovibrio*）、玫瑰螺菌属（*Roseospirillum*）、红螺旋菌属（*Rhodospira*）、玫瑰螺旋菌属（*Roseospira*）、红海菌属（*Rhodothalassium*）、红微菌属（*Rhodomicrobium*）、红菌属（*Rhodobium*）、红游动菌属（*Rhodoplanes*）、红假单胞菌属（*Rhodopseudomonas*）、生芽绿菌属（*Blastochloris*）、红芽菌属（*Rhodoblastus*）、红细菌属（*Rhodobacter*）、红浆果菌属（*Rhodobaca*）、小红卵菌属（*Rhodovulum*）、红环菌属（*Rhodocyclus*）、红长命菌属（*Rubrivivax*）和红育菌属（*Rhodoferax*）等属。

3 紫色非硫细菌菌种资源基本信息

3.1 要求

应根据平台标准《微生物菌种资源共性描述规范》要求，对光合细菌的共性进行描述，具体描述内容逐项记入附表 1 中。

描述要素分为 2 类：

——M：必须描述的要素；

——O：可选要素，其描述与否视具体菌株而定。

3.2 平台资源号（M）

国家自然科技资源 e-平台统一生成的资源编号，平台资源号长度为 18 位，前 9 位是资源单位编码，后 9 位是流水号，参见《微生物菌种资源共性描述规范》。

3.3 菌株保藏编号（M）

微生物菌种资源在保藏机构的保藏编号。由前缀和菌株编号两部分组成。前缀为保藏机构名称的英文缩写，前缀和菌株编号之间应留半角空格。

3.4　拉丁学名（M）

应指明该菌株的学名。种的名称应包括属名、种加词及定名人和定名时间；种级以下分类群的名称应包括属名、种加词和种下等级的加词及该分类群的定名人和定名时间，种加词和种下等级的加词之间用指示其等级的术语（如 subsp.，var.，forma 等）相连。未鉴定到种的菌株，以“属名 sp.”表示。

3.5　中文名称（M）

微生物菌种资源的中文名称。尚无中文译名时，填写“暂无”。

3.6　资源归类编码（M）

国家自然科技资源平台资源分级归类编码标准中的编码，参见《微生物菌种资源分类编码体系》。

3.7　收藏时间（M）

微生物菌种资源被保藏机构收集、保藏该菌株的时间。格式为 YYYYMMDD，其中 YYYY 为年，MM 为月，DD 为日。

3.8　来源历史（M）

微生物菌种资源在收藏单位之前的转移情况。收藏单位前以左指向箭头“←”开头，收藏单位之间用左指向箭头“←”连接。

3.9　原始编号（M）

微生物菌种资源的原始分离编号。

3.10　模式菌株（M）

微生物菌种资源是否为模式菌株。

1：模式菌株；

2：非模式菌株。

3.11　其他保藏单位编号（O）

微生物菌种资源在其他菌种保藏中心的保藏编号。其他保藏中心编号前以等号“=”开头，保藏编号之间用等号“=”连接。

3.12　原产国（M）

微生物菌种资源分离基物采集地所在国家名称。

3.13　鉴定人（O）

应指明该菌株的鉴定人姓名。

3.14　分离人（O）

该菌株的原始分离人的姓名。

3.15　分离时间（O）

该菌株的最初分离时间。格式为 YYYYMM，其中 YYYY 为年，MM 为月。

3.16　分离基物（M）

微生物菌种资源分离物质的具体名称，对于寄生或共生的宜指明分离的具体组织部位。

3.17　采集地区（O）

分离基物采集地的行政区划，详细到县。

3.18　采集地生境（O）

分离基物采集具体地点的生态环境描述。

3.19　采集时间（O）

采集分离基物样品的时间。

3.20　培养基编号（M）

微生物菌种最适培养基编号用4位数表示，具体编号参考《中国菌种目录》。如果《中国菌种目录》中不包含该培养基，应写明培养基配方和制作方法。

3.21　培养温度（M）

微生物菌种资源的最适培养温度。单位为℃。

3.22　具体用途（O）

宜指明微生物菌种资源的具体用途。

3.23　生物危害程度（M）

应指明该菌株的生物危害类群，具体参照《病原微生物实验室生物安全管理条例》。

3.24　致病对象（O）

病原微生物菌种资源的致病对象类群。

1：人；

2：动物；

3：人畜共患；

4：植物；

5：微生物；

6：无；

7：不清楚。

3.25　传播途径（O）

微生物菌种资源在自然界的传播途径，主要包括接触传播、空气传播、食物传播、水传播以及血液、体液传播等。

3.26　寄主名称（O）

菌种寄生宿主的拉丁文名称和中文名称。

3.27　基因元器件（O）

宜指明该菌株所携带的特定用途的质粒、F因子、载体、筛选标记基因、启动子、增强了、信号肽基因等。

4　紫色非硫细菌菌种特征特性描述信息

4.1　要求

要求将本章所列条文的内容逐项记入附表1中，不同特征的具体描述内容详见附表1。可根据不同菌种的特性增加描述内容。不同的描述特征可用相应的符号表示，表中出现的所有符号均应加以注解说明。

描述要素分为2类：

——M：必须描述的要素；

——O：可选要素，其描述与否视具体菌株而定。

4.2　表型信息

4.2.1　形态特征（M）

对紫色非硫细菌的细胞形状（杆状、卵圆形、弧形、螺旋形等）、细胞大小、革兰氏染色反应、鞭毛以及细胞分裂方式、光合内膜类型（囊泡状、片层状、指状内突等）等进行观察描述。

4.2.2　培养特征（M）

这类细菌由于培养物中光合色素的含量不同，使培养物呈绿色、黄绿色、褐色等各种不同颜色，描述时应注明。

4.2.3　生理特性（M）

应对紫色非硫细菌的光合色素种类（细菌叶绿素 a、b，各种类胡萝卜素等）和生长条件，包括：生长温度、生长 pH、需氧性以及盐的生长要求等进行试验，记录试验结果，作为特征描述的部分内容。

4.2.4　生化特性（M）

应对紫色非硫细菌做下列生化试验，并记录试验结果，作为其特征描述的部分内容。

——果糖发酵生长；

——反硝化作用；

——电子供体与电子受体；

——生长因子；

——苯甲酸利用；

——水解淀粉、明胶、吐温 80 等；

——硫酸盐同化；

——硫化氢的氧化产物；

——硫的氧化；

——碳源利用；

——氮源利用。

4.2.5　化学特征的测定分析（O）

主要包括醌、细胞脂肪酸和极性脂的分析。

4.3　基因型信息

4.3.1　DNA 碱基组成（G + Cmol%）（O）

4.3.2　16S rRNA 基因序列分析（M）

如该序列提交到 GenBank，宜给出其注册号。

4.4　其他特征信息（O）

4.4.1　图像信息

宜给出菌株的菌落形态图像、细胞显微形态图像。

4.4.2　其他补充试验

附表 1 中，包括了主要的描述内容，但并不是全部内容。针对不同描述对象，可选择附表 1 中的部分内容，进行菌种资源的描述。必要时，可补充附表 1 中未包括的特定描述内容。

4.4.3　文献信息

宜列出与菌株相关的公开发表的文献资料的详细信息。

附表 1　　　　　　**紫色非硫细菌菌种资源描述表**

描述日期：　　年　　月　　日

基本信息

平台资源号		菌株保藏编号	
拉丁学名		中文名称	
资源归类编码		收藏时间	
来源历史		原始编号	
是否模式菌株		其他保藏机构编号	
原产国或地区		鉴定人	
分离人		分离时间	
分离基物		采集地区	
采集地生境		采集时间	
培养基		培养温度	
生物危害程度		致病对象	
传播途径		寄主名称	
具体用途		基因元器件	

特征特性信息

表型信息	形态特征	革兰氏染色			光合内膜	
		细胞形状			孢囊	
		细胞直径			形成玫瑰结	
		运动	极生鞭毛		厌氧光照培养物颜色	
			周生鞭毛		特征性营养生长周期	
		繁殖方式	二分分裂		产生黏液	
			出芽分裂			

表型信息	生理生化特性	光合色素种类		电子供体		需氧性	光照厌氧生长	
		果糖发酵生长		电子受体			黑暗好氧生长	
		反硝化		生长因子		pH	最适生长 pH	
		固氮能力		利用己酸盐			pH 6.0 生长	
		利用苯甲酸		利用甲酸盐		NaCl	生长需要 Na^{+}	
		利用硫代硫酸盐		同化硫酸盐			3 % NaCl 生长	
		淀粉水解		Tween 80 水解		最适生长温度		
		明胶水解		800nm 低吸收峰		主要的醌		
		硫的氧化		硫化氢氧化产物		主要脂肪酸		
		碳源利用		氮源利用		极性脂组成		

基因型信息	G + Cmol%	16S rDNA 序列		其他特征信息	
		GenBank 注册号			

布氏菌菌种资源描述规范

前　言

布氏菌属（*Brucella*）是一类革兰氏阴性的短小杆菌，牛、羊、猪等动物最易感染，引起母畜传染性流产。人类接触带菌动物或食用病畜及其乳制品，均可被感染。布氏菌病广泛分布世界各地。我国部分地区曾有流行，现已基本控制。布氏菌属分为羊、牛、猪、鼠、绵羊及犬布氏菌 6 个种，20 个生物型。我国流行的主要是羊布氏菌（*Br. melitensis*）、牛布氏菌（*Br. Bovis*）、猪布氏菌（*Br. suis*）3 种布氏菌，其中以羊布氏菌病最为多见。

布氏菌菌种资源是微生物菌种资源的重要组成部分，与其他微生物菌种资源有着相似的描述内容。本规范是根据布氏菌菌种资源的特点而制定，以实现布氏菌菌种资源描述信息的规范化，有利于布氏菌菌种资源的收集、保藏、鉴定、评价、研究和利用，有利于科学地整理菌种资源，促进菌种资源信息化，实现菌种资源的高效共享和可持续利用。

布氏菌菌种资源描述规范

1 范围

本规范规定了布氏菌菌种资源的描述内容、描述要求。

本规范适用于布氏菌菌种资源的收集、整理和保存，数据库和信息共享网络系统的建立。

2 规范性引用文件

下列文件中的条款通过本标准的引用而成为本标准的条款。凡是注明日期的引用文件，其随后所有的修改单（不包括勘误的内容）或修订版均不适用于本标准，然而，鼓励根据本标准达成协议的各方研究是否可使用这些文件的最新版本。凡是不注明日期的引用文件，其最新版本适用于本标准。

国务院令第424号《病原微生物实验室生物安全管理条例》

3 术语、定义、符号、缩写语

下列术语、定义、缩略语和符号适用于本规程。

3.1 布氏菌 *Brucella*

布氏菌是革兰氏阴性兼性细胞内寄生菌，能引起多种家畜的流产、不育，引起人的以发热和不育为特征的布氏菌病，给畜牧业发展和人的健康造成极大危害。

3.2 布氏菌菌种资源 *Brucella culture collections*

是指经妥善保藏管理的布氏菌菌种实物及其相关信息。

4 描述要求

4.1 描述要求

对菌株的描述条款应明确而无歧义，并且：

——描述内容应清楚、准确，力求完整；

——要充分考虑该菌株的最新研究进展；

——能被微生物专业人员理解。

4.2 描述要素

描述要素分为2类：

——M：必备要素，必须描述的要素；

——O：可选要素，其描述与否视具体菌株而定。

5 描述内容

5.1 资源基本信息

5.1.1 平台资源号（M）

国家自然科技资源 e-平台统一生成的资源编号，平台资源号长度为 18 位，前 9 位是资源单位编码，后 9 位是流水号，参见《微生物菌种资源共性描述规范》。

5.1.2 拉丁学名（M）

应指明该菌株的完整的科学名称。对于鉴定到属，未鉴定到种的菌株，种名以“属名 sp.”表示。

5.1.3 中文名称（M）

应指明该菌株的中文名称（如有别名，可在括号中注明）。尚无中文译名时，填写“暂无”。

5.1.4 资源归类编码（M）

应指明该菌株的资源归类编码，参见《微生物资源分类编码体系》。

5.1.5 菌株保藏编号（M）

应指明该菌株在专业保藏机构的保藏编号，保藏编号由前缀和菌株编号两部分组成。前缀为保藏机构英文名称的缩写，前缀和菌株编号之间应留空格。

5.1.6 其他保藏机构编号（O）

宜指明该菌株在其他菌种保藏机构的菌株保藏编号。每个其他保藏机构的编号均由等号“=”开头，如编号不止一个时，中间也用等号“=”连接。

5.1.7 来源历史（M）

应指明得到该菌株的途径。如菌株转移经过多个保藏机构，则保藏机构之间用一个左指向的箭头“←”连接。

5.1.8 分离人（M）

应指明该菌株最初分离人的姓名。

5.1.9 分离时间（M）

应指明该菌株的分离时间。

5.1.10 原始编号（M）

应指明该菌株最初分离编号。

5.1.11 鉴定人（O）

宜指明该菌株的鉴定人。

5.1.12 鉴定人所在单位（O）

宜指明该菌株的鉴定人所在单位。

5.1.13 收藏时间（O）

宜指明保藏机构收集、保存该菌株的时间。

5.1.14 原产国或地区（M）

应指明该菌株分离基物采集地所在国家、地区名称。

5.1.15 分离基物（O）

宜指明具体的分离基物名称。

5.1.16 采集地生境（O）

宜描述该菌株分离基物采集具体地点的生态环境，参照《微生物菌种资源采集环境描述规范》。

5.1.17 生物危害等级（M）

应指明该菌株的生物危害等级归类，参照《病原微生物实验室生物安全管理条例》。

5.1.18 培养基（M）

适合布氏菌生长的营养物质的名称及统一编号。最适培养基编号用4位数表示，具体应参照《中国菌种目录》。如《中国菌种目录》没有收录该培养基，应给出配方及制作方法。

5.1.19 培养条件（M）

指适宜布氏菌菌株生长的温度（以℃表示）、相对湿度和其他条件。

5.1.20 培养时间

布氏菌在特定培养条件下，生长至成熟（稳定）所需要的时间，以h表示。

5.1.21 模式菌株（M）

是模式菌株应予指明。

5.1.22 分类地位（M）

应指明每个菌株的界、门、纲、目、科、属、种、亚种等。

5.2 特征特性信息

5.2.1 形态特征（M）

5.2.1.1 菌落形态

应指明菌落大小、颜色、形状、表面状况以及其他显著特征，并指明描述菌落形态所用培养基的名称或配方、培养条件。

5.2.1.2 细胞特征

细胞的显著特征：

——革兰氏染色特征，应指明培养时间；

——细胞的大小，以“宽×长”表示，单位为μm；

——细胞的形状及排列方式；

——鞭毛特征。

5.2.2 培养特性

应描述细菌在血琼平板上是否出现溶血，溶血的类型，在液体培养中是否呈均匀混浊生长等。

5.2.3 生理生化特征（M）

普通生理生化特征。

应描述该菌株的生化反应有：是否分解葡萄糖或其他糖类，是否产酸，是否产气；氧化酶是否阴性，触酶是否阳性，是否还原硝酸盐，靛基质产生试验、甲基红试验、VP试验和枸橼酸盐试验、脱羧酶赖氨酸、精氨酸双水解酶、鸟氨酸脱羧酶、硫化氢产生、尿素分解、苯丙氨酸和动力试验；DNA水解酶（25℃）、明胶水解（22℃）和脂酶水解；发酵乳糖、蔗糖、甘露醇、卫矛醇、水杨苷、肌醇、阿东醇、山梨醇、阿拉伯糖、棉籽糖、鼠李糖、麦芽糖、木糖、海藻糖和蜜二糖及OPNG试验结果。

5.2.4 快速细菌鉴定系统结果（O）

应给出快速布氏菌鉴定系统结果。

5.2.5　表面抗原分型（M）

应描述布氏菌抗原分型基础、方法和抗原分型结果。主要血清学分型基础是耐热的菌体（O）抗原、不耐热的鞭毛（H）抗原和包被（K）抗原3种。

5.2.6　基因型信息（O）

5.2.6.1　G + Cmol%

宜描述该菌株DNA的G + Cmol%含量，并描述分析所用的方法。

5.2.6.2　16S rDNA序列

宜描述布氏菌16S rDNA的测序结果，提供在GenBank/EMBL/DDBJ中的序列注册号。

5.2.7　生物学特性（O）

5.2.7.1　感染致病性或毒性

宜描述该菌株对人或动物的感染性或致病性，其侵袭力和毒力。

5.2.7.2　致病机制及传播途径

宜描述该菌株的致病机制以及传播途径。

5.2.7.3　流行季节

宜描述该菌株所致疾病与季节的关系。

5.2.7.4　地理分布

宜描述该菌株所致疾病的地理分布。

5.2.7.5　组织嗜性

宜描述该菌株的主要易感组织和主要易感细胞。

5.2.7.6　对宿主致病的病理变化

宜描述该菌株对宿主致病的病理变化情况。

5.2.7.7　对热的抵抗力

宜描述该菌株对温度的耐受程度。

5.2.7.8　消毒剂的敏感性

宜描述该菌株对消毒剂敏感的种类及敏感程度。

5.2.7.9　对抗生素的敏感性

宜描述该菌株对抗生素敏感的种类及敏感程度。

5.2.7.10　免疫保护性

宜描述针对布氏菌的细胞或体液免疫及其保护作用。

5.2.7.11　功能特性

宜描述布氏菌菌种的主要用途。包括分类学、分析检测、经济用途、环保、医学、研究、教学等。

5.2.8　其他信息

5.2.8.1　保藏方法（M）

保存布氏菌菌种资源采用的技术方法。包括液氮超低温冻结、-80℃冰箱冻结、真空冷冻干燥、石蜡油斜面、斜面、其他等。

5.2.8.2　显微图片（M）

布氏菌的显微图片。

5.2.8.3　参考文献（O）

布氏菌菌种资源相关的资料信息，包括书籍、期刊、学术报告及其他。

附表 1

布氏菌菌种菌种资源描述表

描述日期：　　年　　月　　日

基本信息			
平台资源号			
学名		中文名称	
资源归类编码		菌株保藏编号	
其他保藏机构编号		来源历史	
分离人		分离时间	
原始编号		鉴定人	
鉴定人所在单位		收藏时间	
原产国或地区		采集地区	
分离基物		采集地生境	
生物危害等级		培养基	
模式菌株		分类地位	

特征特性信息						
表型信息	个体形态特征	形状、大小、排列		培养特征	菌落形态、大小、质地、颜色等	
		运动性、鞭毛				
		芽孢、荚膜			液体培养情况	
		革兰氏染色反应			半固体琼脂培养基中的穿刺生长情况	
		细胞内含物及贮存物				
		繁殖方式			明胶穿刺培养情况	
		抗酸染色			荧光色素的产生	
		其他形态特征			其他培养特征	
	生理生化特性	营养类型		各种代谢反应如：糖、醇的发酵，牛奶反应等		
		对氧及对光照的需求		各种酶反应		
		对温度、pH 的需求及耐受性		对抗生素的敏感性		
		对盐的耐受性		固氮能力		
		对生长因子及其他营养的需求		免疫特征		
	其他培养特征	利用各种碳源、氮源及其他化合物的能力		血清反应		
		抗原分型方法		感染致病性或毒性		
		抗原分型结果		传播途径		
		致病与季节关系		传播方式		
	细胞成分化学特征	组织嗜性		所致疾病地理分布		
		宿主致病病理变化		对消毒剂的敏感性		
		细胞脂肪酸		细胞壁氨基酸		
		醌		细胞壁糖型		
		枝菌酸		磷酸类脂		
基因型信息		DNA 碱基组成（G + Cmol%）		16S rRNA 基因序列（GenBank 注册号）		

其他描述信息			
图像信息		保藏方法	-80℃冰箱冻结或冻干保存

衣原体菌种资源描述规范

前　言

衣原体是寄生于人体和动物体内的一种革兰氏阴性球菌样微生物，能导致人类和动物疾病，如牛羊的结膜炎，鹦鹉热，人的沙眼、非特异性尿道炎和直肠炎。

衣原体菌种资源是微生物菌种资源的重要组成部分，与其他微生物菌种资源有着相似的描述内容，又具有其特殊性。本规范根据衣原体菌种资源的特点而制定，以实现衣原体菌种资源描述信息的规范化，有利于衣原体菌种资源的收集、保藏、鉴定、评价、研究和利用，科学整理菌种资源，促进菌种资源信息化，实现菌种资源的高效共享和可持续利用。

衣原体菌种资源描述规范

1 范围

本规范规定了衣原体菌种资源的描述内容和描述要求。

本规范适用于衣原体菌种资源的收集、整理和保藏，以及数据库和信息共享网络系统的建立。

2 规范性引用文件

下列文件中的条款通过本规范的引用而成为本规范的条款。凡是注明日期的引用文件，其随后所有的修改单（不包括勘误的内容）或修订版均不适用于本规范，然而，鼓励根据本规范达成协议的各方，研究是否可以使用这些文件的最新版本。凡是不注明日期的引用文件，其最新版本适用于本规范。

国务院令第424号《病原微生物实验室生物安全管理条例》。

3 术语、定义、符号、缩写语

3.1 衣原体 *Chalmydia*

是一类严格在真核细胞内寄生生活，有独特发育周期，能通过细菌过滤器的革兰氏阴性球菌样微生物。广泛寄生于人、哺乳动物及禽类，仅少数致病。衣原体属于衣原体目、衣原体科，衣原体可分为沙眼衣原体（*C. trachomatis*）、鹦鹉热衣原体（*C. psittaci*）、肺炎衣原体（*C. pneumonia*）、兽类衣原体（*C. pecorum*）和性病淋巴肉芽肿衣原体（*biovarlymphogranuloma venereum*，*LGV*）等种属。

3.2 衣原体菌种资源 Chalmydia culture collections

是指经妥善保藏管理的衣原体菌种实物及其相关信息。

4 要求

4.1 描述要求

——描述内容应清楚、准确，力求完整；

——要充分考虑该菌株的最新研究进展；

——能被微生物专业人员理解。

4.2 描述要素

描述要素分为2类：

——M：必备要素，必须描述的要素；

——O：可选要素，其描述与否视具体菌株而定。

5 描述内容

5.1 资源基本信息

5.1.1 平台资源号（O）

平台资源号长度为18位，前9位是资源单位编码，后9位是流水号，参见《微生物菌种资源共性描述规范》。

5.1.2 中文名称（M）

衣原体的中文名称。尚无中文译名时，可填“暂无”。

5.1.3 学名（M）

衣原体在微生物分类学上的学名。

5.1.4 资源归类编码（M）

国家自然科技资源平台资源分级归类与编码标准中的编码，参见《微生物资源分类编码体系》。

5.1.5 菌株保藏编号（M）

衣原体在保藏机构的保藏编号，由前缀和菌株编号两部分组成。前缀，即保藏机构英文名称的缩写，前缀和菌株编号之间应留半角空格。

5.1.6 来源历史（O）

得到该菌株的途径。如菌株转移经过多个保藏机构，则保藏机构之间用一个左指向的箭头“←”连接。

5.1.7 其他保藏单位编号（O）

该菌株在其他菌种保藏机构中的菌株保藏编号。每个其他编号均由等号“=”开头，如编号不止一个时，中间也用等号“=”连接。

5.1.8 保藏机构（M）

保藏机构的名称、缩写以及企事业编码。

5.1.9 生物危害程度（M）

该菌株的生物危害程度分类，参照《病原微生物实验室生物安全管理条例》。

5.1.10 收藏时间（O）

应指明保藏机构收集、保存该菌株的时间。格式为YYYYMMDD，其中YYYY为年，MM为月，DD为日。

5.1.11 提供者（O）

衣原体菌种资源提供人或单位的名称。

5.1.12 原始编号（O）

衣原体菌株的最初分离编号。

5.1.13 分离源（O）

该衣原体菌株的分离源，宜指明具体的分离物质和部位。

5.1.14 原产国（O）

衣原体菌种采集地所在国家名称。

5.1.15 采集地区（O）

分离采集地的行政区划，详细到县。

5.1.16 采集地点（O）

采集分离的具体地点。

5.1.17 采集时间（O）

原始样品的采集时间，格式为 YYYYMMDD，其中 YYYY 为年，MM 为月，DD 为日。

5.1.18 培养基编号（M）

微生物菌种资源最适培养基的统一编号，编号以 4 位数表示，培养基的统一编号参考《中国菌种目录》。如果《中国菌种目录》中不包含该培养基，应写明培养基配方和制作方法。

5.1.19 培养条件（M）

指适宜衣原体菌株生长的温度（以℃表示）、相对湿度和其他条件。

5.1.20 培养时间（O）

衣原体在特定培养条件下，生长至成熟（稳定）所需要的时间，以 h 表示。

5.1.21 显微图片（M）

衣原体的显微图片。

5.1.22 参考文献（O）

列出与该菌株相关的参考文献。

5.2 形态学特征

5.2.1 衣原体形状（M）

衣原体在宿主细胞胞浆的膜性空泡中的生长增殖过程中具有两种形态阶段：原体（Elementary body）和网状体（Reticulate body）。

描述光学显微镜下可见所寄生细胞的胞浆里包涵体（衣原体）的形状。

描述电镜下衣原体的形状，包括球形、椭圆形、梨形、球杆状或丝状。

5.2.2 大小（O）

描述衣原体细胞的大小，以直径表示，单位为 μm。

5.2.3 细胞壁（O）

衣原体的原体具有细胞壁结构，而网状体无细胞壁结构。

5.3 培养特性

5.3.1 繁殖状况（M）

描述能否在 6～8 天龄鸡胚或鸭胚卵黄囊中繁殖，能否找到其包涵体、原体和网状体。

5.3.2 细胞培养特性（M）

描述能否在某些原代或传代细胞株中生长，如在 HeLa-299、BHK-21、McCoy 细胞，人羊膜等细胞中的生长情况。

5.3.3 生长发育阶段（O）

描述衣原体的生长发育过程中分两个阶段：原体和网状体。原体是发育成熟的衣原体，具有高度感染性，在宿主细胞外较稳定。网状体是衣原体发育周期中的繁殖型，无感染力。

5.3.4 繁殖力及方式（O）

描述衣原体的繁殖力和繁殖方式，衣原体的原体无繁殖能力，而网状体是衣原体发育周期中的繁殖型。

5.3.5　包涵体（O）

描述包涵体在寄主细胞内含繁殖的网状体和子代原体的空泡，大小和形状在不同发育阶段各异。

5.4　生化反应

5.4.1　分解葡萄糖，产气（M）

描述衣原体分解葡萄糖和产气情况。

5.4.2　叶酸合成（O）

描述衣原体菌株的叶酸合成情况。

5.4.3　表面抗原分型（M）

描述衣原体抗原分型基础、方法和抗原分型结果。

5.5　遗传信息

5.5.1　核酸类型（M）

描述衣原体遗传物质的核酸类型，DNA/RNA。

5.5.2　核酸序列（O）

描述衣原体全部或部分基因序列。

5.5.3　基因组大小（O）

描述衣原体基因组的碱基对数目，以 kb 表示。

5.5.4　碱基链数目（M）

描述衣原体碱基链的数目。

5.5.5　碱基链存在方式（M）

描述碱基链存在方式。

5.5.6　碱基链性质（O）

描述碱基链的性质。

5.5.7　开放阅读框的数目和位置（O）

描述衣原体开放阅读框的数目和位置。

5.5.8　G+Cmol%（O）

描述衣原体 G+Cmol% 含量。

5.6　生物学特性

5.6.1　自然宿主（O）

指明衣原体自然宿主。

5.6.2　感染致病性或毒性（O）

原体具有高度感染性或毒性，而网状体无感染性或毒性。

5.6.3　胞外稳定性（O）

描述衣原体胞外是否稳定。

5.6.4　流行季节（O）

衣原体所致疾病与季节的关系。

5.6.5　传播方式（M）

包括经飞沫、呼吸道传播和直接（性）或间接接触传播等传播方式。

5.6.6　地理分布（O）

衣原体所致疾病的地理分布。

5.6.7　组织嗜性（M）

描述衣原体的主要易感细胞和主要易感部位。

5.6.8　对宿主致病的病理变化（O）

描述衣原体对宿主致病的病理变化情况。

5.6.9　对热的抵抗力（O）

描述衣原体对温度的耐受程度

5.6.10　消毒剂的敏感性（O）

描述衣原体对消毒剂敏感的种类与敏感程度。

5.6.11　对抗生素的敏感性（O）

描述衣原体对抗生素敏感的种类与敏感程度。

5.6.12　功能特性（O）

描述衣原体菌种的主要用途。包括分类学、分析检测、经济用途、环保、医学、研究、教学等。

附表 1　　**衣原体菌种资源描述表**

描述日期：　　年　　月　　日

资源基本信息			
平台资源号		中文名称	
学名		资源归类编码	
菌株保藏编号		其他中心编号	
保藏机构		生物危害程度	
收藏时间		来源历史	
提供者		原始编号	
分离源		原产国	
采集地区		采集地点	
采集时间		培养基编号	
培养条件		培养时间	
显微图片		参考文献	
形态学特征			
衣原体形状		大小	
细胞壁			
培养特性			
繁殖状况		细胞培养特性	
生长发育阶段		繁殖力及方式	
包涵体			
生化反应			
分解葡萄糖，产气		叶酸合成	
表面抗原分型			

（续附表 1）

遗传信息			
核酸类型		核酸序列	
基因组大小		碱基链数目	
碱基链存在方式		碱基链性质	
开放阅读框的数目和位置		G + Cmol%	
生物学特性			
自然宿主		感染致病性或毒性	
胞外稳定性		流行季节	
传播方式		地理分布	
组织嗜性		对宿主致病的病理变化	
对热的抵抗力		消毒剂的敏感性	
对抗生素的敏感性		功能特性	

支原体菌种资源描述规范

前　言

支原体（*Mycoplasma*）是目前所能发现的能在无生命培养基中生长繁殖的最小的微生物。是一类无细胞壁的原核细胞型微生物，由于其能形成有分枝的长丝，故被称之为支原体。支原体能导致人类和动物、植物疾病。

支原体菌种资源是微生物菌种资源的重要组成部分，与其他微生物菌种资源有着相似的描述内容，又具其特殊性。本规范根据支原体菌种资源的特点而制定，以实现支原体菌种资源描述信息的规范化，有利于支原体菌种资源的收集、保藏、鉴定、评价、研究和利用，科学整理菌种资源，促进菌种资源信息化，实现菌种资源的高效共享和可持续利用。

支原体菌种资源描述规范

1 范围

本标准规定了支原体菌种资源的描述内容和描述规范。

本标准适用于支原体菌种资源的收集、整理和保藏及数据库和信息共享网络系统的建立。

2 规范性引用文件

下列文件中的条款通过本规范的引用而成为本规范的条款。凡是注明日期的引用文件，其随后所有的修改单（不包括勘误的内容）或修订版均不适用于本规范，然而，鼓励根据本规范达成协议的各方，研究是否可以使用这些文件的最新版本。凡是不注明日期的引用文件，其最新版本适用于本规范。

国务院令第424号《病原微生物实验室生物安全管理条例》。

3 术语、定义、符号、缩写语

3.1 支原体 *Mycoplasma*

是目前所能发现的能在无生命培养基中生长繁殖的最小的微生物。是一类无细胞壁的原核细胞型微生物。支原体属于软壁菌门（Tenericutes）、柔膜体纲（Mollicute）、支原体目（Mycoplasmatales）、支原体科（Mycoplasmataceae）、支原体属。现知有64个种。对人致病的主要为肺炎支原体（*M. pneumoniae*）、人型支原体（*M. hominis*）和生殖器支原体（*M. genitalium*）。广义的支原体还包括支原体科脲原体属的解脲脲原体（*Ureaplasma urealyticum*）。

3.2 支原体菌种资源 Mycoplasma culture resource

是指经妥善保藏管理的支原体菌种实物及其相关信息。

4 要求

4.1 描述要求

——描述内容应清楚、准确，力求完整；

——要充分考虑该菌株的最新研究进展；

——能被微生物专业人员理解。

4.2 描述要素

描述要素分为2类：

——M：必备要素，必须描述的要素；

——O：可选要素，其描述与否视具体菌株而定。

5 描述内容

5.1 资源基本信息

5.1.1 平台资源号（O）

国家自然科技资源 e-平台统一生成的资源编号，平台资源号长度为 18 位，前 9 位是资源单位编码，后 9 位是流水号，参见《微生物菌种资源共性描述规范》。

5.1.2 中文名称（M）

支原体的中文名称。尚无中文译名时，可填“暂无”。

5.1.3 学名（M）

支原体在微生物分类学上的学名。

5.1.4 资源归类编码（M）

国家自然科技资源平台资源分级归类与编码标准中的编码。

5.1.5 菌株保藏编号（M）

支原体在保藏机构的保藏编号，由前缀和菌株编号两部分组成。前缀，即保藏机构英文名称的缩写，前缀和株菌编号之间留半角空格。

5.1.6 其他中心编号（O）

该支原体菌株在其他菌种保藏机构中的菌株保藏编号，每个编号均由等号“=”开头，如果编号不止一个时，中间用等号“=”连接。

5.1.7 保藏机构（M）

保藏机构的名称、缩写以及企事业编码。

5.1.8 生物危害程度（M）

该支原体菌株的生物危害程度分类，参照《病原微生物实验室生物安全管理条例》。

5.1.9 收藏时间（O）

保藏机构收集并保存该菌株的时间。格式为 YYYYMMDD，其中 YYYY 为年，MM 为月，DD 为日。

5.1.10 来源历史（M）

保藏单位得到该支原体菌株的途径，转移途径以左指向箭头“←”连接。

5.1.11 提供者（O）

支原体菌种资源提供人/单位的名称。

5.1.12 原始编号（O）

支原体菌株的最初分离编号。

5.1.13 分离源（O）

该支原体菌株的分离源，宜指明具体的分离物质和部位。

5.1.14 原产国（O）

支原体菌种采集地所在国家名称。

5.1.15 采集地区（O）

分离采集地的行政区划，详细到县。

5.1.16 采集地点（O）

采集分离的具体地点。

5.1.17　采集时间（O）

原始样品的采集时间，格式为 YYYYMMDD，其中 YYYY 为年，MM 为月，DD 为日。

5.1.18　培养基（M）

微生物菌种资源最适培养基的统一编号，编号以 4 位数表示，培养基的统一编号参考《中国菌种目录》。如果《中国菌种目录》中不包含该培养基，应写明培养基配方和制作方法。

5.1.19　培养条件（M）

指适宜支原体菌株生长的温度（以℃表示）、相对湿度、pH 值、厌氧和其他条件。

5.1.20　培养时间

支原体在特定培养条件下，生长至成熟（稳定）所需要的时间，以 h 表示。

5.1.21　显微图片（M）

支原体的显微图片。

5.1.22　参考文献（O）

列出与该支原体菌种资源相关的参考文献。

5.2　形态学特征

5.2.1　细胞形状（M）

描述支原体显微镜下所观察到的形状，如球形、丝状、环状、星状、颗粒状和螺旋状等。

5.2.2　细胞大小（M）

描述支原体细胞的大小，其大小以直径表示，单位为 μm。

5.2.3　微荚膜（M）

描述支原体是否有微荚膜。

5.3　培养特性

5.3.1　培养条件（M）

描述支原体的培养条件，如是否需要加入人或动物血清。

5.3.2　固体培养基上菌落大小（M）

描述支原体在固体培养基上的菌落大小，通常以直径表示，单位为 mm。

5.3.3　固体培养基上菌落形状（M）

描述菌落是呈典型的荷包蛋样（中心稠厚，四周半透明，并常深入培养基内），还是呈颗粒状菌落。

5.3.4　液体培养基中的浑浊度（M）

描述支原体在液体培养基中混浊程度。

5.4　生化反应（O）

描述支原体能否利用葡萄糖；能否水解精氨酸；能否水解尿素；是否需要胆固醇；能否还原四氮唑；能否吸附红细胞。

5.5　遗传信息

支原体所含 DNA 和 RNA 的比值；支原体全部或部分基因序列；支原体基因组的碱基对数目，以 kb 表示。碱基链数目；碱基链存在方式；碱基链性质；开放阅读框的数目和位置；G + Cmol% 。

5.5.1 核酸类型（M）

描述支原体遗传物质的核酸类型，DNA/RNA。

5.5.2 核酸序列（O）

描述支原体全部或部分基因序列。

5.5.3 基因组大小（O）

描述支原体基因组的碱基对数目，以 kb 表示。

5.5.4 碱基链数目（M）

描述支原体碱基链的数目。

5.5.5 碱基链存在方式（M）

描述碱基链存在方式。

5.5.6 碱基链性质（O）

描述碱基链的性质。

5.5.7 开放阅读框的数目和位置（O）

描述支原体开放阅读框的数目和位置。

5.5.8 G+Cmol%

描述支原体 G+Cmol% 含量。

5.6 生物学特性

5.6.1 表面抗原分型

描述抗原分型基础和所采用的方法及抗原分型结果。

5.6.2 自然宿主

描述支原体的自然宿主。

5.6.3 感染致病性或毒性

描述支原体的感染性或毒性。

5.6.4 胞外稳定性

描述支原体胞外是否稳定。

5.6.5 流行季节（O）

支原体所致疾病与季节的关系。

5.6.6 传播方式（M）

描述包括经飞沫、呼吸道传播和直接（性）或间接接触传播等传播方式。

5.6.7 地理分布（O）

描述支原体所致疾病的地理分布。

5.6.8 组织嗜性（M）

描述支原体的主要易感细胞和主要易感部位。

5.6.9 对宿主致病的病理变化（O）

描述支原体对宿主致病的病理变化情况。

5.6.10 对热的抵抗力（O）

描述支原体对温度的耐受程度。

5.6.11 消毒剂的敏感性（O）

描述支原体对消毒剂敏感的种类与敏感程度。

5.6.12　对抗生素的敏感性（O）

描述支原体对抗生物敏感的种类与敏感程度。

5.6.13　功能特性（O）

描述支原体菌种的主要用途。包括分类学、分析检测、经济用途、环保、医学、研究、教学等。

附表 1　　**支原体菌种资源描述表**

描述日期：　　年　　月　　日

资源基本信息			
平台资源号		中文名称	
学名		资源归类编码	
菌株保藏编号		其他中心编号	
保藏机构		生物危害程度	
收藏时间		来源历史	
提供者		原始编号	
分离源		原产国	
采集地区		采集地点	
采集时间		培养基编号	
培养条件		培养时间	
显微图片		参考文献	
形态学特征			
细胞形状		细胞大小	
微荚膜			
培养特性			
培养条件		固体培养基上菌落大小	
固体培养基上菌落形状		液体培养基中的浑浊度	
生化反应			
能否利用葡萄糖		能否水解精氨酸	
能否水解尿素		能否吸附红细胞	
能否还原四氮唑		其他生化特性	
遗传信息			
核酸类型		核酸序列	
基因组大小		碱基链数目	
碱基链存在方式		碱基链性质	
开放阅读框的数目和位置		G + Cmol%	
生物学特性			
表面抗原分型			
自然宿主		感染致病性或毒性	
胞外稳定性		流行季节	
传播方式		地理分布	
组织嗜性		对宿主致病的病理变化	
对热的抵抗力		消毒剂的敏感性	
对抗生素的敏感性		功能特性	

植原体菌种资源描述规范

前　言

植原体是一类无细胞壁的原核微生物，能侵染包括农作物、林木、花卉、杂草等植物，给农、林业生产带来巨大损失。近年来，此类病害在某些重要植物处于蔓延和加重的趋势。这类微生物尚不能在人工培养基上离体培养，其细胞结构、与寄主植物的互作等方面也有其明显不同特点，是基础和应用研究的重要材料。

研究制订植原体菌种资源描述规范，有利于有效整理植原体菌种资源，整合菌种信息资源，达到植原体菌种资源的高效共享和可持续利用的目的。

植原体菌种资源描述规范

1 范围

本规范规定了植原体菌种资源描述要素和描述规范。

本规范适用于植原体菌种资源的收集、整理和保藏，以及数据库和信息共享网络系统的建立。

2 规范性引用文件

下列文件中的条款通过本规范的引用而成为本规范的条款。凡是注明日期的引用文件，其随后所有的修改单（不包括勘误的内容）或修订版均不适用于本规范，然而，鼓励根据本规范达成协议的各方研究是否可使用这些文件的最新版本。凡是不注明日期的引用文件，其最新版本适用于本规范。

国务院令第424号《病原微生物实验室生物安全管理条例》。

3 术语、定义

下列术语和定义适用于本规范。

3.1 植原体 *Phytoplasma*

指寄生于植物韧皮部筛管和介体昆虫体内的、具有三层单位膜结构的无细胞壁的原核生物。一般引起植物叶片黄化和发育畸形等症状。

4 要求

4.1 描述要求

——描述内容应清楚、准确，力求完整；

——要充分考虑该菌株的最新研究进展；

——能被微生物专业人员理解。

4.2 描述要素

描述要素分为2类：

——M：必备要素，必须描述的要素；

——O：可选要素，其描述与否视具体菌株而定。

5 描述内容

5.1 基本信息

5.1.1 平台资源号（M）

国家自然科技资源 e-平台统一生成的资源编号，平台资源号长度为 18 位，前 9 位是资源单位编码，后 9 位是流水号，参见《微生物菌种资源共性描述规范》。

5.1.2 学名（M）

应指明该菌株完整的科学名称。

5.1.3 中文名称（M）

微生物菌种资源的中文名称。尚无中文译名时，填写“暂无”。

5.1.4 资源归类编码（M）

国家自然科技资源平台资源分级与编码标准中的编码，参见《微生物菌种资源分类编码体系》。

5.1.5 菌株保藏编号（M）

微生物菌种资源在保藏机构的保藏编号。由前缀和菌株编号两部分组成。前缀为保藏机构名称的英文缩写，前缀和菌株编号之间应留半角空格。

5.1.6 其他中心编号（O）

微生物菌种资源在其他菌种保藏中心的保藏编号。其他保藏中心编号前以等号“=”开头，保藏编号之间用等号“=”连接。

5.1.7 来源历史（M）

微生物菌种资源在收藏单位之前的转移情况。收藏单位前以左指向箭头“←”开头，收藏单位之间用左指向箭头“←”连接。

5.1.8 分离人（M）

应指明该菌株最初分离人的姓名。

5.1.9 分离时间（M）

应指明该菌株的分离时间。格式为 YYYYMMDD，其中 YYYY 为年，MM 为月，DD 为日。

5.1.10 原始编号（M）

微生物菌种资源的原始分离编号。

5.1.11 鉴定人（O）

宜指明该菌株的鉴定人。

5.1.12 鉴定人所在单位（O）

宜指明该菌株的鉴定人所在单位。

5.1.13 收藏时间（O）

微生物菌种资源被保藏机构收集、保存该菌株的时间。格式为 YYYYMMDD，其中 YYYY 为年，MM 为月，DD 为日。

5.1.14 原产国

微生物菌种资源分离基物采集地所在国家名称。

5.1.15 采集地区（O）

宜指明该菌株采集地的行政区划，详细到县。

5.1.16 分离基物（O）

微生物菌种资源分离物质的具体名称，对于寄生或共生的宜指明分离的具体组织部位。

5.1.17 采集地生境（O）

宜描述该菌株分离基物具体采集地点的生态环境，参照《微生物菌种资源采集环境描述规范》。

5.1.18 生物危害程度（M）

病原微生物菌种资源的分类，其分类方法见《病原微生物实验室生物安全管理条例》。

1：一类；

2：二类；

3：三类；

4：四类；

5：不清楚。

5.1.19 培养基编号（M）

微生物菌种最适培养基编号用4位数表示，具体编号参考《中国菌种目录》。如果《中国菌种目录》中不包含该培养基，应写明培养基配方和制作方法。

5.1.20 模式菌株（M）

微生物菌种资源是否为模式菌株。

1：模式菌株；

2：非模式菌株。

5.1.21 分类地位（M）

应指明每个菌株的界、门、纲、目、科、属、候选种（组）、亚组。

5.1.22 菌种用途（O）

宜指明菌株已知的主要用途及功能特性。

5.1.23 致病对象（O）

病原微生物菌种资源的致病对象类群。

1：人；

2：动物；

3：人畜共患；

4：植物；

5：微生物；

6：不清楚。

5.1.24 病害名称（O）

宜指明病原菌种致病的病害名称。

5.1.25 寄主名称（O）

宜指明菌种寄生宿主的学名和中文名称。

5.2 特征特性信息

5.2.1 菌体形态和大小（O）

宜指明该菌株电镜下的菌体大小、形状等。

5.2.2　植原体－植物共生体培养特征（O）

宜指明该菌株与寄主植物共生过程中的培养特征，并指出培养基和培养条件。

5.2.3　生理生化特征（O）

宜指明该菌株对抗生素的敏感性、血清学反应等生理生化特征。

5.2.4　16S rDNA 序列（O）

宜指明该菌株 16S rRNA 基因的序列信息，核苷酸注册号。

5.2.5　核糖体蛋白基因序列（O）

宜指明该菌株核糖体蛋白基因序列信息，核苷酸注册号。

5.2.6　DNA 碱基组成 G＋Cmol% 分析（O）

宜指明该菌株 DNA 的 G＋Cmol% 含量。

5.2.7　23S rDNA 序列（O）

宜指明该菌株 23S rRNA 基因序列信息，核苷酸注册号。

5.2.8　16S rDNA 和 23S rDNA 间区序列（O）

宜指明 16S rDNA 和 23S rDNA 间区（16S-23S ribosomal DNA sace region）序列信息、核苷酸注册号。

5.3　其他信息

5.3.1　图像信息（O）

宜给出该菌株电镜下的形态及植原体－植物共生体等图像信息。

5.3.2　文献信息（O）

宜列出与该菌株相关的公开发表的文献资料。

附表 1　　**植原体菌种资源描述表**

描述日期：　　年　　月　　日

基本信息			
平台资源号			
学名		中文名称	
资源归类编码		菌株保藏编号	
其他中心编号		来源历史	
分离人		分离时间	
原始编号		鉴定人	
鉴定人所在单位		收藏时间	
原产国或地区		采集地区	
分离基物		采集地生境	
生物危害等级		培养基	
模式菌株		分类地位	
菌种用途	1：研究　2：教学　3：生产　4：分类　5：分析检测　6：其他		
致病对象		病害名称	
寄主中文名称		寄主拉丁文名称	

（续附表 1）

<table>
<tr><td colspan="5">特征特性信息</td></tr>
<tr><td rowspan="3">形态特征</td><td colspan="2">形状</td><td colspan="2"></td></tr>
<tr><td colspan="2">大小</td><td colspan="2"></td></tr>
<tr><td colspan="2">其他</td><td colspan="2"></td></tr>
<tr><td>培养特征</td><td colspan="2">植原体－植物共生体培养特征</td><td colspan="2"></td></tr>
<tr><td rowspan="3">生理生化特征</td><td colspan="2">对抗生素的敏感性</td><td colspan="2"></td></tr>
<tr><td colspan="2">血清反应</td><td colspan="2"></td></tr>
<tr><td colspan="2">其他</td><td colspan="2"></td></tr>
<tr><td rowspan="4">分子生物学信息</td><td>DNA 碱基组成（G＋C）mol%</td><td></td><td>16S rDNA 序列信息（核苷酸注册号）</td><td></td></tr>
<tr><td>23S rDNA 序列信息（核苷酸注册号）</td><td></td><td>16S rDNA 与 23S rDNA 间区序列信息（核苷酸注册号）</td><td></td></tr>
<tr><td colspan="2">核糖体蛋白基因序列信息（核苷酸注册号）</td><td colspan="2"></td></tr>
<tr><td colspan="2">其他</td><td colspan="2"></td></tr>
<tr><td colspan="5">其他信息</td></tr>
<tr><td>图像信息</td><td colspan="4"></td></tr>
<tr><td>文献信息</td><td colspan="4"></td></tr>
<tr><td>保藏方法</td><td colspan="4">1：液氮超低温冻结；2：－80℃冰箱冻结；3：真空冷冻干燥；4：石蜡油斜面；5：斜面；6：其他</td></tr>
</table>

立克次氏体菌种资源描述规范

前　　言

立克次氏体是一类介于细菌和病毒之间、主要寄生于宿主细胞内的原核微生物，能导致人类和动物疾病，如斑疹伤寒和斑点热等疾病。

立克次氏体菌种资源是微生物菌种资源的重要组成部分，与其他微生物菌种资源有着相似的共性描述内容，又具有其特殊性。本规范根据当前国家自然科技资源平台建设的总体要求，结合立克次氏体菌种资源的特点而制定，以实现立克次氏体菌种资源描述信息的规范化，有利于立克次氏体菌种资源的收集、保存、鉴定、评价、研究和利用，科学整理菌种资源，促进菌种资源信息化，实现菌种资源的高效共享和可持续利用。

立克次氏体菌种资源描述规范

1 范围

本规范规定了立克次氏体属菌种资源的描述内容、描述要求。

本规范适用于立克次氏体属菌种资源的收集、整理和保存，数据库和信息共享网络系统的建立。

2 规范性引用文件

下列文件中的条款通过本标准的引用而成为本标准的条款。凡是注明日期的引用文件，其随后所有的修改单（不包括勘误的内容）或修订版均不适用于本标准，然而，鼓励根据本标准达成协议的各方研究是否可使用这些文件的最新版本。凡是不注明日期的引用文件，其最新版本适用于本标准。

《病原微生物实验室生物安全管理条例》国务院令第424号。

3 术语、定义、符号、缩写语

3.1 立克次氏体 *Rickettsialla*

是一类介于细菌和病毒之间、寄生于宿主细胞内的原核微生物，能导致人类和动物疾病，如斑疹伤寒和斑点热等立克次氏体感染。

立克次氏体的分类学地位为变形菌门（Phylum Proteobacteria）、γ变形菌纲（Class Gammaproteobacteria）、Order Legionellales、考克斯氏体属（*Family Coxiellaceae*）、立克次氏体属（*Genus Rickettsiella*）。

立克次氏体属又分为两个生物型，即斑疹伤寒群（typhus group）和斑点热群（spotted fever group）。而斑点热群中包括明确对人致病的立氏立克次氏体、小蛛立克次氏体、康氏立克次氏体、非洲立克次氏体、西伯利亚立克次氏体、日本立克次氏体、弗诺立克次氏体和澳大利亚立克次氏体及非致病或致病性不明确的一系列从节肢动物中分离鉴定的立克次氏体。

3.2 立克次氏体菌种资源 Rickettsia culture collections

是指经妥善保藏管理的立克次氏体菌种实物及其相关信息。

4 要求

4.1 描述要求

对菌株的描述条款应明确而无歧义，并且：

——描述内容应清楚、准确，力求完整；

——要充分考虑该菌株的最新研究进展；

——能被微生物专业人员理解。

4.2　描述要素

描述要素分为2类：

——M：必备要素，必须描述的要素；

——O：可选要素，其描述与否视具体菌株而定。

5　描述内容

5.1　资源基本信息

5.1.1　平台资源号（M）

国家自然科技资源e-平台统一生成的资源编号，平台资源号长度为18位，前9位是资源单位编码，后9位是流水号，参见《微生物菌种资源共性描述规范》。

5.1.2　学名（M）

应指明该菌株的完整的科学名称。对于鉴定到属，未鉴定到种的菌株，种名以“属名 sp.”表示。

5.1.3　中文名称（M）

应指明该菌株的中文名称（如有别名，可在括号中注明）。尚无中文译名时，填写“暂无”。

5.1.4　资源归类编码（M）

应指明该菌株的资源归类编码，参见《微生物菌种资源分级归类编码体系》。

5.1.5　菌株保藏编号（M）

应指明该菌株在专业保藏机构的保藏编号，保藏编号由前缀和菌株编号两部分组成。前缀为保藏机构英文名称的缩写，前缀和菌株编号之间应留空格。

5.1.6　其他保藏机构编号（O）

宜指明该菌株在其他菌种保藏机构的菌株保藏编号。每个其他保藏机构的编号均由等号“=”开头，如编号不止一个时，中间也用等号“=”连接。

5.1.7　来源历史（M）

应指明得到该菌株的途径。如菌株转移经过多个保藏机构，则保藏机构之间用一个左指向的箭头“←”连接。

5.1.8　分离人（M）

应指明该菌株最初分离人的姓名。

5.1.9　分离时间（M）

应指明该菌株的分离时间。

5.1.10　原始编号（M）

应指明该菌株最初分离编号。

5.1.11　鉴定人（O）

宜指明该菌株的鉴定人。

5.1.12　鉴定人所在单位（O）

宜指明该菌株的鉴定人所在单位。

5.1.13　收藏时间（O）

宜指明保藏机构收集、保存该菌株的时间。

5.1.14　原产国或地区（M）

应指明该菌株分离基物采集地所在国家或地区名称。

5.1.15　采集地区（O）

宜指明该菌株的采集地行政区划，详细到县。

5.1.16　分离基物（O）

宜指明具体的分离基物名称。

5.1.17　采集地生境（O）

宜描述该菌株分离基物采集具体地点的生态环境，参照《微生物菌种资源采集环境描述规范》。

5.1.18　生物危害等级（M）

应指明该菌株的生物危害等级归类，参照《病原微生物实验室生物安全管理条例》。

5.1.19　培养基（M）

适合立克次氏体生长的营养物质的名称及统一编号，包括不同种类的细胞、禽胚或动物。应参照《中国菌种目录》指明该菌株的培养基编号，如《中国菌种目录》没有收录该培养基，应给出配方及制作方法。

5.1.20　培养条件（M）

指适宜立克次氏体菌株生长的温度（以℃表示）、相对湿度和其他条件。

5.1.21　培养时间

立克次氏体在特定培养条件下，生长至成熟（稳定）所需要的时间，以 h 表示。

5.1.22　模式菌株（M）

凡是模式菌株应予指明。

5.1.23　分类地位（M）

应指明每个菌株的门、纲、目、科、属、种。

如需要，可指明该菌株的生物型别（群）、亚群等。

5.2　特征特性信息

5.2.1　细胞形态特征（M）

细胞的显著特征：

——革兰氏染色特征，应指明培养时间；

——细胞的大小，以“宽×长”表示，单位为 μm；

——细胞的形状及排列方式。

5.2.2　培养特性

5.2.2.1　动物接种

描述所接种的易感动物，LD_{50}，接种后发病日期，腹水量，腹膜黏液涂片或组织切片检查的结果。

5.2.2.2　鸡胚或鸭胚卵黄囊中的繁殖状况

描述能否在鸡胚或鸭胚卵黄囊中繁殖；培养的最适温度和繁殖高峰。

5.2.2.3　细胞培养特性（M）

描述所寄生的宿主细胞，如在 Vero、L929 等细胞系中的生长情况，包括细胞感染和培养的温度以及吸附时间，细胞的形态改变、空斑形成的时间和大小。

5.2.3 表面抗原

5.2.3.1 表面抗原（O）

描述立克次氏体主要表面抗原成分，如LPS、表面蛋白等。

5.2.3.2 表面抗原分型（M）

描述立克次氏体抗原分型基础、方法和抗原分型结果。与变形杆菌某些菌体抗原（O）的交叉凝集试验（Weii-Felix reaction）。

5.2.4 遗传信息

5.2.4.1 G+Cmol%（O）

描述立克次氏体G+Cmol%含量，该特征具有属特异性。

5.2.4.2 16S rDNA序列（O）

描述立克次氏体16S rDNA序列及其在GenBank中的注册号。

5.2.5 生物学特性

5.2.5.1 自然宿主（M）

病原体在自然界中主要在啮齿类动物（鼠类）和家畜（牛、羊、犬）等贮存宿主内繁殖。

5.2.5.2 传播媒介（M）

虱、蚤、蜱、螨等吸血节肢动物为主要传播媒介。

5.2.5.3 感染致病性或毒性（M）

对人或动物的感染性或致病性。

5.2.5.4 传播方式（M）

自然疫源性疾病，且人畜共患。多因遭嗜血节肢动物侵袭而感染，也可通过呼吸道传播。

5.2.5.5 流行季节（O）

立克次氏体所致疾病与季节的关系。

5.2.5.6 地理分布（O）

立克次氏体所致疾病的地理分布。

5.2.5.7 组织嗜性（M）

描述立克次氏体的主要易感组织和细胞。

5.2.5.8 溶血活性（O）

描述立克次氏体对绵羊或兔红细胞的溶血活性。

5.2.5.9 对宿主致病的病理变化（O）

描述立克次氏体对宿主致病的病理变化情况。

5.2.5.10 对热的抵抗力（O）

描述立克次氏体对温度的耐受程度。

5.2.5.11 消毒剂的敏感性（O）

描述立克次氏体对消毒剂敏感的种类与敏感程度。

5.2.5.12 对抗生素的敏感性（O）

描述立克次氏体对抗生素敏感的种类与敏感程度。

5.2.5.13 免疫原性和保护性（O）

描述针对立克次氏体的细胞或体液免疫及其保护作用。

5.2.6　功能特性（O）

描述立克次氏体菌种的主要用途。

5.3　其他信息

5.3.1　保藏方法（M）

保存立克次氏体菌种资源采用的技术方法。包括液氮超低温冻结、－80℃冰箱冻结、真空冷冻干燥等。

5.3.2　显微图片（M）

立克次氏体的显微图片。

5.3.3　参考文献（O）

立克次氏体菌种资源相关的资料信息，包括书籍、期刊、学术报告及其他。

附表 1　　立克次氏体菌种资源描述表

描述日期：　年　月　日

<table>
<tr><td colspan="4">基本信息</td></tr>
<tr><td>平台资源号</td><td colspan="3"></td></tr>
<tr><td>学名</td><td></td><td>中文名称</td><td></td></tr>
<tr><td>资源归类编码</td><td></td><td>菌株保藏编号</td><td></td></tr>
<tr><td>其他保藏机构编号</td><td></td><td>来源历史</td><td></td></tr>
<tr><td>分离人</td><td></td><td>分离时间</td><td></td></tr>
<tr><td>原始编号</td><td></td><td>鉴定人</td><td></td></tr>
<tr><td>鉴定人所在单位</td><td></td><td>收藏时间</td><td></td></tr>
<tr><td>原产国或地区</td><td></td><td>采集地区</td><td></td></tr>
<tr><td>分离基物</td><td></td><td>采集地生境</td><td></td></tr>
<tr><td>生物危害等级</td><td></td><td>培养基</td><td></td></tr>
<tr><td>培养条件</td><td></td><td>培养时间</td><td></td></tr>
<tr><td>模式菌株</td><td></td><td>分类地位</td><td></td></tr>
</table>

<table>
<tr><td colspan="5">特征特性信息</td></tr>
<tr><td rowspan="3">个体形态特征</td><td>形状</td><td></td><td>大小</td><td></td></tr>
<tr><td>排列</td><td></td><td>染色方法及结果</td><td></td></tr>
<tr><td>其他形态特征</td><td></td><td></td><td></td></tr>
<tr><td rowspan="4">培养特性</td><td>能否在鸡胚卵黄囊繁殖</td><td></td><td>生长培养条件</td><td></td></tr>
<tr><td>培养细胞</td><td></td><td>细胞培养条件</td><td></td></tr>
<tr><td>溶血活性</td><td></td><td>空斑形成情况</td><td></td></tr>
<tr><td>易感动物接种</td><td></td><td>其他培养特征</td><td></td></tr>
<tr><td rowspan="8">生理生化特性</td><td>抗原分型方法</td><td></td><td>抗原分型结果</td><td></td></tr>
<tr><td>Weii-Felix 反应</td><td></td><td>自然宿主</td><td></td></tr>
<tr><td>传播媒介</td><td></td><td>感染致病性或毒性</td><td></td></tr>
<tr><td>致病与季节关系</td><td></td><td>传播方式</td><td></td></tr>
<tr><td>组织嗜性</td><td></td><td>所致疾病地理分布</td><td></td></tr>
<tr><td>对热的抵抗力</td><td></td><td>宿主致病病理变化</td><td></td></tr>
<tr><td>对抗生素的敏感性</td><td></td><td>对消毒剂的敏感性</td><td></td></tr>
<tr><td>免疫保护性</td><td></td><td>其他生理生化特征</td><td></td></tr>
<tr><td rowspan="2">基因型信息</td><td>DNA 碱基组成（G+Cmol%）</td><td></td><td>16S rDNA 序列（GenBank 注册号）</td><td></td></tr>
<tr><td>其他遗传信息</td><td></td><td></td><td></td></tr>
</table>

<table>
<tr><td colspan="2">其他描述信息</td></tr>
<tr><td>保藏方法</td><td></td></tr>
<tr><td>图像信息</td><td></td></tr>
<tr><td>参考文献</td><td></td></tr>
</table>

结核分枝杆菌菌种资源描述规范

前　言

结核分枝杆菌（*Mycobacterium tuberculosis*）俗称结核杆菌，1882 年由德国微生物学家 Koch 发现并证实其为人类和动物结核病的病原菌。1886 年由 Lehman 和 Neuman 正式命名为结核分枝杆菌。在卫生部公布的《人间传染的病原微生物名录》分类等级中列为第二类，属高致病性病原微生物。

结核分枝杆菌分为人型、牛型、禽型、鼠型、冷血动物型和非洲型。其中人型、牛型、禽型对人畜威胁最大。可通过呼吸道、消化道或损伤的皮肤侵入易感机体，引起全身多种组织器官的感染，其中以肺部感染最常见。

历史上，由结核分枝杆菌导致的结核病曾在全世界广泛流行，夺去了数亿人的生命。目前依然严重威胁着人类的身体健康，每年约有 800 万新病例发生，至少有 300 万人死于该病。我国每年至少有 150 万例新病人发生，其中传染性病人超过 65 万例。

结核分枝杆菌菌种资源是微生物菌种资源的重要组成部分，与其他微生物菌种资源有着相似的共性描述内容，又具有其特殊性。本规范根据当前国家自然科技资源平台建设的总体要求，结合结核分枝杆菌菌种资源的特点而制定，以实现结核分枝杆菌菌种资源描述信息的规范化，有利于结核分枝杆菌菌种资源的收集、保存、鉴定、评价、研究和利用，科学整理菌种资源，促进菌种资源信息化，实现菌种资源的高效共享和可持续利用。

结核分枝杆菌菌种资源描述规范

1 范围

本规范规定了结核分枝杆菌菌种资源的描述内容、描述要求。

本规范适用于结核分枝杆菌菌种资源的收集、整理和保存，数据库和信息共享网络系统的建立。

2 规范性引用文件

下列文件中的条款通过本规范的引用而成为本规范的条款。凡是注明日期的引用文件，其随后所有的修改单（不包括勘误的内容）或修订版均不适用于本规范，然而，鼓励根据本规范达成协议的各方，研究是否可以使用这些文件的最新版本。凡是不注明日期的引用文件，其最新版本适用于本规范。

《病原微生物实验室生物安全管理条例》国务院令第424号。

3 术语、定义、符号、缩写语

3.1 结核分枝杆菌 *Mycobacterium tuberculosis*

结核分枝杆菌是导致结核病的病原体。细长略弯杆菌，抗酸染色菌体被染为红色。分为人型、牛型、禽型、鼠型、冷血动物型和非洲型。其中人型、牛型、禽型对人畜威胁最大。

结核分枝杆菌属于放线菌门（Actinobacteria）、分枝杆菌科（Mycobacteriaceae）的分枝杆菌属（*Mycobacterium*）。分枝杆菌属中除了结核分枝杆菌以外，还有麻风杆菌及一些非结核分枝杆菌。

3.2 结核分枝杆菌菌种资源 Enteric bacilli culture collections

是指经妥善保藏管理的结核分枝杆菌菌种实物及其相关信息。

4 描述要求

4.1 描述要求

对菌株的描述条款应明确而无歧义，并且：

——描述内容应清楚、准确，力求完整；

——要充分考虑该菌株的最新研究进展；

——能被微生物专业人员理解。

4.2 描述要素

描述要素分为2类：

——M：必备要素，必须描述的要素；

——O：可选要素，其描述与否视具体菌株而定。

5 描述内容

5.1 资源基本信息

5.1.1 平台资源号（M）

国家自然科技资源 e-平台统一生成的资源编号，平台资源号长度为 18 位，前 9 位是资源单位编码，后 9 位是流水号，参见《微生物菌种资源共性描述规范》。

5.1.2 拉丁学名（M）

应指明该菌株的完整的科学名称。对于鉴定到属，未鉴定到种的菌株，种名以“属名 sp.”表示。

5.1.3 中文名称（M）

应指明该菌株的中文名称（如有别名，可在括号中注明）。尚无中文译名时，填写“暂无”。

5.1.4 资源归类编码（M）

应指明该菌株的资源归类编码，参见《微生物菌种资源分级归类编码体系》。

5.1.5 菌株保藏编号（M）

应指明该菌株在专业保藏机构的保藏编号，保藏编号由前缀和菌株编号两部分组成。前缀为保藏机构英文名称的缩写，前缀和菌株编号之间应留空格。

5.1.6 其他保藏机构编号（O）

宜指明该菌株在其他菌种保藏机构的菌株保藏编号。每个其他保藏机构的编号均由等号“=”开头，如编号不止一个时，中间也用等号“=”连接。

5.1.7 来源历史（M）

应指明得到该菌株的途径。如菌株转移经过多个保藏机构，则保藏机构之间用一个左指向的箭头“←”连接。

5.1.8 分离人（M）

应指明该菌株最初分离人的姓名。

5.1.9 分离时间（M）

应指明该菌株的分离时间。

5.1.10 原始编号（M）

应指明该菌株最初分离编号。

5.1.11 鉴定人（O）

宜指明该菌株的鉴定人。

5.1.12 鉴定人所在单位（O）

宜指明该菌株的鉴定人所在单位。

5.1.13 收藏时间（O）

宜指明保藏机构收集、保存该菌株的时间。

5.1.14 原产国或地区（M）

应指明该菌株分离基物采集地所在国家、地区名称，ISO 国家代码，具体到县。

5.1.15 分离基物（O）

宜指明具体的分离基物名称。

5.1.16 采集地生境（O）

宜描述该菌株分离基物采集具体地点的生态环境，参照《微生物菌种资源采集环境描述规范（试行）》。

5.1.17 生物危害等级（M）

应指明该菌株的生物危害等级归类，参照《病原微生物实验室生物安全管理条例》。

5.1.18 培养基（M）

适合结核分枝杆菌生长的营养物质的名称及统一编号。应参照《中国菌种目录》指明该菌株的培养基编号，如《中国菌种目录》没有收录该培养基，应给出配方及制作方法。

5.1.19 培养条件（M）

指适宜结核分枝杆菌菌株生长的温度（以℃表示）、相对湿度和其他条件。

5.1.20 培养时间

结核分枝杆菌在特定培养条件下，生长至成熟（稳定）所需要的时间，以h表示。

5.1.21 模式菌株（M）

凡是模式菌株应予指明。

5.1.22 分类地位（M）

应指明每个菌株的界、门、纲、目、科、属、种、亚种等。

5.2 特征特性信息

5.2.1 形态特征（M）

5.2.1.1 菌落形态

应指明菌落大小、颜色、形状、表面状况以及其他显著特征，并指明描述菌落形态所用培养基的名称或配方、培养条件。

5.2.1.2 细胞特征

细胞的显著特征：

——染色方法（抗酸染色等）及镜检结果。应指明培养时间；

——细胞的大小，以“宽×长”表示，单位为μm；

——细胞的形状及排列方式；

——荚膜特征。

5.2.1.3 培养特性

应描述细菌在何种培养基上培养，包括在固体和液体培养中的生长情况等。

5.2.2 生理生化特征（M）

描述该菌株的生化反应：是否发酵糖类。是否合成烟酸和还原硝酸盐。触酶试验和热触酶试验是否阳性。

5.2.3 脂肪酸分析鉴定结果（O）

应描述结描述该菌株的脂肪酸分析鉴定结果。

5.2.4 基因型信息（O）

5.2.4.1 G+Cmol%

描述该菌株DNA的G+Cmol%含量，并描述分析所用的方法。

5.2.4.2 16S rDNA序列

描述结核分枝杆菌16S rDNA的测序结果，提供在GenBank/EMBL/DDBJ中的序列注册号。

5.2.5 生物学特性（O）

5.2.5.1 感染致病性或毒性

描述该菌株对人或动物的感染性或致病性，其侵袭力和毒力。

5.2.5.2 致病机制及传播途径

描述该菌株的致病机制以及传播途径。

5.2.5.3 流行季节

描述该菌株所致疾病与季节的关系。

5.2.5.4 地理分布

描述该菌株所致疾病的地理分布。

5.2.5.5 组织嗜性

描述该菌株的主要易感组织和主要易感细胞。

5.2.5.6 对宿主致病的病理变化

描述该菌株对宿主致病的病理变化情况。

5.2.5.7 对热的抵抗力

描述该菌株对温度的耐受程度。

5.2.5.8 消毒剂的敏感性

述该菌株对消毒剂敏感的种类及敏感程度。

5.2.5.9 对抗生素的敏感性

描述该菌株对抗生素敏感的种类及敏感程度。

5.2.5.10 免疫保护性

描述针对结核分枝杆菌的细胞或体液免疫及其保护作用。

5.3 功能特性

宜描述结核分枝杆菌菌种的主要用途。包括分类学、分析检测、经济用途、环保、医学、研究、教学等。

5.4 其他信息

5.4.1 保藏方法（M）

保存结核分枝杆菌菌种资源采用的技术方法。包括液氮超低温冻结、－80℃冰箱冻结、真空冷冻干燥、石蜡油斜面、斜面、其他等。

5.4.2 显微图片（M）

结核分枝杆菌的显微图片。

5.4.3 参考文献（O）

结核分枝杆菌菌种资源相关的资料信息，包括书籍、期刊、学术报告及其他。

附表 1　　　　结核分枝杆菌菌种资源描述表

描述日期：　　年　　月　　日

基本信息			
平台资源号			
学名		中文名称	
资源归类编码		菌株保藏编号	
其他保藏机构编号		来源历史	
分离人		分离时间	
原始编号		鉴定人	
鉴定人所在单位		收藏时间	
原产国或地区		采集地区	
分离基物		采集地生境	
生物危害等级		培养基	
培养条件		培养时间	
模式菌株		分类地位	

特征特性信息				
个体形态特征	形状		大小	
	排列		荚膜	
	染色方法及结果		其他形态特征	
培养特征	生长培养条件		菌落大小	
	菌落形态		菌落表面	
	菌落边缘		其他培养特征	
生化反应	烟酸合成		触酶	
	还原硝酸盐		热触酶	
	尿素分解		苯丙氨酸	
	脂酶水解		DNA 水解酶（25℃）	
	发酵乳糖		明胶水解（22℃）	
	蔗糖		甘露醇	
	卫矛醇		水杨苷	
	肌醇		阿东醇	
	山梨醇		阿拉伯糖	
	棉籽糖		鼠李糖	
	麦芽糖		木糖	
	海藻糖		蜜二糖	
	ONPG 试验		其他	
其他生理生化特性	传播途径		感染致病性或毒性	
	致病与季节关系		传播方式	
	组织嗜性		所致疾病地理分布	
	对热的抵抗力		宿主致病病理变化	
	对抗生素的敏感性		对消毒剂的敏感性	
	免疫保护性		其他生理生化特征	

（续附表 1）

特征特性信息				
脂肪酸分析鉴定结果				
基因型信息	DNA 碱基组成（G + Cmol%）		基因序列（GenBank 注册号）	
其他描述信息				
保藏方法				
图像信息				
参考文献				

四、放线菌

放线菌（*Actinomycetes*）属于原核生物系统进化树上的高 GC 含量、革兰氏阳性的细菌（Eubacteria）分支类群。根据 16S rRNA 序列及有分类意义的核苷酸信息，分类学上定义为放线杆菌纲（Actinobacteria）中的一个目——放线菌目（Actinomycetales）。放线菌目是一类具有分枝状菌丝体的革兰阳性细菌，菌丝分为基内菌丝和气生菌丝，多数菌都产生气丝，并形成无性孢子。

放线菌广泛地分布于土壤中的优势微生物类群。绝大多数为异养型需氧菌，多为腐生，少数寄生，产生种类繁多的抗生素。绝大多数医学上重要的天然抗生素均是由放线菌产生，据估计，已发现的 4 000多种抗生素中，有 2/3 是放线菌产生的。它们能降解大量和不同种类的有机化合物，对有机物的矿化有着重要功能。虽然大多数放线菌为离体腐生型微生物，但极少数也是人和动植物的致病菌。

放线菌目包括 10 个亚目：小单孢菌亚目（Micromonosporineae）、弗兰克菌亚目（Frankineae）、假诺卡菌亚目（Pseudonocardineae）、链霉菌亚目（Streptomycineae）、棒状杆菌亚目（Corynebaterineae）、微球菌亚目（Micrococcineae）、放线菌亚目（Actinomycineae）、丙酸杆菌亚目（Propinonibacterineae）、链孢囊菌亚目（Streptosporanineae）和糖霉菌亚目（Glycomycineae）。分别简要介绍如下：

放线菌亚目

大多数为形状不规则、无孢子的杆菌，好氧、兼性厌氧或厌氧；不抗酸，不形成孢子，不运动，菌体通常呈膨大的棒状，或直或略为弯曲。包括放线菌属（*Actinomyces*）、隐秘杆菌属（*Arcanobacterium*）和动弯杆菌属（*Mobiluncus*），其代表属是放线菌属。放线菌属的菌体为直或略弯的杆状，菌丝纤细有分枝，形态多样。杆和菌丝可有膨大、棒状或一端膨大的末端。它们有的兼性厌氧，有的严格厌氧，需 CO_2 才能很好生长。细胞壁含赖氨酸，不含二氨基庚二酸和甘氨酸（胞壁 V 型），磷酸类脂类型为 PⅡ，主要甲基萘醌为 MK-10（H2，H4），DNA 的 GC 含量为 57% ~69%。

微球菌亚目

微球菌亚目包括 9 个科多个属。其中最具代表性的两个属是微球菌属（*Micrococcus*）和节杆菌属（*Arthrobacter*）。微球菌属为好氧、接触酶阳性的球菌；无枝菌酸，细胞壁含 L-赖氨酸，主要磷酸类脂为磷脂酰甘油和二磷脂酰甘油，主要的甲基萘醌为 MK-8 和 MK-8（H2），DNA 的 GC 含量为 69% ~76%。菌体通常不运动，成对、四个或不规则簇状排列，菌落多为黄色、橙色或红色。最适生长温度为 25 ~37℃。节杆菌属为好氧、接触酶阳性的杆菌，进行呼吸代谢；胞壁肽聚糖含赖氨酸，磷酸类脂类型为 PⅠ，主要甲基萘醌为 MK-8、MK-9H 和 M-10，DNA 的 GC 含量为 59% ~70%。细胞呈杆-球生长循环，有雏形分枝，但无真正菌丝体。

棒状杆菌亚目

包括 6 个科多个属，其代表属为棒杆菌属（*Corynebacterium*）。棒杆菌属为好氧或兼性厌氧，接触酶阳性，直或稍弯的杆菌，菌体末端常为锥形。通过突然分裂增殖，形成有些像中文字符的角状排列细胞，或形成一排排平行的栅栏状排列细胞。棒杆菌细胞内有时形成异染色质颗粒，其细胞壁含 meso-二氨基庚二酸、阿拉伯糖和半乳糖（Ⅳ/A 型），有枝菌酸，磷酸类脂类型为PⅠ 型，主要甲基萘醌为MK-8（H2）和MK-9（H2），DNA的GC含量为52%～75%。

小单孢菌亚目

小单孢菌亚目只包括小单孢菌科。胞壁类型为Ⅱ型，糖型D，菌丝常为深色，产可溶性色素，无气丝或仅有初级气丝，在培养基表面孢囊梗末端着生孢囊，内含游动或不游动无性孢子。不同属的小单孢菌在孢子发育和排列上各不相同，有些属产生球形、圆柱形或不规则形状的孢囊。小单孢菌属是小单孢菌亚目的代表属，是抗生素的重要来源。该属菌无气丝，基丝上着生单个孢子；磷酸类脂类型为PⅡ，主要甲基萘醌为MK-9（H4）、MK-10（H4、H6）及MK-12（H4、H6、H8），DNA的GC含量为71%～73%。

丙酸杆菌亚目

该亚目包括丙酸杆菌科和类诺卡菌科（Nocardioidaceae），其代表属是丙酸杆菌属（*Propionibacterium*）和类诺卡菌属（*Nocardioides*）。丙酸杆菌属为形态多样的杆菌，通常呈一端锥形另一端圆形的棒状，也可呈球形甚至分枝状。细胞可以是单个，也可联成短链或聚集成丛。接触酶阳性，兼性厌氧或耐氧，发酵乳酸盐或糖产生大量丙酸和乙酸，并常伴有CO_2。类诺卡菌属的特征是形成菌丝并断裂。但它不同于菌丝断裂的诺卡菌群，其胞壁类型为Ⅰ型。好气，化能有机营养，接触酶阳性。基丝多分枝，断裂成不规则的杆状和球形小体；气丝少分枝或不分枝，亦断裂。该属无枝菌酸，磷酸类脂类型为PⅠ型，主要甲基萘醌为MK-8（H4），DNA的GC含量为66%～73%。

链霉菌亚目

该亚目只有一链霉菌科（Streptomycetaceae），该科也只有一个属——链霉菌属（*Streptomyces*）。链霉菌属目前有约500个种。该属菌严格好氧，胞壁类型为Ⅰ型，糖型C，无枝菌酸，磷酸类脂类型PⅡ型，主要甲基萘醌为MK-9（H4，H6，H8），DNA的GC含量为69%～78%。孢子成链、不游动、外包薄层纤维鞘，每条孢子链中有3到多个孢子，孢子大多有颜色，质地光滑或多刺或有疣。链霉菌在生态学和医学上都很重要，其自然栖息环境是土壤，占土壤可培养微生物的1%～20%，泥土的气味很大程度上来源于链霉菌所产生的可挥发性物质（Geosmin）。链霉菌对营养需求的灵活性很大，它们可以有氧降解一些难分解的物质，如果胶、木质素、几丁质、角蛋白、乳胶及芳香族化合物，在土壤的矿化中起着重要作用。链霉菌以其产生多种抗生素而著称，其中一些抗生素在医药和生命科学研究中广泛应用，如两性霉素B、氯霉素、红霉素、新霉素、多氧霉素、链霉素、四环素等。尽管链霉菌多数是非致病的，但有少数还是与动植物疾病有关。疮痂链霉菌（*S. scabies*）可引起马铃薯和甜菜的疮痂病；索马里链霉菌（*S. somaliensis*）是惟一已知的人类致病链霉菌，与放线菌肿以及皮下组织感染、脓肿有关。

链孢囊菌亚目

该亚目包括链孢囊菌科（Streptosporangiaceae）、高温单胞菌科（Thermomonosporaceae）和拟诺卡菌科（Nocardiopsaceae）3个科共12个属。马杜拉菌群的一些属如链孢囊菌属（*Streptosporangium*）、小双孢菌属（*Microbispora*）和游动单孢菌属（*Planomonospora*）

归于链孢囊菌科；而马杜拉放线菌属（*Actinomadura*）和螺孢菌属（*Spirillospora*）则归于高温单胞菌科。马杜拉菌群各属的胞壁类型均为Ⅲ型，全细胞糖含有糖的衍生物——马杜拉糖（糖型 B），优势甲基萘醌为 MK-9，磷酸类脂 PⅠ或 PⅣ型，DNA 的 GC 含量为 64% ~74%；基丝分枝，气丝上生成对或短链孢子，有的属产生孢囊。

高温单胞菌科的另一个代表属是高温单孢菌属（*Thermomonospora*）。其胞壁类型为Ⅲ型，糖型为 C 或 B，无枝菌酸，磷酸类脂类型为PⅡ或 PⅣ型，主要甲基萘醌为 MK 10（H4，H8）、MK-11（H6，H10）；气丝或基丝上着生单个孢子，孢子并不耐热。

拟诺卡菌科只包括拟诺卡菌属（*Nocardiopsis*）1 属。该属的基丝断裂类似于诺卡菌型放线菌，但无枝菌酸，胞壁类型与诺卡菌群和类诺卡菌属均不同，为Ⅲ型，糖型 C；磷酸类脂类型为PⅡ，主要甲基萘醌为 MK-10（H2，H4，H6）、MK-9（H4，H8），DNA 的 GC 含量为 70% ~76%。气丝常呈“Z”字形，进一步断裂成长的孢子链。

弗兰克菌亚目

该目的代表属为弗兰克菌属（*Frankia*）、地嗜皮菌属（*Geodermatophilus*）及鱼孢菌属（*Sporichthya*）。胞壁类型均为Ⅲ型，磷酸类脂 PⅠ型，细胞糖型各有不同，无枝菌酸，DNA 的 GC 含量为 57% ~75%；菌丝纵横分裂产生孢子。地嗜皮菌属是土壤好氧微生物，释放游动孢子。弗兰克菌属在多腔胞囊中产生不游动的胞囊孢子。其磷酸类脂类型为 PⅠ，主要甲基萘醌为 MK-9（H4，H6，H8）。它可与 8 科 21 属 170 多种非豆科植物根部共生结瘤，固定大气中的氮，是一种微需氧菌。植物根部感染弗兰克菌后形成节结，该节结固氮功能很强。

假诺卡菌亚目

该亚目只包括假诺卡菌科（Pseudonocardiaceae）1 个科，包括 8 个属，主要特征是胞壁类型为Ⅳ型，无枝菌酸，磷酸类脂类型为 PⅡ或 PⅢ型，DNA 的 GC 含量为 64% ~79%。代表属为假诺卡菌属。假诺卡菌属基丝直径 0.4 ~2.0μm，分枝或不分枝，有或无气丝；菌丝在不同方向呈细胞状断裂，有些菌株形成膨大的菌丝片段，某些种的菌丝覆盖有高电子密度的外层；孢子链顶生芽殖或由基丝、气丝分化而来，孢子大小不等，一般光滑，不运动。该属的主要甲基萘醌是 MK-8（H4）。

糖霉菌亚目

该亚目只包括糖霉菌科（Glycomycetaceae）糖霉菌属（*Glycomyces*）。糖霉菌属为好氧菌，对溶菌酶敏感，接触酶阳性；基丝纤细有分枝，不断裂，在某些培养基上产生气丝，气丝断裂为孢子丝链；孢子椭圆、圆形或柱形，长短不一，表面光滑。胞壁类型为Ⅱ型，糖型 D，磷酸类脂类型为 PⅠ型，无枝菌酸，优势甲基萘醌为 MK 10（H2，H6），DNA 的 GC 含量为 71% ~73%。

放线菌菌种资源描述规范

前　言

放线菌是一类 G + Cmol% 含量高于 50% 以上、好氧的革兰氏阳性细菌。至 2007 年，放线菌所包含的属已达 202 个，有效描述的种约有 1 927个。放线菌是微生物药物的丰硕菌源，目前世界药品市场上来自微生物次生代谢产物的药品中有 2/3 是由放线菌产生的。

放线菌菌种资源描述规范的制定是规范整理、整合我国现有放线菌资源的基础，是形成药用微生物菌种资源信息网络的前提，也是实现微生物菌种资源社会共享和促进国际交流的需要。

放线菌菌种资源描述规范

1 范围

本规范规定了放线菌菌种资源的描述要素和描述规范。

本规范适用于放线菌菌种资源的收集、整理和保藏，以及数据库和信息共享网络系统的建立。

2 规范性引用文件

下列文件中的条款通过本标准的引用而成为本标准的条款。凡是注明日期的引用文件，其随后所有的修改单（不包括勘误的内容）或修订版均不适用于本标准，然而，鼓励根据本标准达成协议的各方研究是否可使用这些文件的最新版本。凡是不注明日期的引用文件，其最新版本适用于本标准。

国务院令第424号《病原微生物实验室生物安全管理条例》。

3 术语和定义

下列术语和定义适用于本规范。

3.1 放线菌 *Actinomycetes*

放线菌是一类高 G + Cmol% 的革兰氏阳性细菌，其归属于细菌域（Bacteria）、放线菌门（Actinobacteria）。

3.2 放线菌菌种资源 *Actinomycete* culture resources

指可培养的，有一定科学意义或具有实际或潜在应用价值的放线菌菌株及其相关信息数据。

3.3 二氨基庚二酸 diaminopimelic acid，DAP

是细菌细胞壁肽聚糖短肽链上的第三位氨基酸，DAP型对放线菌有鉴别意义。

3.4 枝菌酸 mycolic acids，MA

枝菌酸为 α 侧链 β 羟基长链脂肪酸，是细胞膜的重要组成部分。有四个Ⅳ型胞壁的放线菌属含有枝菌酸：棒状杆菌属菌含棒杆菌酸（corynemycolic acid）、红球菌属菌含红球菌枝菌酸（rhodomycolic acid）、诺卡菌属菌含诺卡枝菌酸（nocardomycolic acid）、分枝杆菌属菌含分枝杆菌酸（mycobactomycolic acid）。

3.5 脂肪酸 fatty acids，FA

到目前为止，在细菌中已发现150多种脂肪酸。在高度标准化的培养与操作条件下，脂肪酸的组成是细菌较稳定的分类学特征。

3.6 磷酸类脂 phospholipids，PL

磷酸类脂分布在细胞膜上，是鉴别放线菌的重要指征之一。有分类意义的磷酸类脂有磷脂酰乙醇（PE）、磷脂酰胆碱（PC）、磷脂酰甘油（PG）和含葡萄糖胺的未知结构磷酸类脂（NPG）。

3.7 甲基萘醌 menaquinone，MK

醌是细胞质膜的重要组成部分，细菌的醌主要有泛醌（ubiquinone 辅酶 Q）和甲基萘醌（menaquinone MK）。至今，在革兰氏阳性细菌中只发现甲基萘醌。

甲基萘醌的表示是 MK_n（H_{2m}），n 为总的异戊烯单位数，m 为被饱和的异戊烯单位数。

3.8 胞壁乙酰基 acetyl type of cell-wall

在某些放线菌中，胞壁肽聚糖的 N-乙酰胞壁酸上的乙酰基（$-NHCOCH_3$）被乙醇酰基（$-NHCOCH_2OH$）所取代。已测出含乙醇酰基胞壁酸的放线菌有：分枝杆菌（*Mycobacteria*）、诺卡菌（*Nocardia*）、红球菌（*Rhodococcus*）、棒状杆菌（*Corynebacteria*）、迪茨菌（*Dietzia*），冢村菌（*Tsukamurella*）戈登菌（*Gordona*）等。

4 要求

4.1 描述要求

——描述内容应清楚、准确、力求完整；

——要充分考虑菌株的最新研究进展；

——能被微生物专业人员所理解。

4.2 描述要素

描述要素分为 2 类：

——M：必备要素，必须描述的要素；

——O：可选要素，其描述与否视具体菌株而定。

5 描述内容

5.1 基本信息

5.1.1 平台资源号（O）

国家自然科技资源 e-平台统一生成的资源编号，平台资源号长度为 18 位，前 9 位是资源单位编码，后 9 位是流水号，参见《微生物菌种资源共性描述规范》。

5.1.2 学名（M）

应指明该菌株的完整的科学名称，对于鉴定到属，未鉴定到种的菌株，种名以“sp.”表示；对于未鉴定的菌株，以“unidentified actinomycetes”表示。

5.1.3 中文名称（M）

应指明该菌株的中文名称（如有别名，应在括号中注明）。尚无中文译名时，填写“暂无”。

5.1.4 资源归类编码（M）

应指明该菌株的资源归类编码，参见《微生物资源分类编码体系》。

5.1.5 菌株保藏编号（M）

应指明该菌株在专业保藏机构的保藏编号，保藏编号由前缀和菌株编号两部分组成，前缀为保藏机构英文名称的缩写，前缀和菌株编号之间应留半角空格。

5.1.6 其他保藏机构编号（O）

宜指明该菌株在其他菌种保藏机构的菌株保藏编号，每个其他保藏机构的编号均由等号“=”开头，如编号不止一个时，中间也用等号“=”连接。

5.1.7　来源历史（M）

应指明得到该菌株的途径。如菌株转移经过多个保藏机构，则保藏机构之间用一个左指向的箭头“←”连接。

5.1.8　分离人（M）

应指明该菌株的最初分离人的姓名。

5.1.9　分离时间（M）

应指明该菌株的分离时间，格式为 YYYYMMDD，其中 YYYY 为年，MM 为月，DD 为日。

5.1.10　原始编号（M）

应指明该菌株的最初分离编号。

5.1.11　鉴定人（O）

宜指明该菌株的鉴定人。

5.1.12　鉴定人所在单位（O）

宜指明该菌株的鉴定人所在的单位。

5.1.13　收藏时间（O）

宜指明保藏机构收集、保存该菌株的时间。格式为 YYYYMMDD，其中 YYYY 为年，MM 为月，DD 为日。

5.1.14　原产国或地区（M）

应指明该菌株分离基物采集地所在国家或地区名称。

5.1.15　采集地区（O）

宜指明该菌株分离基物采集地的行政区划，详细到县。

5.1.16　分离基物（O）

宜指明具体的分离基物名称。

5.1.17　采集地生境（O）

宜描述该菌株分离基物采集具体地点的生态环境，参照《微生物菌种资源采集环境描述规范》。

5.1.18　生物危害程度（M）

应指明该菌株的生物危害程度归类，参照《病原微生物实验室生物安全管理条例》。

5.1.19　培养基编号（M）

微生物菌种资源最适培养基的统一编号，编号以 4 位数表示，培养基的统一编号参考《中国菌种目录》。如果《中国菌种目录》中不包含该培养基，应写明培养基配方和制作方法。

5.1.20　模式菌株（M）

凡模式菌株应注明。

5.1.21　分类地位（M）

应指明该菌株所属的界、门、纲、目、科、属。如需要，可指明该菌株的变种、亚种、专化型、融合种名称及生理小种类型等。

5.2　特征特性信息

5.2.1　形态特征（M）

5.2.1.1　菌落形态

应指明菌落大小、颜色、形状、表面状况以及其他显著特征，并指明描述菌落形态所用培养基的名称或配方、培养条件。

5.2.1.2　基内菌丝

应指明基内菌丝的完善程度、颜色、有无横隔、是否断裂、直径大小等。

5.2.1.3　气生菌丝

应指明有无气生菌丝以及气生菌丝的直径大小等。

5.2.1.4　颜色

应指明在特定的培养基上，气生菌丝和基内菌丝的颜色及分泌色素情况（水溶或脂溶、颜色）。

5.2.1.5　产孢特征

应指明孢子着生的方式（气丝上、基丝上、二者兼有、孢囊内、孢子排列方式）。

5.2.1.5.1　孢子丝

对有孢子丝的菌株应描述孢子丝的形态，颜色，孢子链长短、孢子个数等。

5.2.1.5.2　孢子

应描述孢子形状（圆形、椭圆形、杆状、柱状等），大小，孢子表面特征（光滑、瘤状、鳞片状、刺状、毛发状、鞭毛）。

5.2.1.5.3　孢囊

对有孢囊的菌株应描述孢囊着生位置（气丝或基丝），孢囊的形状，大小，孢囊孢子数等。

5.2.1.6　其他特征

有无菌核等。

5.2.2　培养特征（M）

应描述该菌株在各种培养基上的气丝、基丝的生长情况，颜色，可溶性色素，并指明培养特征，描述所用培养基（如商品培养基，应指明厂家）。

5.2.3　生理生化特性（O）

——宜描述该菌株对氮源的利用能力，并指明所用的培养基及方法；

——宜描述该菌株对碳源的利用能力，并指明所用的培养基及方法；

——宜描述该菌株对生长因子的需要，并指明所用的培养基及方法；

——宜描述该菌株对温度的适应性：生长温度范围，最适生长温度及致死温度；

——宜描述该菌株对 pH 的适应性：最适生长 pH 条件及 pH 范围；

——宜描述该菌株对渗透压的适应性：对盐浓度的耐受性或嗜盐性；

——宜描述该菌株对已知抗生素及抑菌剂的敏感性；

——宜描述该菌株产生的特征性代谢产物；

——宜描述该菌株与宿主的关系：共生、寄生、致病性。

5.2.4　细胞化学组分

5.2.4.1　细胞（壁）化学组分分析（M）

应指明胞壁 DAP 型，并描述所用的方法；

应描述胞壁特征性糖（糖型）（阿拉伯糖、半乳糖、马杜拉糖、木糖、鼠李糖）并描述所用的方法。

5.2.4.2　枝菌酸分析（O）

如含枝菌酸，宜指明枝菌酸的碳链长度，并描述枝菌酸分析所用的方法。

5.2.4.3　磷酸类脂分析（O）

宜描述有分类意义的磷酸类脂：磷脂酰乙醇胺（PE）、磷脂酰胆碱（PC）、磷脂酰甲基乙醇胺（PME）、磷脂酰甘油（PG）和含葡萄糖胺的未知结构磷酸类脂（NPG），并描述磷酸类脂分析所用的方法。

5.2.4.4　脂肪酸组分分析（O）

宜描述特征性脂肪酸（FA）组分：饱和 FA；不饱和 FA；iso-14/16/18FA；iso-15/17FA；anteiso-15/17FA；10-methyl-17/18FA；环丙烷-FA 的有无和含量，并描述脂肪酸组分分析所用的方法。

5.2.4.5　醌组分分析（O）

宜描述主要的甲基萘醌，以 MK_n（H_{2m}）表示，并描述醌组分分析所用的方法。

5.2.4.6　胞壁乙酰基分析（O）

宜指明放线菌胞壁肽聚糖是乙酰基型还是乙醇酰基型，并描述测定所用的方法。

5.2.5　基因型信息（M）

5.2.5.1　DNA 碱基组成（G + Cmol%）分析（M）

应表明该菌株 DNA 的 G + C 摩尔百分数。

5.2.5.2　16S rRNA 核苷酸序列信息（M）

应指明该菌株的 16S rRNA 的测序结果（提供 GenBank 序列注册号），并描述所用的方法。

5.2.6　质粒/基因元件（O）

宜表明该菌株所携带的特定用途的质粒、基因片段的名称与用途。

5.2.7　寄主拉丁名称（O）

宜描述该菌株寄生宿主的拉丁名称。

5.2.8　寄主中文名称（O）

宜描述该菌株寄生宿主的中文名称。

5.2.9　菌株的主要代谢产物（M）

应指明该菌株的重要的初级代谢产物或次级代谢产物的名称及主要功能特性。

5.2.10　菌株的用途（M）

应描述该菌株的主要用途。

5.3　其他信息

5.3.1　图像信息（O）

宜给出该菌株的菌落、菌丝、孢子、产孢器官、组织等图像信息。

5.3.2　文献信息（O）

应列出该菌株学名的原始描述文献出处及活性物质的原始发表。

附表 1　　　　　　　　放线菌菌种资源描述表

描述日期：　　　年　　　月　　　日

基本信息			
平台资源号			
学名		中文名称	
资源归类编码		菌株保藏编号	
其他保藏机构编号		来源历史	
分离人		分离时间	
原始编号		鉴定人	
鉴定人所在单位		收藏时间	
原产国或地区		采集地区	
分离基物		采集地生境	
生物危害等级		培养基	
模式菌株		分类地位	

特征特性信息					
表型信息	个体形态特征	菌落形态		基内菌丝	
		大小		有无横隔、是否断裂	
		表面状况		直径大小	
		颜色		有无孢囊	
		气生菌丝		孢囊形状	
		有无气生菌丝		基丝的颜色	
		直径大小		分泌色素（水溶或脂溶、颜色）	
		颜色			
		孢子着生的方式		孢子	
		孢子丝		孢子形状	
		形态		孢子表面特征	
		孢子链长短（孢子个数）		孢囊	
		颜色		孢囊着生位置	
		其他特征		孢囊大小，孢囊孢子数	
		有无菌核等		形态描述所用培养基	
	培养特征	在培养基 1 上生长状况与颜色		在培养基 2 上生长状况与颜色	
		气丝		气丝	
		基丝		基丝	
		可溶性色素		可溶性色素	
		其他培养特征		其他培养特征	
		在培养基 3 上生长状况与颜色			
		气丝			
		基丝			
		可溶性色素			
		其他培养特征			

（续附表 1）

<table>
<tr><th colspan="4">基本信息</th></tr>
<tr><td colspan="3">特征特性信息</td><td></td></tr>
<tr><td rowspan="16">表型信息</td><td rowspan="8">生理生化特性</td><td>特殊生长因子</td><td></td></tr>
<tr><td>最适生长温度及致死温度</td><td></td></tr>
<tr><td>最适生长 pH 条件及生长的 pH 范围</td><td></td></tr>
<tr><td>对盐浓度的耐受性或嗜盐性</td><td></td></tr>
<tr><td>对已知抗生素及抑菌剂的敏感性</td><td></td></tr>
<tr><td>特征性代谢产物</td><td></td></tr>
<tr><td>与宿主的关系（共生、寄生、致病性）</td><td></td></tr>
<tr><td>其他生理生化特征</td><td></td></tr>
<tr><td rowspan="8">细胞化学组分</td><td>细胞壁型</td><td></td></tr>
<tr><td>细胞壁 DAP 型或其他氨基酸</td><td></td></tr>
<tr><td>细胞壁特征性糖（糖型）</td><td></td></tr>
<tr><td>枝菌酸</td><td></td></tr>
<tr><td>磷酸类脂</td><td></td></tr>
<tr><td>醌型</td><td></td></tr>
<tr><td>特征性脂肪酸</td><td></td></tr>
<tr><td>胞壁乙酰基</td><td></td></tr>
<tr><td rowspan="2">基因信息</td><td colspan="2">DNA 碱基（G＋C）mol%</td><td></td></tr>
<tr><td colspan="2">16S rRNA 序列（GenBank 注册号）</td><td></td></tr>
</table>

<table>
<tr><th colspan="4">其他信息</th></tr>
<tr><td>图像信息</td><td></td><td>文献信息</td><td></td></tr>
</table>

小单孢菌属菌种资源描述规范

前　　言

小单孢菌属（*Micromonospora*）是放线菌中的一个大属，其形态特点是，无气生菌丝，单个孢子着生在基生菌丝上，有梗或无梗，单个或成簇。该属菌广泛栖息于各种类型的土壤，特别是水域（淡水和海水）沉积土中。自 20 世纪 60 年代从棘孢小单孢菌（*M. echinospora*）和绛红小单孢菌（*M. purpurea*）的发酵液中分离到广谱抗细菌抗生素 Gentamycin 后，从该属中发现的活性物质已达 400 多个，包括抗细菌、抗真菌、抗病毒、抗肿瘤及抗寄生虫等活性物质以及各种酶抑制剂、免疫调节剂、受体颉颃剂等，在数量上仅次于链霉菌，在结构类型上几乎包括了至今所发现的由链霉菌产生的次级代谢产物的所有结构类型，此外，小单孢菌还产生一些具有独特结构类型的活性化合物。

对小单孢菌菌种资源描述规范的制定是规范整理、整合我国现有小单孢菌资源的基础，也是实现微生物资源社会共享和促进国际交流的需要。

小单孢菌属菌种资源描述规范

1 范围

本规范规定了小单孢菌属菌种资源的描述要素和描述规范。

本规范适用于小单孢菌属菌种资源的收集、整理、保藏，以及数据库和信息共享网络系统的建立。

2 规范性引用文件

下列文件中的条款通过本标准的引用而成为本标准的条款。凡是注明日期的引用文件，其随后所有的修改单（不包括勘误的内容）或修订版均不适用于本标准，然而，鼓励根据本标准达成协议的各方研究是否可使用这些文件的最新版本。凡是不注明日期的引用文件，其最新版本适用于本标准。

国务院令第424号《病原微生物实验室生物安全管理条例》。

3 术语和定义

下列术语和定义适用于本规范。

3.1 小单孢菌属 *Micromonospora*

小单孢菌属菌是一类高G+Cmol%的革兰氏阳性细菌，归于细菌域、放线细菌门、放线细菌纲、放线菌目。

小单孢菌通常不产生气生菌丝，有些菌产生假菌丝，在菌落表面偶尔会出现白色或灰色的粉霜。基内菌丝生长良好，分枝，常有分隔或断裂，直径约0.5μm。单个孢子着生于基内菌丝上，孢子有梗或无梗，不运动。细胞壁Ⅱ型，含meso DAP和甘氨酸，有些菌还含有3-（OH）-DAP或只含有3（OH）-DAP；全细胞糖D型，即含有木糖和阿拉伯糖，有的还含有半乳糖。特征性的磷酸类脂为磷酯酰乙醇胺，为磷酸类脂PⅡ型。主要的甲基萘醌有MK9（H_4），MK10（H_4），MK10（H_6）或MK12（H_6）。生长温度通常为20~40℃，50℃以上不生长。

3.2 小单孢菌菌种资源 *Micromonospora* culture resources

指可培养的，有一定科学意义或具有实际或潜在应用价值的小单孢菌菌株及其相关信息数据。

3.3 二氨基庚二酸 diaminopimelic acid，DAP

DAP是细菌细胞壁肽聚糖短肽链上的第三位氨基酸，小单孢菌属菌胞壁DAP型为meso-DAP和/或3-OH-DAP，并在其纯胞壁水解液中含有甘氨酸。

3.4 脂肪酸 fatty acids，FA

到目前为止，在细菌中已发现150多种脂肪酸。在高度标准化的培养与操作条件下，脂肪酸的组成是细菌较稳定的分类学特征，小单孢菌属菌的脂肪酸组成中，iso-C_{15+17} >

anteiso-C_{15+17}有少量的10-methyl-C-17/18FA，无2-OHFA。

3.5 磷酸类脂 phospholipids，PL

磷酸类脂分布在细胞膜上，是鉴别小单孢菌的重要指征之一。小单孢菌属菌的磷脂型为PL2型，即主要含PE（磷脂酰乙醇胺）。

3.6 甲基萘醌 menaquinone，MK

甲基萘醌的表示是MK_n（H_{2m}），n为总的异戊烯单位数，m为被饱和的异戊烯单位数。小单孢菌属菌的主要的甲基萘醌有MK9（H_4），MK10（H_4），MK10（H_6）或MK12（H_6）。

4 要求

4.1 描述要求

——描述内容应清楚、准确、力求完整；

——要充分考虑菌株的最新研究进展；

——能被微生物专业人员所理解。

4.2 描述要素

描述要素分为2类：

——M：必备要素，必须描述的要素；

——O：可选要素，其描述与否视具体菌株而定。

5 描述内容

5.1 基本信息

5.1.1 平台资源号（M）

国家自然科技资源e-平台统一生成的资源编号，平台资源号长度为18位，前9位是资源单位编码，后9位是流水号，参见《微生物菌种资源共性描述规范》。

5.1.2 学名（M）

应指明该菌株的完整的科学名称，对于未鉴定到种的菌株，以“*Micromonospora* sp.”表示。

5.1.3 中文名称（M）

应指明该菌株的中文名称（如有别名，应在括号中注明）。尚无中文译名时，填写“暂无”。

5.1.4 资源归类编码（M）

小单孢菌属的资源归类编码是15131524101。

5.1.5 菌株保藏编号（M）

应指明该菌株在专业保藏机构的保藏编号，保藏编号由前缀和菌株编号两部分组成，前缀为保藏机构英文名称的缩写，前缀和菌株编号之间应留空格。

5.1.6 其他保藏机构编号（O）

宜指明该菌株在其他菌种保藏机构的菌株保藏编号，每个其他保藏机构的编号均由等号“=”开头，如编号不止一个时，中间也用等号“=”连接。

5.1.7 来源历史（M）

应指明得到该菌株的途径。如菌株转移经过多个保藏机构，则保藏机构之间用一个左指向的箭头“←”连接。

5.1.8　分离人（M）

应指明该菌株的最初分离人的姓名。

5.1.9　分离时间（M）

应指明该菌株的分离时间。

5.1.10　原始编号（M）

应指明该菌株的最初分离编号。

5.1.11　鉴定人（O）

宜指明该菌株的鉴定人。

5.1.12　鉴定人所在单位（O）

宜指明该菌株的鉴定人所在的单位。

5.1.13　收藏时间（O）

宜指明保藏机构收集、保存该菌株的时间。

5.1.14　原产国或地区（M）

应指明该菌株分离基物采集地所在国家或地区名称。

5.1.15　采集地区（O）

宜指明该菌株分离基物采集地的行政区域，详细到县。

5.1.16　分离基物（O）

宜指明具体的分离基物名称。

5.1.17　采集地生境（O）

宜描述该菌株分离基物采集具体地点的生态环境，参照《微生物菌种资源采集环境描述规范》。

5.1.18　生物危害程度（M）

应参照《病原微生物实验室生物安全管理条例》指明该菌株的生物危害程度。

5.1.19　培养基（M）

应参照《中国菌种目录》指明该菌株的培养基编号，如《中国菌种目录》中没有收录该培养基，应给出配方及制作方法。

5.1.20　模式菌株（M）

凡模式菌株应注明。

5.1.21　分类地位（M）

如可能指明该菌株的变种、亚种、专化型、融合种名称及生理小种类型等。

5.2　特征特性信息

5.2.1　形态特征（M）

5.2.1.1　菌落形态

应指明菌落大小、颜色、形状、表面状况以及其他显著特征，并指明描述菌落形态所用培养基的名称或配方、培养条件。

5.2.1.2　基内菌丝

应指明基内菌丝的生长情况、颜色，是否分枝、有无横隔、是否断裂、直径大小。

5.2.1.3　产孢特征

应指明孢子着生的方式；描述孢子形状（圆形、卵圆形等），孢子表面特征（光滑、疣状、棘状、刺状等)，孢子大小。

5.2.2　培养特征（M)

应描述该菌株在各种培养基上基内菌丝的生长情况及颜色，可溶性色素有无及颜色，并指明培养特征描述所用培养基（如商品培养基，应指明厂家)；若有假气生菌丝产生，应描述其颜色并指明其所用培养基。

5.2.3　生理生化特性（O)

宜描述该菌株对氮源的利用能力，并指明所用的培养基及方法；

宜描述该菌株对碳源的利用能力，并指明所用的培养基及方法；

宜描述该菌株对生长因子的需要，并指明所用的培养基及方法；

宜描述该菌株对温度的适应性：生长温度范围，最适生长温度；

宜描述该菌株对 pH 的适应性：最适生长 pH 条件及生长的 pH 范围；

宜描述该菌株对渗透压的适应性：对盐浓度的耐受性或嗜盐性；

宜描述该菌株产生的特征性代谢产物。

5.2.4　细胞化学组分

5.2.4.1　细胞壁化学组分分析（M)

应描述胞壁所含的 DAP 组分，指明 DAP 型（小单孢菌属为孢壁Ⅱ型)；并描述分析所用的方法；

应描述全细胞糖组分，指明糖型（小单孢菌属为糖 D 型)；并描述分析所用的方法。

5.2.4.2　磷酸类脂分析（O)

宜描述磷酸类脂组分，指明其类型（小单孢菌属为 PⅡ型)；并描述分析所用的方法。

5.2.4.3　脂肪酸组分分析（O)

宜描述特征性脂肪酸（FA）组分：饱和 FA；不饱和 FA；iso-14/16/18FA；iso-15/17FA；anteiso-15/17FA；10-methyl-17/18FA；环丙烷-FA 的有无和含量，并描述脂肪酸组分分析所用的方法。

5.2.4.4　醌组分分析（O)

宜描述所含有的甲基萘醌，指明其主要的组分；并描述醌组分分析所用的方法。

5.2.5　基因型信息（O)

5.2.5.1　DNA 碱基组成（G + C mol%）分析（O)

宜表明该菌株 DNA 的 G + C 摩尔百分数，并描述分析所用的方法。

5.2.5.2　16S rRNA 核苷酸序列分析（M)

应提供该菌株的 16S rRNA 核苷酸序列分析结果并描述分析所用的方法，注明序列注册号（GenBank/EMBL/DDBJ)。

5.2.6　菌株的主要代谢产物（O)

应指明该菌株的重要的初级代谢产物或次级代谢产物的名称及主要功能特性。

5.2.7　菌株的用途（M)

应描述该菌株的主要用途。

5.3 其他信息

5.3.1 图像信息（O）

宜给出该菌株的菌落、菌丝、孢子等图像信息。

5.3.2 文献信息（O）

应列出该菌株学名的原始描述文献出处及活性物质的文献出处。

5.3.3 保存方法（M）

应指明适合该菌株长期保存的技术方法。

附表 1　　小单孢菌属菌种资源共性描述表

描述日期：　　年　　月　　日

护照信息					
平台资源号（1）		菌株保藏编号（2）			
中文名称（3）		拉丁属名（4）			
拉丁种名或亚种名（5）		其他保藏单位编号（6）			
来源历史（7）		收藏时间（8）			
原始编号（9）		原产国（10）			
提供人、鉴定人及其单位					
标记信息					
资源归类编码（11）					
主要用途（13）	1：研究　2：教学　3：生产　4：分类　5：分析检测　6：其他				
基本特征特性描述信息					
特征特性（14）	50 字				
具体用途（15）					
质粒/基因器件（16）					
生物危害等级（17）		分离基物（18）			
采集地区（19）		采集地点（20）			
采集地生境（21）					
海拔高度（22）		经度（23）		纬度（24）	
培养基编号（25）				培养温度（26）	
其他描述信息					
图像信息（27）		描述信息（28）			
寄主中文名称（29）		寄主拉丁文名称（30）			
收藏单位信息					
保藏单位名称（34）					
隶属单位名称（35）					
资源类型（36）	1：培养物　2：基因　3：二元培养物　4：其他				
保存方法（37）	1：液氮超低温冻结　2：−80℃冰箱冻结　3：真空冷冻干燥 4：石蜡油斜面　5：斜面　6：其他				
共享方式					

（续附表 1）

共享方式（38）	1：公益性共享　2：公益性借用共享　3：合作立项研究共享　4：知识产权性交易共享　5：纯资源性交易共享　6：资源租赁性共享　7：资源交换性共享　8：行政许可性共享　9：收藏地共享
提供形式（39）	1：培养物　2：冻干物　3：其他
获取途径（40）	1：邮寄　2：自取　3：其他
联系方式（41）	

附表 2　　小单孢菌属菌种基本特征特性描述信息表

描述日期：　　年　　月　　日

菌株保藏编号			菌株名称
表型信息	个体形态特征	菌落形态	
		大小	
		表面状况	
		颜色	
		基内菌丝	
		有无横隔、是否断裂	
		——直径大小	
		——颜色	
		——分泌色素（水溶或脂溶、颜色）	
		气生菌丝	
		有无	
		——直径大小	
		——颜色	
		孢子	
		——着生方式	
		——表面特征	
		—— 孢子大小、形状	
		其他特征	
		形态描述所用培养基	
	培养特征	在培养基 1 上生长状况与颜色	
		基丝	
		可溶性色素	
		其他培养特征	
		在培养基 2 上生长状况与颜色	
		基丝	
		可溶性色素	
		其他培养特征	
		在培养基 3 上生长状况与颜色	
		基丝	
		可溶性色素	
		其他培养特征	

（续附表 2）

<table>
<tr><td colspan="3">菌株保藏编号</td><td>菌株名称</td></tr>
<tr><td rowspan="16">表型信息</td><td rowspan="8">生理生化特性</td><td>特殊生长因子</td><td></td></tr>
<tr><td>最适生长温度及致死温度</td><td></td></tr>
<tr><td>最适生长 pH 及 pH 范围</td><td></td></tr>
<tr><td>对盐浓度的耐受性或嗜盐性</td><td></td></tr>
<tr><td>对已知抗生素及抑菌剂的敏感性</td><td></td></tr>
<tr><td>特征性代谢产物</td><td></td></tr>
<tr><td>与宿主的关系（共生、寄生、致病性）</td><td></td></tr>
<tr><td>其他生理生化特征</td><td></td></tr>
<tr><td rowspan="8">细胞化学组分</td><td>细胞壁型</td><td></td></tr>
<tr><td>细胞壁 DAP 型或其他氨基酸</td><td></td></tr>
<tr><td>全细胞糖型</td><td></td></tr>
<tr><td>枝菌酸</td><td></td></tr>
<tr><td>磷酸类脂</td><td></td></tr>
<tr><td>醌型</td><td></td></tr>
<tr><td>特征性脂肪酸</td><td></td></tr>
<tr><td>胞壁乙酰基</td><td></td></tr>
<tr><td rowspan="2">基因信息</td><td colspan="2">DNA 碱基 G + Cmol%</td><td></td></tr>
<tr><td colspan="2">16S rRNA 核苷酸序列注册号</td><td></td></tr>
<tr><td colspan="4">其他信息</td></tr>
<tr><td colspan="3">图像信息</td><td>保存方法</td></tr>
<tr><td colspan="3">文献信息</td><td></td></tr>
</table>

诺卡菌属菌种资源描述规范

前　言

诺卡菌属（*Nocardia*）是1889年Trevisan建立的，革兰氏阳性至可变，好氧。诺卡菌属菌种在自然界分布广泛，以腐生为主，少数种类寄生动植物体内。诺卡菌属菌是一类有重要应用价值的放线菌。至2004年，已报道由该类菌产生的生物活性物质多达200多种，但是，有些菌株是人类和动物的机会致病菌。

诺卡菌属菌在其生长周期的某个阶段抗酸，基内菌丝发达，分枝繁茂，直径0.4～2.0μm，生长在琼脂培养基表面或伸入基质内。早期断裂成杆状或球状体，气丝无或稀少，偶尔形成长短不一的孢子链。胞壁Ⅳ型，糖A型，在分类上归于细菌域，放线细菌门，放线细菌纲，放线菌目，诺卡菌科。

对诺卡菌属放线菌资源的描述规范的制定是规范整理、整合我国现有放线菌资源的基础，也是实现微生物资源社会共享和促进国际交流的需要。

诺卡菌属菌种资源描述规范

1 范围

本规范规定了诺卡菌属菌种资源的描述要素和描述规范。

本规范适用于诺卡菌属菌种资源的收集、整理、保藏，以及数据库和信息共享网络系统的建立。

2 规范性引用文件

下列文件中的条款通过本标准的引用而成为本标准的条款。凡是注明日期的引用文件，其随后所有的修改单（不包括勘误的内容）或修订版均不适用于本标准，然而，鼓励根据本标准达成协议的各方研究是否可使用这些文件的最新版本。凡是不注明日期的引用文件，其最新版本适用于本标准。

国务院令第 424 号《病原微生物实验室生物安全管理条例》。

3 术语和定义

下列术语和定义适用于本规范。

3.1 诺卡菌属 *Nocardia*

诺卡菌属放线菌无气生菌丝或有少量气生菌丝，往往早期出现横隔膜并断裂成杆状或球状体，胞壁Ⅳ型，模式菌种是 *Nocardia asteroidis*。诺卡菌属放线菌在分类上归于细菌域，放线细菌门，放线细菌纲，放线菌目，诺卡菌科。

3.2 诺卡菌属菌种资源 *Nocardia* culture resources

指可培养的，有一定科学意义或具有实际或潜在应用价值的诺卡菌属菌株及其相关信息数据。

3.3 二氨基庚二酸 diaminopimelic acid，DAP

DAP 是细菌细胞壁肽聚糖短肽链上的第三位氨基酸，诺卡菌属菌株的 DAP 型为 meso-DAP。

3.4 枝菌酸 mycolic acids，MA

枝菌酸为 α 侧链 β 羟基长链脂肪酸，是细胞膜的重要组成部分。根据所含碳原子数目的多少可将枝菌酸分为四类，棒状杆菌枝菌酸（corynemycolic acid）约含 30 个碳原子，红球菌枝菌酸（rhodomycolic acid）约含 40 个碳原子，分枝杆菌枝菌酸（mycobactomycolic acid）约含 80 个碳原子，诺卡菌枝菌酸（nocardomycolic acid）约含 60 个碳原子。

3.5 脂肪酸 fatty acids，FA

到目前为止，在细菌中已发现 150 多种脂肪酸。在高度标准化的培养与操作条件下，脂肪酸的组成是细菌较稳定的分类学特征。诺卡菌属菌主要含有 12 ~ 18 碳链的饱和脂肪酸，不饱和脂肪酸和 10-甲基分支脂肪酸（tuberculostearic）。

3.6　磷酸类脂 phospholipids，PL

磷酸类脂分布在细胞膜上，是鉴别放线菌的重要指征之一。有分类意义的磷酸类脂有磷脂酰乙醇胺（PE）、磷脂酰胆碱（PC）、磷脂酰甘油（PG）和含葡萄糖胺的未知结构磷酸类脂（NPG）。诺卡菌属菌的特征性磷酸类脂是磷脂酰乙醇胺 PE。

3.7　甲基萘醌 menaquinone，MK

醌是细胞质膜的重要组成部分，细菌的醌主要有泛醌（ubiquinone 辅酶 Q）和甲基萘醌（menaquinone MK）。至今，在革兰氏阳性细菌中只发现甲基萘醌。

甲基萘醌的表示是 MK_n（H_{2m}），n 为总的异戊烯单位数，m 为被饱和的异戊烯单位数。大多数诺卡菌属菌的优势醌为 MK-8（H_4），极少数为 MK-9（H_2）。

3.8　胞壁乙酰基

在某些放线菌中，胞壁肽聚糖的 N-乙酰胞壁酸上的乙酰基（$-NHCOCH_3$）被乙醇酰基（$-NHCOCH_2OH$）所取代。已测出含乙醇酰基胞壁酸的放线菌有：分枝杆菌属（*Mycobacterium*）、诺卡菌属（*Nocardia*）、红球菌属（*Rhodococcus*）、棒状杆菌属（*Corynebacterium*）、迪茨菌属（*Dietzia*），冢村菌属（*Tsukamurella*）、戈登菌属（*Gordonia*）等。

4　要求

4.1　描述要求

——描述内容应清楚、准确、力求完整；

——要充分考虑菌株的最新研究进展；

——能被微生物专业人员所理解。

4.2　描述要素

描述要素分为 2 类：

——M：必备要素，必须描述的要素；

——O：可选要素，其描述与否视具体菌株而定。

5　描述内容

5.1　基本信息

5.1.1　平台资源号

国家自然科技资源 e-平台统一生成的资源编号，平台资源号长度为 18 位，前 9 位是资源单位编码，后 9 位是流水号，参见《微生物菌种资源共性描述规范》。

5.1.2　学名（M）

应指明该菌株的完整的科学名称，对于鉴定到属，未鉴定到种的菌株，以“属名 sp.”表示。

5.1.3　中文名称（M）

应指明该菌株的中文名称（如有别名，应在括号中注明）。尚无中文译名时，填写“暂无”。

5.1.4　资源归类编码（M）

应指明该菌株的资源归类编码，参见《自然科技资源共性描述规范》。

5.1.5　菌株保藏编号（M）

应指明该菌株在专业保藏机构的保藏编号，保藏编号由前缀和菌株编号两部分组成，前缀为保藏机构英文名称的缩写，前缀和菌株编号之间应留空格。

5.1.6　其他保藏机构编号（O）

宜指明该菌株在其他菌种保藏机构的菌株保藏编号，每个其他保藏机构的编号均由等号“=”开头，如编号不止一个时，中间也用等号“=”连接。

5.1.7　来源历史（M）

应指明得到该菌株的途径。如菌株转移经过多个保藏机构，则保藏机构之间用一个左指向的箭头“←”连接。

5.1.8　分离人（M）

应指明该菌株的最初分离人的姓名。

5.1.9　分离时间（M）

应指明该菌株的分离时间。

5.1.10　原始编号（M）

应指明该菌株的最初分离编号。

5.1.11　鉴定人（O）

宜指明该菌株的鉴定人。

5.1.12　鉴定人所在单位（O）

宜指明该菌株的鉴定人所在的单位。

5.1.13　收藏时间（O）

宜指明保藏机构收集、保存该菌株的时间。

5.1.14　原产国或地区（M）

应指明该菌株分离基物采集地所在国家或地区名称。

5.1.15　采集地区（O）

宜指明该菌株分离基物采集地的行政区划，详细到县。

5.1.16　分离基物（O）

宜指明具体的分离基物名称。

5.1.17　采集地生境（O）

宜描述该菌株分离基物采集具体地点的生态环境，参照《微生物菌种资源采集环境描述规范》。

5.1.18　生物危害程度（M）

应参照《病原微生物实验室生物安全管理条例》指明该菌株的生物危害程度。

5.1.19　培养基（M）

最适培养基用4位数表示，具体编号应参照《中国菌种目录》。如《中国菌种目录》中没有收录该培养基，应给出配方及制作方法。

5.1.20　模式菌株（M）

凡模式菌株应注明。

5.1.21　分类地位（M）

应指明该菌株的分类地位，如需要，可指明该菌株的变种、亚种、专化型、融合种名称及生理小种类型等。

5.2　特征特性信息

5.2.1　形态特征（M）

5.2.1.1　菌落形态

应指明菌落大小、颜色、形状、表面状况以及其他显著特征，并指明描述菌落形态所用培养基的名称或配方、培养条件。

5.2.1.2　基内菌丝

应指明基内菌丝的生长状况，直径大小，是否断裂、分泌色素情况。

5.2.1.3　气生菌丝

应指明有无气生菌丝、直径大小、颜色等。

5.2.1.4　产孢特征

应指明孢子着生的方式。

5.2.1.4.1　孢子丝

对有孢子丝的菌株应描述孢子丝的形态，颜色，孢子链长短、孢子个数。

5.2.1.4.2　孢子

应描述孢子形状，孢子表面特征。

5.2.2　培养特征（M）

应描述该菌株在各种培养基上的气丝、基丝的生长情况，颜色，可溶性色素，并指明培养特征，描述所用培养基（如商品培养基，应指明厂家）。

5.2.3　生理生化特性（O）

宜描述该菌株对氮源的利用能力，并指明所用的培养基及方法；

宜描述该菌株对碳源的利用能力，并指明所用的培养基及方法；

宜描述该菌株对生长因子的需要，并指明所用的培养基及方法；

宜描述该菌株对温度的适应性：生长温度范围，最适生长温度及致死温度；

宜描述该菌株对 pH 的适应性：最适生长 pH 条件及生长的 pH 范围；

宜描述该菌株对渗透压的适应性：对盐浓度的耐受性或嗜盐性；

宜描述该菌株对已知抗生素及抑菌剂的敏感性；

宜描述该菌株产生的特征性代谢产物；

宜描述该菌株与宿主的关系：共生、寄生、致病性。

5.2.4　细胞化学组分

5.2.4.1　细胞（壁）化学组分分析（M）

应描述细胞壁 DAP 型及测定所用的方法（诺卡菌属菌的胞壁含有 *meso*-DAP）；

应描述全细胞水解液的糖组分及测定所用方法（诺卡菌属菌全细胞水解液含有半乳糖和阿拉伯糖）。

5.2.4.2　枝菌酸分析（O）

宜指明枝菌酸的碳链长度（诺卡枝菌酸为 46～60 碳链），并描述枝菌酸分析所用的方法。

5.2.4.3　磷酸类脂分析（O）

宜描述磷酸类脂分析所用的方法及所含的主要的磷酸类脂，诺卡菌属菌的特征性磷酸类脂是磷脂酰乙醇胺 PE，双磷脂酰甘油 DPG，磷脂酰肌醇 PI。

5.2.4.4 脂肪酸组分分析（O）

宜描述特征性脂肪酸（FA）组分：饱和 FA；不饱和 FA；iso-14/16/18FA；iso-15/17FA；anteiso-15/17FA；10-methyl-17/18FA；环丙烷-FA 的有无和含量（诺卡菌属菌含大量直链饱和、不饱和脂肪酸和 10-甲基分枝脂肪酸），并描述脂肪酸组分分析所用的方法。

5.2.4.5 醌组分分析（O）

宜描述主要的甲基萘醌，以 MK_n（H_{2m}）表示，并描述醌组分分析所用的方法，（诺卡菌属菌的主要 MK 为 MK8（H_4）。

5.2.4.6 胞壁乙酰基分析（O）

宜指明诺卡菌属菌的胞壁肽聚糖的乙酰基型，并描述测定所用的方法。

5.2.5 基因型信息（M）

5.2.5.1 DNA 碱基组成（G+Cmol%）分析（M）

应表明该菌株 DNA 的 G+C 摩尔百分数，并描述分析所用的方法。

5.2.5.2 16S rRNA/16SrDNA 核苷酸序列信息（M）

应提供该菌株的 16S rRNA 核苷酸序列分析结果并描述分析所用的方法，注明序列注册号（GenBank/EMBL/DDBJ）。

5.2.6 质粒/基因元件（O）

宜表明该菌株所携带的特定用途的质粒、基因片段的名称与用途。

5.2.7 寄主拉丁名称（O）

宜描述该菌株寄生宿主的拉丁名称。

5.2.8 寄主中文名称（O）

宜描述该菌株寄生宿主的中文名称。

5.2.9 菌株的主要代谢产物（M）

应指明该菌株的重要的初级代谢产物或次级代谢产物的名称及主要功能特性。

5.2.10 菌株的用途（M）

应描述该菌株的主要用途。

5.3 其他信息

5.3.1 图像信息（O）

宜给出该菌株的菌落、菌丝、孢子、产孢器官、组织等图像信息。

5.3.2 文献信息（O）

应列出该菌株学名的原始描述文献出处及活性物质的原始发表。

5.3.3 保存方法（M）

应指明适合该菌株长期保存的技术方法。

附表1　　诺卡菌属菌种资源共性描述表

描述日期：　　年　　月　　日

<table>
<tr><td colspan="4">护照信息</td></tr>
<tr><td>平台资源号（1）</td><td></td><td>菌株保藏编号（2）</td><td></td></tr>
<tr><td>中文名称（3）</td><td></td><td>拉丁属名（4）</td><td></td></tr>
<tr><td>拉丁种名或亚种名（5）</td><td></td><td>其他保藏单位编号（6）</td><td></td></tr>
<tr><td>来源历史（7）</td><td></td><td>收藏时间（8）</td><td></td></tr>
<tr><td>原始编号（9）</td><td></td><td>原产国（10）</td><td></td></tr>
<tr><td>提供人、鉴定人及其单位</td><td colspan="3"></td></tr>
<tr><td colspan="4">标记信息</td></tr>
<tr><td>资源归类编码（11）</td><td colspan="3"></td></tr>
<tr><td>主要用途（13）</td><td colspan="3">1：研究　2：教学　3：生产　4：分类　5：分析检测　6：其他</td></tr>
<tr><td colspan="4">基本特征特性描述信息</td></tr>
<tr><td></td><td colspan="3"></td></tr>
<tr><td>特征特性（14）</td><td colspan="3"></td></tr>
<tr><td>具体用途（15）</td><td colspan="3"></td></tr>
<tr><td>质粒/基因器件（16）</td><td colspan="3"></td></tr>
<tr><td>生物危害等级（17）</td><td></td><td>分离基物（18）</td><td></td></tr>
<tr><td>采集地区（19）</td><td></td><td>采集地点（20）</td><td></td></tr>
<tr><td>采集地生境（21）</td><td colspan="3"></td></tr>
<tr><td>海拔高度（22）</td><td></td><td>经度（23）</td><td></td><td>纬度（24）</td><td></td></tr>
<tr><td>培养基编号（25）</td><td></td><td>培养温度（26）</td><td></td></tr>
<tr><td colspan="4">其他描述信息</td></tr>
<tr><td>图像信息（27）</td><td></td><td>描述信息（28）</td><td></td></tr>
<tr><td>寄主中文名称（29）</td><td></td><td>寄主拉丁文名称（30）</td><td></td></tr>
<tr><td colspan="4">收藏单位信息</td></tr>
<tr><td>保藏单位名称（34）</td><td colspan="3"></td></tr>
<tr><td>隶属单位名称（35）</td><td colspan="3"></td></tr>
<tr><td>资源类型（36）</td><td colspan="3">1：培养物　2：基因　3：二元培养物　4：其他</td></tr>
<tr><td>保存方法（37）</td><td colspan="3">1：液氮超低温冻结　2：－80℃冰箱冻结　3：真空冷冻干燥
4：石蜡油斜面　　5：斜面　　6：其他</td></tr>
<tr><td colspan="4">共享方式</td></tr>
<tr><td>共享方式（38）</td><td colspan="3">1：公益性共享　2：公益性借用共享　3：合作立项研究共享　4：知识产权性交易共享　5：纯资源性交易共享　6：资源租赁性共享　7：资源交换性共享　8：行政许可性共享　9：收藏地共享</td></tr>
<tr><td>提供形式（39）</td><td colspan="3">1：培养物　2：冻干物　3：其他</td></tr>
<tr><td>获取途径（40）</td><td colspan="3">1：邮寄　2：自取　3：其他</td></tr>
<tr><td>联系方式（41）</td><td colspan="3"></td></tr>
</table>

附表 2　　诺卡菌属菌种基本特征特性描述信息表

描述日期：　　年　　月　　日

菌株保藏编号			菌株名称
表型信息	个体形态特征	菌落形态	
		大小	
		表面状况	
		颜色	
		基内菌丝	
		有无横隔、是否断裂	
		——直径大小	
		——颜色	
		——分泌色素（水溶或脂溶、颜色）	
		气生菌丝	
		有无	
		是否断裂	
		——直径大小	
		——颜色	
		孢子	
		——有无	
		—— 孢子形状	
		其他特征	
		形态描述所用培养基	
	培养特征	在培养基 1 上生长状况与颜色	
		气丝	
		基丝	
		可溶性色素	
		其他培养特征	
		在培养基 2 上生长状况与颜色	
		气线	
		基丝	
		可溶性色素	
		其他培养特征	
		在培养基 3 上生长状况与颜色	
		气线	
		基丝	
		可溶性色素	
		其他培养特征	
	生理生化特性	特殊生长因子	
		最适生长温度及致死温度	
		最适生长 pH 及 pH 范围	
		对盐浓度的耐受性或嗜盐性	
		对已知抗生素及抑菌剂的敏感性	
		特征性代谢产物	
		与宿主的关系（共生、寄生、致病性）	
		其他生理生化特征	

（续附表 2）

<table>
<tr><td colspan="3">菌株保藏编号</td><td colspan="2">菌株名称</td></tr>
<tr><td rowspan="8">表型信息</td><td rowspan="8">细胞化学组分</td><td>细胞壁型</td><td colspan="2"></td></tr>
<tr><td>细胞壁 DAP 型或其他氨基酸</td><td colspan="2"></td></tr>
<tr><td>全细胞糖型</td><td colspan="2"></td></tr>
<tr><td>枝菌酸</td><td colspan="2"></td></tr>
<tr><td>磷酸类脂</td><td colspan="2"></td></tr>
<tr><td>醌型</td><td colspan="2"></td></tr>
<tr><td>特征性脂肪酸</td><td colspan="2"></td></tr>
<tr><td>胞壁乙酰基</td><td colspan="2"></td></tr>
<tr><td rowspan="2">基因信息</td><td colspan="2">DNA 碱基 G + Cmol%</td><td colspan="2"></td></tr>
<tr><td colspan="2">16S rRNA 核苷酸序列注册号</td><td colspan="2"></td></tr>
<tr><td colspan="5">其他信息</td></tr>
<tr><td>图像信息</td><td colspan="2"></td><td>保存方法</td><td></td></tr>
<tr><td>文献信息</td><td colspan="4"></td></tr>
</table>

链霉菌菌种资源描述规范

前　　言

链霉菌属（*Streptomyces*）是至今放线菌中种类最多，数量最大的一个属，已知种达500多个，广泛分布于自然界。链霉菌是一类具有重要药用价值的微生物，早期发现的抗生素绝大多数是由该属的菌种产生，如抗细菌抗生素链霉素、卡那霉素、红霉素、氯霉素、四环素、新生霉素等，抗真菌抗生素灰黄霉素以及抗肿瘤抗生素柔红霉素、丝裂霉素、平阳霉素等。20世纪70年代后，随着疾病相关分子靶标的不断揭示和筛选新模型的不断建立，从链霉菌的代谢产物中又发现了大量传统抗生素以外的药理活性物质，如酶抑制剂、免疫调节剂、受体颉颃剂等。

链霉菌菌种资源描述规范的制定是规范整理、整合我国现有链霉菌资源的基础，是实现链霉菌菌种资源社会共享和促进国际交流的需要。

链霉菌菌种资源描述规范

1　范围

本规范规定了链霉菌属菌种资源的描述要素和描述规范。

本规范适用于链霉菌属菌种资源的收集、整理、保藏，以及数据库和信息共享网络系统的建立。

2　规范性引用文件

下列文件中的条款通过本标准的引用而成为本标准的条款。凡是注明日期的引用文件，其随后所有的修改单（不包括勘误的内容）或修订版均不适用于本标准，然而，鼓励根据本标准达成协议的各方研究是否可使用这些文件的最新版本。凡是不注明日期的引用文件，其最新版本适用于本标准。

国务院令第 424 号《病原微生物实验室生物安全管理条例》。

3　术语和定义

下列术语和定义适用于本规范。

3.1　链霉菌 *Streptomycetes*

链霉菌具有发育良好的基内菌丝和气生菌丝，孢子丝由气生菌丝分化而成。胞壁 I 型（LL-DAP），糖 C 型（无特征性糖），链霉菌在分类学上归于细菌域，放线细菌门、放线细菌纲、放线菌目。

3.2　链霉菌属菌种资源 *Streptomycetes* culture resources

指可培养的，有一定科学意义或具有实际或潜在应用价值的链霉菌菌株及其相关信息数据。

3.3　二氨基庚二酸 diaminopimelic acids，DAP

DAP 是细菌细胞壁肽聚糖短肽链上的第三位氨基酸，链霉菌属菌株的 DAP 为 LL 型。

3.4　脂肪酸 fatty acids，FA

到目前为止，在细菌中已发现 150 多种脂肪酸。在高度标准化的培养与操作条件下，脂肪酸的组成是细菌较稳定的分类学特征，链霉菌属菌株的特征性脂肪酸有 iso，anteiso 分支脂肪酸，anteiso-C_{15+17} > iso-C_{15+17}，无 2-OH FA，无 10-methyl FA。

3.5　磷酸类脂 phospholipids，PL

磷酸类脂分布在细胞膜上，是鉴别放线菌的重要指征之一。有分类意义的磷酸类脂有磷脂酰乙醇（PE）、磷脂酰胆碱（PC）、磷脂酰甘油（PG）和含葡萄糖胺的未知结构磷酸类脂（NPG）。链霉菌的磷脂型为Ⅱ型，即含 PE。

3.6 甲基萘醌 menaquinone，MK

醌是细胞质膜的重要组成部分，细菌的醌主要有泛醌（ubiquinone 辅酶 Q）和甲基萘醌（menaquinone，MK）。至今，在革兰阳性细菌中只发现甲基萘醌。甲基萘醌的表示是 MK_n（H_{2m}），n 为总的异戊烯单位数，m 为被饱和的异戊烯单位数。链霉菌的优势 MK 为 MK-9（H_6）或 MK-9（H_8）。

4 要求

4.1 描述要求

——描述内容应清楚、准确、力求完整；

——要充分考虑菌株的最新研究进展；

——能被微生物专业人员所理解。

4.2 描述要素

描述要素分为 2 类：

——M：必备要素，必须描述的要素；

——O：可选要素，其描述与否视具体菌株而定。

5 描述内容

5.1 基本信息

5.1.1 平台资源号（M）

国家自然科技资源 e-平台统一生成的资源编号，平台资源号长度为 18 位，前 9 位是资源单位编码，后 9 位是流水号，参见《微生物菌种资源共性描述规范》。

5.1.2 学名（M）

应指明该菌株的完整的科学名称，对于鉴定到属，未鉴定到种的菌株，以属名 + sp. 表示。

5.1.3 中文名称（M）

应指明该菌株的中文名称（如有别名，应在括号中注明）。尚无中文译名时，填写“暂无”。

5.1.4 资源归类编码（M）

应指明该菌株的资源归类编码，参见《微生物菌种资源分级归类编码体系》。

5.1.5 菌株保藏编号（M）

应指明该菌株在专业保藏机构的保藏编号，保藏编号由前缀和菌株编号两部分组成，前缀为保藏机构英文名称的缩写，前缀和菌株编号之间应留空格。

5.1.6 其他保藏机构编号（O）

宜指明该菌株在其他菌种保藏机构的菌株保藏编号，每个其他保藏机构的编号均由等号“=”开头，如编号不止一个时，中间也用等号“=”连接。

5.1.7 来源历史（M）

应指明得到该菌株的途径。如菌株转移经过多个保藏机构，则保藏机构之间用一个左指向的箭头“←”连接。

5.1.8 分离人（M）

应指明该菌株的最初分离人的姓名。

5.1.9　分离时间（M）

应指明该菌株的分离时间。

5.1.10　原始编号（M）

应指明该菌株的最初分离编号。

5.1.11　鉴定人（O）

宜指明该菌株的鉴定人。

5.1.12　鉴定人所在单位（O）

宜指明该菌株的鉴定人所在的单位。

5.1.13　收藏时间（O）

宜指明保藏机构收集、保存该菌株的时间。

5.1.14　原产国或地区（M）

应指明该菌株分离基物采集地所在国家或地区名称。

5.1.15　采集地区（O）

宜指明该菌株分离基物采集地的行政区划，详细到县。

5.1.16　分离基物（O）

宜指明具体的分离基物名称。

5.1.17　采集地生境（O）

宜参照《微生物菌种资源采集环境描述规范》描述该菌株分离基物采集具体地点的生态环境。

5.1.18　生物危害程度（M）

应参照《病原微生物实验室生物安全管理条例》指明该菌株的生物危害程度。

5.1.19　培养基（M）

微生物菌种最适培养基编号用4位数表示，具体编号参考《中国菌种目录》。如果《中国菌种目录》中不包含该培养基，应写明培养基配方和制作方法。

5.1.20　模式菌株（M）

凡模式菌株应注明。

5.1.21　分类地位（M）

应指明该菌株的分类地位，如需要，可指明该菌株的变种、亚种、专化型、融合种名称及生理小种类型等。

5.2　特征特性信息

5.2.1　形态特征（M）

5.2.1.1　菌落形态

应指明菌落大小、颜色、形状、表面状况以及其他显著特征，并指明描述菌落形态所用培养基的名称或配方、培养条件。

5.2.1.2　基内菌丝

应指明基内菌丝的直径大小、颜色、分泌色素情况（水溶或脂溶、颜色）。

5.2.1.3　气生菌丝

应指明气生菌丝的直径大小、颜色等。

5.2.1.4　孢子丝

应描述孢子丝的形态（波曲、勾环、螺旋），颜色，孢子链长短、孢子个数。

5.2.1.5 孢子

应描述孢子形状（圆形、椭圆形、杆状、柱状等），孢子表面特征（光滑、瘤状、鳞片状、刺状、毛发状）。

5.2.2 培养特征（M）

应描述该菌株在各种培养基上的气丝、基丝的生长情况，颜色，可溶性色素，并指明培养特征，描述所用培养基（如商品培养基，应指明厂家）。

5.2.3 生理生化特性（O）

宜描述该菌株对氮源的利用能力，并指明所用的培养基及方法；

宜描述该菌株对碳源的利用能力，并指明所用的培养基及方法；

宜描述该菌株对生长因子的需要，并指明所用的培养基及方法；

宜描述该菌株对温度的适应性：生长温度范围，最适生长温度及致死温度；

宜描述该菌株对 pH 的适应性：最适 pH 及 pH 范围；

宜描述该菌株对渗透压的适应性：对盐浓度的耐受性或嗜盐性；

宜描述该菌株对已知抗生素及抑菌剂的敏感性；

宜描述该菌株产生的特征性代谢产物；

宜描述该菌株与宿主的关系：共生、寄生、致病性。

5.2.4 细胞化学组分

5.2.4.1 细胞（壁）化学组分分析（M）

应描述细胞壁 DAP 型及测定所用的方法；

应描述全细胞水解液的糖组分及测定所用方法。

5.2.4.2 磷酸类脂分析（O）

宜描述磷酸类脂分析所用的方法，并确定是否含有该属的特征性磷酸类脂－磷脂酰乙醇胺（PE）。

5.2.4.3 脂肪酸组分分析（O）

宜描述脂肪酸组分分析所用的方法，并确定该属的特征性脂肪酸组分：饱和 FA；anteiso-C_{15+17}/iso-C_{15+17}，无 2-OHFA，无 10-methylFA。

5.2.4.4 醌组分分析（O）

宜描述醌组分分析所用的方法，并确定所含的优势甲基萘醌，以 MK_n（$H_{?m}$）表示。

5.2.5 基因型信息（M）

5.2.5.1 DNA 碱基组成（G＋Cmol%）分析（M）

应表明该菌株 DNA 的 G＋C 摩尔百分数并描述分析所用方法。

5.2.5.2 16S rRNA 核苷酸序列分析（M）

应提供该菌株的 16S rRNA 核苷酸序列分析结果并描述分析所用的方法，注明序列注册号（GenBank/EMBL/DDBJ）。

5.2.6 质粒/基因元件（O）

宜表明该菌株所携带的特定用途的质粒、基因片段的名称与用途。

5.2.7 寄主拉丁名称（O）

宜描述该菌株寄生宿主的拉丁名称。

5.2.8 寄主中文名称（O）

宜描述该菌株寄生宿主的中文名称。

5.2.9　菌株的主要代谢产物（M）

应指明该菌株的重要的初级代谢产物或次级代谢产物的名称及主要功能特性。

5.2.10　菌株的用途（M）

应描述该菌株的主要用途。

5.3　其他信息

5.3.1　图像信息（O）

宜给出该菌株的菌落、菌丝、孢子等图像信息。

5.3.2　文献信息（O）

应列出该菌株学名的原始描述文献出处及活性物质的原始发表。

5.3.3　保存方法（M）

应指明适合该菌株长期保存的技术方法。

附表 1　　**链霉菌属菌种资源共性描述表**

描述日期：　　年　　月　　日

<table>
<tr><td colspan="6">护照信息</td></tr>
<tr><td colspan="2">平台资源号（1）</td><td></td><td>菌株保藏编号（2）</td><td colspan="2"></td></tr>
<tr><td colspan="2">中文名称（3）</td><td></td><td>拉丁属名（4）</td><td colspan="2"></td></tr>
<tr><td colspan="2">拉丁种名或亚种名（5）</td><td></td><td>其他保藏单位编号（6）</td><td colspan="2"></td></tr>
<tr><td colspan="2">来源历史（7）</td><td></td><td>收藏时间（8）</td><td colspan="2"></td></tr>
<tr><td colspan="2">原始编号（9）</td><td></td><td>原产国（10）</td><td colspan="2"></td></tr>
<tr><td colspan="2">提供人、鉴定人及其单位</td><td colspan="4"></td></tr>
<tr><td colspan="6">标记信息</td></tr>
<tr><td colspan="2">资源归类编码（11）</td><td colspan="4"></td></tr>
<tr><td colspan="2">主要用途（13）</td><td colspan="4">1：研究　2：教学　3：生产　4：分类　5：分析检测　6：其他</td></tr>
<tr><td colspan="6">基本特征特性描述信息</td></tr>
<tr><td colspan="2"></td><td colspan="4"></td></tr>
<tr><td colspan="2">特征特性（14）</td><td colspan="4"></td></tr>
<tr><td colspan="2">具体用途（15）</td><td colspan="4"></td></tr>
<tr><td colspan="2">质粒/基因器件（16）</td><td colspan="4"></td></tr>
<tr><td colspan="2">生物危害等级（17）</td><td></td><td>分离基物（18）</td><td colspan="2"></td></tr>
<tr><td colspan="2">采集地区（19）</td><td></td><td>采集地点（20）</td><td colspan="2"></td></tr>
<tr><td colspan="2">采集地生境（21）</td><td colspan="4"></td></tr>
<tr><td>海拔高度（22）</td><td></td><td>经度（23）</td><td></td><td>纬度（24）</td><td></td></tr>
<tr><td colspan="2">培养基编号（25）</td><td></td><td>培养温度（26）</td><td colspan="2"></td></tr>
</table>

（续附表 1）

其他描述信息			
图像信息（27）		描述信息（28）	
寄主中文名称（29）		寄主拉丁文名称（30）	
收藏单位信息			
保藏单位名称（34）			
隶属单位名称（35）			
资源类型（36）	1：培养物　2：基因　3：二元培养物　4：其他		
保存方法（37）	1：液氮超低温冻结　2：－80℃冰箱冻结　3：真空冷冻干燥 4：石蜡油斜面　5：斜面　6：其他		
共享方式			
共享方式（38）	1：公益性共享　2：公益性借用共享　3：合作立项研究共享　4：知识产权性交易共享　5：纯资源性交易共享　6：资源租赁性共享　7：资源交换性共享　8：行政许可性共享　9：收藏地共享		
提供形式（39）	1：培养物　2：冻干物　3：其他		
获取途径（40）	1：邮寄　2：自取　3：其他		
联系方式（41）			

附表 2　　链霉菌属菌种基本特征特性描述信息表

描述日期：　　年　　月　　日

表型信息	个体形态特征	菌落形态		基内菌丝
		大小		直径大小
		表面状况		基丝的颜色
		颜色		可溶性色素（有无，颜色）
		气生菌丝		孢子
		直径大小		孢子形状
		颜色		孢了表面特征
		孢子丝		形态描述所用培养基
		形态		
		孢子链长短（孢子数）		
		颜色		
	培养特征	培养基 1（名称）		培养基 2（名称）
		气丝		气丝
		基丝		基丝
		可溶性色素		可溶性色素
		培养基 3（名称）		
		气丝		
		基丝		
		可溶性色素		

（续附表 2）

<table>
<tr><td rowspan="13">表型信息</td><td rowspan="8">生理生化特性</td><td>特殊生长因子</td><td></td></tr>
<tr><td>最适生长温度及致死温度</td><td></td></tr>
<tr><td>最适生长 pH 及 pH 范围</td><td></td></tr>
<tr><td>对盐浓度的耐受性或嗜盐性</td><td></td></tr>
<tr><td>对已知抗生素和抑菌剂的敏感性</td><td></td></tr>
<tr><td>特征性代谢产物</td><td></td></tr>
<tr><td>与宿主的关系（共生、寄生、致病性）</td><td></td></tr>
<tr><td>其他生理生化特征</td><td></td></tr>
<tr><td rowspan="5">化学组分</td><td>细胞壁 DAP 型</td><td></td></tr>
<tr><td>全细胞糖型</td><td></td></tr>
<tr><td>磷脂型</td><td></td></tr>
<tr><td>醌型</td><td></td></tr>
<tr><td>特征性脂肪酸</td><td></td></tr>
<tr><td colspan="2" rowspan="2">基因信息</td><td>DNA 碱基 G + Cmol%</td><td></td></tr>
<tr><td>16S rRNA 核苷酸序列注册号</td><td></td></tr>
<tr><td colspan="4">其他信息</td></tr>
<tr><td colspan="3">图像信息</td><td>保存方法</td></tr>
<tr><td colspan="3">文献信息</td><td></td></tr>
</table>

马杜拉放线菌属菌种资源描述规范

前　　言

马杜拉放线菌属（*Actinomadura*）是革兰氏阳性不抗酸的好气放线菌。其形态特点是基丝有分枝，土壤类型时常有气丝，带有 5～15 个孢子的短链，直、钩状或紧密螺旋形，无孢囊但有时有假孢囊。细胞壁Ⅲ型，以内消旋二氨基庚二酸和马杜拉糖为特征性组分。马杜拉放线菌可以产生四大家族的高活性抗肿瘤抗生素，分别为 veractamycins，FR-900405 同类物、esperamicins 及 barminomycins，其产生的蒽环类抗肿癌抗生素洋红霉素（carminomycin）等已用于临床。

对马杜拉放线菌菌种资源描述规范的制定是规范整理、整合我国现有马杜拉放线菌资源的基础，是实现微生物资源社会共享和促进国际交流的需要。

马杜拉放线菌属菌种资源描述规范

1 范围

本规范规定了马杜拉放线菌菌种资源的描述要素和描述规范。

本规范适用于马杜拉放线菌菌种资源的收集、整理、保藏，以及数据库和信息共享网络系统的建立。

2 规范性引用文件

下列文件中的条款通过本规范的引用而成为本规范的条款。凡是注明日期的引用文件，其随后所有的修改单（不包括勘误的内容）或修订版均不适用于本规范，然而，鼓励根据本标准达成协议的各方，研究是否可使用这些文件的最新版本。凡是不注明日期的引用文件，其最新版本适用于本规范。

GB 19489 实验室 生物安全通用要求；

国务院令第 424 号《病原微生物实验室生物安全管理条例》。

3 术语和定义

下列术语和定义适用于本规范。

3.1 马杜拉放线菌 *Actinomadura*

马杜拉放线菌是一类高 G + C mol% 的革兰阳性细菌，其归入细菌域（Bacteria）、放线菌门（Actinobacteria）、放线菌纲（Actinobcteria）、放线菌目（Actinomycetales）、链孢囊菌亚目（Strptosporangineae）、高温单孢菌科（Thermomonosporaceae）。

马杜拉放线菌的基丝有分枝。土壤类型时常有气丝，带有 5 ~ 15 个孢子的短链，直、钩状或紧密螺旋形。无孢囊但有时有假孢囊。

3.2 马杜拉放线菌菌种资源 *Actinomadura* culture resources

指可培养的，有一定科学意义或具有实际或潜在应用价值的马杜拉放线菌菌株及其相关信息数据。

3.3 二氨基庚二酸 diaminopimelic acid，DAP

是细菌细胞壁肽聚糖短肽链上的第三位氨基酸，马杜拉放线菌属菌胞壁 DAP 型为Ⅲ型，含 meso-DAP。

3.4 全细胞糖型 Type of Whole-cell sugar

马杜拉放线菌的全细胞水解液含特征性的马杜拉糖。

3.5 脂肪酸 fatty acids，FA

到目前为止，在细菌中已发现 150 多种脂肪酸。在高度标准化的培养与操作条件下，菌体脂肪酸的组成是细菌较稳定的分类学特征，马杜拉放线菌属菌的脂肪酸组成中含有 iso-$C_{14/16/18}$，有少量的 iso-$C_{15/17}$、anteiso-$C_{15/17}$、10-methyl-C-17/18。

3.6 磷酸类脂 phospholipids，PL

磷酸类脂分布在细胞膜上，是鉴别放线菌的重要指征之一。有分类意义的磷酸类脂有磷脂酰乙醇胺（PE）、磷脂酰胆碱（PC）、磷脂酰甲基乙醇胺（PME）、磷脂酰甘油（PG）和含葡萄糖胺的未知结构磷酸类脂（NPG）。马杜拉放线菌属菌的磷脂型为 PI/IV 型，即 PE、PME、PG 不含或有变化，不含或含 NPG。

3.7 甲基萘醌 menaquinone，MK

甲基萘醌的表示是 MK_n（H_{2m}），n 为总的异戊烯单位数，m 为被饱和的异戊烯单位数。马杜拉放线菌属菌的主要的甲基萘醌有 MK-9（H_6）。

4 要求

4.1 描述要求

——描述内容应清楚、准确、力求完整；

——要充分考虑菌株的最新研究进展；

——能被微生物专业人员所理解。

4.2 描述要素

描述要素分为 2 类：

——M：必备要素，必须描述的要素；

——O：可选要素，其描述与否视具体菌株而定。

5 描述内容

5.1 基本信息

5.1.1 平台资源号（M）

国家自然科技资源 e-平台统一生成的资源编号，平台资源号长度为 18 位，前 9 位是资源单位编码，后 9 位是流水号，参见《微生物菌种资源共性描述规范》。

5.1.2 学名（M）

应指明该菌株的完整的科学名称，对于未鉴定到种的菌株，以“*Actinomadura* sp.”表示；对于未鉴定的菌株，以“unidentified actinomycetes”表示。

5.1.3 中文名称（M）

应指明该菌株的中文名称（如有别名，应在括号中注明）。尚无中文译名时，填写“暂无”。

5.1.4 资源归类编码（M）

马杜拉放线菌属的资源归类编码是 15131532102。

5.1.5 菌株保藏编号（M）

应指明该菌株在专业保藏机构的保藏编号，保藏编号由前缀和菌株编号两部分组成，前缀为保藏机构英文名称的缩写，前缀和菌株编号之间应留空格。

5.1.6 其他保藏机构编号（O）

宜指明该菌株在其他菌种保藏机构的菌株保藏编号，每个其他保藏机构的编号均由等号“=”开头，如编号不止一个时，中间也用等号“=”连接。

5.1.7 来源历史（M）

应指明得到该菌株的途径。如菌株转移经过多个保藏机构，则保藏机构之间用一个左指向的箭头“←”连接。

5.1.8　分离人（M）

应指明该菌株的最初分离人的姓名。

5.1.9　分离时间（M）

应指明该菌株的分离时间。

5.1.10　原始编号（M）

应指明该菌株的最初分离编号。

5.1.11　鉴定人（O）

宜指明该菌株的鉴定人。

5.1.12　鉴定人所在单位（O）

宜指明该菌株的鉴定人所在的单位。

5.1.13　收藏时间（O）

宜指明保藏机构收集、保存该菌株的时间。

5.1.14　原产国或地区（M）

应指明该菌株分离基物采集地所在国家或地区名称。

5.1.15　采集地区（O）

宜指明该菌株分离基物采集地的行政区域，详细到县。

5.1.16　分离基物（O）

宜指明具体的分离基物名称。

5.1.17　采集地生境（O）

宜描述该菌株分离基物采集具体地点的生态环境，参照《微生物菌种资源采集环境描述规范（试行）》。

5.1.18　生物安全水平（M）

应指明该菌株的生物安全水平：BSL-1、BSL-2、BSL-3、BSL-4。

5.1.19　培养基（M）

微生物菌种最适培养基编号用4位数表示，具体编号参考《中国菌种目录》。如果《中国菌种目录》中不包含该培养基，应写明培养基配方和制作方法。

5.1.20　模式菌株（M）

凡模式菌株应注明。

5.1.21　分类地位（M）

如可能指明该菌株的变种、亚种、专化型、融合种名称及生理小种类型等。

5.2　特征特性信息

5.2.1　形态特征（M）

5.2.1.1　菌落形态

应指明菌落大小、颜色、形状、表面状况以及其他显著特征，并指明描述菌落形态所用培养基的名称或配方、培养条件。

5.2.1.2　基内菌丝

应指明基内菌丝的生长情况、是否分枝、有无横隔、是否断裂、直径大小。

5.2.1.3　产孢特征

应指明孢子着生的方式（有梗、无梗）；应描述孢子形状（圆形、卵圆形等），孢子表面特征（光滑、棘状、刺状等），孢子大小。

5.2.2 培养特征（M）

应描述该菌株基内菌丝的生长情况及颜色，孢子层的颜色，可溶性色素有无及颜色，并指明培养特征描述所用培养基及培养条件（如商品培养基，应指明厂家）；若有气生菌丝产生，应描述其颜色并指明其所用培养基及培养条件。

5.2.3 生理生化特性（O）

宜描述该菌株对氮源的利用能力，并指明所用的培养基及方法；

宜描述该菌株对碳源的利用能力，并指明所用的培养基及方法；

宜描述该菌株对生长因子的需要，并指明所用的培养基及方法；

宜描述该菌株对温度的适应性：生长温度范围，最适生长温度；

宜描述该菌株对 pH 的适应性：最适生长 pH 条件及生长的 pH 范围；

宜描述该菌株对渗透压的适应性：对盐浓度的耐受性或嗜盐性；

宜描述该菌株产生的特征性代谢产物。

5.2.4 细胞化学组分

5.2.4.1 细胞（壁）化学组分分析（M）

应描述胞壁所含的 DAP 组分，指明 DAP 型（马杜拉放线菌属为胞壁Ⅲ型）；并描述分析所用的方法；

应描述全细胞糖组分，指明糖型（马杜拉放线菌属为糖 B/C 型）；并描述分析所用的方法。

5.2.4.2 磷酸类脂分析（O）

宜描述磷酸类脂组分，指明其类型（马杜拉放线菌属为 PI/IV 型）；并描述分析所用的方法。

5.2.4.3 脂肪酸组分分析（O）

宜描述特征性脂肪酸（FA）组分：饱和 FA；不饱和 FA；iso-14/16/18FA；iso-15/17FA；anteiso-15/17FA；10-methyl-17/18FA；环丙烷-FA 的有无和含量，并描述脂肪酸组分分析所用的方法。

5.2.4.4 醌组分分析（O）

宜描述所含有的甲基萘醌，指明其主要的组分；并描述醌组分分析所用的方法。

5.2.5 基因型信息（O）

5.2.5.1 DNA 碱基组成（G+C mol%）分析（O）

宜表明该菌株 DNA 的 G+C 摩尔百分数，并描述分析所用的方法。

5.2.5.2 16S rRNA 基因核苷酸序列信息（M）

宜指明该菌株的 16S rRNA 的测序结果（提供 GenBank 序列注册号），并描述分析所用的方法。

5.2.6 菌株的主要代谢产物（M）

应指明该菌株的重要的初级代谢产物或次级代谢产物的名称及主要功能特性。

5.2.7 菌株的用途（M）

应描述该菌株的主要用途。

5.3　其他信息

5.3.1　图像信息（O）

宜给出该菌株的菌落、菌丝、孢子等图像信息。

5.3.2　文献信息（O）

应列出该菌株学名的原始描述文献出处及活性物质的原始发表。

5.3.3　保存方法（M）

应指明适合该菌株长期保存的技术方法。

附表 1　　马杜拉放线菌属菌种资源描述表

描述日期：　　年　　月　　日

<table>
<tr><th colspan="6">基本信息</th></tr>
<tr><td colspan="2">平台资源号</td><td colspan="4"></td></tr>
<tr><td colspan="2">学名</td><td></td><td>中文名称</td><td colspan="2"></td></tr>
<tr><td colspan="2">资源归类编码</td><td></td><td>菌株保藏编号</td><td colspan="2"></td></tr>
<tr><td colspan="2">其他保藏机构编号</td><td></td><td>来源历史</td><td colspan="2"></td></tr>
<tr><td colspan="2">分离人</td><td></td><td>分离时间</td><td colspan="2"></td></tr>
<tr><td colspan="2">原始编号</td><td></td><td>鉴定人</td><td colspan="2"></td></tr>
<tr><td colspan="2">鉴定人所在单位</td><td></td><td>收藏时间</td><td colspan="2"></td></tr>
<tr><td colspan="2">原产国或地区</td><td></td><td>采集地区</td><td colspan="2"></td></tr>
<tr><td colspan="2">分离基物</td><td></td><td>采集地生境</td><td colspan="2"></td></tr>
<tr><td colspan="2">生物安全等级</td><td></td><td>培养基</td><td colspan="2"></td></tr>
<tr><td colspan="2">模式菌株</td><td></td><td>分类地位</td><td colspan="2"></td></tr>
</table>

<table>
<tr><th colspan="6">特征特性信息</th></tr>
<tr><td rowspan="20">表型信息</td><td rowspan="8">个体特征</td><td colspan="2">菌落形态</td><td colspan="2">基内菌丝</td></tr>
<tr><td>大小、形状</td><td></td><td>有无横隔、是否断裂</td><td></td></tr>
<tr><td>表面状况</td><td></td><td>直径大小</td><td></td></tr>
<tr><td>颜色</td><td></td><td rowspan="3">其他特征</td><td rowspan="3"></td></tr>
<tr><td>孢子</td><td></td></tr>
<tr><td>孢子着生方式</td><td></td></tr>
<tr><td>孢了表面特征</td><td></td><td rowspan="2">形态描述所用培养基</td><td rowspan="2"></td></tr>
<tr><td>大小</td><td></td></tr>
<tr><td rowspan="12">培养特征</td><td colspan="2">在培养基 1 上生长状况与颜色</td><td colspan="2">在培养基 2 上生长状况与颜色</td></tr>
<tr><td>培养基名称</td><td></td><td>培养基名称</td><td></td></tr>
<tr><td>基丝</td><td></td><td>基丝</td><td></td></tr>
<tr><td>孢子层</td><td></td><td>孢子层</td><td></td></tr>
<tr><td>可溶性色素</td><td></td><td>可溶性色素</td><td></td></tr>
<tr><td>其他培养特征</td><td></td><td>其他培养特征</td><td></td></tr>
<tr><td colspan="2">在培养基 3 上生长状况与颜色</td><td colspan="2">在培养基 4 上生长状况与颜色</td></tr>
<tr><td>培养基名称</td><td></td><td>培养基名称</td><td></td></tr>
<tr><td>基丝</td><td></td><td>基丝</td><td></td></tr>
<tr><td>孢子层</td><td></td><td>孢子层</td><td></td></tr>
<tr><td>可溶性色素</td><td></td><td>可溶性色素</td><td></td></tr>
<tr><td>其他培养特征</td><td></td><td>其他培养特征</td><td></td></tr>
</table>

（续附表1）

	生理生化特性	特殊生长因子	
		最适生长温度及温度范围	
		最适生长 pH 及 pH 范围	
		对碳源的利用	
		对氮源的利用	
		对盐浓度的耐受性或嗜盐性	
		对已知抗生素及抑菌剂的敏感性	
		特征性代谢产物	
		其他生理生化特征	
	细胞学组分	细胞壁型	
		细胞壁 DAP 组分或其他氨基酸	
		全细胞特征性糖及糖型	
		磷酸类脂及类型	
		甲基萘醌	
		特征性脂肪酸	
基因信息		DNA 碱基 G + Cmol%	
		16S rRNA 核苷酸序列注册号	

其他信息	
图像信息	保存方法
文献信息	

游动放线菌属菌种资源描述规范

前　　言

游动放线菌属（*Actinoplanes*）是1950年由Couch建立，随后Stackebrandt和Kroppenstedt又对其进行了部分修订（1987）。其形态特点是菌丝体分枝，直径为0.2～1.5μm，通常无气生菌丝，基内菌丝纤细，不断裂，有的基丝分枝，栅栏状，有隔。孢囊从基丝长出，球形，裂叶形，瓶状，掌状或不规则等，直径为3～5 μm，大的可达几十微米，一般着生在孢囊梗或生孢囊菌丝顶端，孢囊壁是由菌丝鞘发育而成的。成熟的孢囊一般孢子呈不规则排列。该属菌种在自然界分布广泛，主要分布在土壤中。该属是抗生素的重要来源，从该属中发现的抗生素至少有150多种，大致可分为放线菌素类、氨基酸类、核苷类、吩嗪类、多烯类等。从该属菌种还发现酶抑制剂。

对游动放线菌菌种资源描述规范的制定是规范整理、整合我国现有游动放线菌资源的基础，是实现微生物资源社会共享和促进国际交流的需要。

本描述规范是依据现有工作基础和实际需要制定的。

游动放线菌属菌种资源描述规范

1 范围

本规范规定了游动放线菌菌种资源的描述要素和描述规范。

本规范适用于游动放线菌菌种资源的收集、整理、保藏，以及数据库和信息共享网络系统的建立。

2 规范性引用文件

下列文件中的条款通过本规范的引用而成为本规范的条款。凡是注明日期的引用文件，其随后所有的修改单（不包括勘误的内容）或修订版均不适用于本规范，然而，鼓励根据本标准达成协议的各方，研究是否可使用这些文件的最新版本。凡是不注明日期的引用文件，其最新版本适用于本规范。

GB 19489 实验室 生物安全通用要求；

国务院令第 424 号《病原微生物实验室生物安全管理条例》。

3 术语和定义

下列术语和定义适用于本规范。

3.1 *游动放线菌 Actinoplanes*

游动放线菌是一类高 G + Cmol% 的革兰阳性细菌，归入细菌域（Bacteria）、放线菌门（Actinobacteria）、放线菌纲（Actinobcteria）、放线菌目（Actinomycetales）、小单孢菌亚目（Micromonosporineae）、小单孢菌科（Micromonosporaceae）。

游动放线菌的菌丝生长良好，菌丝体分枝，直径为 0.2 ~ 1.5μm，通常无气生菌丝，基内菌丝纤细，不断裂，有的基丝分枝，呈珊栏状，有隔。孢囊从基丝长出，球形，裂叶形，瓶状，掌状或不规则等，直径为 3 ~ 5 μm，大的可达几十微米，一般着生在孢囊梗或生孢囊菌丝顶端，孢囊壁是由菌丝鞘发育而成的。在成熟的孢囊内，孢子一般呈不规则排列或直行排列。但也有例外，如直线游动放线菌（*A. rectilineatus*）的孢囊、孢子呈直链排列。孢囊孢子为球形、椭圆型，极少数呈杆状，直径在 0.5 ~ 1.5 μm，着生周生鞭毛或极生鞭毛，能游动。已分离出近千株菌，仅发现垣霉素游动放线菌（*A. teichomyceticus*）着生粉状气丝。在直线游动放线菌的菌落上也观察到粉状气丝。细胞壁Ⅱ型，含 meso-DAP 和甘氨酸，有些菌还含有 3-（OH）-DAP；全细胞糖 D 型，即含有木糖，有的还含有半乳糖和阿拉伯糖。特征性的磷酸类脂为磷酯酰乙醇胺，为磷酸类脂 PⅡ型。主要的甲基萘醌有 MK-7（H_4），MK-9（H_4），MK-10（H_4）。脂肪酸有 iso-和 anteiso-饱和或不饱和型。DNA 的 G + Cmol% 含量为 72% ~73%。生长温度通常为 20 ~40℃，50℃以上不生长。

3.2 *游动放线菌菌种资源 Actinoplanes* culture resources

指可培养的，有一定科学意义或具有实际或潜在应用价值的游动放线菌菌株及其相关信息数据。

3.3　二氨基庚二酸 diaminopimelic acid，DAP

是细菌细胞壁肽聚糖短肽链上的第三位氨基酸，游动放线菌属菌胞壁 DAP 型为 meso-DAP，并在其纯胞壁水解液中含有甘氨酸。

3.4　脂肪酸 fatty acids，FA

到目前为止，在细菌中已发现 150 多种脂肪酸。在高度标准化的培养与操作条件下，脂肪酸的组成是细菌较稳定的分类学特征，游动放线菌属菌含有 iso-C_{15+17}和 anteiso-C_{15+17}脂肪酸，无 10-methyl-C-17/18。

3.5　磷酸类脂 phospholipids，PL

磷酸类脂分布在细胞膜上，是鉴别游动放线菌的重要指征之一。游动放线菌属菌的磷脂型为 PLII 型，即主要含 PE（磷脂酰乙醇胺）。

3.6　甲基萘醌 menaquinone，MK

甲基萘醌的表示是 MK_n（H_{2m}），n 为总的异戊烯单位数，m 为被饱和的异戊烯单位数。游动放线菌属菌的主要的甲基萘醌有 MK-7（H_4），MK-9（H_4），MK-10（H_4）。

4　要求

4.1　描述要求

——描述内容应清楚、准确、力求完整；

——要充分考虑菌株的最新研究进展；

——能被微生物专业人员所理解。

4.2　描述要素

描述要素分为 2 类：

——M：必备要素，必须描述的要素；

——O：可选要素，其描述与否视具体菌株而定。

5　描述内容

5.1　基本信息

5.1.1　平台资源号（M）

国家自然科技资源 e-平台统一生成的资源编号，平台资源号长度为 18 位，前 9 位是资源单位编码，后 9 位是流水号，参见《微生物菌种资源共性描述规范》。

5.1.2　学名（M）

应指明该菌株的完整的科学名称，对于未鉴定到种的菌株，以“*Actinoplanes* sp.”表示。

5.1.3　中文名称（M）

应指明该菌株的中文名称（如有别名，应在括号中注明）。尚无中文译名时，填写“暂无”。

5.1.4　资源归类编码（M）

游动放线菌属的资源归类编码是 15131524102。

5.1.5　菌株保藏编号（M）

应指明该菌株在专业保藏机构的保藏编号，保藏编号由前缀和菌株编号两部分组成，前缀为保藏机构英文名称的缩写，前缀和菌株编号之间应留空格。

5.1.6　其他保藏机构编号（O）

宜指明该菌株在其他菌种保藏机构的菌株保藏编号，每个其他保藏机构的编号均由等号“=”开头，如编号不止一个时，中间也用等号“=”连接。

5.1.7　来源历史（M）

应指明得到该菌株的途径。如菌株转移经过多个保藏机构，则保藏机构之间用一个左指向的箭头“←”连接。

5.1.8　分离人（M）

应指明该菌株的最初分离人的姓名。

5.1.9　分离时间（M）

应指明该菌株的分离时间。

5.1.10　原始编号（M）

应指明该菌株的最初分离编号。

5.1.11　鉴定人（O）

宜指明该菌株的鉴定人。

5.1.12　鉴定人所在单位（O）

宜指明该菌株的鉴定人所在的单位。

5.1.13　收藏时间（O）

宜指明保藏机构收集、保存该菌株的时间。

5.1.14　原产国或地区（M）

应指明该菌株分离基物采集地所在国家或地区名称。

5.1.15　采集地区（O）

宜指明该菌株分离基物采集地的行政区域，详细到县。

5.1.16　分离基物（O）

宜指明具体的分离基物名称。

5.1.17　采集地生境（O）

宜描述该菌株分离基物采集具体地点的生态环境，参照《微生物菌种资源采集环境描述规范》。

5.1.18　生物安全水平（M）

应指明该菌株的生物安全水平：BSL-1、BSL-2、BSL-3、BSL-4。

5.1.19　培养基（M）

微生物菌种最适培养基编号用4位数表示具体编号应参照《中国菌种目录》。如《中国菌种目录》中没有收录该培养基，应给出配方及制作方法。

5.1.20　模式菌株（M）

凡模式菌株应注明。

5.1.21　分类地位（M）

如可能指明该菌株的变种、亚种、专化型、融合种名称及生理小种类型等。

5.2 特征特性信息

5.2.1 形态特征（M）

5.2.1.1 菌落形态

应指明菌落大小、颜色、形状、表面状况以及其他显著特征，并指明描述菌落形态所用培养基的名称或配方、培养温度和培养时间。

5.2.1.2 基内菌丝

应指明基内菌丝的生长情况、是否分枝、有无横隔、是否断裂、直径大小。

5.2.1.3 孢囊形态

应指明孢囊着生部位；孢囊形态（球形，裂叶形，瓶状，掌状或不规则）。

5.2.1.4 产孢特征

应指明孢子着生的方式（有梗、无梗）和排列方式（无规排列、直行排列）；描述孢子形状（圆形、卵圆形等），孢子表面特征（光滑、棘状、刺状等），孢子大小。

5.2.2 培养特征（M）

应描述该菌株在各种培养基上基内菌丝的生长情况及颜色，孢子层的颜色，可溶性色素有无及有无颜色，并指明培养特征描述所用培养基（如商品培养基，应指明厂家）；若有气生菌丝产生，应描述其颜色并指明其所用培养基，培养温度和培养时间。

5.2.3 生理生化特性（O）

宜描述该菌株对氮源的利用能力，并指明所用的培养基及方法；

宜描述该菌株对碳源的利用能力，并指明所用的培养基及方法；

宜描述该菌株对生长因子的需要，并指明所用的培养基及方法；

宜描述该菌株对温度的适应性：生长温度范围，最适生长温度；

宜描述该菌株对 pH 的适应性：最适生长 pH 条件及生长的 pH 范围；

宜描述该菌株对渗透压的适应性：对盐浓度的耐受性或嗜盐性；

宜描述该菌株产生的特征性代谢产物。

5.2.4 细胞化学组分

5.2.4.1 细胞（壁）化学组分分析（M）

应描述胞壁所含的 DAP 组分，指明 DAP 型（游动放线菌属为胞壁Ⅱ型，主要含 meso-DAP）；并描述分析所用的方法；

应描述全细胞糖组分，指明糖型（游动放线菌属为糖 D 型）；并描述分析所用的方法。

5.2.4.2 磷酸类脂分析（O）

宜描述磷酸类脂组分，指明其类型（游动放线菌属为 PⅡ型）；并描述分析所用的方法。

5.2.4.3 脂肪酸组分分析（O）

宜描述特征性脂肪酸（FA）组分：饱和 FA；不饱和 FA；iso-14/16/18FA；iso-15/17FA；anteiso-15/17FA；10-methyl-17/18FA；环丙烷-FA 的有无和含量，并描述脂肪酸组分分析所用的方法。

5.2.4.4 醌组分分析（O）

宜描述所含有的甲基萘醌，指明其主要的组分；并描述醌组分分析所用的方法。

5.2.5 基因型信息（O）

5.2.5.1 DNA 碱基组成（G+C mol%）分析（O）

宜表明该菌株 DNA 的 G+C 摩尔百分数，并描述分析所用的方法。

5.2.5.2 16S rRNA 核苷酸序列信息（O）

宜指明该菌株的 16S rRNA 的测序结果（提供 GenBank 序列注册号），并描述分析所用的方法。

5.2.6 菌株的主要代谢产物（M）

应指明该菌株的重要的初级代谢产物或次级代谢产物的名称及主要功能特性。

5.2.7 菌株的用途（M）

应描述该菌株的主要用途。

5.3 其他信息

5.3.1 图像信息（O）

宜给出该菌株的菌落、菌丝、孢子等图像信息。

5.3.2 文献信息（O）

应列出该菌株学名的原始描述文献出处及活性物质的原始发表。

5.3.3 保存方法（M）

应指明适合该菌株长期保存的技术方法。

附表 1　　游动放线菌属菌种资源描述表

描述日期：　　年　　月　　日

基本信息			
学名		中文名称	
资源归类编码		菌株保藏编号	
其他保藏机构编号		来源历史	
分离人		分离时间	
原始编号		鉴定人	
鉴定人所在单位		收藏时间	
原产国或地区		采集地区	
分离基物		采集地生境	
生物安全等级		培养基	
模式菌株		分类地位	
特征特性信息			

（续附表 1）

<table>
<tr><td rowspan="20">表型信息</td><td rowspan="8">个体特征</td><td colspan="2">菌落形态</td><td colspan="2">基内菌丝</td></tr>
<tr><td>大小、形状</td><td></td><td>有无横隔、是否断裂</td><td></td></tr>
<tr><td>表面状况</td><td></td><td>直径大小</td><td></td></tr>
<tr><td>颜色</td><td></td><td colspan="2" rowspan="3">其他特征</td></tr>
<tr><td>孢子</td><td></td></tr>
<tr><td>孢子着生方式</td><td></td></tr>
<tr><td>孢子表面特征</td><td></td><td colspan="2" rowspan="2">形态描述所用培养基及培养条件</td></tr>
<tr><td>大小</td><td></td></tr>
<tr><td rowspan="12">培养特征</td><td colspan="2">在培养基 1 上生长状况与颜色</td><td colspan="2">在培养基 2 上生长状况与颜色</td></tr>
<tr><td>培养基名称</td><td></td><td>培养基名称</td><td></td></tr>
<tr><td>基丝</td><td></td><td>基丝</td><td></td></tr>
<tr><td>孢子层</td><td></td><td>孢子层</td><td></td></tr>
<tr><td>可溶性色素</td><td></td><td>可溶性色素</td><td></td></tr>
<tr><td>其他培养特征</td><td></td><td>其他培养特征</td><td></td></tr>
<tr><td colspan="2">在培养基 3 上生长状况与颜色</td><td colspan="2">在培养基 4 上生长状况与颜色</td></tr>
<tr><td>培养基名称</td><td></td><td>培养基名称</td><td></td></tr>
<tr><td>基丝</td><td></td><td>基丝</td><td></td></tr>
<tr><td>孢子层</td><td></td><td>孢子层</td><td></td></tr>
<tr><td>可溶性色素</td><td></td><td>可溶性色素</td><td></td></tr>
<tr><td>其他培养特征</td><td></td><td>其他培养特征</td><td></td></tr>
<tr><td rowspan="15"></td><td rowspan="9">生理生化特性</td><td colspan="2">特殊生长因子</td><td colspan="2"></td></tr>
<tr><td colspan="2">最适生长温度及生长的温度范围</td><td colspan="2"></td></tr>
<tr><td colspan="2">最适生长 pH 及生长的 pH 范围</td><td colspan="2"></td></tr>
<tr><td colspan="2">对碳源的利用</td><td colspan="2"></td></tr>
<tr><td colspan="2">对氮源的利用</td><td colspan="2"></td></tr>
<tr><td colspan="2">对盐浓度的耐受性或嗜盐性</td><td colspan="2"></td></tr>
<tr><td colspan="2">对已知抗生素及抑菌剂的敏感性</td><td colspan="2"></td></tr>
<tr><td colspan="2">特征性代谢产物</td><td colspan="2"></td></tr>
<tr><td colspan="2">其他生理生化特征</td><td colspan="2"></td></tr>
<tr><td rowspan="6">细胞学组分</td><td colspan="2">细胞壁型</td><td colspan="2"></td></tr>
<tr><td colspan="2">细胞壁 DAP 组分或其他氨基酸</td><td colspan="2"></td></tr>
<tr><td colspan="2">全细胞特征性糖及糖型</td><td colspan="2"></td></tr>
<tr><td colspan="2">磷酸类脂及类型</td><td colspan="2"></td></tr>
<tr><td colspan="2">甲基萘醌</td><td colspan="2"></td></tr>
<tr><td colspan="2">特征性脂肪酸</td><td colspan="2"></td></tr>
<tr><td colspan="2" rowspan="2">基因信息</td><td colspan="2">DNA 碱基 G + Cmol%</td><td colspan="2"></td></tr>
<tr><td colspan="2">16S rRNA 核苷酸序列注册号</td><td colspan="2"></td></tr>
<tr><td colspan="6">其他信息</td></tr>
<tr><td colspan="4">图像信息</td><td colspan="2">保存方法</td></tr>
<tr><td colspan="4">文献信息</td><td colspan="2"></td></tr>
</table>

Frankia 根瘤固氮放线菌菌种资源描述规范

前　　言

弗兰克氏菌（*Frankia*）是与非豆科植物共生形成根瘤进行固氮的放线菌，是重要的生物固氮菌种。所以对弗兰克氏菌的特征进行规范描述十分必要。制定本规范是为了规范弗兰克氏共生固氮菌菌种资源描述标准，便于弗兰克氏共生固氮菌菌种资源的收集、保存、鉴定、评价、研究和利用，有效整理菌种资源，促进菌种资源信息化，实现菌种资源的高效共享和可持续利用。

Frankia 根瘤固氮放线菌菌种资源描述规范

1　适用范围

本规范规定了 *Frankia* 根瘤固氮放线菌菌种资源描述的内容。

本规范适用于 *Frankia* 根瘤固氮放线菌菌种资源的描述。

2　规范性引用文件

下列文件中的条款通过本规范的引用而成为本规范的条款。凡是注明日期的引用文件，其随后所有的修改单（不包括勘误的内容）或修订版均不适用于本规范，然而，鼓励根据本规范达成协议的各方，研究是否可以使用这些文件的最新版本。凡是不注明日期的引用文件，其最新版本适用于本规范。

国务院令第 424 号《病原微生物实验室生物安全管理条例》。

3　术语和定义

本规范采用下列术语、定义、符号和缩略语。

3.1　*Frankia* 根瘤固氮放线菌 *Frankia Nitrogen-Fixing on actinorhizal plants*

弗兰克氏菌（*Frankia*）是与非豆科的乔木或灌木共生形成根瘤并固定空气中的氮气，主要的结瘤植物有桤木属（*Alnus*）、木麻黄属（*Casuarina*）、异木麻黄属（*Allocasuarina*）、裸孔木麻黄属（*Gymnostoma*）、杨梅属（*Myrica*）、香蕨木属（*Comptonia*）、胡颓子属（*Elaeagnus*）、沙棘属（*Hippophae*）、水牛果属（*Shepherdia*）、马桑属（*Coriaria*）、野麻属（*Datisca*）、美洲茶属（*Ceanothus*）、寇勒提属（*Colletia*）、迪斯加属（*Discaria*）、塔尔古埃内属（*Talguenea*）、特勒沃属（*Trevoa*）、蜡质果属（*Cercocarpus*）、寇瓦尼亚属（*Cowania*）、仙女木属（*Dryas*）、潘而希属（*Purshia*）等植物。根瘤的形状有珊瑚状（桤木型）和裂片状（杨梅型）两类。

弗兰克氏菌科（Frankiaceae）是放线菌目的一科。与非豆科植物共生形成根瘤并能固定大气中的氮素。菌丝体呈分枝状，直径 0.2～1.5μm。在液体培养基中可以产生不动孢子的多腔孢囊，形状多样，圆球形、卵形、锥形、纺锤形或棒形。有时菌丝的末端膨大或中间生长出圆形的泡囊，直径 0.5～2.0μm，有时达 2.5μm，它是弗兰克氏菌固氮的场所。大多数非豆科植物共生固氮菌具有含肽聚糖的细胞壁。弗兰克氏菌通常是以孢子繁殖。其营养要求各不相同，代谢方式也各具特征。

4　要求

4.1　描述要求

——描述内容应清楚、准确，力求完整；

——要充分考虑该菌株的最新研究进展；

——能被微生物专业人员理解。

4.2 描述要素

描述要素分为2类：

——M：必备要素，必须描述的要素；

——O：可选要素，其描述与否视具体菌株而定。

5 Frankia 根瘤固氮放线菌菌种资源共性描述信息

5.1 描述要求

要求将本章所列条文的内容逐项记入附表1中。

5.2 基本信息

5.2.1 平台资源号（O）

国家自然科技资源 e-平台统一生成的资源编号，平台资源号长度为18位，前9位是资源单位编码，后9位是流水号，参见《微生物菌种资源共性描述规范》。

5.2.2 菌株保藏编号（M）

微生物菌种资源在保藏机构的保藏编号。由前缀和菌株编号两部分组成。前缀为保藏机构名称的英文缩写，前缀和菌株编号之间应留半角空格。

5.2.3 拉丁学名（M）

鉴于目前 *Frankia* 尚无法定种，应指明该菌株的属名，并按照国际 *Frankia* 的命名约定，以编号表明菌株，编号要包含宿主植物的属名、种名的首个字母，如果分离根瘤为其他宿主植物根瘤接种所致，应该同时指明两个宿主来源。并指明分离编号等。

5.2.4 中文名称（M）

微生物菌种资源的中文名称。尚无中文译名时，填写“暂无”。

5.2.5 资源归类编码（M）

国家自然科技资源平台资源分级编码体系中的编码，参见《微生物菌种资源分类编码体系》。

5.2.6 模式菌株（M）

微生物菌种资源是否为模式菌株。

1：模式菌株；

2：非模式菌株。

5.2.7 来源历史（O）

微生物菌种资源在收藏单位之前的转移情况。收藏单位前以左指向箭头“←”开头，收藏单位之间用左指向箭头“←”连接。

5.2.8 其他保藏单位编号（O）

微生物菌种资源在其他菌种保藏中心的保藏编号。其他保藏中心编号前以等号“=”开头，保藏编号之间用等号“=”连接。

5.2.9 原产国

微生物菌种资源分离基物采集地所在国家名称。

5.2.10 原始编号（M）

微生物菌种资源的原始分离编号。

5.2.11 鉴定人（O）

应指明该菌株的鉴定人姓名。

5.2.12 鉴定人所在单位（O）

应指明该菌株的鉴定人所在的单位。

5.2.13 分离人（O）

该菌株的最原始分离人的姓名。

5.2.14 分离时间（O）

该菌株的最初分离时间。

5.2.15 分离基物（O）

该菌株的分离源，宜指明具体的分离物质。

5.2.16 宿主中文名称（M）

菌种共生宿主的中文名称。

5.2.17 宿主拉丁名称（M）

因为 *Frankia* 目前无法定种，所以来源于何宿主一定要指明！菌种共生宿主的拉丁文名称。如果是直接自土壤分离的菌株应说明其土壤类型。

5.2.18 采集地区（O）

分离基物采集地的行政区划，详细到县。GPS 系统确定的经、纬度。

5.2.19 采集地生境（O）

分离基物采集具体地点的生态环境描述。

5.2.20 培养基编号（M）

微生物菌种最适培养基编号用 4 位数表示，具体编号参考《中国菌种目录》。如果《中国菌种目录》中不包含该培养基，应写明培养基配方和制作方法。

5.2.21 具体用途（M）

微生物菌种资源的具体用途。

5.2.22 质粒/基因元件（O）

菌株所携带的特定用途的质粒、基因片断的名称。

5.3 收藏单位信息及共享方式

5.3.1 收藏单位名称

5.3.2 资源类型

5.3.3 保存方法（M）

菌种资源长期保存采用的技术方法。以下几种方法可供选择：

——液氮超低温冻结；

——－80℃冰箱冻结；

——真空冷冻干燥；

——石蜡油斜面；

——斜面；

——其他。

5.3.4 共享方式（O）

宜从表 1 所列 9 种方式中选取单项或多项。

5.3.5 提供形式（M）

提供菌种的形式如下：

——斜面培养物；

——冻干物；

——其他。

5.3.6 获取途径（M）

获得微生物菌种资源的途径包括下列方式：

——邮寄；

——自取；

——其他。

6 弗兰克氏菌菌株特征特性描述信息

6.1 描述要求

要求将本章所列条文的内容逐项记入附表1中。

6.2 表型信息

6.2.1 个体形态特征（M）

常用的个体形态特征有：菌丝体、孢囊、泡囊等形状、大小、排列方式、革兰氏染色反应、细胞内含物及贮藏物的存在与否等。上述形态特征具体到某一分类单元，可以只对其中部分内容进行描述。

6.2.2 培养特征（M）

培养特征主要应包括液体培养的菌落形态，固体琼脂培养基上的菌落形态。

6.2.3 生理生化特征（M）

个性特征常用的生理生化特征有：氧的需求；对温度、pH的需求及耐受性；对盐的耐受性；利用各种碳源、氮源及其他特殊化合物的能力；对生长因子及其他特殊化合物及营养的需求；共生固氮能力；生化反应，如：糖、醇的发酵等。

6.2.4 血清反应（O）

6.2.5 细胞化学组分特征（O）

细胞化学成分特征主要包括：细胞脂肪酸组分分析、醌组分分析、细胞壁氨基酸、细胞壁类型、细胞壁糖型、磷酸类脂等。

6.2.6 宿主侵染特性或宿主特异性（M）

分离的原宿主，可侵染结瘤的植物种类。

6.3 遗传信息（O）

6.3.1 DNA碱基组成（G+Cmol%）（O）

6.3.2 16S rRNA基因序列及其在GenBank中的注册号（O）

6.4 其他描述信息（O）

6.4.1 图像信息（O）

菌种的菌落形态和个体形态特征图像。

6.4.2 参考文献（O）

宜列出与该菌株有关的参考文献。

附表 1　　非豆科植物共生固氮菌菌种资源描述表

描述日期：　　年　　月　　日

<table>
<tr><th colspan="4">基本信息</th></tr>
<tr><td>拉丁学名</td><td></td><td>资源归类编码</td><td></td></tr>
<tr><td>中文名称</td><td></td><td>来源历史</td><td></td></tr>
<tr><td>菌株保藏编号</td><td></td><td>分离人</td><td></td></tr>
<tr><td>原始编号</td><td></td><td>分离时间</td><td></td></tr>
<tr><td>分类地位</td><td></td><td>分离基物</td><td></td></tr>
<tr><td>模式菌株</td><td></td><td>采集地区</td><td></td></tr>
<tr><td>鉴定人</td><td></td><td>采集地生境</td><td></td></tr>
<tr><td>鉴定人所在单位</td><td></td><td>原产国或地区</td><td></td></tr>
<tr><td>其他保藏机构编号</td><td></td><td>收藏时间</td><td></td></tr>
<tr><td>培养基</td><td></td><td></td><td></td></tr>
</table>

<table>
<tr><th colspan="6">特征特性信息</th></tr>
<tr><td rowspan="5">个体形态特征</td><td>形状、大小、排列</td><td></td><td rowspan="5">培养特征</td><td>菌落形态、大小、颜色等</td><td></td></tr>
<tr><td>孢囊</td><td></td><td>液体培养特征</td><td></td></tr>
<tr><td>泡囊</td><td></td><td rowspan="3">其他培养特征</td><td rowspan="3"></td></tr>
<tr><td>氧的需求
其他形态特征</td><td></td></tr>
<tr><td colspan="2"></td></tr>
<tr><td rowspan="4">生理生化特性</td><td>对温度、pH 的需求及耐受性</td><td></td><td colspan="2">代谢反应如：糖、醇的发酵，牛奶反应等</td><td></td></tr>
<tr><td>对盐的耐受性</td><td></td><td colspan="2">各种酶反应如：接触酶，氧化酶等</td><td></td></tr>
<tr><td>对生长因子及其他营养的需求</td><td></td><td colspan="2">固氮能力</td><td></td></tr>
<tr><td>利用碳源、氮源及其他化合物的能力</td><td></td><td colspan="2">其他生理生化特征</td><td></td></tr>
<tr><td rowspan="7">细胞成分化学特征</td><td>细胞脂肪酸</td><td></td><td rowspan="7">基因型信息</td><td rowspan="3">DNA 碱基组成 G + Cmol%</td><td rowspan="3"></td></tr>
<tr><td>醌</td><td></td></tr>
<tr><td>细胞壁氨基酸</td><td></td></tr>
<tr><td>枝菌酸细胞壁类型</td><td></td><td rowspan="4">16S rRNA 基因序列
（GenBank 注册号）</td><td rowspan="4"></td></tr>
<tr><td>细胞壁糖型</td><td></td></tr>
<tr><td>磷酸类脂</td><td></td></tr>
<tr><td>参考文献</td><td></td></tr>
<tr><td rowspan="2">宿主侵染特性
（或宿主特异性）</td><td>原宿主</td><td></td><td></td><td colspan="2"></td></tr>
<tr><td>其他非豆科固氮植物</td><td></td><td></td><td colspan="2"></td></tr>
</table>

五、酵母菌

酵母菌（*yeast*）是一些单细胞真菌，并非系统演化分类的单元，分属于子囊菌纲、担子菌纲及半知类。其中，大部分被分类到子囊菌纲。酵母菌分布很广，在含糖较多的蔬菜、水果表面分布较多，在空气土壤中较少。酵母菌主要的生长环境是潮湿或液态环境，有些酵母菌也会生存在生物体内。

酵母菌与人类的关系及其密切，可以认为酵母菌是人类的第一种“家养微生物”，千百年来，酵母及其发酵产品大大改善和丰富了人类的生活。例如乙醇和有关饮料的生产，面包的制造，甘油的发酵，石油及油品的脱蜡，饲用、药用或食用单细胞蛋白的生产，从酵母中提取核酸、辅酶 A、细胞色素 C、凝血质等生化药物，利用其代谢产物，制取维生素、有机酸和酶制剂等。此外，由于酵母菌属于简单的单细胞真核生物，易于培养，且生长迅速，被广泛用于现代生物学研究中。如酿酒酵母作为重要的模式生物，也是遗传学和分子生物学的重要研究材料。少数酵母菌也常给人类带来疾病和其他危害。白假丝酵母可引起皮肤、黏膜、呼吸道、消化道以及泌尿系统等多种疾病。腐生型酵母能使食物、纺织品和其他原料腐败变质，影响产品质量。其中最常见的是白假丝酵母（*Candida albicans*，即“白色念珠菌”）和新型隐球菌（*Cryptococcus neoformans*）。

酵母菌的形态及其大小：大多数酵母菌为单细胞，一般呈圆形、卵圆形、圆柱形或柠檬形。大小约（0.1～0.5）nm×（0.5～3）nm，各种酵母菌有一定的大小和形态，它们随菌龄和环境条件而异。酵母菌的繁殖方式分为无性繁殖和有性繁殖，以无性繁殖为主。无性繁殖又分为芽殖和裂殖。有性繁殖过程及方式与其他真菌一样十分复杂。如酿酒酵母子囊孢子萌发形成单倍体营养细胞以出芽繁殖，两个单倍体营养细胞接合形成双倍体营养细胞也以出芽繁殖，在一定条件下，双倍体营养细胞转变为子囊母细胞，然后形成子囊。在形成子囊孢子之前有减数分裂。子囊孢子一般为 1～4 个。酵母菌的子囊孢子有圆形、帽形、针形、肾形等随种类而有不同。

酵母菌菌落圆形、大而厚，多呈乳白色，少数红色，呈油脂状或皱皮状，表面湿润、黏稠，易被挑起。在液体培养基中均匀混浊，有的形成沉淀；有的浮于表面形成菌膜。

酵母菌可以利用多种糖类进行同化或发酵，一般可利用葡萄糖、蔗糖、麦芽糖等，少数种类能利用五碳糖及淀粉。

常见的重要酵母菌各属如下：

1 酵母菌属（*Saccharomyces*）

细胞圆形、椭圆形、腊肠形。发酵力强，主要产物为乙醇及 CO_2。主要的种有：酿酒酵母（*Saccharomyes cerevisiae*）为酿造酒及酒精生产的主要菌种，还用于制造面包及医药工业；葡萄汁酵母（*Saccharomyces uvarum*）细胞椭圆形或长形，它能将棉子糖全部发酵，还可食用及用于医药工业。

2 假丝酵母属（*Candida*）

细胞圆形、卵形或长形，多边芽殖，有些种有发酵能力；有些种能氧化碳氢化合物，用以生产单细胞蛋白，供食用或作饲料。少数菌能致病，代表种有：产朊假丝酵母（*Candida utilis*），能利用工农业废液生产单细胞蛋白；热带假丝酵母（*Candida tropicalis*）能利用石油生产饲料酵母。

3 毕赤酵母属（*Pichia*）

细胞形状多样，多边出芽；能形成假菌丝，常有油滴，表面光滑，发酵或不发酵，不同化硝酸盐，能利用正癸烷及十六烷，可发酵石油以生产单细胞蛋白，在酿酒业中为有害菌，代表种为粉状毕赤酵母（*Pichia farinosa*）。

4 裂殖酵母属（*Schizosaccharomyces*）

细胞椭圆形、圆柱形，由营养细胞接合，形成子囊。有发酵能力，代表种为粟酒裂殖酵母（*Schizosaccharomyces pombe*），最早分离自非洲粟米酒，能使菊芋发酵产生酒精。

5 汉逊酵母属（*Hansenula*）

细胞圆形、椭圆形、腊肠形，多边芽殖，营养细胞有单倍体或二倍体，发酵或不发酵，可产生乙酸乙酯，同化硝酸盐。此菌能利用酒精为碳源在饮料表面形成皮膜，为酒类酿造的有害菌。代表种为异常汉逊酵母（*Hansenula anomala*），因能产生乙酸乙酯，有时可用于食品的增香。

6 球拟酵母属（*Torulopsis*）

细胞球形、卵形或长圆形。无假菌丝，多边芽殖，有发酵力，能将葡萄糖转化为多元醇，为生产甘油的重要菌种，利用石油生产饲料酵母，代表种为白色球拟酵母（*Torulopsis candida*）。

7 红酵母属（*Rhodotorula*）

细胞圆形、卵形或长形，多边芽殖，少数形成假菌丝。无发酵能力，但能同化某些糖类，有的能产生大量脂肪，对烃类有弱氧化力。常污染食品，少数为致病菌。代表种为黏红酵母（*Rhodotorula glutinis*）。

酵母属（*Saccharomyces*）菌种是一类重要的酵母菌菌种资源，与人类关系密切，早在几千年前就被应用于制作面包和酿酒，至今仍然被广泛应用于食品焙烤、酒精、白酒、黄酒、葡萄酒、啤酒和清酒的酿造等方面，具有重要的工业应用经济价值。由于其营养体既可以为二倍体或多倍体，也可以为单倍体，常作为一种模式生物在生物化学、遗传学和分子生物学研究等方面担任着重要角色。

假丝酵母属（*Candida*）是子囊菌酵母的一个无性型属，也是酵母菌中最大的一个属。已被承认的种多达165种，约占已知酵母菌总数（约100个属，700多个种）的四分之一，其中许多种与人类疾病有关。有一些假丝酵母也具有重要的工业用途：如产朊假丝酵母（*C. utilis*）常被用来生产饲料酵母作为动物饲料蛋白添加剂；挪威假丝酵母（*C. norvegensis*）能够利用半乳糖产生维生素C；涎沫假丝酵母（*C. zeylaniodes*）和柠檬假丝酵母（*C. citrica*）能够利用植物油或葡萄糖生产柠檬酸等。

毕赤酵母属（*Pichia*）是酵母中的主要属，在酵母菌分类学研究专著《The Yeast，a Taxonomic Study》1998年第四版中共收录91个种，近年来随着新种的不断发现，现已成为第二大酵母菌类群，数量仅次于假丝酵母属（*Candida*），其中巴斯德毕赤酵母（*P. pastoris*）是应用最广泛的一个种，作为异源蛋白表达系统已经成功的表达了几十种外源重组蛋白，同时作为真核生物模型对细胞生物学研究也具有重要意义。

酵母菌菌种资源描述规范

前　　言

酵母菌是人类最早利用的一类微生物菌种资源，广泛应用于各种酿酒、酱油、制醋、单细胞蛋白、焙烤、石油脱蜡、甘油、维生素、酶制剂、生物制药和基因工程等领域，是微生物学研究及生物技术产业持续发展的重要基础，也是微生物多样性的重要组成部分。

制定本规范是为了规范酵母菌菌种资源描述标准，便于酵母菌菌种资源的收集、保存、鉴定、评价、研究和利用，有效整理菌种资源，促进菌种资源信息化，实现菌种资源的高效共享和可持续利用。

酵母菌菌种资源描述规范

1 范围

本规范规定了酵母菌菌种资源的描述要素和描述规范。

本规范适用于酵母菌菌种资源的收集、整理和保藏，以及数据库和信息共享网络系统的建立。

2 规范性引用文件

下列文件中的条款通过本标准的引用而成为本标准的条款。凡是注明日期的引用文件，其随后所有的修改单（不包括勘误的内容）或修订版均不适用于本标准，然而，鼓励根据本标准达成协议的各方研究是否可使用这些文件的最新版本。凡是不注明日期的引用文件，其最新版本适用于本标准。

国务院令第 424 号《病原微生物实验室生物安全管理条例》。

3 术语和定义

下列术语和定义适用于本规范。

3.1 *酵母菌 yeasts*

指那些主要以芽殖或裂殖方式进行无性繁殖的真菌，其营养阶段主要以单细胞状态存在，有性阶段不形成子实体。

3.2 *假菌丝* pseudohypha

指酵母菌菌种进行一连串的芽殖后，长大的子细胞仍不脱落分离，细胞成串排列，形成菌丝，在分隔处缢缩。

3.3 *真菌丝* true hypha

指菌丝顶端连续生长产生隔膜形成的菌丝称为真菌丝，隔膜处不缢缩。

3.4 *芽殖* budding

即出芽繁殖，指在酵母菌细胞表面产生小的突起，形成小芽，并增大形成子细胞，随后脱离母细胞而形成新的细胞。

3.5 *裂殖* fission

指酵母菌细胞在其长轴中部细胞壁向内生长形成隔膜，在隔膜处横向裂开形成两个细胞。

3.6 *芽裂殖* bud-fission

是介于芽殖和裂殖之间的一种无性繁殖方式，酵母菌细胞进行单极或两极芽殖时，在较宽的芽基处细胞壁向内生长形成隔膜，将子细胞和母细胞分开。

4 要求

4.1 描述要求

——描述内容应清楚、准确，力求完整；

——要充分考虑该菌株的最新研究进展；

——能被微生物专业人员理解。

4.2 描述要素

描述要素分为2类：

——M：必备要素，必须描述的要素；

——O：可选要素，其描述与否视具体菌株而定。

5 描述内容

5.1 基本信息

5.1.1 平台资源号（O）

国家自然科技资源e-平台统一生成的资源编号，平台资源号长度为18位，前9位是资源单位编码，后9位是流水号，参见《微生物菌种资源共性描述规范》。

5.1.2 学名（M）

应指明该菌株的完整的科学名称。对于鉴定到属，未鉴定到种的菌株，种名以“sp.”表示。

5.1.3 中文名称（M）

应指明该菌株的中文名称（如有别名，可在括号中注明）。尚无中文译名时，填写“暂无”。

5.1.4 资源归类编码（M）

应指明该菌株的资源归类编码，参见《微生物资源分类编码体系》。

5.1.5 菌株保藏编号（M）

应指明该菌株在专业保藏机构的保藏编号，保藏编号由前缀和菌株编号两部分组成。前缀为保藏机构英文名称的缩写，前缀和菌株编号之间应留半角空格。

5.1.6 其他保藏机构编号（O）

宜指明该菌株在其他菌种保藏机构的菌株保藏编号。每个其他保藏机构的编号均由等号“=”开头，如编号不止一个时，中间也用等号“=”连接。

5.1.7 来源历史（O）

应指明得到该菌株的途径。如菌株转移经过多个保藏机构，则保藏机构之间用一个左指向的箭头“←”连接。

5.1.8 分离人（O）

应指明该菌株最初分离人的姓名。

5.1.9 分离时间（O）

应指明该菌株的分离时间。格式为YYYYMMDD，其中YYYY为年，MM为月，DD为日。

5.1.10 原始编号（O）

应指明该菌株最初分离编号。

5.1.11　鉴定人（O）

宜指明该菌株的鉴定人。

5.1.12　鉴定人所在单位（O）

宜指明该菌株的鉴定人所在单位。

5.1.13　收藏时间（O）

宜指明保藏机构收集、保存该菌株的时间。格式为 YYYYMMDD，其中 YYYY 为年，MM 为月，DD 为日。

5.1.14　原产国或地区（M）

应指明该菌株分离基物采集地所在国家或地区名称。

5.1.15　采集地区（O）

宜指明该菌株的采集地行政区划，详细到县。

5.1.16　分离基物（O）

宜指明具体的分离基物名称。

5.1.17　采集地生境（O）

宜描述该菌株分离基物采集具体地点的生态环境，参照《微生物菌种资源采集环境描述规范》。

5.1.18　生物危害程度（M）

应指明该菌株的生物危害等级归类，参照《病原微生物实验室生物安全管理条例》。

5.1.19　培养基编号（M）

微生物菌种资源最适培养基的统一编号，编号以4位数表示，培养基的统一编号参考《中国菌种目录》。如果《中国菌种目录》中不包含该培养基，应写明培养基配方和制作方法。

5.1.20　培养温度（M）

应指明该菌株生长的最适温度，以℃表示。

5.1.21　模式菌株（M）

凡是模式菌株应予指明。

5.1.22　分类地位（M）

应指明每个菌株的界、门、纲、目、科、属、种。

如需要，可指明该菌株的变种、亚种名称等。

5.2　特征特性信息

5.2.1　菌落特征（M）

应指明菌落颜色、形态、质地以及其他显著特征，并指明培养菌种所用培养基统一编号及培养条件。

5.2.2　细胞特征（M）

应指明该菌株营养细胞的大小、形状以及其他显著特征，并指明培养菌种所用培养基统一编号及培养条件。

5.2.3　菌丝类型（O）

宜指明酵母菌形成菌丝的类型，如真菌丝、假菌丝等。

5.2.4 繁殖方式

5.2.4.1 无性繁殖方式（M）

应指明该菌株无性繁殖的方式，包括芽殖、裂殖、芽裂殖、产无性孢子及其类型等。

5.2.4.2 有性繁殖方式（O）

宜指明该菌株有性繁殖的方式，根据产有性孢子的种类可将其分为产子囊孢子、产冬孢子等。

5.2.4.3 子囊孢子数量（O）

宜指明该菌株有性繁殖所产子囊内的孢子数量。

5.2.4.4 子囊孢子形状（O）

宜指明该菌株所产子囊孢子的形状，包括圆形、卵圆形、圆锥形、肾形、礼帽形、土星形、针形、纺锤形、棒状等。

5.2.4.5 子囊孢子大小（O）

宜指明该菌株所产的子囊孢子的大小，近圆形的孢子测量其直径，柱状形用宽×长表示，单位为 μm。

5.2.5 生理生化特性

5.2.5.1 糖发酵试验（O）

宜指明该菌株在半厌氧条件下对糖的利用能力。

5.2.5.2 碳源同化实验（O）

宜指明该菌株在好氧条件下对不同碳源的利用情况。

5.2.5.3 氮源同化实验（O）

宜指明该菌株在好氧条件下对不同氮源的利用情况。

5.2.5.4 类淀粉化合物的形成（O）

宜指明该菌株形成胞外类淀粉多糖的特性。

5.2.5.5 分解脂肪实验（O）

宜指明该菌株产脂肪酶、分解脂肪的特性。

5.2.5.6 产酯实验（O）

宜指明该菌株的产酯特性。

5.2.5.7 产酸实验（O）

宜指明该菌株的产酸特性。

5.2.5.8 明胶液化实验（O）

宜指明该菌株产蛋白酶，分解明胶的特性。

5.2.5.9 尿素分解实验（O）

宜指明该菌株产脲酶，分解尿素的特性。

5.2.5.10 维生素依赖性（O）

宜指明该菌株对各种维生素的依赖特性。

5.2.5.11 抗放线菌酮实验（O）

宜指明该菌株在添加 0.01% 或 0.1% 放线菌酮的培养基中的生长特性。

5.2.5.12 耐渗性（M）

酵母菌菌种在含 50% 或 60% D-葡萄糖的高渗培养基中的生长特性。

5.2.5.13　耐酸性（M）

宜指明该菌株在添加了1%乙酸的培养基中的生长特性。

5.2.6　遗传信息

5.2.6.1　血清型（O）

宜指明该菌株的抗原－抗体反应类型。

5.2.6.2　基因元器件（O）

宜指明该菌株携带的特定用途的质粒、基因片段的名称。

5.2.6.3　G+C mol%（O）

宜指明该菌株的鸟嘌呤（G）和胞嘧啶（C）在核苷酸中的摩尔百分含量。

5.2.6.4　核苷酸序列信息（O）

宜指明该菌株的核苷酸序列信息，如ITS序列信息、18S rDNA、26S rDNA等，并注明核苷酸序列注册号。

5.2.6.5　核型信息（O）

宜给出该菌株的染色体核型信息。

5.2.6.6　营养缺陷型（O）

宜指明该菌株营养素缺陷类型。

5.2.6.7　辅酶Q类型（O）

宜指明该菌株所含辅酶Q的类型。

5.2.7　主要用途（M）

应指明该菌株的主要用途，包括研究、教学、生产、分类、分析检测等。

5.2.8　主要代谢产物（O）

宜指明菌株在培养过程中产生的主要代谢产物，包括酒精、酸类、酯类、酶类、甘油、维生素和CO_2等。

5.2.9　致病对象（O）

宜指明该菌株的致病对象及其病害名称。

5.3　其他信息

5.3.1　图像信息（O）

宜给出该菌株的菌落、细胞等图像信息。

5.3.2　文献信息（O）

宜列出该菌株公开发表的文献资料。

附表 1 **酵母菌菌种资源描述表**

描述日期：　　年　　月　　日

<table>
<tr><td colspan="5">基本信息</td></tr>
<tr><td colspan="2">平台资源号</td><td colspan="3"></td></tr>
<tr><td colspan="2">学名</td><td></td><td>中文名称</td><td></td></tr>
<tr><td colspan="2">资源归类编码</td><td></td><td>菌株保藏编号</td><td></td></tr>
<tr><td colspan="2">其他保藏机构编号</td><td></td><td>来源历史</td><td></td></tr>
<tr><td colspan="2">分离人</td><td></td><td>分离时间</td><td></td></tr>
<tr><td colspan="2">原始编号</td><td></td><td>鉴定人</td><td></td></tr>
<tr><td colspan="2">鉴定人所在单位</td><td></td><td>收藏时间</td><td></td></tr>
<tr><td colspan="2">原产国或地区</td><td></td><td>采集地区</td><td></td></tr>
<tr><td colspan="2">分离基物</td><td></td><td>采集地生境</td><td></td></tr>
<tr><td colspan="2">生物危害程度</td><td></td><td>培养基编号</td><td></td></tr>
<tr><td colspan="2">培养温度</td><td></td><td>模式菌株</td><td></td></tr>
<tr><td colspan="2">分类地位</td><td colspan="3"></td></tr>
<tr><td colspan="5">特征特性信息</td></tr>
<tr><td colspan="2">菌落特征</td><td colspan="3"></td></tr>
<tr><td colspan="2">细胞特征</td><td colspan="3"></td></tr>
<tr><td colspan="2">菌丝类型</td><td colspan="3"></td></tr>
<tr><td rowspan="3">繁殖方式</td><td>无性繁殖方式</td><td></td><td>有性繁殖方式</td><td></td></tr>
<tr><td>子囊孢子数量</td><td></td><td>子囊孢子大小</td><td></td></tr>
<tr><td>子囊孢子形状</td><td colspan="3"></td></tr>
<tr><td rowspan="8">生理生化特性</td><td>糖发酵实验</td><td colspan="3"></td></tr>
<tr><td>碳源同化实验</td><td colspan="3"></td></tr>
<tr><td>氮源同化实验</td><td colspan="3"></td></tr>
<tr><td>类淀粉化合物的形成</td><td></td><td>分解脂肪实验</td><td></td></tr>
<tr><td>产酯实验</td><td></td><td>产酸实验</td><td></td></tr>
<tr><td>明胶液化实验</td><td></td><td>尿素分解实验</td><td></td></tr>
<tr><td>维生素依赖性</td><td></td><td>抗放线菌酮实验</td><td></td></tr>
<tr><td>耐渗性</td><td></td><td>耐酸性</td><td></td></tr>
<tr><td rowspan="4">遗传信息</td><td>血清型</td><td></td><td>质粒/基因器件</td><td></td></tr>
<tr><td>G + Cmol%</td><td></td><td>核型信息</td><td></td></tr>
<tr><td>核苷酸信息</td><td colspan="3"></td></tr>
<tr><td>营养缺陷型</td><td></td><td>辅酶 Q 类型</td><td></td></tr>
<tr><td colspan="2">主要用途</td><td colspan="3"></td></tr>
<tr><td colspan="2">主要代谢产物</td><td colspan="3"></td></tr>
<tr><td colspan="2">致病对象</td><td colspan="3"></td></tr>
<tr><td colspan="5">其他信息</td></tr>
<tr><td colspan="2">图像信息</td><td></td><td>文献信息</td><td></td></tr>
</table>

酵母属菌种资源描述规范

前　　言

酵母属菌种是一类重要的酵母菌菌种资源，与人类关系密切，早在几千年前就被应用于制作面包和酿酒，至今仍然被广泛应用于食品焙烤、酒精、白酒、黄酒、葡萄酒、啤酒和清酒的酿造等方面，具有重要的工业应用经济价值。由于其营养体既可以为二倍体或多倍体，也可以为单倍体，常作为一种模式生物在生物化学、遗传学和分子生物学研究等方面担任着重要角色。

制定本规范是为了规范酵母属菌种资源描述标准，便于酵母属菌种资源的收集、保存、鉴定、评价、研究和利用，有效整理菌种资源，促进菌种资源信息化，实现菌种资源的高效共享和可持续利用。

酵母属菌种资源描述规范

1 范围

本规范规定了酵母属菌种资源的描述要素和描述规范。

本规范适用于酵母属菌种资源的收集、整理和保藏，以及数据库和信息共享网络系统的建立。

2 规范性引用文件

下列文件中的条款通过本规范的引用而成为本规范的条款。凡是注明日期的引用文件，其随后所有的修改单（不包括勘误的内容）或修订版均不适用于本规范，然而，鼓励根据本规范达成协议的各方研究是否可使用这些文件的最新版本。凡是不注明日期的引用文件，其最新版本适用于本规范。

国务院令第 424 号《病原微生物实验室生物安全管理条例》。

3 术语和定义

下列术语和定义适用于本规范。

3.1 酵母属 *Saccharomyces*

酵母属菌种营养细胞呈球形、卵圆形、椭圆形或柱形；某些种可形成假菌丝，不形成分隔菌丝；无性繁殖为多边芽殖；营养阶段主要是双倍体（或多倍体），子囊由双倍体营养细胞直接转化而来，成熟时不破裂，能稳定存在；通常每个子囊形成 1 ~4 个子囊孢子，子囊孢子为球形至短椭圆形，外壁光滑；子囊孢子萌发时或萌发后发生结合作用；可以形成二倍体子囊孢子；发酵糖的能力强；不产生类淀粉化合物；在以硝酸盐为惟一氮源时不能生长；重氮基蓝 B（DBB）反应为阴性。

分类地位为：真菌界（Fungi）、子囊菌门（Ascomycota）、半子囊菌纲（Hemiascomycetes）、酵母目（Saccharomycetales）、酵母科（Saccharomycetaceae）、酵母属（*Saccharomyces*）。

模式种为 *Saccharomyces cerevisiae* Hansen。

3.2 芽殖 budding

即出芽繁殖，指在酵母菌细胞表面产生小的突起，形成小芽，并增大形成子细胞，随后脱离母细胞而形成新的细胞。

3.3 假菌丝 pseudohypha

指酵母菌菌种进行一连串的芽殖后，长大的子细胞仍不脱落分离，细胞成串排列，形成类菌丝状，在分隔处缢缩。

4 要求

4.1 描述要求

——描述内容应清楚、准确，力求完整；

——要充分考虑该菌株的最新研究进展；

——能被微生物专业人员理解。

4.2 描述要素

描述要素分为2类：

——M：必备要素，必须描述的要素；

——O：可选要素，其描述与否视具体菌株而定。

4.3 按描述内容所列条目的要求逐项填写附表1

5 描述内容

5.1 基本信息

5.1.1 平台资源号（M）

国家自然科技资源e-平台统一生成的资源编号，平台资源号长度为18位，前9位是资源单位编码，后9位是流水号，参见《微生物菌种资源共性描述规范》。

5.1.2 学名（M）

应指明该菌株完整的科学名称。对于鉴定到属，未鉴定到种的菌株，以“*Saccharomyces* sp.”表示。

5.1.3 中文名称（M）

微生物菌种资源的中文名称。尚无中文译名时，填写“暂无”。

5.1.4 资源归类编码（M）

国家自然科技资源平台资源分级与编码标准中的编码，参见《微生物菌种资源分类编码体系》。

5.1.5 菌株保藏编号（M）

微生物菌种资源在保藏机构的保藏编号。由前缀和菌株编号两部分组成。前缀为保藏机构名称的英文缩写，前缀和菌株编号之间应留半角空格。

5.1.6 其他保藏机构编号（O）

宜指明该菌株在其他菌种保藏机构的菌株保藏编号。每个其他保藏机构的编号均由等号“=”开头，如编号不止一个时，中间也用等号“=”连接。

5.1.7 来源历史（M）

微生物菌种资源在收藏单位之前的转移情况。收藏单位前以左指向箭头“←”开头，收藏单位之间用左指向箭头“←”连接

5.1.8 分离人（O）

应指明该菌株最初分离人的姓名。

5.1.9 分离时间（O）

宜指明该菌株的分离时间。格式为YYYYMMDD，其中YYYY为年，MM为月，DD为日。

5.1.10 原始编号（O）

微生物菌种资源的原始分离编号。

5.1.11 鉴定人（O）

宜指明该菌株的鉴定人。

5.1.12 鉴定人所在单位（O）

宜指明该菌株的鉴定人所在单位。

5.1.13 收藏时间（O）

微生物菌种资源被保藏机构收集、保存该菌株的时间。格式为 YYYYMMDD，其中 YYYY 为年，MM 为月，DD 为日。

5.1.14 原产国

微生物菌种资源分离基物采集地所在国家。

5.1.15 采集地（O）

宜指明该菌株分离基物的采集地区和采集地点。采集地区详细到县。

5.1.16 分离基物（O）

微生物菌种资源分离物质的具体名称，对于寄生或共生的宜指明分离的具体组织部位。

5.1.17 采集地生境（O）

宜描述该菌株分离基物采集地的具体生态环境。参照《微生物菌种资源采集环境描述规范》。

5.1.18 生物危害程度（M）

病原微生物菌种资源的分类，其分类方法见《病原微生物实验室生物安全管理条例》

1：一类；

2：二类；

3：三类；

4：四类；

5：不清楚。

5.1.19 培养基编号（M）

微生物菌种最适培养基编号用 4 位数表示，具体编号参考《中国菌种目录》。如果《中国菌种目录》中不包含该培养基，应写明培养基配方和制作方法。

5.1.20 培养温度（M）

应指明该菌株生长的最适温度，以℃表示。

5.1.21 模式菌株（M）

微生物菌种资源是否为模式菌株。

1：模式菌株；

2：非模式菌株。

5.1.22 分类地位（O）

应指明该菌株的界、门、纲、目、科、属、种。

如需要，可指明该菌株的变种、亚种名等。

5.2 特征特性信息

5.2.1 液体培养特征

5.2.1.1 液体标准培养条件（M）

酵母属菌种的液体培养特征形态描述应在标准培养条件下培养并描述，并在描述时注明采用标准培养基名称。标准培养条件包括标准培养基、培养温度及培养时间。标准培养基有：葡萄糖－蛋白胨－酵母提取物液体培养基（glucose-peptone-yeast extract broth）；麦芽汁培养基（malt extract broth）；YM 培养基（YM broth）。培养温度为：25℃。培养时间为：2～3d。

5.2.1.2 细胞形态（M）

应指明细胞的形态，包括球形、卵圆形、椭圆形、柱状、棒状、杆状等。

5.2.1.3 细胞大小（O）

应指明该菌株单个营养细胞的大小，并以“宽×长”表示，单位为微米（μm）。

5.2.1.4 宏观特征（M）

应指明该菌株液体培养时容器底部有无沉淀及其质地，培养液是否混浊，表面是否产生菌环、菌璞或岛状璞及其质地。如产生菌璞，则应观察其为干燥或湿润；表面是否光滑，是否有光泽或褶皱；以及是否沿试管壁向上生长等。

5.2.2 固体培养特征

5.2.2.1 固体标准培养条件（M）

酵母属菌种的固体培养特征形态描述应在标准培养条件下培养并描述。标准培养条件包括标准培养基、培养温度及培养时间。标准培养基有：葡萄糖－蛋白胨－酵母提取物琼脂培养基（glucose-peptone-yeast extract agar）；麦芽汁琼脂（malt extract agar）；YM 琼脂培养基（YM agar）。培养温度为：25℃。培养时间为：1～7d。

5.2.2.2 菌落质地（M）

应指明该菌株在固体培养基上形成的菌落的质地：是否为奶酪状或黏液状，是否黏稠状、松脆状或坚韧状。

5.2.2.3 菌落颜色（M）

应指明该菌株在固体培养基上形成的菌落的颜色以及菌落底部颜色，常为乳白色或奶油色，但注意是否有黄色，橙色，棕色或红色等色调。

5.2.2.4 菌落表面特征（M）

应指明该菌株在固体培养基上形成的菌落的特征，包括：

菌落表面是否反光或暗淡，是否光滑或粗糙，是否有条纹、皱褶，是否有疣状或脊状突起以及是否产生毛发样突起等；

菌落边缘是否平滑（全缘），是否呈波浪状、裂叶状、蚀刻状、根状、流苏状或须状；

菌落是平伏还是隆起。

5.2.3 假菌丝的形成（O）

宜指明该菌株在特定的条件下是否形成假菌丝。

5.2.4 繁殖特征

5.2.4.1 无性繁殖方式（M）

应指明该菌株进行无性繁殖的方式。

5.2.4.2 芽殖方式（O）

宜指明该菌株芽殖的方式，包括多边芽殖，两端芽殖或单端芽殖。

5.2.4.3 有性繁殖方式（M）

应指明该菌株是否产生子囊孢子进行有性繁殖。由于酵母菌的产孢能力不同，因此，应在麦克拉莱培养基（McClary's medium）、高尔德库娃培养基（Gorodkowa's medium）、醋酸钠培养基（sodium acetic medium）、石膏块和楔形块（Gypsum blocks and wedges）等多种产孢培养基上进行实验。

5.2.4.4 子囊孢子数量（O）

宜指明该菌株有性繁殖所产子囊内的孢子数量。

5.2.4.5 子囊孢子形状（O）

宜指明该菌株所产子囊孢子的形状，包括圆形、卵圆形等。

5.2.4.6 子囊孢子大小（O）

宜指明该菌株所产的子囊孢子的大小。近圆形的孢子以直径表示，柱形用“宽×长”表示，单位均为微米（μm）。

5.2.5 生理生化特征

5.2.5.1 糖类发酵试验（O）

宜指明该菌株对7种糖的发酵能力。这7种糖分别为葡萄糖（glucose）、半乳糖（galactose）、蔗糖（sucrose）、麦芽糖（maltose）、乳糖（lactose）、棉子糖（raffinose）和海藻糖（trehalose）。

5.2.5.2 碳源同化实验（O）

宜指明该菌株在好氧条件下对不同碳源的利用情况，包括：

——六碳糖：葡萄糖（glucose）、半乳糖（galactose）、L-山梨糖（L-sorbose）；

——五碳糖：D-木糖（D-xylose）、L-阿拉伯糖（L-arabinose）、D-阿拉伯糖（D-arabinose）、D-核糖（D-ribose）、L-鼠李糖（L-rhamnose）；

——双糖：蔗糖（sucrose）、麦芽糖（maltose）、纤维二糖（cellobiose）、海藻糖（trehalose）、乳糖（lactose）、蜜二糖（melibiose）；

——三糖：棉子糖（raffinose）、松三糖（melezitose）；

——多糖：可溶性淀粉（soluble starch）；

——醇类：赤藓糖醇（erythritol）、核糖醇（ribitol）、D-甘露醇（D-mannitol）、肌醇（inositol）、甘油（glycerol）、半乳糖醇（galactitol）、D-山梨醇（D-glucitol or sorbitol）、乙醇（ethanol）；

——有机酸：琥珀酸（succinic acid）、柠檬酸（citric acid）、DL-乳酸（DL-lactic acid）；

——糖苷：水杨苷（salicin）。

5.2.5.3 氮源同化实验（O）

宜指明该菌株在好氧条件下对硝酸盐（nitrate）作为惟一氮源的利用情况。

5.2.5.4 无维生素培养基生长情况（O）

宜指明该菌株能否在无维生素培养基中生长。

5.2.5.5 温度实验（O）

宜指明该菌株能否在37℃和35℃条件下生长。温度试验可用液体，也可用固体培养基进行。

5.2.5.6　类淀粉化合物的形成（O）

宜指明该菌株能否形成胞外类淀粉化合物如类淀粉多糖等。

5.2.5.7　放线菌素酮抗性实验（O）

宜指明该菌株能否在添加0.01%或0.1%放线菌酮的培养基中生长及其生长特性。

5.2.5.8　尿素分解实验（O）

宜指明该菌株能否产生脲酶分解尿素。

5.2.5.9　DBB试验（O）

宜指明该菌株DBB颜色反应结果是阳性还是阴性。

5.2.5.10　耐高渗性（O）

宜指明该菌种在高渗培养基中能否生长及其生长特性，包括：

耐糖：在含50%或60% D-葡萄糖培养基上的生长特性；

耐盐：在含10%氯化钠和5%葡萄糖培养基上生长特性。

5.2.5.11　耐酸性（O）

宜指明该菌株在添加了1%乙酸的培养基中能否生长及其生长特性。

5.2.6　遗传信息

5.2.6.1　基因元器件（O）

宜指明该菌株携带的特定用途的质粒、载体、筛选标记基因、启动子、增强子、信号肽基因等。

5.2.6.2　G+C mol%（O）

宜指明该菌株的鸟嘌呤（G）和胞嘧啶（C）在核苷酸中的摩尔百分含量。

5.2.6.3　核苷酸序列信息（O）

宜指明该菌株的核苷酸序列信息，如ITS序列信息、18S rDNA、26S rDNA D1/D2区等，并注明核苷酸序列注册号。

5.2.6.4　核型信息（O）

宜给出该菌株的染色体核型信息。

5.2.6.5　营养缺陷型（O）

宜指明该菌株营养缺陷类型。

5.2.6.6　辅酶Q类型（O）

宜指明该菌株所含辅酶Q的类型。

5.2.6.7　遗传类型（O）

宜指明该菌株是单倍体、二倍体还是多倍体。

5.2.6.8　单倍交配型（O）

宜指明该菌株的单倍体交配类型，是a型还是α型。

5.3　其他信息

5.3.1　具体用途（O）

宜指明该菌株的具体用途。

5.3.2　图像信息（O）

宜给出该菌株的菌落、细胞等图像信息，并注明所用培养基、培养时间及显微观察所用倍数等。

5.3.3　文献信息（O）

宜列出该菌株公开发表的文献资料。

5.3.4　保存方法（M）

应指明适合该菌株长期保藏的技术方法。

附表1　**酵母属菌种资源描述表**

描述日期：　　年　　月　　日

<table>
<tr><td colspan="5">基本信息</td></tr>
<tr><td colspan="2">平台资源号</td><td colspan="3"></td></tr>
<tr><td colspan="2">学名</td><td></td><td>中文名称</td><td></td></tr>
<tr><td colspan="2">资源归类编码</td><td></td><td>菌株保藏编号</td><td></td></tr>
<tr><td colspan="2">其他保藏中心编号</td><td></td><td>来源历史</td><td></td></tr>
<tr><td colspan="2">分离人</td><td></td><td>分离时间</td><td></td></tr>
<tr><td colspan="2">原始编号</td><td></td><td>鉴定人</td><td></td></tr>
<tr><td colspan="2">鉴定人所在单位</td><td></td><td>收藏时间</td><td></td></tr>
<tr><td colspan="2">原产国或地区</td><td></td><td>采集地</td><td></td></tr>
<tr><td colspan="2">分离基物</td><td></td><td>采集地生境</td><td></td></tr>
<tr><td colspan="2">生物危害程度</td><td></td><td>培养基编号</td><td></td></tr>
<tr><td colspan="2">培养温度（℃）</td><td></td><td>模式菌株</td><td></td></tr>
<tr><td colspan="2">分类地位</td><td colspan="3"></td></tr>
<tr><td colspan="5">特征特性信息</td></tr>
<tr><td rowspan="4">液体培养特征</td><td>液体标准培养条件</td><td colspan="3"></td></tr>
<tr><td>细胞形态</td><td colspan="3"></td></tr>
<tr><td>细胞大小</td><td colspan="3"></td></tr>
<tr><td>宏观特征</td><td colspan="3"></td></tr>
<tr><td rowspan="4">固体培养特征</td><td>固体标准培养条件</td><td colspan="3"></td></tr>
<tr><td>菌落质地</td><td colspan="3"></td></tr>
<tr><td>菌落颜色</td><td colspan="3"></td></tr>
<tr><td>菌落表面特征</td><td colspan="3"></td></tr>
<tr><td colspan="2">假菌丝的形成</td><td colspan="3"></td></tr>
<tr><td rowspan="3">繁殖特征</td><td>无性繁殖方式</td><td></td><td>芽殖方式</td><td></td></tr>
<tr><td>有性繁殖方式</td><td></td><td>子囊孢子数量</td><td></td></tr>
<tr><td>子囊孢子形状</td><td></td><td>子囊孢子大小</td><td></td></tr>
<tr><td rowspan="7">生理生化特征</td><td>糖类发酵实验</td><td colspan="3"></td></tr>
<tr><td>碳源同化实验</td><td colspan="3"></td></tr>
<tr><td>氮源同化实验</td><td colspan="3"></td></tr>
<tr><td>无维生素培养基生长情况</td><td></td><td>温度试验</td><td></td></tr>
<tr><td>类淀粉化合物的形成</td><td></td><td>放线菌素酮抗性实验</td><td></td></tr>
<tr><td>产酯实验</td><td></td><td>产酸实验</td><td></td></tr>
<tr><td>耐高渗性</td><td></td><td>耐酸性</td><td></td></tr>
</table>

（续附表 1）

遗传信息	基因元器件		G + Cmol%	
	核苷酸序列信息		核型信息	
	营养缺陷型		辅酶 Q 类型	
	遗传类型		单倍体类型	
其他信息				
具体用途			图像信息	
文献信息			保存方法	

假丝酵母属菌种资源描述规范

前　言

假丝酵母属是子囊菌酵母的一个无性型属，也是酵母菌中最大的一个属。已被承认的种多达165种，约占已知酵母菌总数（约100个属，700多个种）的四分之一，其中许多种与人类疾病有关，如 *Candida albicans* 是寄生在人体或其他恒温动物的口腔、肠胃和泌尿生殖系统中的一类专性内生菌，可引起阴道炎、皮炎、膀胱炎、肌炎、肝功能失调、精神混乱以及发热等疾病。有一些假丝酵母也具有重要的工业用途：如 *Candida utilis* 常被用来生产饲料酵母作为动物饲料蛋白添加剂，*Candida norvegensis* 能够利用半乳糖产生维生素C，*Candida zeylaniodes* 和 *Candida citrica* 能够利用植物油或葡萄糖生产柠檬酸等。

制定本规范是为了规范假丝酵母属菌种资源描述标准，便于假丝酵母属菌种资源的收集、保存、鉴定、评价、研究和利用，有效整理菌种资源，促进菌种资源信息化，实现菌种资源的高效共享和可持续利用。

假丝酵母属菌种资源描述规范

1　范围

本规范规定了假丝酵母属菌种资源的描述要素和描述规范。

本规范适用于假丝酵母属菌种资源的收集、整理和保藏，以及数据库和信息共享网络系统的建立。

2　规范性引用文件

下列文件中的条款通过本规范的引用而成为本规范的条款。凡是注明日期的引用文件，其随后所有的修改单（不包括勘误的内容）或修订版均不适用于本规范，然而，鼓励根据本规范达成协议的各方研究是否可使用这些文件的最新版本。凡是不注明日期的引用文件，其最新版本适用于本规范。

国务院令第424号《病原微生物实验室生物安全管理条例》。

3　术语和定义

下列术语和定义适用于本规范。

3.1　假丝酵母属 *Candida*

假丝酵母属菌种细胞呈球形、椭圆形、柱形或长形，偶尔呈“S”形、三角形或新月形。繁殖方式为全壁芽殖。可形成假菌丝和有隔菌丝。细胞壁为子囊菌的双层结构。不产生节孢子和掷孢子。不产生类淀粉化合物。重氮基蓝B（DBB）反应为阴性。细胞壁水解产物中不含木糖、鼠李糖和海藻糖。

3.2　分类地位

子囊菌门（Ascomycota）、半子囊菌纲（Hemiascomycetes）、酵母菌目（Saccharomycetales）、假丝酵母菌科（Candidaceae）、假丝酵母属（*Candida*）。

模式种为 *Candida vulgaris* Berkhout［同物异名：*Candida tropicalis*（Castellani）Berkhout］。

3.3　芽殖 budding

即出芽繁殖，指在酵母菌细胞表面产生小的突起，形成小芽，并增大形成子细胞，随后脱离母细胞而形成新的细胞。

3.4　假菌丝 pseudohypha

指酵母菌菌种进行一连串的芽殖后，长大的子细胞仍不脱落分离，细胞成串排列，形成类菌丝状，在分隔处缢缩。

3.5　全壁芽殖　holoblastic budding

指母细胞的内、外细胞壁全部参与芽细胞内外细胞壁的形成，母细胞和子细胞的细胞外壁是连续的。

4 要求

4.1 描述要求

——描述内容应清楚、准确，力求完整；

——要充分考虑该菌株的最新研究进展；

——能被微生物专业人员理解。

4.2 描述要素

描述要素分为2类：

——M：必备要素，必须描述的要素；

——O：可选要素，其描述与否视具体菌株而定。

4.3 按描述内容所列条目的要求逐项填写附表1

5 描述内容

5.1 基本信息

5.1.1 平台资源号（M）

国家自然科技资源e-平台统一生成的资源编号，平台资源号长度为18位，前9位是资源单位编码，后9位是流水号，参见《微生物菌种资源共性描述规范》。

5.1.2 学名（M）

应指明该菌株完整的科学名称。对于鉴定到属、未鉴定到种的菌株，以“*Candida* sp.”表示。

5.1.3 中文名称（M）

应指明该菌株的中文名称（如有别名，可在括号中注明）。尚无中文译名时，填写“暂无”。

5.1.4 资源归类编码（M）

假丝酵母属的资源归类编码为15151111103。

5.1.5 菌株保藏编号（M）

应指明该菌株在专业保藏机构的保藏编号。保藏编号由前缀和菌株编号两部分组成。前缀为保藏机构英文名称的缩写，前缀和菌株编号之间应留空格。

5.1.6 其他保藏中心编号（O）

宜指明该菌株在其他菌种保藏中心的保藏编号。其他保藏中心编号前以等号“=”开头，保藏编号之间用等号“=”连接。

5.1.7 来源历史（M）

应指明该菌株在收藏单位之间的转移情况。收藏单位前以左指向箭头“←”开头，收藏单位之间用左指向箭头“←”连接。

5.1.8 分离人（O）

应指明该菌株最初分离人的姓名。

5.1.9 分离时间（O）

宜指明该菌株的分离时间。格式为YYYYMMDD，其中YYYY为年，MM为月，DD为日。

5.1.10 原始编号（O）

宜指明该菌株原始分离编号。

5.1.11 鉴定人（O）

宜指明该菌株的鉴定人。

5.1.12 鉴定人所在单位（O）

宜指明该菌株的鉴定人所在单位。

5.1.13 收藏时间（O）

宜指明保藏机构收集、保存该菌株的时间。格式为 YYYYMMDD，其中 YYYY 为年，MM 为月，DD 为日。

5.1.14 原产国或地区（O）

应指明该菌株分离基物采集地所在国家或地区名称。

5.1.15 采集地（O）

宜指明该菌株分离基物的采集地区和采集地点。采集地区详细到县。

5.1.16 分离基物（O）

宜指明该菌株具体的分离物质。

5.1.17 采集地生境（O）

宜描述该菌株分离基物采集地的具体生态环境。参照《微生物菌种资源采集环境描述规范》。

5.1.18 生物危害程度（M）

应指明该菌株的生物危害程度。参照《病原微生物实验室生物安全管理条例》将微生物分为：

1：一类；

2：二类；

3：三类；

4：四类；

5：不清楚。

5.1.19 致病对象（M）

应指明该菌株的致病对象类群。包括：

1：无；

2：人类；

3：动物；

4：人畜共患；

5：植物；

6：微生物；

7：不清楚。

5.1.20 致病名称（O）

应指明该菌种能够引起的疾病名称及感染的组织部位。

5.1.21 传播途径（O）

传播途径主要包括：

1：接触；

2：空气；

3：食物；

4：水；

5：血液；

6：其他。

5.1.22　培养基编号（M）

微生物菌种最适培养基编号用4位数表示，具体编号参考《中国菌种目录》。如果《中国菌种目录》中不包含该培养基，应写明培养基配方和制作方法。

5.1.23　培养温度（M）

应指明该菌株生长的最适温度，以℃表示。

5.1.24　模式菌株（M）

应指明该菌株是否为模式菌株，其中模式菌株包括当前承认种的模式和异名的模式。

1：模式菌株；

2：非模式菌株。

5.1.25　分类地位（O）

应指明该菌株的界、门、纲、目、科、属、种。

如需要，可指明该菌株的变种、亚种名等。

5.2　特征特性信息

5.2.1　液体培养特征

5.2.1.1　液体标准培养条件（M）

假丝酵母属菌种的液体培养特征形态描述应在标准培养条件下培养并描述，并在描述时注明采用标准培养基名称。标准培养条件包括标准培养基、培养温度及培养时间。标准培养基有：葡萄糖－蛋白胨－酵母提取物液体培养基（glucose-peptone-yeast extract broth）；麦芽汁培养基（malt extract broth）；YM培养基（YM　broth）。培养温度为：25℃。培养时间为：2～3d。

5.2.1.2　细胞形态（M）

应指明细胞的形态，包括球形、卵圆形、椭圆形、柱形、长形、“S”形、三角形、新月形等。

5.2.1.3　细胞大小（O）

应指明该菌株单个营养细胞的大小，并以“宽×长”表示，单位为微米（μm）。

5.2.1.4　宏观特征（M）

应指明该菌株液体培养时容器底部有无沉淀及其质地，培养液是否混浊，表面是否产生菌环、菌璞或岛状璞。如产生菌璞，则应观察其为干燥或湿润；表面是否光滑，是否有光泽或褶皱；以及是否沿试管壁向上生长等。

5.2.2　固体培养特征

5.2.2.1　固体标准培养条件（M）

假丝酵母属菌种的固体培养特征形态描述应在标准培养条件下培养并描述，标准培养条件包括标准培养基、培养温度及培养时间。标准培养基有：葡萄糖－蛋白胨－酵母提取物培养基（glucose-peptone-yeast extract agar）；麦芽汁琼脂（malt extract agar）；YM琼脂培养基（YM　agar）。培养温度为：25℃。培养时间为：1～7d。

5.2.2.2 菌落质地（M）

应指明该菌株在固体培养基上形成的菌落的质地：是否为奶酪状、黏液状、松脆状或坚韧状。

5.2.2.3 菌落颜色（M）

应指明该菌株在固体培养基上形成的菌落的颜色以及菌落底部颜色，常为乳白色或奶油色，但注意是否有黄色、橙色、棕色或红色等色调。

5.2.2.4 菌落特征（M）

应指明该菌株在固体培养基上形成的菌落的特征，包括：

——菌落表面是否反光或暗淡，是否光滑或粗糙，是否有条纹、皱褶，是否有疣状或脊状突起以及是否产生毛发样突起等；

——菌落边缘是否平滑（全缘），是否呈波浪状、裂叶状、蚀刻状、根状、流苏状或须状；

——菌落是平伏还是隆起。

5.2.3 假菌丝（O）

宜指明该菌株在特定的条件下是否形成假菌丝。

5.2.4 繁殖方式

5.2.4.1 无性繁殖方式（M）

应指明该菌株进行无性繁殖的方式。

5.2.4.2 芽殖方式（O）

宜指明该菌株芽殖的方式，包括多边芽殖、两端芽殖或单端芽殖。

5.2.5 生理生化特性

5.2.5.1 糖类发酵试验（O）

宜指明该菌株对7种糖的发酵能力。这7种糖分别为葡萄糖（glucose）、半乳糖（galactose）、蔗糖（sucrose）、麦芽糖（maltose）、乳糖（lactose）、棉子糖（raffinose）和海藻糖（trehalose）。

5.2.5.2 碳源同化实验（O）

宜指明该菌株在好氧条件下对不同碳源的利用情况，包括：

——六碳糖：葡萄糖（glucose）、半乳糖（galactose）、L-山梨糖（L-sorbose）；

——五碳糖：D-木糖（D-xylose）、L-阿拉伯糖（L-arabinose）、D-阿拉伯糖（D-arabinose）、D-核糖（D-ribose）、L-鼠李糖（L-rhamnose）；

——双糖：蔗糖（sucrose）、麦芽糖（maltose）、纤维二糖（cellobiose）、海藻糖（trehalose）、乳糖（lactose）、蜜二糖（melibiose）；

——三糖：棉子糖（raffinose）、松三糖（melezitose）；

——多糖：可溶性淀粉（soluble starch）；

——醇类：赤藓糖醇（erythritol）、核糖醇（ribitol）、D-甘露醇（D-mannitol）、肌醇（inositol）、甘油（glycerol）、半乳糖醇（galactitol）、D-山梨醇（D-glucitol or sorbitol）、乙醇（ethanol）；

——有机酸：琥珀酸（succinic acid）、柠檬酸（citric acid）、DL-乳酸（DL-lactic acid）；

——糖苷：水杨苷（salicin）。

5.2.5.3 氮源同化实验（O）

宜指明该菌株在好氧条件下对硝酸盐（nitrate）作为惟一氮源的利用情况。

5.2.5.4 无维生素培养基生长情况（O）

宜指明该菌株能否在无维生素培养基中生长。

5.2.5.5 熊果苷裂解实验（O）

宜指明该菌株能否分解熊果苷。

5.2.5.6 类淀粉化合物的形成（O）

宜指明该菌株能否形成胞外类淀粉化合物如类淀粉多糖等。

5.2.5.7 放线菌酮抗性实验（O）

宜指明该菌株能否在添加0.01%或0.1%放线菌酮的培养基中生长。

5.2.5.8 尿素分解实验（O）

宜指明该菌株能否产生脲酶分解尿素。

5.2.5.9 DBB试验（O）

宜指明该菌株DBB颜色反应结果是阳性还是阴性。

5.2.5.10 温度实验（O）

宜指明该菌株能否在30℃、35℃、37℃和40℃条件下生长。

5.2.5.11 耐高渗性（O）

宜指明该菌种在高渗培养基中能否生长及其生长特性，包括：

——耐糖：在含50%或60% D-葡萄糖培养基上的生长特性；

——耐盐：在含10%氯化钠和5%葡萄糖培养基上生长特性。

5.2.5.12 耐酸性（O）

宜指明该菌株在添加了1%乙酸的培养基中能否生长及其生长特性。

5.2.6 遗传信息

5.2.6.1 血清型（O）

宜指明该菌株的抗原—抗体反应类型。

5.2.6.2 基因元器件（O）

宜指明该菌株携带的特定用途的质粒、载体、筛选标记基因、启动子、增强子、信号肽基因等。

5.2.6.3 G+C mol%（O）

宜指明该菌株的鸟嘌呤（G）和胞嘧啶（C）在核苷酸中的摩尔百分含量。

5.2.6.4 核苷酸序列信息（O）

宜指明该菌株的核苷酸序列信息，如ITS序列信息、18S rDNA、26S rDNA等，并注明核苷酸序列注册号。

5.2.6.5 核型信息（O）

宜给出该菌株的染色体核型信息。

5.2.6.6 营养缺陷型（O）

宜指明该菌株营养缺陷类型。

5.2.6.7 辅酶Q类型（O）

宜指明该菌株所含辅酶Q的类型。

5.3 其他信息

5.3.1 具体用途（O）

应指明该菌株的具体用途。

5.3.2 图像信息（O）

宜给出该菌株的菌落、细胞等图像信息，并注明所用培养基、培养时间及显微观察所用倍数等。

5.3.3 文献信息（O）

宜列出该菌株公开发表的文献资料。

5.3.4 保存方法（M）

应指明适合该菌株长期保藏的技术方法。

附表1　　假丝酵母属菌种资源描述表

描述日期：　　年　　月　　日

基本信息			
平台资源号			
学名		中文名称	
资源归类编码		菌株保藏编号	
其他保藏中心编号		来源历史	
分离人		分离时间	
原始编号		鉴定人	
鉴定人所在单位		收藏时间	
原产国或地区		采集地	
分离基物		采集地生境	
生物危害程度		致病对象	
致病名称		传播途径	
培养基编号		培养温度（℃）	
模式菌株		分类地位	
特征特性信息			
液体培养特征	液体标准培养条件		
	细胞形态		
	细胞大小		
	宏观特征		
固体培养特征	固体标准培养条件		
	菌落质地		
	菌落颜色		
	菌落特征		
假菌丝			

（续附表 1）

繁殖方式	无性繁殖方式		芽殖方式	
生理生化特性	糖类发酵实验			
	碳源同化实验			
	氮源同化实验			
	无维生素培养基生长情况		熊果苷裂解实验	
	类淀粉化合物的形成		放线菌酮抗性实验	
	尿素分解试验		DBB 实验	
	温度试验		耐高渗性	
	耐酸性			
遗传信息	血清型		基因元器件	
	G + Cmol%		核苷酸序列信息	
	核型信息		营养缺陷型	
	辅酶 Q 类型			
其他信息				
具体用途			图像信息	
文献信息			保存方法	

毕赤酵母属菌种资源描述规范

前　　言

毕赤酵母属（*Pichia* Hansen）是酵母中的主要属，在酵母菌分类学研究专著《The Yeast，a Taxonomic Study》1998 年第四版中共收录 91 个种，近年来随着新种的不断发现，现已成为第二大酵母菌类群，数量仅次于假丝酵母属（*Candida*），其中巴斯德毕赤酵母（*P. pastoris*）是应用最广泛的一个种，作为异源蛋白表达系统已经成功的表达了几十种外源重组蛋白，同时作为真核生物模型对细胞生物学研究也具有重要意义。

制定本规范是为了规范毕赤酵母属菌种资源描述标准，便于毕赤酵母属菌种资源的收集、保存、鉴定、评价、研究和利用，有效整理菌种资源，促进菌种资源信息化，实现菌种资源的高效共享和可持续利用。

毕赤酵母属菌种资源描述规范

1 范围

本规范规定了毕赤酵母属菌种资源的描述要素和描述规范。

本规范适用于毕赤酵母属菌种资源的收集、整理和保藏，以及数据库和信息共享网络系统的建立。

2 规范性引用文件

下列文件中的条款通过本规范的引用而成为本规范的条款。凡是注明日期的引用文件，其随后所有的修改单（不包括勘误的内容）或修订版均不适用于本规范，然而，鼓励根据本规范达成协议的各方研究是否可使用这些文件的最新版本。凡是不注明日期的引用文件，其最新版本适用于本规范。

GB 19489 实验室 生物安全通用要求；

国务院令第424号《病原微生物实验室生物安全管理条例》。

3 术语和定义

下列术语和定义适用于本规范。

3.1 毕赤酵母属 *Pichia* Hansen emend. Kurtzman

毕赤酵母属菌种细胞呈球形、椭圆形、拉长形，偶尔呈锥形，但不形成尖顶。无性繁殖方式为多边芽殖，有些种类可形成节孢子。每个子囊通常包含1~4个子囊孢子，偶尔多于4个，孢子呈帽状、半球形或球形有棱，子囊成熟后一般裂开，少数不裂开，接合或不接合形成子囊，接合在母细胞和芽体或两个独立细胞之间发生，菌丝和假菌丝都可作为子囊，但形态不会变大或变成纺锤形，同宗或异宗配合；发酵或不发酵；可同化硝酸盐，DBB反应阴性。

分类地位为：子囊菌门（Ascomycota）、半子囊菌纲（Hemiascomycetes）、酵母目（Saccharomycetales）、酵母菌科（Saccharomycetaceae）、毕赤酵母属（*Pichia*）。

模式种为 *Pichia membranifaciens* E. C. Hansen。

3.2 芽殖 budding

即出芽繁殖，指在酵母菌细胞表面产生小的突起，形成小芽，并增大形成子细胞，随后脱离母细胞而形成新的细胞。

3.3 裂殖 fission

指酵母菌细胞在其长轴中部细胞壁向内生长形成隔膜，在隔膜处横向裂开形成两个细胞。

3.4 假菌丝 pseudohypha

指酵母菌菌种进行一连串的芽殖后，长大的子细胞仍不脱落分离，细胞成串排列，形成类菌丝状，在分隔处缢缩。

3.5 真菌丝 true hypha

指菌丝顶端连续生长产生隔膜形成的菌丝称为真菌丝，隔膜处不缢缩。

3.6 多边芽殖 multilateral budding

指在细胞的整个表面都可出芽进行繁殖。

4 要求

4.1 描述要求

——描述内容应清楚、准确，力求完整；

——要充分考虑该菌株的最新研究进展；

——能被微生物专业人员理解。

4.2 描述要素

描述要素分为2类：

——M：必备要素，必须描述的要素；

——O：可选要素，其描述与否视具体菌株而定。

4.3 按描述内容所列条目的要求逐项填写附表1

5 描述内容

5.1 基本信息

5.1.1 平台资源号（M）

国家自然科技资源e-平台统一生成的资源编号，平台资源号长度为18位，前9位是资源单位编码，后9位是流水号，参见《微生物菌种资源共性描述规范》。

5.1.2 学名（M）

应指明该菌株完整的科学名称。对于鉴定到属、未鉴定到种的菌株，以“*Pichia* sp.”表示。

5.1.3 中文名称（M）

微生物菌种资源的中文名称。尚无中文译名时，填写“暂无”。

5.1.4 资源归类编码（M）

国家自然科技资源平台资源分级与编码标准中的编码，参见《微生物菌种资源分类编码体系》。

5.1.5 菌株保藏编号（M）

微生物菌种资源在保藏机构的保藏编号。由前缀和菌株编号两部分组成。前缀为保藏机构名称的英文缩写，前缀和菌株编号之间应留半角空格。

5.1.6 其他保藏中心编号（O）

微生物菌种资源在其他菌种保藏中心的保藏编号。其他保藏中心编号前以等号“=”开头，保藏编号之间用等号“=”连接。

5.1.7 来源历史（M）

微生物菌种资源在收藏单位之前的转移情况。收藏单位前以左指向箭头“←”开头，收藏单位之间用左指向箭头“←”连接。

5.1.8　分离人（O）

宜指明该菌株最初分离人的姓名。

5.1.9　分离时间（O）

宜指明该菌株的分离时间。格式为 YYYYMMDD，其中 YYYY 为年，MM 为月，DD 为日。

5.1.10　原始编号（O）

宜指明该菌株原始分离编号。

5.1.11　鉴定人（O）

宜指明该菌株的鉴定人。

5.1.12　鉴定人所在单位（O）

宜指明该菌株的鉴定人所在单位。

5.1.13　收藏时间（O）

微生物菌种资源被保藏机构收集、保存该菌株的时间。格式为 YYYYMMDD，其中 YYYY 为年，MM 为月，DD 为日。

5.1.14　原产国

微生物菌种资源分离基物采集地所在国家名称。

5.1.15　采集地（O）

宜指明该菌株分离基物的采集地区和采集地点。采集地区详细到县。

5.1.16　分离基物（O）

宜指明该菌株具体的分离物质。

5.1.17　采集地生境（O）

宜描述该菌株分离基物采集地的具体生态环境。参照《微生物菌种资源采集环境描述规范（试行）》。

5.1.18　生物危害程度（M）

病原微生物菌种资源的分类，其分类方法见《病原微生物实验室生物安全管理条例》

1：一类；

2：二类；

3：三类；

4：四类；

5：不清楚。

5.1.19　培养基编号（M）

微生物菌种最适培养基编号用 4 位数表示，具体编号参考《中国菌种目录》。如果《中国菌种目录》中不包含该培养基，应写明培养基配方和制作方法。

5.1.20　培养温度（M）

应指明该菌株生长的最适温度，以℃表示。

5.1.21　模式菌株（M）

微生物菌种资源是否为模式菌株。

1：模式菌株；

2：非模式菌株。

5.1.22　分类地位（M）

应指明该菌株的界、门、纲、目、科、属、种。如需要，可指明该菌株的变种、亚种名等。

5.2　特征特性信息

5.2.1　液体培养特征

5.2.1.1　液体标准培养条件（M）

毕赤酵母属菌种的液体培养特征形态描述应在标准培养条件下培养并描述，并在描述时注明采用标准培养基名称。标准培养条件包括标准培养基、培养温度及培养时间。标准培养基有：葡萄糖—蛋白胨—酵母提取物液体培养基（glucose-peptone-yeast extract broth）；麦芽汁培养基（malt extract broth）；YM 培养基（Yeast extract malt extract broth）。培养温度为：25℃。培养时间为：2～3d。

5.2.1.2　细胞形态（M）

应指明细胞的形态，包括亚球形、卵形、椭圆形、延长形、圆锥形、棒状等。

5.2.1.3　细胞大小（O）

宜指明该菌株大多数单个营养细胞的大小，并以“宽×长”表示，单位为微米（μm）。

5.2.1.4　无性繁殖方式（M）

应指明该菌株进行无性繁殖的方式，芽殖还是裂殖。

5.2.1.5　芽殖方式（O）

宜指明该菌株芽殖的方式，包括多边芽殖，两端芽殖或单端芽殖。

5.2.1.6　宏观特征（M）

应指明该菌株液体培养时容器底部有无沉淀及其质地，培养液是否混浊，表面是否产生菌环、菌璞或岛状璞。

5.2.2　固体培养特征

5.2.2.1　固体标准培养条件（M）

毕赤酵母属菌种的固体培养特征形态描述应在标准培养条件下培养并描述，标准培养条件包括标准培养基、培养温度及培养时间。标准培养基有：葡萄糖—蛋白胨—酵母提取物琼脂（glucose-peptone-yeast extract agar）；麦芽汁琼脂（malt extract agar）；YM 琼脂（Yeast extract malt extract agar）。培养温度为：25℃。培养时间为：1～7d。

5.2.2.2　菌落质地（M）

应指明该菌株在固体培养基上形成的菌落的质地：是否为奶酪状、黏液状、松脆状或坚韧状。

5.2.2.3　菌落颜色（M）

应指明该菌株在固体培养基上形成的菌落的颜色以及菌落底部颜色，常为乳白色或奶油色，但注意是否有黄色、橙色、棕色或红色等色调。

5.2.2.4　菌落特征（M）

应指明该菌株在固体培养基上形成的菌落的特征，包括：

——菌落表面是否反光或暗淡，是否光滑或粗糙，是否有条纹、皱褶，是否有疣状或脊状突起以及是否产生毛发样突起等；

——菌落边缘是否平滑（全缘），是否呈波浪状、裂叶状、蚀刻状、根状、流苏状或须状；

——菌落是平伏还是隆起。

5.2.3　菌丝（O）

宜指明该菌株在特定的条件下形成假菌丝还是真菌丝。

5.2.4　有性繁殖

5.2.4.1　有性繁殖标准培养条件（M）

毕赤酵母属菌种的有性繁殖阶段应在标准培养条件下培养并描述，将待测菌株应该是在适温下于营养丰富的麦芽汁等培养基上培养24～48h，挑取少许菌体接种于产孢培养基上。产孢培养基有：醋酸盐琼脂培养基Ⅰ（Acetate agar Ⅰ）、醋酸盐琼脂培养基Ⅱ（Acetate agar Ⅱ）、5%麦芽汁琼脂（5% Malt extract agar）、玉米粉琼脂培养基（Corn meal agar）、稀释的V8琼脂培养基（Dilute V8 agar）、PDA琼脂培养基和YCB琼脂培养基。20～25℃条件下培养2～3d开始从培养物上制备材料在显微镜下面观察，1周后每隔1周直到第6周持续观察。

5.2.4.2　子囊形成时间（O）

宜指明该菌株从接种在产孢培养基上开始培养至子囊形成所需的时间，单位为天（d）。

5.2.4.3　子囊大小（O）

宜指明该菌株产生子囊的大小，并以“宽×长”表示，单位为微米（μm）。

5.2.4.4　子囊形状（O）

宜指明该菌株产生子囊的形状。

5.2.4.5　子囊孢子数量（O）

宜指明该菌株子囊内包含子囊孢子的数量，单位为“个/子囊”。

5.2.4.6　子囊孢子形状（O）

宜指明该菌株所产子囊孢子的形状，包括帽形或土星形等。

5.2.4.7　子囊孢子大小（O）

宜指明该菌株所产的子囊孢子的大小。近圆形的孢子以直径表示，长形用“宽×长”表示，单位均为微米（μm）。

5.2.5　生理生化特性

5.2.5.1　糖类发酵试验（O）

宜指明该菌株对6种糖的发酵能力。这6种糖分别为葡萄糖（glucose）、半乳糖（galactose）、蔗糖（sucrose）、麦芽糖（maltose）、乳糖（lactose）和棉子糖（raffinose）。

5.2.5.2　碳源同化实验（O）

宜指明该菌株在好氧条件下对不同碳源的利用情况，包括：

——六碳糖：半乳糖（galactose）、L-山梨糖（L-sorbose）；

——五碳糖：D-木糖（D-xylose）、L-阿拉伯糖（L-arabinose）、D-阿拉伯糖（D-arabinose）、D-核糖（D-ribose）、L-鼠李糖（L-rhamnose）；

——双糖：蔗糖（sucrose）、麦芽糖（maltose）、纤维二糖（cellobiose）、海藻糖（trehalose）、乳糖（lactose）、蜜二糖（melibiose）；

——三糖：棉子糖（raffinose）、松三糖（melezitose）；

——多糖：可溶性淀粉（soluble starch）；

——醇类：赤藓糖醇（erythritol）、核糖醇（ribitol）、D-甘露醇（D-mannitol）、肌醇（inositol）、甘油（glycerol）、半乳糖醇（galactitol）、D-山梨醇（D-glucitol or sorbitol）；

——有机酸：琥珀酸（succinic acid）、柠檬酸（citric acid）、DL-乳酸（DL-lactic acid）；

——糖苷：水杨苷（salicin）。

5.2.5.3　氮源同化实验（M）

应指明该菌株在好氧条件下对硝酸盐（nitrate）作为惟一氮源的利用情况。

5.2.5.4　无维生素培养基生长情况（O）

宜指明该菌株能否在无维生素培养基中生长。

5.2.5.5　熊果苷裂解实验（O）

宜指明该菌株能否分解熊果苷。

5.2.5.6　类淀粉化合物的形成（O）

宜指明该菌株能否形成胞外类淀粉化合物如类淀粉多糖等。

5.2.5.7　尿素分解实验（O）

宜指明该菌株能否产生脲酶分解尿素。

5.2.5.8　DBB 试验（O）

宜指明该菌株 DBB 颜色反应结果是阳性还是阴性。

5.2.5.9　温度实验（O）

宜指明该菌株能否在 37℃条件下生长。

5.2.5.10　耐高渗性（O）

宜指明该菌种在含 10% 氯化钠 +5% 葡萄糖培养基上能否生长及其生长特性。

5.2.6　遗传信息

5.2.6.1　基因元器件（O）

宜指明该菌株携带的特定用途的质粒、载体、筛选标记基因、启动子、增强子、信号肽基因等。

5.2.6.2　G+C mol%（O）

宜指明该菌株的鸟嘌呤（G）和胞嘧啶（C）在核苷酸中的摩尔百分含量。

5.2.6.3　核苷酸序列信息（O）

宜指明该菌株的核苷酸序列信息，如 ITS 序列信息、18S rDNA、26S rDNA 等，并注明核苷酸序列注册号。

5.2.6.4　核型信息（O）

宜给出该菌株的染色体核型信息。

5.2.6.5　营养缺陷型（O）

宜指明该菌株营养缺陷类型。

5.2.6.6　辅酶 Q 类型（O）

宜指明该菌株所含辅酶 Q 的类型。

5.3　其他信息

5.3.1　具体用途（O）

宜指明该菌株的具体用途。

5.3.2 图像信息（O）

5.3.2.1 宜给出该菌株的菌落、细胞等图像信息，并注明所用培养基、培养时间及所用标尺等。

5.3.2.2 给出毕赤酵母属菌种资源本身所携带的具有某些特定用途的基因元器件结构图。

5.3.3 文献信息（O）

宜列出该菌株公开发表的文献资料。

5.3.4 保存方法（M）

应指明适合该菌株长期保藏的技术方法。

附表 1　　毕赤酵母属菌种资源描述表

描述日期：　　年　　月　　日

基本信息			
平台资源号			
学名		中文名称	
资源归类编码		菌株保藏编号	
其他保藏中心编号		来源历史	
分离人		分离时间	
原始编号		鉴定人	
鉴定人所在单位		收藏时间	
原产国或地区		采集地	
分离基物		采集地生境	
生物危害程度		培养基编号	
培养温度（℃）		模式菌株	
分类地位			

特征特性信息		
液体培养特征	液体标准培养条件	
	细胞形态	
	细胞大小（μm）	
	无性繁殖方式	
	芽殖方式	
	宏观特征	
固体培养特征	固体标准培养条件	
	菌落质地	
	菌落颜色	
	菌落特征	
菌丝		
有性繁殖	有性繁殖标准培养条件	
	子囊形成时间（d）	
	子囊大小（μm）	
	子囊形状	
	子囊孢子数量（个/子囊）	
	子囊孢子形状	
	子囊孢子大小（μm）	

（续附表 1）

特征特性信息				
生理生化特性	糖类发酵实验			
	碳源同化实验			
	氮源同化实验			
	无维生素培养基生长情况		熊果苷裂解实验	
	类淀粉化合物的形成		尿素分解试验	
	DBB 实验		温度试验	
	耐高渗性			
遗传信息	基因元器件		G + Cmol%	
	核苷酸序列信息		核型信息	
	营养缺陷型		辅酶 Q 类型	

其他信息			
具体用途		图像信息	
文献信息		保存方法	

六、小型丝状真菌

丝状真菌（filamentous fungi）通常指那些菌丝体比较发达而又不产生大型子实体的真菌。真菌是真核生物，具有真正的细胞核（有核膜）和细胞器，结构复杂，进行有丝分裂，与细菌和放线菌等原核生物有着本质的区别。真菌营养生长阶段的结构称为营养体。绝大多数真菌的营养体都是可分枝的丝状体，单根丝状体称为菌丝（hypha）。许多菌丝在一起统称菌丝体（mycelium）。菌丝体在基质上生长的形态称为菌落（colnny）。菌丝在显微镜下观察时呈管状，具有细胞壁和细胞质，无色或有色。菌丝可无限生长，但直径是有限的，一般为 2～30μm，最大的可达 100μm。低等真菌的菌丝没有隔膜（septum）称为无隔菌丝，而高等真菌的菌丝有许多隔膜，称为有隔菌丝。此外，少数真菌的营养体不是丝状体。而是无细胞壁且形状可变的原质团（plasmodium）或具细胞壁的、卵圆形的单细胞。寄生在植物上的真菌往往以菌丝体在寄主的细胞间或穿过细胞扩展蔓延。

当菌丝体与寄主细胞壁或原生质接触后，营养物质因渗透压的关系进入菌丝体内。有些真菌如活体营养生物侵入寄主后，菌丝体在寄主细胞内形成吸收养分的特殊机构称为吸器（haustorium）。吸器的形状不一，因种类不同而异，如白粉菌吸器为掌状，霜霉菌为丝状，锈菌为指状，白锈菌为小球状。有些真菌的菌丝体生长到一定阶段，可形成疏松或紧密的组织体。菌丝组织体主要有菌核（sclerotium）、子座（stroma）和菌索（rhizomorph）等。菌核是由菌丝紧密交织而成的休眠体，内层是疏丝组织，外层是拟薄壁组织，表皮细胞壁厚、色深、较坚硬。菌核的功能主要是抵抗不良环境。但当条件适宜时，菌核能萌发产生新的营养菌丝或从上面形成新的繁殖体。菌核的形状和大小差异较大，通常似绿豆、鼠粪或不规则状。子座是由菌丝在寄主表面或表皮下交织形成的一种垫状结构，有时与寄主组织结合而成。子座的主要功能是形成产生孢子的机构，但也有度过不良环境的作用。菌索是由菌丝体平行组成的长条形绳索状结构，外形与植物的根有些相似，所以也称根状菌索。菌索可抵抗不良环境，也有助于菌体在基质上蔓延。有些真菌菌丝或孢子中的某些细胞膨大变圆、原生质浓缩、细胞壁加厚而形成厚垣孢子（chlamydospore）。它能抵抗不良环境，待条件适宜时，再萌发成菌丝。

真菌在自然界分布广泛，真菌种类的多样性异常丰富，据估计全世界存在 150 万种真菌（Hawksworth，1991），而还不到 5% 的真菌被描述。我国用现代分类学方法研究真菌，可以说是在本世纪初才开始的。1916 年章祖纯发表了关于我国真菌的第一篇报告“北京附近发生最盛之植物病害调查表”，鉴定了当时在北京地区所发生的植物病害及其病原真菌 47 种。为了鉴定并研究我国经济植物病原真菌和其他真菌的需要，戴芳澜等从 1927 年起开始搜集散见于国内、外书刊中有关中国真菌的资料作参考，编成《中国真菌名录》，于 1936～1937 两年内陆续刊登在《清华大学理科报告》第二种第二卷上，共记载了真菌 2 606种。1937 年以后，资料搜集工作仍在继续进行。1958 年由于国内植病工作者的需要，曾从这些资料中抽出经济植物病原真菌，另加经济植物的其他病原，编成《中国经济植物病原目录》一书出版。到 1972 年，搜集的资料已达 700 多篇，真菌总数共约 7 000 种。估计中国真菌约有 40 000 种，现在已知的种数只占这个总数的 17%（戴方澜，1979）。

真菌分类学是基础学科。它是在调查、采集、鉴定、分类和生产实践所提供的资料的基础上建立起来的。科学进展很快，真菌分类学也不例外。随着对真菌认识的不断深入，它们的分类地位和名称也在不断有所改变。因此，在整理资料的过程中，对它们的学名也必须常作改动。分类学并不像有些人所想象的那样：是古老、过时而不再发展的学科，而是随着对真菌的深入认识不断发展的。利用真菌为社会主义建设服务的人们，为了使工作不断前进，就必须对真菌不断地进行深入的了解，密切注意那些被利用的真菌在分类地位上和学名上的变动。否则，原来所熟悉的一些真菌，学名一经改动，查阅资料和交流经验时都会发生困难，已掌握的资料就会脱离不断变化中的实际（戴方澜，1979）。

一、小型丝状真菌的资源应用

我国是利用真菌最广泛和最早的国家之一。在食品、酿造、医药各方面，我们的祖先很早就知道利用真菌，很早就知道并一直用“曲”来保存菌种了。在实践中，人们直接地或间接地认识了真菌。我们的祖先对真菌是有丰富知识的。我国古书中，宋代陈仁玉的《菌谱》（1250 年）记载了浙江的 11 种食菌，明代潘之恒的《广菌谱》（1500 年左右）记载了 20 余种食用菌，还有吴林的《吴菌谱》。在酿酒方面，我国有 4 000年的悠久历史，《礼记》月令仲冬篇中便提出了制酒的方法及其关键性问题。《齐民要术》（5 世纪）中记载了制曲酿酒的方法。红曲是我国宋代在制曲酿造和菌种保藏方面的重大发明和创造，北宋（960 ~ 1127 年）初期，陶谷的《清异录》已有用红曲煮肉的记载，明代宋应星的《天工开物》（1637 年）对红曲有更详细的叙述。我国在药用真菌方面也有着悠久的历史，汉代的《神农本草经》（100 ~ 200 年）便记载了茯苓、雷丸、灵芝、紫芝、木耳的药性及功能，往后各代的医药书如梁代陶宏景的《名医别录》、晋代葛洪的《肘后备急》（326 ~ 333 年）、唐代陈藏器的《本草拾遗》（739 年）、宋代唐慎微的《证类本草》（1108 年）、元代吴瑞的《日用本草》（1329 年）、明代李时珍的《本草纲目》（1578 年）、清代黄宫绣的《本草求真》（1769 年）等，均有药用真菌的记载（戴方澜，1979）。

真菌是一项丰富的自然资源。人和动物每年消耗大量的真菌菌体和子实体；真菌也是重要的药材。真菌的某些代谢产物在工业上具有广泛用途，如乙醇、柠檬酸、甘油、酶制剂、甾醇、脂肪、塑料、促生素、维生素等。而且这些东西都能进行大规模的生产。在真菌的腐解作用中，它使许多重要化学元素得以再循环。真菌直接或间接地影响着地球生物圈的物质循环和能量转换。

真菌被广泛用于各种食物、药物、调味剂、酶制剂、饲料等的生产。某些丝状真菌与农业生产密切相关，它们能引起农作物疾病，也能用于对病害进行生物防治。真菌的这种代谢多样性使对其研究充满了挑战性，同时又具有极高的理论价值和应用潜力。由于真菌对人类社会生活和经济生活的重要性，对真菌的研究已有悠久的历史，其中酿酒酵母（*Saccharomyce scerevisiae*）、构巢曲霉（*Aspergillus nidulans*）、粗糙脉孢菌（*Neurospora crassa*）等一直被作为模式菌株进行研究。近年来，随着丝状真菌分子遗传学、分子生物学等新理论、新技术，尤其是基因组学和生物信息学等研究的快速发展，进一步拓宽了对真菌，尤其是丝状真菌的研究和利用范畴。

二、小型丝状真菌描述规范应用范围

真菌是生物界中很大的一个类群，世界上已被描述的真菌约有 1 万属 12 万余种，真菌学家戴芳澜教授估计中国大约有 4 万种。小型丝状真菌一般有以下的主要类群：

壶菌

主要是水生的真菌，腐生或是寄生在动、植物体内，由于个体较小，观察比较困难，这类真菌的生活史中出现具有鞭毛的动孢子与黏菌之类的原生动物近似，但是壶菌的细胞壁为几丁质，而且分泌的主要酵素与其他真菌近似，因此一般认为壶菌是最原始的真菌。

接合菌

已知的种类大约600种，这类真菌主要是陆生，生活方式为分解动、植物残体以获得养分，其中有一部分种类与植物共生。接合菌菌丝体粗大而无隔板，只有在形成生殖细胞时才会出现隔板，无性生殖的孢子是在孢子囊内形成，当两个不同交配形（品系）的菌丝相遇时会形成厚壁的接合孢子。最常见的接合菌是黑面包霉（*Rhizopus stolonifer*），只要面包储存不慎均会发霉腐败。

子囊菌

已知的种类超过60 000种，分布在海洋、淡水、陆地各种的栖息地中。某些子囊菌是植物致命的杀手，但是子囊菌也是分解植物尸体的重要功臣，大约有一半的子囊菌类与藻类共生形成所谓的地衣，某些子囊菌在植物根部与植物共生，甚至有些种类栖居在植物的叶片内，释出的毒素可以协助植物抵御啃食的昆虫。

担子菌

已知的种类超过25 000种，主要生活在陆地。担子菌是已知分解植物尸体最有效率的生物，特别是针对聚合木质素含量很高的木材，其分解能力最高，除分解腐生之外，某些担子菌如锈菌是植物致命的杀手，某些担子菌在植物根部与植物共生或是寄生在植物体内。担子菌与其他真菌最大的差异在其有性生殖时产生所谓的担孢子，有隔的担子菌菌丝在有性生殖过程中先发育成子实体，子实体成熟之后会产生众多的担子柄（棒状），担子柄末端着生担孢子。

半知菌

半知菌是一群只有无性阶段或有性阶段未发现的真菌。它们当中大多属于子囊菌，有些属于担子菌，只是由于未观察到它们的有性阶段，无法确定分类地位，因此，归于半知菌。事实上，一些无性阶段很发达，有性阶段已发现但不常见的子囊菌和担子菌，习惯上也归在半知菌中，故这些真菌有两个学名。它们有性阶段的学名是正式的学名，而无性阶段的学名实际上使用更广泛，通常也认为是合法的。半知菌中有许多是植物病原菌，有的是重要的工业真菌和医用真菌，有的是植物病虫害的重要生防菌。半知菌亚门分为3个纲：芽孢纲、丝孢纲和腔孢纲。芽孢纲真菌与植物病害无关，另两个纲中包含许多重要植物病原菌。由于半知菌包括许多没有一定系统发育关系的真菌，归于同一个分类单元内的半知菌，并不一定有相近的亲缘关系，因此它的分类单元与其他真菌的性质不同。

三、小型丝状真菌描述规范制定的意义

戴方澜等在系统整理我国的真菌资源时发现，所搜集的资料只是记录，不是标本，无法查对，还需要作进一步的整理才能有用。因为这些资料中常常发现明显的错误，或有疑问的记录。但由于真菌的范围很广，研究者水平有限，在决定取舍时，又不免有主观成分和错误。这是一个常见问题，将随着我们对我国真菌的采集、鉴定和利用的不断扩大和深入而得到解决（戴方澜，1979）。制定描述规范是规范解决此类问题的一个重要手段，目的是使资源的描述详细、准确，不随真菌名称发生改变，而使资源的真实性有据可查。

小型丝状真菌菌种资源描述规范

前　　言

小型丝状真菌是一类重要的微生物菌种资源，是微生物学研究、教学及生物技术产业持续发展的基础，是微生物多样性的重要组成部分。随着科学水平的进步，人们已深刻地认识到微生物菌种保藏对遗传资源和生物多样性的收集和保存具有重要的价值。

制定本规范是为了规范小型丝状真菌菌种资源描述，便于小型丝状真菌菌种资源的收集、保存、鉴定、评价、研究和利用，有效整理菌种资源，促进菌种资源信息化，实现菌种资源的高效共享和可持续利用。

小型丝状真菌菌种资源描述规范

1 范围

本规范规定了小型丝状真菌菌种资源描述要素和描述规范。

本规范适用于小型丝状真菌菌种资源的收集、整理和保藏，以及数据库和信息共享网络系统的建立。

2 规范性引用文件

下列文件中的条款通过本规范的引用而成为本规范的条款。凡是注明日期的引用文件，其随后所有的修改单（不包括勘误的内容）或修订版均不适用于本规范，然而，鼓励根据本规范达成协议的各方研究是否可使用这些文件的最新版本。凡是不注明日期的引用文件，其最新版本适用于本规范。

国务院令第 424 号《病原微生物实验室生物安全管理条例》。

3 术语和定义

下列术语和定义适用于本规范。

3.1 小型丝状真菌 *filamentous microfungi*

指那些菌丝体比较发达而又不产生大型子实体的真菌。

3.2 遗传标记 genetic markers

指可以明确反映遗传多态性的生物特征，一般分为形态标记、细胞标记、生理生化标记、分子标记 4 类。

4 要求

4.1 描述要求

——描述内容应清楚、准确，力求完整；

——要充分考虑该菌株的最新研究进展；

——能被微生物专业人员理解。

4.2 描述要素

描述要素分为 2 类：

——M：必备要素，必须描述的要素；

——O：可选要素，其描述与否视具体菌株而定。

5 描述内容

5.1 基本信息

5.1.1 平台资源号（M）

国家自然科技资源 e-平台统一生成的资源编号，平台资源号长度为 18 位，前 9 位是资源单位编码，后9位是流水号，参见《微生物菌种资源共性描述规范》。

5.1.2 学名（M）

应指明该菌株的完整的科学名称。对于鉴定到属，未鉴定到种的菌株，种名以“sp.”表示；对于未鉴定的菌株，以“unidentified fungi”表示；对于不能鉴定的菌株，以“sterile fungi”表示。

5.1.3 中文名称（M）

微生物菌种资源的中文名称，尚无中文译名时，可填“暂无”。

5.1.4 资源归类编码（M）

国家自然科技资源平台资源分级与编码标准中的编码，参见《微生物菌种资源分类编码体系》。

5.1.5 菌株保藏编号（M）

微生物菌种资源在保藏机构的保藏编号。由前缀和菌株编号两部分组成。前缀为保藏机构名称的英文缩写，前缀和菌株编号之间应留半角空格。

5.1.6 其他保藏机构编号（O）

微生物菌种资源在其他菌种保藏中心的保藏编号。其他保藏中心编号前以等号“=”开头，保藏编号之间用等号“=”连接。

5.1.7 来源历史（M）

微生物菌种资源在收藏单位之前的转移情况。收藏单位前以左指向箭头“←”开头，收藏单位之间用左指向箭头“←”连接。

5.1.8 分离人（M）

应指明该菌株最初分离人的姓名。

5.1.9 分离时间（M）

应指明该菌株的分离时间。格式为YYYYMMDD，其中YYYY为年，MM为月，DD为日。

5.1.10 原始编号（M）

微生物菌种资源的原始分离编号。

5.1.11 标本号（O）

如果该菌株有标本，宜指明其标本保藏机构及保藏编号。

5.1.12 鉴定人（O）

宜指明该菌株的鉴定人。

5.1.13 鉴定人所在单位（O）

宜指明该菌株的鉴定人所在单位。

5.1.14 收藏时间（O）

微生物菌种资源被保藏机构收集、保存该菌株的时间。格式为YYYYMMDD，其中YYYY为年，MM为月，DD为日。

5.1.15 原产国（M）

微生物菌种资源分离基物采集地所在国家名称。

5.1.16 采集地区（O）

宜指明该菌株的采集地行政区划，详细到县。

5.1.17 分离基物（O）

微生物菌种资源分离物质的具体名称，对于寄生或共生的宜指明分离的具体组织部位。

5.1.18 采集地生境（O）

宜描述该菌株分离基物采集具体地点的生态环境，参照《微生物菌种资源采集环境描述规范》。

5.1.19 生物危害程度（M）

病原微生物菌种资源的分类，其分类方法见《病原微生物实验室生物安全管理条例》。

1：一类；

2：二类；

3：三类；

4：四类；

5：不清楚。

5.1.20 培养基编号（M）

微生物菌种最适培养基编号用4位数表示，具体编号参考《中国菌种目录》。如果《中国菌种目录》中不包含该培养基，应写明培养基配方和制作方法。

5.1.21 模式菌株（M）

微生物菌种资源是否为模式菌株。

1：模式菌株；

2：非模式菌株。

5.1.22 分类地位（M）

应指明每个菌株的界、门、纲、目、科、属、种。如需要，可指明该菌株的变种、亚种、专化型、融合种名称及生理小种类型等。

5.2 特征特性信息

5.2.1 菌落形态（O）

宜指明菌落直径、质地、形态、颜色以及其他显著特征，并指明描述菌落形态时所用培养基的名称或配方、培养条件。

5.2.2 菌丝形态（O）

宜指明菌丝的分隔特征、典型特征、特化特征及菌丝类型等。

5.2.3 产孢特征（M）

对于无性阶段的描述，应指明无性孢子产孢结构的类型、大小、形状等，以及无性孢子的类型、大小、结构、着生方式、颜色、表面特征等。

对于有性阶段的描述，应指明有性孢子产孢结构的类型、大小、形状等，以及有性孢子的类型、大小、颜色、表面特征等。

5.2.4 培养温度（M）

应指明菌株生长的最适温度、最高温度及最低温度，以℃表示。

5.2.5 培养pH值（O）

宜指明菌株生长最适pH值、最高pH值及最低pH值。

5.2.6　生长速度（O）

宜指明菌株生长速度，以单位时间内菌落直径大小表示，长度单位一般用 mm 表示，时间单位以 d 表示，并指明培养基名称（或配方）以及相应的培养条件。

5.2.7　生理生化特性（O）

宜指明菌株特有的生理、生化特性。

5.2.8　特殊遗传标记（O）

对于具有特殊遗传标记的菌株，宜指明其具体的遗传标记信息。

5.2.9　核苷酸序列信息（O）

宜指明菌株的核苷酸序列信息，如 ITS 序列信息、18S rDNA 等，并注明核苷酸序列注册号。

5.2.10　菌株用途（O）

宜指明菌株已知的主要用途及功能特性。

5.2.11　致病对象（O）

宜指明病原菌种的致病对象及其引起的病害名称。

5.2.12　寄主名称（O）

宜指明菌种寄生宿主的学名和中文名称。

5.3　其他信息

5.3.1　图像信息（O）

宜给出该菌株的菌落、菌丝、孢子、产孢器官、组织等图像信息，数字图像的文件大小宜在 200KB 以内。

5.3.2　文献信息（O）

宜列出与该菌株相关的公开发表的文献资料。

附表 1　　小型丝状真菌菌种资源描述表

描述日期：　　年　　月　　日

基本信息			
平台资源号		学名	
中文名称		资源归类编码	
菌株保藏编号		其他保藏机构编号	
来源历史			
分离人		分离时间	
原始编号		标本号	
鉴定人		鉴定人所在单位	
收藏时间		原产国或地区	
采集地区		分离基物	
采集地生境		生物危害程度	
培养基		模式菌株	

（续附表1）

<table>
<tr><td colspan="5">基本信息</td></tr>
<tr><td colspan="2">分类地位</td><td></td><td></td><td></td></tr>
<tr><td colspan="5">特征特性信息</td></tr>
<tr><td colspan="2">菌落形态</td><td colspan="3"></td></tr>
<tr><td colspan="2">菌丝形态</td><td colspan="3"></td></tr>
<tr><td colspan="2">产孢特征</td><td colspan="3"></td></tr>
<tr><td colspan="2">性亲和性</td><td colspan="3"></td></tr>
<tr><td rowspan="2">培养条件</td><td>温度</td><td>最高________℃</td><td>最适________℃</td><td>最低________℃</td></tr>
<tr><td>pH</td><td>最高________</td><td>最适________</td><td>最低________</td></tr>
<tr><td colspan="2">生长速度</td><td colspan="3"></td></tr>
<tr><td colspan="2">生理生化特性</td><td colspan="3"></td></tr>
<tr><td colspan="2">特殊遗传标记</td><td colspan="3"></td></tr>
<tr><td colspan="2">核苷酸序列信息</td><td colspan="3"></td></tr>
<tr><td colspan="2">菌株用途</td><td colspan="3"></td></tr>
<tr><td colspan="2">致病对象</td><td colspan="3"></td></tr>
<tr><td colspan="2">寄主名称</td><td colspan="3"></td></tr>
<tr><td colspan="5">其他信息</td></tr>
<tr><td colspan="2">图像信息</td><td></td><td>文献信息</td><td></td></tr>
</table>

青霉属及其相关有性型属菌种资源描述规范

前　　言

青霉属及其相关有性型属菌种是一类重要的微生物菌种资源，是微生物多样性的组成部分，为真菌学研究、教学及生物技术产业持续发展提供菌种资源。青霉属及其相关有性型属菌种具有重要的经济意义，不仅是有机酸和抗生素工业的重要菌种来源之一，同时也是造成工业产品、食品、饲料和其他物质严重霉腐、污染的菌物，有些是人和动物的致病菌。

制定本规范是为了规范青霉属及其相关有性型属菌种资源描述，便于青霉属及其相关有性型属菌种资源的收集、保存、鉴定、评价、研究和利用，有效整理菌种资源，促进菌种资源信息化，实现菌种资源的高效共享和可持续利用。

青霉属及其相关有性型属菌种资源描述规范

1 范围

本规范规定了青霉属及其相关有性型属菌种资源描述要素和描述要求。

本规范适用于青霉属及其相关有性型属菌种资源的收集、鉴定、整理、保藏，以及数据库和信息共享网络系统的建立。

2 规范性引用文件

下列文件中的条款通过本标准的引用而成为本标准的条款。凡是注明日期的引用文件，其随后所有的修改单（不包括勘误的内容）或修订版均不适用于本标准，然而，鼓励根据本标准达成协议的各方研究是否可使用这些文件的最新版本。凡是不注明日期的引用文件，其最新版本适用于本标准。

国务院令第424号《病原微生物实验室生物安全管理条例》。

3 术语和概念

下列术语和概念适用于本规范。

3.1 青霉属 *Penicillium* Link

青霉属菌种菌丝细、无色或有颜色，具横隔，产生大量不规则分枝；分生孢子梗由基内、表面或气生型菌丝生出，通常单生，少数种的分生孢子梗彼此紧贴或融合而形成孢梗束或束丝；孢梗茎较细，常具隔膜，部分种在其顶端呈现不同程度的膨大，壁光滑或呈现不同程度的粗糙；帚状枝单轮生，两轮生，三轮生，四轮生和不规则生等；产孢细胞瓶梗相继产生，瓶状，披针形，有些圆柱状或近圆柱状；分生孢子是向基生的瓶梗孢子，呈球形、近球形、椭球形、近椭球形、圆柱形、梨形或梭形，单胞，壁光滑或不同程度的粗糙，且使菌落表面形成不同程度的各种蓝绿或黄绿色。

3.2 正青霉属 *Eupenicillium* Ludwig

子囊果是无孔的闭囊壳，其包被由多角形的拟薄壁细胞组成，质地坚硬或较坚硬，通常球形或近球形，少数近椭圆形或椭圆形；原基是产囊丝发育成的菌丝节；子囊单生，链生，也有两者同时存在者，球形或近球形至椭球形，不规则排列，每个通常含8个子囊孢子；子囊孢子通常呈现双凸透镜形，不规则排列，单细胞，通常有明显或不明显的赤道脊或冠、或赤道沟，壁平滑或有不同的纹饰。

3.3 篮状菌属 *Talaromyces* Benjamin

子囊果是裸囊壳，其包被由纤细菌丝交织而成，质地从疏松至紧密，依种而定，球形、近球形或近椭圆形；原基多样，有螺旋状、棒状、菌丝膨大且弯曲或更复杂的形状；子囊链生、单生，少数不规则生，球形、近球形或椭圆形，不规则排列，每个通常含8个子囊孢子；子囊孢子球形、近球形或椭圆形，透明、黄色、少数带红色，单细胞，壁平滑或有不同的纹饰。

3.4 分类系统 Taxonomy

本规范建议参照 Pitt（1979）的分类系统，他主要按帚状枝的分枝情况将其分为 4 个亚属：类曲霉亚属（Subgenus *Aspergilloides*）、青霉亚属（Subgenus *Penicillium*）、双轮亚属（Subgenus *Biverticillium*）和叉状亚属（Subgenus *Furcatum*），共 10 组 21 系。

3.5 分类 Classification

青霉属：半知菌亚门（Deuteromycotina），丝孢菌纲（Hyphomycetes），丝孢目（Hyphomycetales），从梗孢科（Moniliaceae），青霉属（Penicillium）；

有性型属：子囊菌亚门（Ascomycotina），不整子囊纲（Plectomyces），散囊菌目（Eurotiales），发菌科（Trichocomaceae），正青霉属（*Eupenicillium*）和篮状菌属（*Talaromyces*）。

4 要求

4.1 描述要求

——描述内容应清楚、准确，力求完整；

——描述文体和术语应保持一致；

——要充分考虑该菌株的最新研究进展；

——能被微生物专业人员理解。

4.2 描述要素

描述要素分为 3 类：

——M：必备要素，必须描述的要素；

——O：可选要素，其描述与否视具体菌株而定；

——M 或 O：已有或容易获得的要素必须描述；很难或无法获得的要素可不描述。

5 描述内容

5.1 基本信息

5.1.1 平台资源号（M）

国家自然科技资源 e-平台统一生成的资源编号，平台资源号长度为 18 位，前 9 位是资源单位编码，后 9 位是流水号，参见《微生物菌种资源共性描述规范》。

5.1.2 菌株保藏编号（M）

微生物菌种资源在保藏机构的保藏编号。由前缀和菌株编号两部分组成。前缀为保藏机构名称的英文缩写，前缀和菌株编号之间应留半角空格。

5.1.3 中文名称（M）

微生物菌种资源的中文名称。尚无中文译名时，填写“暂无”。

5.1.4 学名（M）

应描述该菌株完整的科学名称。对于鉴定到属，未鉴定到种的菌株，种名以“sp.”表示。

5.1.5 其他保藏中心编号（O）

微生物菌种资源在其他菌种保藏中心的保藏编号。其他保藏中心编号前以等号“=”开头，保藏编号之间用等号“=”连接。

5.1.6　来源历史（M）

微生物菌种资源在收藏单位之前的转移情况。收藏单位前以左指向箭头“←”开头，收藏单位之间用左指向箭头“←”连接。

5.1.7　收藏时间（M或O）

微生物菌种资源被保藏机构收集、保存该菌株的时间。格式为YYYYMMDD，其中YYYY为年，MM为月，DD为日。

5.1.8　原始编号（M或O）

微生物菌种资源的原始分离编号。

5.1.9　原产国（M或O）

微生物菌种资源分离基物采集地所在国家名称。

5.1.10　分离人（M或O）

应描述该菌株原始分离人的姓名。

5.1.11　分离时间（M或O）

应描述该菌株的原始分离时间。

5.1.12　干标本号（O）

如果该菌株有干标本，宜描述其标本保藏机构及保藏编号。

5.1.13　鉴定人（M或O）

应描述该菌株的鉴定人。

5.1.14　鉴定人所在单位（M或O）

应描述该菌株的鉴定人所在单位。

5.1.15　分离基物（M或O）

微生物菌种资源分离物质的具体名称，对于寄生或共生的宜指明分离的具体组织部位。

5.1.16　采集地（M或O）

应描述分离基物的采集地区和采集地点。

5.1.17　采集地生境（O）

宜描述该菌株分离基物采集具体地点的生态环境，参照《微生物菌种资源采集环境描述规范》。

5.1.18　生物危害程度（M）

病原微生物菌种资源的分类，其分类方法见《病原微生物实验室生物安全管理条例》。

1：一类；

2：二类；

3：三类；

4：四类；

5：不清楚。

5.1.19　模式菌株（M）

微生物菌种资源是否为模式菌株。

1：模式菌株；

2：非模式菌株。

5.1.20　分类地位（M）

应描述该菌株的界、门、纲、目、科、属、种。

如需要，可描述该菌株的变种、亚种、专化型、融合种名称及生理小种类型等。

5.2　特征特性

微生物菌种资源的主要分类学特性、营养类型、最适温度类型、水活度、酸碱适应性、需氧类型以及其他特殊特性（如代谢特点和突变类型等）。

5.2.1　标准（或通用）培养条件（M）

描述青霉属及其相关有性型属菌种的形态学性状时，应注明所采用的标准（或通用）培养条件。标准（或通用）培养条件包括标准培养基、培养温度及培养时间。标准培养基为：查氏琼脂（Czapek agar，CA）、查氏酵母膏琼脂（Czapek yeast extract agar，CYA）、麦芽精琼脂（Malt extract agar，MEA）、25%甘油硝酸盐琼脂（25% Glycerol nitrate agar，G25N）和燕麦琼脂（OA）；培养温度为5℃、25℃和37℃；通常在CA上培养12d，发育迟缓的菌株在前述条件下培养12d时不形成或极少形成分生孢子结构，要适当延长培养时间；如果想获得子囊菌，在分离时，可将分离样品放置水浴中，60℃加温30min。

5.2.2　菌落直径（M）

应描述该菌株菌落直径，从菌落背面测量，单位为mm。

5.2.3　菌落颜色（M）

菌落颜色主要是分生孢子（分生孢子链）和菌丝体的颜色组成，应描述菌落颜色。

5.2.4　菌落厚薄（O）

菌落的厚薄宜描述其深度（depth），单位为mm。

5.2.5　菌落表面（O）

菌落表面可能平坦，或有不同程度的规则或不规则的放射状皱纹、沟纹、突起或凹陷等，还有的分离物具有同心环纹。宜描述菌落表面情况。

5.2.6　菌落质地（M）

菌落质地通常可以肉眼观察或借助低倍显微镜观察，主要分为五种类型：绒状、絮状、绳状、颗粒状和粉末状。应描述菌落质地的类型。

5.2.7　渗出液（M或O）

渗出液是菌株在菌落表面渗出的液滴，可能无色或有不同的颜色。应描述菌株是否产生液滴，以及产生液滴的颜色。

5.2.8　可溶性色素（M或O）

有些菌株产生不同程度的可溶性色素并扩散至培养基，有各种不同的颜色。应描述菌株是否产生可溶性色素，以及产生可溶性色素的颜色。

5.2.9　菌落反面颜色（M）

菌落反面颜色通常是基内菌丝体及其产生的色素的颜色，可能无色或呈现不同颜色。应描述菌落反面的颜色。

5.2.10　分生孢子梗（M）

分生孢子梗即产生分生孢子的全部结实结构（不包括分生孢子），由孢梗茎和帚状枝组成。应描述分生孢子梗的来源，如发生（或产生）于基质、表面菌丝、气生菌丝和绳状菌丝，因分离物而有所不同。

5.2.11 孢梗茎（M）

应描述孢梗茎的大小以及壁表面是否平滑或粗糙和粗糙程度。

5.2.12 帚状枝（M）

帚状枝由副枝、类副枝、梗基及瓶梗 4 个部分组成，最简单的帚状枝只有瓶梗轮，最复杂者包括 4 个部分。应描述帚状枝各组成部分的数目、大小及壁是否光滑或粗糙；瓶梗和有特点的梗基要描述其形状；还要描述帚状枝各部分彼此之间是否紧密和叉开的程度等。

5.2.13 分生孢子（M）

分生孢子是产孢细胞产生的一种特化而不动的无性孢子，单细胞；单个孢子多为球形、近球形、卵圆形、椭圆形、洋梨形、近椭圆形、圆柱形或近圆柱形，其壁光滑或呈现不同程度的粗糙。应描述分生孢子的形状、大小以及壁表面的粗糙程度。

5.2.14 菌核（O）

某些菌种产生菌核，菌核由厚壁的拟薄壁细胞组成，较硬或很硬，形状通常为球形、近球形或椭圆形等；颜色可能是无色或近于无色，粉红色或棕褐色等。宜描述菌核形状、大小和颜色。

5.2.15 闭囊壳（M）

闭囊壳为有明确完整的包被（壁）而无孔的子囊果，其壁由不规则的多角形拟薄壁细胞组成，通常为球形或近球形；其颜色分别为粉红色、粉红褐色、黄褐色、暗褐色、橄榄褐色、淡黄色、橘黄色或近灰色等。应描述闭囊壳大小和颜色。

5.2.16 子囊（M）

子囊是生于子囊果内的囊状体，链生或单生，多为球形或近球形，每个子囊通常内含 8 个子囊孢子，应描述子囊单生还是链生、形状、大小和含有子囊孢子数量。

5.2.17 子囊孢子（M）

正青霉的子囊孢子呈现双凸镜状，椭圆形或近球形；通常有两个赤道脊或冠，彼此紧贴或不同程度的分开，也有缺乏或仅有脊的痕迹者；子囊孢子壁平滑或呈现刺状、网纹状或不规则的肋状。篮状菌的子囊孢子通常呈现不同程度的椭圆形，也有球形或近球形者；表面平滑或呈现不同程度的粗糙；无色或黄色。应描述子囊孢子形状、大小、颜色和表面粗糙程度。

5.2.18 裸囊壳（M）

篮状菌属的子囊果是裸囊壳，其包被是由菌丝经不同程度的疏松交织而成，此性状是与正青霉属相区分的主要性状。其形状主要是球形或近球形，呈现不同程度的黄色、黄褐色、粉红色或紫色等。应描述裸囊壳形状、大小和颜色。

5.2.19 培养基编号（M）

微生物菌种最适培养基编号用 4 位数表示，具体编号参考《中国菌种目录》。如果《中国菌种目录》中不包含该培养基，应写明培养基配方和制作方法。

5.2.20 温度（M）

应描述该菌株生长的最适温度、最高温度及最低温度，以℃表示。

5.2.21 pH（O）

宜描述该菌株生长最适 pH、最高 pH 及最低 pH。

5.2.22　生长速度（O）

宜描述菌株的生长速度，以单位时间内菌落直径大小表示，长度单位一般用 mm 表示，时间单位以 d 表示，并描述培养基编号（或配方）以及相应的培养条件。

5.2.23　生理生化特性（O）

宜描述该菌株特有的生理、生化特性。

5.2.24　特殊遗传标记（O）

对于具有特殊遗传标记的菌株，宜描述其具体的遗传标记信息。

5.2.25　核苷酸序列信息（O）

宜描述该菌株的核苷酸序列信息，如 ITS1-5.8 S-ITS2 序列信息等，并注明核苷酸序列注册号。

5.2.26　菌株用途（O）

宜描述该菌株已知的主要用途及功能特性。

5.2.27　致病对象（O）

宜描述病原菌种的致病对象类群。

1：人；

2：动物；

3：人畜共患；

4：植物；

5：微生物；

6：无；

7：不清楚。

5.3　其他信息

5.3.1　图像信息（O）

宜描述该菌株的菌落、孢子、产孢结构、组织等图像信息。

5.3.2　文献信息（O）

宜列出该菌株公开发表的文献资料。

5.3.3　保存方法（M）

应描述适合该菌株长期保藏的技术方法。

附录 1

标准或通用培养基成分

1 查氏琼脂（Czapek agar，CA）

查氏浓缩液	10ml
K_2HPO_4	1.0g
蔗糖	30g
琼脂	17.5g
蒸馏水	1 000ml

查氏浓缩液配方：

$NaNO_3$	30g
KCl	5g
$MgSO_4 \cdot 7H_2O$	5g
$FeSO_4 \cdot 7H_2O$	0.1g
$ZnSO_4 \cdot 7H_2O$	0.1g
$CuSO_4 \cdot 5H_2O$	0.05g
蒸馏水	100ml

2 查氏酵母膏琼脂（Czapek yeast extract agar，CYA）

K_2HPO_4	1g
查氏浓缩液	10ml
酵母抽提物	5g
蔗糖	30g
琼脂	15g
蒸馏水	1 000ml

3 麦芽汁琼脂（Malt extract agar，MEA）

麦芽抽提粉	20g
蛋白胨	1g
葡萄糖	20g
琼脂	15g
蒸馏水	1 000ml

25%甘油硝酸盐琼脂（25% Glycerol nitrate agar，G25N）

K_2HPO_4	0.75g
查氏浓缩液	7.5ml
酵母抽提粉	3.7g
甘油（分析纯）	250g

琼脂	12g
蒸馏水	750ml

4 燕麦琼脂（Oat meal agar，OA）

将20g商品燕麦片放入1 000ml水中，煮沸30min后，用纱布过滤。过滤后使滤液达到最初的体积1L，然后加入20g琼脂。

附表1　青霉属及其相关有性型属菌种资源描述表

描述日期：　　年　　月　　日

基本信息			
平台资源号		菌株保藏编号	
中文名称		学名	
其他保藏中心编号		来源历史	
收藏时间		原始编号	
原产国		分离人	
分离时间		干标本号	
鉴定人		鉴定人所在单位	
分离基物		采集地	
采集地生境		生物危害程度	
模式菌株		分类地位	
特征特性信息			
标准（或通用）培养条件			
菌落直径		菌落颜色	
菌落厚薄		菌落表面	
菌落质地		渗出液	
可溶性色素		菌落反面颜色	
分生孢子梗		孢梗茎	
帚状枝		分生孢子	
菌核		闭囊壳	
子囊		子囊孢子	
裸囊壳		培养基编号	
温度	最高________℃	最适________℃	最低________℃
pH值	最高________	最适________	最低________
生长速度			
生理生化特性			
特殊遗传标记		核苷酸序列信息	
菌株用途		致病对象	
其他信息			
图像信息		文献信息	
保存方法			

曲霉属及其相关有性型属菌种资源描述规范

前　言

曲霉属及其相关有性型属菌种是一类重要的微生物菌种资源，是微生物多样性的重要组成部分，为真菌学研究、教学及生物技术产业持续发展提供菌种资源。曲霉属及其相关有性型属菌种具有重要的经济意义，广泛应用于传统酿造业、现代发酵业及生物工程研究。同时部分曲霉属及其相关有性型属菌种易引起谷物、食品、饲料、工业材料和制品的霉腐变质及其他污染，少数曲霉属菌种是人和动物的致病菌。

制定本规范是为了规范曲霉属及其相关有性型属菌种资源描述，便于曲霉属及其相关有性型属菌种资源的收集、保存、鉴定、评价、研究和利用，有效整理菌种资源，促进菌种资源信息化，实现菌种资源的高效共享和可持续利用。

曲霉属及其相关有性型属菌种资源描述规范

1 范围

本规范规定了曲霉属及其相关有性型属菌种资源描述要素和描述要求。

本规范适用于曲霉属及其相关有性型属菌种资源的收集、鉴定、整理、保藏，以及数据库和信息共享网络系统的建立。

2 规范性引用文件

下列文件中的条款通过本标准的引用而成为本标准的条款。凡是注明日期的引用文件，其随后所有的修改单（不包括勘误的内容）或修订版均不适用于本标准，然而，鼓励根据本标准达成协议的各方研究是否可使用这些文件的最新版本。凡是不注明日期的引用文件，其最新版本适用于本标准。

国务院令第424号《病原微生物实验室生物安全管理条例》。

3 术语和概念

下列术语和概念适用于本规范。

3.1 曲霉属 *Aspergillus* Link

曲霉属菌丝体无色透明或呈明亮颜色；可育的分枝分生孢子梗茎以大体垂直的方向从特化的厚壁的足细胞生出，壁光滑或粗糙，通常无隔膜；顶端膨大形成顶囊，具不同形状，从其表面形成瓶梗，或先产生梗基，再从梗基上形成瓶梗，最后由瓶梗产生分生孢子。分生孢子单胞，具不同形状和各种颜色，壁光滑或具纹饰，连接成不分枝的链。由顶囊到分生孢子链构成不同形状的分生孢子头，显现不同颜色。有的种可形成厚壁的壳细胞，形状因种而异。有的种则可形成菌核或类菌核结构。还有的种产生有性阶段，形成闭囊壳，内含子囊和子囊孢子，子囊孢子大多双凸镜形，具赤道脊、冠或沟，透明或具不同颜色、壁光滑或具纹饰。

3.2 裸孢壳属 *Emericella* Berk.

闭囊壳形成初期具盘绕结构，成熟后为球形，壁由几层交织的菌丝构成，暗黄至紫红色，典型的被球形厚壁的壳细胞所包围；子囊不规则排列，球形或近球形，壁消解性；子囊孢子双凸镜形（两瓣结构），通常具有鸡冠状突起，橙红色至紫红色，表面光滑或具有不同纹饰。

3.3 散囊菌属 *Eurotium* Link.

子囊果原基在营养菌丝上形成螺旋状产囊体；子囊果为闭囊壳类型，通常为黄色，球形或近球形，具一层细胞厚的拟薄壁组织的壁，光滑，裸露或被稀疏的菌丝网围绕，成熟早或迟；子囊球形或近球形，内含8个子囊孢子，囊壁早期消解：子囊孢子呈双凸镜形，光滑或具不同纹饰。

3.4　新萨托菌属 *Neosartorya* Malloch & Cain

子囊果原基卷曲，散生于营养菌丝中；子囊果球形，光滑到被茸毛，无子座，具几层细胞厚的拟薄壁组织的包被；子囊球形或近球形，不规则的排列，易消解；子囊孢子双凸镜形，无色透明，光滑到具各种纹饰；适高温。

3.5　石座菌属 *Petromyces* Malloch & Cain

子座由拟薄壁组织构成，似菌核，卵形或稍长形，在其中产生几个薄壁的壁囊壳，成熟很迟缓，通常需要几个月或更长时间；子囊散生，球形或近球形，消解性；子囊孢子近无色，椭圆形，赤道部分具不明显的浅沟。

3.6　分类系统 Taxonomy

本规范建议参考 Raper& Fennell（1965）的分类系统和 Gams 等（1985）的分类系统（齐祖同等，1997）。在参考 Raper& Fennell（1965）的分类系统时，应注意以下几点：（1）他们过分强调把曲霉和产生有性型的曲霉全部当作曲霉对待，前者是无性的属名，后者是子囊菌类，不能混淆，否则不符合《国际植物命名法规》；（2）在他们的分类系统中有“群”（group）的概念，“群”不是《国际植物命名法规》中的一个分类等级，现已不被认可；（3）有些术语已不再使用，如初生小梗（primary sterigma）、次生小梗（secondary sterigma）；（4）他们的分生孢子梗（conidiophore）的概念相当于现在的分生孢子梗概念中的分生孢梗茎（stipe）。

3.7　分类 Classification

曲霉属：半知菌亚门（Deuteromycotina），丝孢菌纲（Hyphomycetes），丝孢目（Hyphomycetales），从梗孢科（Moniliaceae），曲霉属（*Aspergillus*）；

有性型属：子囊菌亚门（Ascomycotina），不整子囊纲（Plectomyces），散囊菌目（Eurotiales），发菌科（Trichocomaceae），散囊菌属（*Eurotium*），裸壳胞属（*Emericella*），新萨托菌属（*Neosartorya*）和石座属（*Petromyces*）等 11 个属。

4　要求

4.1　描述要求

——描述内容应清楚、准确，力求完整；

——描述文体和术语应保持一致；

——要充分考虑该菌株的最新研究进展；

——能被微生物专业人员理解。

4.2　描述要素

描述要素分为 3 类：

——M：必备要素，必须描述的要素；

——O：可选要素，其描述与否视具体菌株而定；

——M 或 O：已有或容易获得的要素必须描述；很难或无法获得的要素可不描述。

5　描述内容

5.1　基本信息

5.1.1　平台资源号（M）

国家自然科技资源 e-平台统一生成的资源编号，平台资源号长度为 18 位，前 9 位是资源单位编码，后9位是流水号，参见《微生物菌种资源共性描述规范》。

5.1.2　菌株保藏编号（M）

微生物菌种资源在保藏机构的保藏编号。由前缀和菌株编号两部分组成。前缀为保藏机构名称的英文缩写，前缀和菌株编号之间应留半角空格。

5.1.3　中文名称（M或O）

微生物菌种资源的中文名称。尚无中文译名时，填写“暂无”。

5.1.4　学名（M）

应描述该菌株完整的科学名称。对于鉴定到属，未鉴定到种的菌株，种名以“sp.”表示。

5.1.5　其他保藏中心编号（O）

微生物菌种资源在其他菌种保藏中心的保藏编号。其他保藏中心编号前以等号“=”开头，保藏编号之间用等号“=”连接。

5.1.6　来源历史（M）

微生物菌种资源在收藏单位之前的转移情况。收藏单位前以左指向箭头“←”开头，收藏单位之间用左指向箭头“←”连接。

5.1.7　收藏时间（O）

微生物菌种资源被保藏机构收集、保存该菌株的时间。格式为YYYYMMDD，其中YYYY为年，MM为月，DD为日。

5.1.8　原始编号（M或O）

微生物菌种资源的原始分离编号。

5.1.9　原产国（M或O）

微生物菌种资源分离基物采集地所在国家名称。

5.1.10　分离人（M或O）

应描述该菌株原始分离人的姓名。

5.1.11　分离时间（M或O）

应描述该菌株的原始分离时间。

5.1.12　干标本号（O）

如果该菌株有干标本，宜描述其标本保藏机构及保藏编号。

5.1.13　鉴定人（M或O）

应描述该菌株的鉴定人。

5.1.14　鉴定人所在单位（M或O）

应描述该菌株的鉴定人所在单位。

5.1.15　分离基物（M或O）

微生物菌种资源分离物质的具体名称，对于寄生或共生的宜指明分离的具体组织部位。

5.1.16　采集地（M或O）

应描述分离基物的采集地区和采集地点。

5.1.17　采集地生境（O）

宜描述该菌株分离基物采集具体地点的生态环境，参照《微生物菌种资源采集环境描述规范》。

5.1.18 生物危害程度（M）

病原微生物菌种资源的分类，其分类方法见《病原微生物实验室生物安全管理条例》。

1：一类；

2：二类；

3：三类；

4：四类；

5：不清楚。

5.1.19 模式菌株（M）

微生物菌种资源是否为模式菌株。

1：模式菌株；

2：非模式菌株。

5.1.20 分类地位（M或O）

应描述该菌株的界、门、纲、目、科、属、种。

如需要，可描述该菌株的变种、亚种、专化型、融合种名称及生理小种类型等。

5.2 特征特性信息

菌株形态学性状描述中，对颜色的描述通常先以常识性的颜色描述，然后再加上色谱上的具体颜色名称，如Ridgway（1912）的色谱《Color Standards and Color Nomenclature》，Kornerup & Wanscher（1967；1978）的《The Methuen Handbook of Colour》或Rayner（1970）《A Mycological Colour Chart》，后者更可靠。显微性状测量大小时，球形和半球形者测量其直径，以直径范围表示，单位为μm；其他形状需测其长度和直径，以长度范围×直径范围表示，单位为μm。

5.2.1 标准（或通用）培养条件（M）

描述曲霉属及其相关有性型属菌种的形态性状时，应注明所采用的标准（或通用）培养条件。标准（或通用）培养条件包括标准培养基、培养温度及培养时间。标准培养基为：查氏酵母膏琼脂（Czapek yeast extract agar，CYA）；含20%蔗糖的查氏酵母膏琼脂（Czapek yeast extract agar，CYA20S）；麦芽精琼脂（Malt extract agar，MEA）；查氏琼脂（Czapek agar，CA），培养温度：5℃、25℃、37℃，培养时间：通常为7d，在CA上通常12d，发育迟缓的菌株在上述培养条件下都未形成分生孢子结构或极少时要适当延长培养时间。

5.2.2 菌落直径（M）

应描述该菌株菌落直径，从菌落背面测量，单位为mm。

5.2.3 菌落颜色（M）

菌落颜色主要表现为分生孢子和菌丝体的颜色，应描述菌落颜色。

5.2.4 菌落质地（M）

菌落质地通常为丝绒状、絮状和绳状，同一菌落可能不同程度的出现其中两种质地。

5.2.5 渗出液（O）

渗出液是菌株在菌落表面渗出的液滴，可能无色或呈现不同颜色。应描述该菌株是否产生液滴，以及液滴呈现的颜色。

5.2.6　菌落反面颜色（M）

菌落反面颜色通常是基内菌丝体及其产生的色素的颜色，可能无色或呈现不同颜色。应描述菌落反面的颜色。

5.2.7　分生孢子梗（M）

分生孢子梗是产生分生孢子的全部结实结构，即是包括从基内菌丝或气生菌丝形成的足细胞及其垂直方向分枝生出的直立部分，包括分生孢梗茎，顶囊以及从顶囊上生出的产孢细胞。应描述分生孢子梗生自基质（基内菌丝）还是气生菌丝。

5.2.8　分生孢梗茎（M）

分生孢梗茎是指自足细胞至顶囊下端的部分，通常不分枝，也不具分隔。应描述分生孢梗茎大小、颜色及壁表面呈现平滑、粗糙或疣状突起等。

5.2.9　顶囊（M）

顶囊通常明显，其形状通常有棒形、半球形、烧瓶形、球形或椭圆形等。大多数顶囊直立着生于孢梗茎上，少数倾斜着生，顶囊一般无色透明或具有与孢梗茎相同的颜色，顶囊上产生瓶梗或梗基的部位称为可育表面。应描述顶囊形状、大小、着生情况、颜色和可育表面。

5.2.10　瓶梗（M）

瓶梗是产孢细胞，在顶囊的可育表面同时产生，成熟时顶端变狭，呈安瓿状，在其上生出分生孢子。应描述瓶梗大小。

5.2.11　梗基（M）

顶囊表面先生出一层上大下小的楔形细胞，称为梗基，再由梗基产生瓶梗。应描述梗基大小。

5.2.12　产孢结构（M）

产孢结构是指包括顶囊和产孢细胞构成的部分。有两种基本形式：单层的是从顶囊表面直接产生瓶梗；双层的是由顶囊表面先产生梗基，再由梗基产生瓶梗。应描述产孢结构为单层产孢结构或双层产孢结构。

5.2.13　分生孢子（M）

分生孢子由瓶梗顶端变狭部分生出，瓶梗茎变成为圆形结构后被瓶梗顶部的内壁和外壁延伸包围，即形成分生孢子。分生孢子多为球形、椭圆形、卵形或洋梨形；表面光滑、粗糙或具小刺、疣或条纹等。应描述分生孢子形状、大小、表面粗糙程度及颜色。

5.2.14　分生孢子头（O）

分生孢子头是指包括顶囊、梗基、瓶梗以及分生孢子链的全部结构。分生孢子头的形状有棒形、直柱形、疏松柱形、球形或辐射形等。宜描述分生孢子头形状和大小。

5.2.15　壳细胞（M）

壳细胞是某些分类群产生各种不同形状（如球形、长形、弯曲或不规则形状）的厚壁细胞，于菌丝上顶生或间生。应描述壳细胞形状。

5.2.16　菌核（M）

菌核是由厚壁的拟薄壁细胞构成的硬块，形状多为球形或近球形，也有长形；颜色由淡黄色到紫褐色或黑色。如有菌核应描述其形状和颜色。

5.2.17　子囊座（M）

子囊座是一种座式的子囊果，某些种的有性型的闭囊壳生于菌核状子囊座的空穴中成为子囊座。应描述子囊座形状和大小。

5.2.18　闭囊壳（M）

有性阶段产生的子囊果具包被而无孔，称为闭囊壳。应描述闭囊壳形状、大小和颜色。

5.2.19　子囊（M）

子囊多为球形或近球形，通常内含8个子囊孢子。应描述子囊形状、大小和含有子囊孢子数量。

5.2.20　子囊孢子（M）

子囊孢子多为两瓣结构，呈双凸镜形，部分种有明显或不明显的“赤道”沟或脊，无色透明或具不同颜色。应描述子囊孢子形状、大小、颜色，表面粗糙程度、“赤道”沟和脊。

5.2.21　培养基编号（M）

微生物菌种最适培养基编号用4位数表示，具体编号参考《中国菌种目录》。如果《中国菌种目录》中不包含该培养基，应写明培养基配方和制作方法。

5.2.22　温度（M）

应描述菌株生长的最适温度、最高温度及最低温度，以℃表示。

5.2.23　pH值（O）

应描述菌株生长最适pH值、最高pH值及最低pH值。

5.2.24　生长速度（O）

宜描述菌株生长速度，以单位时间内菌落直径大小表示，长度单位一般用mm表示，时间单位以d表示，并描述培养基编号（或配方）以及相应的培养条件。

5.2.25　生理生化特性（O）

应描述菌株特有的生理、生化特性。

5.2.26　特殊遗传标记（O）

对于具有特殊遗传标记的菌株，宜描述其具体的遗传标记信息。

5.2.27　核苷酸序列信息（O）

宜描述菌株的核苷酸序列信息，如ITS1-5.8 S-ITS2序列信息等，并注明核苷酸序列注册号。

5.2.28　菌株用途（O）

宜描述菌株已知的主要用途及功能特性。

5.2.29　致病对象（O）

宜描述病原菌的致病对象类群。

1：人；

2：动物；

3：人畜共患；

4：植物；

5：微生物；

6：无；

7：不清楚。

5.3 其他信息

5.3.1 图像信息（O）

宜描述该菌株的菌落、孢子、产孢结构、组织等图像信息。

5.3.2 文献信息（O）

宜列出该菌株公开发表的文献资料。

5.3.3 保存方法（M）

应描述适合该菌株长期保藏的技术方法。

附录 1

标准或通用培养基成分

1 查氏琼脂（Czapek agar，CA）

查氏浓缩液	10ml
K_2HPO_4	1.0g
蔗糖	30g
琼脂	17.5g
蒸馏水	1 000ml
查氏浓缩液配方：	
$NaNO_3$	30g
KCl	5g
$MgSO_4 \cdot 7H_2O$	5g
$FeSO_4 \cdot 7H_2O$	0.1g
$ZnSO_4 \cdot 7H_2O$	0.1g
$CuSO_4 \cdot 5H_2O$	0.05g
蒸馏水	100ml

2 查氏酵母膏琼脂（Czapek yeast extract agar，CYA）

K_2HPO_4	1g
查氏浓缩液	10ml
酵母抽提物	5g
蔗糖	30g
琼脂	15g
蒸馏水	1 000ml

3 含 20%蔗糖的查氏酵母膏琼脂（Czapek yeast extract agar，CYA20S）

K_2HPO_4	1g
查氏浓缩液	10ml
酵母抽提物	5g
蔗糖	200g
琼脂	15g
蒸馏水	1 000ml

4 麦芽汁琼脂（Malt extract agar，MEA）

麦芽汁抽提物	20g
蛋白胨	1g

葡萄糖　　20g
琼脂　　20g
蒸馏水　　1 000ml

附表 1　　**曲霉属及其相关有性型属菌种资源描述表**

描述日期：　年　月　日

基本信息			
平台资源号		菌株保藏编号	
中文名称		学名	
其他保藏中心编号		来源历史	
收藏时间		原始编号	
原产国		分离人	
分离时间		干标本号	
鉴定人		鉴定人所在单位	
分离基物		采集地	
采集地生境		生物危害程度	
模式菌株		分类地位	
特征特性信息			
标准（或通用）培养条件			
菌落直径		菌落颜色	
菌落质地		渗出液	
菌落反面颜色		分生孢子梗	
分生孢梗茎		顶囊	
瓶梗		梗基	
产孢结构		分生孢子	
分生孢子头		壳细胞	
菌核		子囊座	
闭囊壳		子囊	
子囊孢子		培养基编号	
温度	最高______℃	最适______℃	最低______℃
pH 值	最高______	最适______	最低______
生长速度			
生理生化特性			
特殊遗传标记		核苷酸序列信息	
菌株用途		致病对象	
其他信息			
图像信息		文献信息	
保存方法			

红曲霉菌属菌种资源描述规范

前　言

红曲霉菌属菌种是一类重要的微生物菌种资源，是微生物多样性的组成部分，为真菌学研究、教学及生物技术产业持续发展提供菌种资源。红曲霉菌属菌种具有重要的经济意义，广泛应用于酿酒、制醋、发酵食品、红曲色素、医药和保健品行业，但同时红曲霉菌在代谢过程中会形成有害物质，如橘霉素。

制定本规范是为了规范红曲霉菌属菌种资源描述，便于红曲霉菌属菌种资源的收集、保存、鉴定、评价、研究和利用，有效整理菌种资源，促进菌种资源信息化，实现菌种资源的高效共享和可持续利用。

红曲霉菌属菌种资源描述规范

1 范围

本规范规定了红曲霉菌属菌种资源描述要素和描述要求。

本规范适用于红曲霉菌属菌种资源的收集、鉴定、整理、保藏，以及数据库和信息共享网络系统的建立。

2 规范性引用文件

下列文件中的条款通过本规范的引用而成为本规范的条款。凡是注明日期的引用文件，其随后所有的修改单（不包括勘误的内容）或修订版均不适用于本规范，然而，鼓励根据本规范达成协议的各方研究是否可使用这些文件的最新版本。凡是不注明日期的引用文件，其最新版本适用于本规范。

国务院令第424号《病原微生物实验室生物安全管理条例》。

3 术语和概念

下列术语和概念适用于本规范。

3.1 红曲霉菌属 *Monascus* Van Tieghem

红曲霉菌属菌种菌丝有横隔、无色透亮或含深浅不同的红色色素、或深浅不同的褐色色素，细胞多核，细胞壁光滑，菌丝具不规则分枝，菌丝之间有网结现象。红曲霉菌属菌种的无性生殖和有性生殖几乎同步发生：无性生殖产生分生孢子，分生孢子着生在菌丝顶端或侧面小梗顶端，单生或以向基的方式而形成链，分生孢子具平截基部、单细胞、多核、含油滴、倒梨形或球形、壁光滑、通常无色或含色素；有性生殖产生闭囊壳，壳内形成子囊，每个子囊含8个子囊孢子，闭囊壳成熟后破裂散出子囊孢子，子囊孢子萌发后形成多核菌丝。

3.2 分类系统 Taxonomy

本规范建议参照D. L. Hawksworth & J. I. Pitt（1983）的分类系统，他们根据培养特征和显微镜特征将其分为三个种：丛毛红曲霉（*Monascus pilosus* K. Sato ex D. Hawksw. & Pitt）、红色红曲霉（*Monascus rubber* van Tieghem）、紫色红曲霉（*Monascus purpureus* Went）。同时参照20世纪80年代以后发表的五个新种：佛罗里达红曲霉（*Monascus floridanus* Cannon & Barnard）、苍白红曲霉（*Monascus pallens* Cannon, Abdullah & Abbas）、血红红曲霉（*Monascus sanguineus* Cannon, Abdullah & Abbas）、旱生红曲霉（*Monascus eremophilus* Hocking & Pitt）、新月红曲霉（*Monascus lunisporas* Udagawa & Baba），以及李钟庆（1982）发表的一个新种：橙色红曲霉（*Monascus aurantiacus* Li）。

3.3 分类 Classification

红曲霉菌属：真菌界（Eumycophyta），子囊菌门（Ascomycota），真子囊菌纲（Euascomycetes），散子囊菌目（Eurotiales），红曲霉科（Monascaceae），红曲霉属（*Monascus*）。

4 要求

4.1 描述要求

——描述内容应清楚、准确，力求完整；

——描述文体和术语应保持一致；

——要充分考虑该菌株的最新研究进展；

——能被微生物专业人员理解。

4.2 描述要素

描述要素分为3类：

——M：必备要素，必须描述的要素；

——O：可选要素，其描述与否视具体菌株而定；

——M或O：已有或容易获得的要素必须描述，很难或无法获得的要素可不描述。

5 描述内容

5.1 基本信息

5.1.1 平台资源号（M）

国家自然科技资源e-平台统一生成的资源编号，平台资源号长度为18位，前9位是资源单位编码，后9位是流水号，参见《微生物菌种资源共性描述规范》。

5.1.2 菌株保藏编号（M）

微生物菌种资源在保藏机构的保藏编号。由前缀和菌株编号两部分组成。前缀为保藏机构名称的英文缩写，前缀和菌株编号之间应留半角空格。

5.1.3 中文名称（M）

微生物菌种资源的中文名称。尚无中文译名时，填写“暂无”。

5.1.4 学名（M）

应描述该菌株完整的科学名称。对于鉴定到属，未鉴定到种的菌株，种名以“sp.”表示。

5.1.5 其他保藏中心编号（O）

微生物菌种资源在其他菌种保藏中心的保藏编号。其他保藏中心编号前以等号“=”开头，保藏编号之间用等号“=”连接。

5.1.6 来源历史（M）

微生物菌种资源在收藏单位之前的转移情况。收藏单位前以左指向箭头“←”开头，收藏单位之间用左指向箭头“←”连接。

5.1.7 收藏时间（M或O）

微生物菌种资源被保藏机构收集、保存该菌株的时间。格式为YYYYMMDD，其中YYYY为年，MM为月，DD为日。

5.1.8 原始编号（M或O）

微生物菌种资源的原始分离编号。

5.1.9 原产国（M或O）

微生物菌种资源分离基物采集地所在国家名称。

5.1.10　分离人（M或O）

应描述该菌株原始分离人的姓名。

5.1.11　分离时间（M或O）

应描述该菌株的原始分离时间。

5.1.12　干标本号（O）

如果该菌株有干标本，宜描述其标本保藏机构及保藏编号。

5.1.13　鉴定人（M或O）

应描述该菌株的鉴定人。

5.1.14　鉴定人所在单位（M或O）

应描述该菌株的鉴定人所在单位。

5.1.15　分离基物（M或O）

微生物菌种资源分离物质的具体名称，对于寄生或共生的宜指明分离的具体组织部位。

5.1.16　采集地（M或O）

应描述分离基物的采集地区和采集地点。

5.1.17　采集地生境（O）

宜描述该菌株分离基物采集具体地点的生态环境，参照《微生物菌种资源采集环境描述规范》。

5.1.18　生物危害程度（M）

病原微生物菌种资源的分类，其分类方法见《病原微生物实验室生物安全管理条例》

1：一类；

2：二类；

3：三类；

4：四类；

5：不清楚。

5.1.19　模式菌株（M）

微生物菌种资源是否为模式菌株。

1：模式菌株；

2：非模式菌株。

5.1.20　分类地位（M）

应描述该菌株的界、门、纲、目、科、属、种。

如需要，可描述该菌株的变种、亚种、专化型、融合种名称及生理小种类型等。

5.2　特征特性信息

菌株形态学性状描述中，对颜色的描述通常先以常识性的颜色描述，然后再加上色谱上的具体颜色名称，色谱可参照 Kornerup，A. & Wanscher，J. H. （1978）《Methuen Handbook of Colour》，或者参考中国科学院编译出版委员会（1957）出版的《色谱》。显微性状测量大小时，球形和半球形者测量其直径，以直径范围表示，单位为 μm；其他形状需测其长度和直径，以长度范围 × 直径范围表示，单位为 μm。

5.2.1　标准（或通用）培养条件（M）

描述红曲霉菌属菌种的形态学性状时，应注明所采用的标准（或通用）培养条件。

标准（或通用）培养条件包括标准培养基、培养温度及培养时间。标准培养基为：查氏酵母膏琼脂（Czapek yeast extract agar，CYA）、麦芽精琼脂（Malt extract agar，MEA）、25%甘油硝酸盐琼脂（25% Glycerol nitrate agar，G25N）；培养温度为25℃（CYA、MEA、G25N），5℃和37℃（CYA）；培养时间通常为7d。

5.2.2 菌落直径（M）

应描述该菌株菌落直径，从菌落背面测量，单位为mm。

5.2.3 菌落颜色（M）

菌落颜色主要是分生孢子（分生孢子链）和菌丝体的颜色组成，应描述菌落颜色。

5.2.4 菌落厚薄（O）

菌落的厚薄宜描述其深度（depth），单位为mm。

5.2.5 菌落表面（O）

菌落表面可能平坦，或有不同程度的规则或不规则的放射状皱纹、沟纹、突起或凹陷等，宜描述菌落表面情况。

5.2.6 菌落质地（M）

菌落质地通常可以肉眼观察或借助低倍显微镜观察，主要分为丛卷毛状、羊毛状、绳状、颗粒状和粉末状，应描述菌落质地的类型。

5.2.7 菌落边缘（O）

菌落边缘规则或不规则，应描述菌落边缘形状或是否规则。

5.2.8 渗出液（M或O）

渗出液是菌株在菌落表面渗出的液滴，可能无色或有不同的颜色。应描述菌株是否产生液滴，以及产生液滴的颜色。

5.2.9 可溶性色素（M或O）

有些菌株产生不同程度的可溶性色素并扩散至培养基，有各种不同的颜色。应描述菌株是否产生可溶性色素，以及产生可溶性色素的颜色。

5.2.10 菌落反面颜色（M）

菌落反面颜色通常是基内菌丝体及其产生的色素的颜色，可能无色或呈现不同颜色。应描述菌落反面的颜色。

5.2.11 菌丝（M）

菌丝无色或含有深浅不同的红色色素、褐色色素，具不规则的分枝，应描述菌丝颜色和分枝情况。

5.2.12 分生孢子（M）

分生孢子着生在菌丝顶端或侧面小梗顶端，单生或以向基的方式而形成链，分生孢子具有平截的基部，单细胞，多核，含油滴，倒梨形或球形，壁光滑，通常透亮或含色素，应描述分生孢子的形状、大小、颜色以及壁表面的粗糙程度。

5.2.13 闭囊壳（M）

红曲霉菌属菌种有性生殖阶段产生闭囊壳，最初的闭囊壳是由雄器与雌性器官的受精丝接触，并在两性器官下生出的纠结菌丝包围形成，成熟后的闭囊壳壳壁较薄，无孔口。如形成闭囊壳，应描述其形状和大小。

5.2.14 子囊（M）

子囊是由闭囊壳内产囊器形成，初为子囊母细胞，后子囊母细胞的核分裂，形成子囊孢子，子囊母细胞成为子囊，子囊壁在子囊孢子成熟过程中解体消失。每个子囊通常内含8个子囊孢子，应描述子囊的形状、大小、含有子囊孢子数量以及子囊壁的消失情况。

5.2.15　子囊孢子（M）

子囊孢子椭圆形或近球形；壁平滑或呈现不同程度的粗糙；无色或黄色。应描述子囊孢子形状、大小、颜色和表面粗糙程度。

5.2.16　碳源利用（O）

宜描述该菌株对不同碳源的利用情况。

5.2.17　培养基编号（M）

微生物菌种最适培养基编号用4位数表示，具体编号参考《中国菌种目录》。如果《中国菌种目录》中不包含该培养基，应写明培养基配方和制作方法。

5.2.18　温度（M）

应描述该菌株生长的最适温度、最高温度及最低温度，以℃表示。

5.2.19　pH值（O）

宜描述该菌株生长最适pH值、最高pH值及最低pH值。

5.2.20　生理生化特性（O）

宜描述该菌株特有的生理、生化特性。

5.2.21　特殊遗传标记（O）

对于具有特殊遗传标记的菌株，宜描述其具体的遗传标记信息。

5.2.22　核苷酸序列信息（O）

宜描述该菌株的核苷酸序列信息，如ITS1-5.8 S-ITS2序列信息等，并注明核苷酸序列注册号。

5.2.23　菌株用途（O）

宜描述该菌株已知的主要用途及功能特性。

5.2.24　致病对象（O）

宜描述病原菌种的致病对象类群。

1：人；

2：动物；

3：人畜共患；

4：植物；

5：微生物；

6：无；

7：不清楚。

5.3　其他信息

5.3.1　图像信息（O）

宜描述该菌株的菌落、孢子、产孢结构、组织等图像信息。

5.3.2　文献信息（O）

宜列出该菌株公开发表的文献资料。

5.3.3　保存方法（M）

应描述适合该菌株长期保藏的技术方法。

附录 1

标准或通用培养基成分

1 查氏酵母膏琼脂（Czapek yeast extract agar，CYA）

K_2HPO_4	1g
查氏浓缩液	10ml
酵母抽提物	5g
蔗糖	30g
琼脂	15g
蒸馏水	1 000ml

2 麦芽汁琼脂（Malt extract agar，MEA）

麦芽抽提粉	20g
蛋白胨	1g
葡萄糖	20g
琼脂	15g
蒸馏水	1 000ml

3 25%甘油硝酸盐琼脂（25% Glycerol nitrate agar，G25N）

K_2HPO_4	0. 75g
查氏浓缩液	7. 5ml
酵母抽提粉	3. 7g
甘油（分析纯）	250g
琼脂	12g
蒸馏水	750ml

附表 1　　红曲霉菌属菌种资源描述表

描述日期：　年　月　日

基本信息			
平台资源号		菌株保藏编号	
中文名称		学名	
其他保藏中心编号		来源历史	
收藏时间		原始编号	
原产国		分离人	
分离时间		干标本号	

（续附表 1）

基本信息			
鉴定人		鉴定人所在单位	
分离基物		采集地	
采集地生境		生物危害程度	
模式菌株		分类地位	
特征特性信息			
标准（或通用）培养条件			
菌落直径		菌落颜色	
菌落厚薄		菌落表面	
菌落质地		渗出液	
可溶性色素		菌落反面颜色	
分生孢子梗		孢梗茎	
帚状枝		分生孢子	
菌核		闭囊壳	
子囊		子囊孢子	
裸囊壳		培养基编号	
温度	最高________℃	最适________℃	最低________℃
pH 值	最高________	最适________	最低________
生长速度			
生理生化特性			
特殊遗传标记		核苷酸序列信息	
菌株用途		致病对象	
其他信息			
图像信息		文献信息	
保存方法			

木霉属及其相关有性型属菌种资源描述规范

前　言

木霉属及其相关有性型属菌种是一类重要的微生物菌种资源，是微生物多样性的重要组成部分，为真菌学研究、教学及生物技术产业持续发展提供菌种资源。木霉属及其相关有性型属菌种具有重要的经济意义，某些菌种产生活性很强的纤维素酶、几丁质酶等水解酶类，可用于生产纤维素酶和微生物源的糖蛋白以及用于植病生防，在工农业生产中具有很大的应用潜力。此外，少数菌种能引起蘑菇的病害及果实、薯块、蔬菜的腐烂。

制定本规范是为了规范木霉属及其相关有性型属菌种资源描述，便于木霉属及其相关有性型属菌种资源的收集、保存、鉴定、评价、研究和利用，有效整理菌种资源，促进菌种资源信息化，实现菌种资源的高效共享和可持续利用。

木霉属及其相关有性型属菌种资源描述规范

1　范围

本规范规定了木霉属及其相关有性型属菌种资源描述要素和描述要求。

本规范适用于木霉属及其相关有性型属菌种资源的收集、鉴定、整理、保藏，以及数据库和信息共享网络系统的建立。

2　规范性引用文件

下列文件中的条款通过本规范的引用而成为本规范的条款。凡是注明日期的引用文件，其随后所有的修改单（不包括勘误的内容）或修订版均不适用于本规范，然而，鼓励根据本规范达成协议的各方研究是否可使用这些文件的最新版本。凡是不注明日期的引用文件，其最新版本适用于本规范。

国务院令第424号《病原微生物实验室生物安全管理条例》。

3　术语和概念

下列术语和概念适用于本规范。

木霉属是无性型属。根据《国际植物命名法规》第59条的规定，产生有性型的木霉应转至相应的子囊菌属。木霉菌属的有性型均属于肉座菌属。

3.1　*木霉属 Trichoderma* Pers. ex Fr. 1821

菌丛密集如毡，透明，具隔；分生孢子梗从菌丝的侧枝上生出，直立、分枝，小枝常对生，顶端不膨大，上生分生孢子团；分生孢子卵圆形，浅色或无色，光滑或具疣突，循序连续产生。菌落生长迅速，大部分呈绿色或黄绿色，罕见白色；菌落背面无色或浅黄色，黄色，微红色或黄绿色。产孢层平展、簇状或形成紧密的疣状物。腐生在土壤或木材，有一些种寄生另一些真菌。

3.2　*肉座菌属 Hypocrea* Fr.

子座肉质，垫状或盘状。子囊壳全埋于子座中，壁膜质，色泽鲜明，顶有孔口；子囊长形，子囊之间有假侧丝；子囊孢子椭圆形，双细胞，成熟时分开为两个亚球形的细胞，无色、绿色或褐色。

3.3　*分类系统* Taxonomic System

本规范建议参考 Rifai & Webster（1969），Bissett（1984，1991，1992）和 Samuels & Bissett（1996）的分类系统（章初龙、徐同，1997）。在参考这些分类系统时，应注意以下几点：（1）在他们的分类系统中有“集合种”（aggregate species）“群”（group）的概念，不是《国际植物命名法规》中的一个分类等级，现已不被认可。（2）有些术语已不再使用，如初生小梗（primary sterigma）、次生小梗（secondary sterigma）。（3）关于木霉属及其相关有性型属的分类当前也是比较复杂的，各分类系统应综合考虑。

3.4　分类地位 Taxonomic Status

木霉属：半知菌亚门（Deuteromycotina），丝孢菌纲（Hyphomycetes），丝孢目（Hyphomycetales），丛梗孢科（Moniliaceae），木霉属（*Trichoderma* Pers.）。模式种：Trichoderma viride。

有性型属：子囊菌亚门（Ascomycotina），不整子囊纲（Plectomyces），肉座菌目 Hypocreales，肉座菌科 Hypocreaceae，肉座菌属（*Hypocrea* Fr.）。模式种：Hypocrea rufa。

4　要求

4.1　描述要求

——描述内容应清楚、准确，力求完整；

——描述文体和术语应保持一致；

——要充分考虑该菌株的最新研究进展；

——能被微生物专业人员理解。

4.2　描述要素

描述要素分为 2 类：

——M：必备要素，必须描述的要素；

——O：可选要素，其描述与否视具体菌株而定；已有或容易获得的要素应进行描述；很难或无法获得的要素可不描述。

5　描述内容

5.1　基本信息

5.1.1　平台资源号（M）

国家自然科技资源 e-平台统一生成的资源编号，平台资源号长度为 18 位，前 9 位是资源单位编码，后 9 位是流水号，参见《微生物菌种资源共性描述规范》。

5.1.2　菌株保藏编号（M）

微生物菌种资源在保藏机构的保藏编号。由前缀和菌株编号两部分组成。前缀为保藏机构名称的英文缩写，前缀和菌株编号之间应留半角空格。

5.1.3　学名（M）

应描述该菌株的完整的科学名称，包括属名、种名加词及定名人。对于鉴定到属，未鉴定到种的菌株，种名以“sp.”表示。

5.1.4　中文名称（M）

微生物菌种资源的中文名称，尚无中文译名时，可填“暂无”。

5.1.5　资源归类编码（M）

国家自然科技资源平台资源分级与编码标准中的编码，参见《微生物菌种资源分类编码体系》。

5.1.6　其他保藏中心编号（O）

微生物菌种资源在其他菌种保藏中心的保藏编号。其他保藏中心编号前以等号“=”开头，保藏编号之间用等号“=”连接。

5.1.7　来源历史（M）

微生物菌种资源在收藏单位之前的转移情况。收藏单位前以左指向箭头“←”开头，收藏单位之间用左指向箭头“←”连接。

5.1.8　收藏时间（O）

微生物菌种资源被保藏机构收集、保存该菌株的时间。格式为 YYYYMMDD，其中 YYYY 为年，MM 为月，DD 为日。

5.1.9　原始编号（O）

微生物菌种资源的原始分离编号。

5.1.10　原产国（O）

微生物菌种资源分离基物采集地所在国家名称。

5.1.11　分离人（O）

宜描述该菌株原始分离人的姓名。

5.1.12　分离时间（O）

宜描述该菌株的原始分离时间。

5.1.13　分离基物（O）

微生物菌种资源分离物质的具体名称，对于寄生或共生的宜指明分离的具体组织部位。

5.1.14　干标本号（O）

如果该菌株有干标本，宜描述其标本保藏机构及保藏编号。

5.1.15　鉴定人（O）

宜指明该菌株的鉴定人。

5.1.16　鉴定人所在单位（O）

宜指明该菌株的鉴定人所在单位。

5.1.17　鉴定时间（O）

宜指明该菌株的鉴定时间。

5.1.18　采集地（O）

宜描述分离基物的采集地区和采集地点。

5.1.19　采集地海拔高度（O）

宜描述分离基物采集地点的海拔高度。

5.1.20　采集地的经度（O）

宜描述分离基物采集地点的经度。

5.1.21　采集地的纬度（O）

宜描述分离基物采集地点的纬度。

5.1.22　采集地生境（O）

宜描述该菌株分离基物采集具体地点的生态环境，参照《微生物菌种资源采集环境描述规范（试行）》。

5.1.23　培养基编号（M）

微生物菌种最适培养基编号用 4 位数表示，具体编号参考《中国菌种目录》。如果《中国菌种目录》中不包含该培养基，应写明培养基配方和制作方法。

5.1.24　培养温度范围（O）

应指明培养该菌株的培养温度范围。

5.1.25　生物危害程度（M）

病原微生物菌种资源的分类，其分类方法见《病原微生物实验室生物安全管理条例》。

1：一类；

2：二类；

3：三类；

4：四类；

5：不清楚。

5.1.26　模式菌株（M）

微生物菌种资源是否为模式菌株。

1：模式菌株；

2：非模式菌株。

5.2　特征特性信息

5.2.1　菌落培养培养基名称及编号（M）

应描述该菌株最适培养基的统一编号，由前缀和培养基编号两部分组成。前缀为统一培养基编号的英文缩写 CM，编号以 4 位数字表示，前缀和编号之间不留空格，培养基的统一编号参照《中国菌种目录》。

5.2.2　培养的最高温度（O）

宜指明培养该菌株的最高培养温度。

5.2.3　培养的最适温度（M）

应指明培养该菌株的最适培养温度。

5.2.4　培养的最低温度（O）

宜指明培养该菌株的最低培养温度。

5.2.5　培养的最高 pH（O）

宜指明培养该菌株的最高培养 pH。

5.2.6　培养的最适 pH（O）

宜指明培养该菌株的最适培养 pH。

5.2.7　培养的最低 pH（O）

宜指明培养该菌株的最低培养 pH。

5.2.8　培养光照（O）

宜描述培养该菌株的光照情况。

5.2.9　生长速度（O）

宜描述菌株生长速度，以单位时间内菌落直径大小表示，长度单位一般用 mm 表示，时间单位以 d 表示，并描述培养基编号（或配方）以及相应的培养条件。

5.2.10　菌落直径（M）

应描述该菌株菌落直径，从菌落背面测量，单位为 mm。并指明培养基、培养温度及培养时间。

5.2.11　菌丛厚度（O）

宜描述菌落的菌丛厚度。

5.2.12　菌落质地（M）

菌落质地通常为丝绒状、絮状等，同一菌落可能不同程度的出现其中两种质地。应描述菌落的质地。

5.2.13　菌落颜色（M）

菌落颜色主要表现为分生孢子和菌丝体的颜色，应描述菌落颜色。并指明培养基、培养温度及培养时间。

5.2.14　菌落反面颜色（M）

菌落反面颜色通常是基内菌丝体及其产生的色素的颜色，可能无色或呈现不同颜色。应描述菌落反面的颜色。并指明培养基、培养温度及培养时间。

5.2.15　菌落表面特征（M）

应描述菌落的表面特征。

5.2.16　菌落气味（O）

菌落是否产生气味。如产生气味，宜进行描述，并指明培养基和培养温度及培养时间。

5.2.17　渗出液（O）

渗出液是菌株在菌落表面渗出的液滴，可能无色或呈现不同颜色。宜描述该菌株是否产生液滴，以及液滴呈现的颜色。

5.2.18　可溶性色素（O）

宜描述该菌株是否产生可溶性色素。

5.2.19　菌落产生分生孢子的时间（O）

宜指明菌落产生分生孢子的时间。

5.2.20　菌落产生分生孢子的多少情况（O）

宜指明菌落产生分生孢子量的多少。

5.2.21　分生孢子梗（M）

分生孢子梗是产生分生孢子的结实结构，应描述分生孢子梗的分枝、对称、长度等情况。

5.2.22　瓶梗的形状（M）

分生孢子梗的分枝末端即为瓶梗。应描述瓶梗的形状。

5.2.23　瓶梗的大小（O）

宜描述瓶梗的大小。

5.2.24　瓶梗的着生方式（O）

宜描述瓶梗的着生方式。

5.2.25　分生孢子的形状（M）

分生孢子由瓶梗顶端变狭部分生出，瓶梗茎变成为圆形结构后被瓶梗顶部的内壁和外壁延伸包围，即形成分生孢子。分生孢子多为球形、椭圆形、卵形或洋梨形；表面光滑、粗糙或具小刺、疣或条纹等。应描述分生孢子的形状。

5.2.26　分生孢子的大小（M）

应描述分生孢子的大小。

5.2.27　分生孢子的颜色（M）

应宜描述分生孢子的颜色。

5.2.28 分生孢子的表面特征（M）

应宜描述分生孢子的表面特征。

5.2.29 厚垣孢子的着生方式（O）

厚垣孢子是菌丝在生长时遇到不良环境，细胞质收缩，细胞壁加厚，在表面形成突起，形成厚垣孢子。宜描述厚垣孢子的着生方式以及产生厚垣孢子的培养基名称。

5.2.30 厚垣孢子的形状（O）

宜描述厚垣孢子的形状。

5.2.31 厚垣孢子的大小（O）

宜描述厚垣孢子的大小。

5.2.32 厚垣孢子的颜色（O）

宜描述厚垣孢子的颜色。

5.2.33 厚垣孢子的表面特征（O）

宜描述厚垣孢子的表面特征。

5.2.34 子座的着生方式（O）

子座是由密丝组织形成的一定形状的结构，由菌丝单独组成或菌丝与寄主组织形成。某些种的有性型的子囊壳生于菌核状子座的空穴中。宜描述子座的着生方式以及产生子座的培养基名称。

5.2.35 子座的形状（O）

宜描述子座的形状。

5.2.36 子座的大小（O）

宜描述子座的大小。

5.2.37 子座的颜色（O）

宜描述子座的颜色。

5.2.38 子座的表面特征（O）

宜描述子座的表面特征。

5.2.39 子囊壳的形状（O）

有性阶段产生的子囊果封闭，但顶有孔口，称为子囊壳。宜描述子囊壳的形状。

5.2.40 子囊壳的大小（O）

宜描述子囊壳的大小。

5.2.41 子囊壳的颜色（O）

宜描述子囊壳的颜色。

5.2.42 子囊的形状（O）

子囊多为球形或近球形，通常内含 8 个子囊孢子。宜描述子囊的形状。

5.2.43 子囊的大小（O）

宜描述子囊的大小。

5.2.44 子囊中子囊孢子的数量（O）

宜描述子囊中子囊孢子的数量。

5.2.45 子囊中子囊孢子的排列方式（O）

宜描述子囊中子囊孢子的排列方式。

5.2.46　子囊孢子的形状（O）

子囊孢子多为两瓣结构，呈双凸镜形，部分种有明显或不明显的“赤道”沟或脊，无色透明或具不同颜色。宜描述子囊孢子的形状。

5.2.47　子囊孢子的大小（O）

宜描述子囊孢子的大小。

5.2.48　子囊孢子的颜色（O）

宜描述子囊孢子的颜色。

5.2.49　子囊孢子的表面特征（O）

宜描述子囊孢子的表面特征。

5.2.50　生理特性（O）

宜描述菌株特有的生理特征。

5.2.51　生化特性（O）

宜描述菌株特有的生化特性。特别是菌株的一些产酶特性应予指明。

5.2.52　代谢产物类型（O）

宜描述菌株的代谢产物类型。

5.2.53　主要代谢产物名称（O）

宜描述菌株的主要代谢产物名称。

5.2.54　主要用途（M）

应描述菌株的主要用途。

1：研究；

2：教学；

3：生产；

4：分类；

5：分析检测；

6：其他。

5.2.55　具体用途（O）

宜描述菌株的具体用途。

5.2.56　特殊遗传标记（O）

对于具有特殊遗传标记的菌株，宜描述其具体的遗传标记信息。

5.2.57　核苷酸序列信息（O）

宜描述菌株的核苷酸序列信息，如ITS1-5.8 S-ITS2序列信息等，并注明核苷酸序列注册号。

5.2.58　致病对象（O）

宜指明菌株的致病对象类群。

1：人；

2：动物；

3：人畜共患；

4：植物；

5：微生物；

6：无；

7：不清楚。

5.3 其他信息

5.3.1 图像信息（O）

宜记录该菌株的菌落、孢子、产孢结构、组织等图像信息。

5.3.2 文献信息（O）

宜列出该菌株公开发表的文献资料。

5.3.3 保存方法（M）

应描述适合该菌株长期保藏的技术方法。

附录 1

标准或通用培养基成分

1 马铃薯葡萄糖琼脂（Potato dextrose agar，PDA）

取去皮的马铃薯200g，切成小块，加水1 000ml煮沸30min后滤去马铃薯块，将滤液补充至1 000ml，加葡萄糖20g，琼脂15g，溶化后分装。121℃灭菌30min。

2 玉米粉葡萄糖琼脂（Cornmeal dextrose agar，CMD）

玉米粉 30g
葡萄糖 20g
琼脂 20g
蒸馏水 1 000ml

玉米粉加水调成糊状，60℃水浴1h，双层纱布过滤，补足水量至1 000ml，加葡萄糖和琼脂，溶化后分装，121℃灭菌30min。

3 营养琼脂（Special nutrient agar，SNA）

蔗糖 0.2 g
葡萄糖 0.2 g
KH_2PO_4 1.0 g
KNO_3 1.0 g
KCl 0.5 g
$MgSO_4 \cdot 7H_2O$ 0.5 g
琼脂 20g
蒸馏水 1 000ml

4 麦芽汁琼脂（Malt extract agar，MEA）

麦芽汁抽提物 20g
琼脂 20g
蒸馏水 1 000ml

附表 1　木霉属及其相关有性型属菌种资源描述表

描述日期：　年　月　日

基本信息			
平台资源号		菌株保藏编号	
学名		中文名称	
资源归类编码		其他保藏中心编号	
来源历史		收藏时间	
原始编号		原产国	

（续附表 1）

基本信息			
分离人		分离时间	
分离基物		干标本号	
鉴定人		鉴定人所在单位	
鉴定时间		采集地	
采集地海拔高度		采集地经度	
采集地纬度		采集地生境	
保藏培养基编号		培养温度范围	
生物危害程度		模式菌株	
特征特性信息			
菌落培养培养基名称及编号		培养的最高温度	
培养的最适温度		培养的最低温度	
培养的最高 pH		培养的最适 pH	
培养的最低 pH		培养光照	
生长速度		菌落直径	
菌丛厚度		菌落质地	
菌落颜色		菌落反面颜色	
菌落表面特征		菌落气味	
渗出液		可溶性色素	
菌落产生分生孢子的时间		菌落产生分生孢子的多少情况	
分生孢子梗		瓶梗的形状	
瓶梗的大小		瓶梗的着生方式	
分生孢子的形状		分生孢子的大小	
分生孢子的颜色		分生孢子的表面特征	
厚垣孢子的着生方式		厚垣孢子的形状	
厚垣孢子的大小		厚垣孢子的颜色	
厚垣孢子的表面特征		子座的着生方式	
子座的形状		子座的大小	
子座的颜色		子座的表面特征	
子囊壳的形状		子囊壳的大小	
子囊壳的颜色		子囊的形状	
子囊的大小		子囊中子囊孢子的数量	
子囊中子囊孢子的排列方式		子囊孢子的形状	
子囊孢子的大小		子囊孢子的颜色	
子囊孢子的表面特征		生理特性	
生化特性		代谢产物类型	
主要代谢产物名称		主要用途	
具体用途		特殊遗传标记	
核苷酸序列信息		致病对象	
其他信息			
图像信息		文献信息	
保存方法			

植物病原真菌菌种资源描述规范

前　　言

植物病原真菌是指那些可以侵染植物并引起植物病害的真菌，已记载的有 8 000 种以上。植物病害中由真菌引起的病害数量最多，几乎每种作物都有几种、甚至几十种真菌病害。其中不少植物真菌病害危害严重，如小麦锈病、玉米小斑病、玉米黑粉病、葡萄霜霉病、马铃薯晚疫病、水稻胡麻叶斑病和栗疫病等真菌病害，曾在历史上造成重大损失和社会影响。多年来，植物真菌病害防治方面取得了很大成就。然而，随着作物产量水平的提高，植物病害的危害也更为突出。同时，化学药剂所带来的环境问题也越来越受到人们的重视。寻找无污染、环境良好的防治植物病害及其他农业有害生物的新途径已成为国内外关注的热点。

对植物病原菌特性的研究和了解是有效防治植物病害的前提。同时，一些植物病原真菌的弱毒菌系可用来诱导植物抗性从而防治病害，也有一些植物病原真菌可用来防治杂草，还有一些植物病原真菌可用来生产医药、生化药品甚至食品添加剂等。可见，植物病原真菌中蕴藏着大量的、特殊的基因资源。然而，进行所有上述有关研究都需要有易于得到的、可靠的、具有必要描述信息的植物病原真菌菌种。因此，植物病原真菌菌种资源的收集、鉴定、评价和保藏是一项极为重要的基础性工作。

制定本规范是使植物病原真菌菌种资源描述规范化的基础，将促进植物病原真菌菌种资源的收集、保存、鉴定、评价、研究和利用工作，实现菌种资源的高效共享和可持续利用。

植物病原真菌菌种资源描述规范

1 范围

本规范规定了植物病原真菌菌种资源描述要素和描述要求。

本规范适用于植物病原真菌菌种资源的收集、鉴定、整理、保藏工作，以及数据库和信息共享网络系统的建立。

2 规范性引用文件

下列文件中的条款通过本规范的引用而成为本规范的条款。凡是注明日期的引用文件，其后续文本或修订版本（不包括勘误的内容）不适用于本规范。凡是不注明日期的引用文件，其最新版本适用于本规范。

国务院令第424号《病原微生物实验室生物安全管理条例》。

3 术语和概念

下列术语和概念适用于本规范。

3.1 *植物病原真菌* plant pathogenic fungi

植物病原真菌是指那些可以侵染植物并引起植物病害的真菌。本规范中所指的真菌为传统上由真菌学家研究的菌物，包含真菌界（Kingdom Fungi）的全部、藻物界（Kingdom Chromista）和原生动物界（Kingdom Protozoa）的部分成员。

4 要求

4.1 *描述要求*

——描述内容应清楚、准确、完整；

——描述文体和术语应保持一致；

——要充分考虑所描述菌株的最新研究进展，也要注意其历史背景；

——能被微生物专业和植物病理专业人员理解。

4.2 *描述要素*

描述要素分为3类：

——M：必备要素，必须描述的要素；

——O：可选要素，其描述与否视具体菌株而定；

——M或O：已有或容易获得的要素必须描述；很难或无法获得的要素可不描述。

5 描述内容

5.1 基本信息

5.1.1 平台资源号（M）

国家自然科技资源 e-平台统一生成的资源编号，平台资源号长度为 18 位，前 9 位是资源单位编码，后 9 位是流水号。

5.1.2 学名（M）

菌株完整的科学名称，需要时描述到亚种（subs.）或变种（var.）。对于鉴定到属（genus），未鉴定到种（species）的菌株，种加词以“sp.”代替。对于未鉴定的菌株，以“unidentified fungus”表示。

5.1.3 中文名称（M）

菌株的中文名称（如有别名，可在括号中注明）。尚无中文名称者，填写“暂无”。

5.1.4 资源归类编码（M）

菌株的资源归类编码，参见《微生物菌种资源分类编码体系》。

5.1.5 分类地位（M）

菌株隶属的界（Kingdom）、门（Phylum）、纲（Class）、目（Order）、科（Family）、属（Genus）。

5.1.6 专化型和生理小种（M 或 O）

菌株的专化型（f. sp.）和生理小种（physiologic race）。

5.1.7 菌株保藏编号（M）

菌株在保藏机构的保藏编号，由前缀和菌株编号两部分组成。前缀为保藏机构名称的英文缩写，前缀和菌株编号之间留半角空格。

5.1.8 其他保藏机构编号（O）

菌株在其他菌种保藏机构的保藏编号。其他保藏机构的编号由等号“=”开头，保藏编号之间用等号“=”连接。

5.1.9 来源历史（M）

菌株在保藏机构之间的转移情况。保藏机构以左指向箭头“←”开始，保藏机构之间用箭头“←”连接。

5.1.10 分离人（M 或 O）

菌株的原始分离人姓名。

5.1.11 分离时间（M 或 O）

菌株的原始分离时间。格式为 YYYYMMDD，其中 YYYY 为年，MM 为月，DD 为日。

5.1.12 菌株原始编号（M 或 O）

菌株的原始分离编号。

5.1.13 收藏时间（M 或 O）

菌株被保藏机构收集、保藏的时间。格式为 YYYYMMDD，其中 YYYY 为年，MM 为月，DD 为日。

5.1.14 培养基编号（M）

最适培养基的统一编号，编号以 4 位数表示，培养基的统一编号参考《中国菌种目录》。

5.1.15　原产国或地区（M 或 O）

菌株分离基物采集地所在国家或地区的名称。

5.1.16　标本号（O）

如果所描述菌株有其寄主或菌体的标本，应描述其标本保藏机构及保藏编号。

5.1.17　鉴定人（M 或 O）

菌株的鉴定人。

5.1.18　鉴定人所在单位（M 或 O）

菌株的鉴定人所在单位名称。

5.1.19　采集地（M 或 O）

分离基物的采集地行政区划，包括省级、县级行政区划以及采集地点。

5.1.20　采集地生境（O）

菌株分离基物采集具体地点的生态环境，参照《微生物菌种资源采集环境描述规范》。

5.1.21　分离基物（M 或 O）

菌株分离基物的具体名称，并描述分离的具体组织部位或器官。

5.1.22　生物危害程度（M）

菌株的生物危害等级归类，参照《病原微生物实验室生物安全管理条例》。

5.1.23　模式菌株（M）

指明是否为模式菌株。

5.2　形态特征和生物学特性

菌株形态学性状描述中，对颜色的描述参考标准色谱进行。标准色谱有 Ridgway（1912）《Color standards and Color nomenclature》，Kornerup & Wanscher（1967；1978）《The Methuen Handbook of Colour》，Rayner（1970）《A Mycological Colour Chart》或 Royal Horticultural Society（2001）《R. H. S. Color Chart（ed. 4th）》。通过显微镜观察其性状和测量大小时，球形和半球形者测量其直径，以直径范围表示，单位为 μm；其他形状需测其长度和直径，以长度范围 × 直径范围表示，单位为 μm。

5.2.1　菌落形态特征（O）

菌落直径，厚薄，质地，形态，正反面颜色，是否产生特殊气味、渗出液或可溶性色素及其颜色，以及其他显著特征，并指明描述菌落形态时所用培养基编号（或配方）及相应的培养条件。

菌落直径从菌落背面测量，单位为 mm；菌落的厚薄应描述其深度（depth），单位为 mm；菌落质地通常可以肉眼观察或借助低倍显微镜观察，如绒状、絮状、绳状、颗粒状和粉末状等，应描述菌落质地的类型；菌落表面形态可能平坦，或有不同程度的规则或不规则的放射状皱纹、沟纹、突起或凹陷等形状，还有的菌落表面具有同心环纹，应描述菌落表面实际情况；应依据色谱上的具体颜色名称描述菌落的颜色特征。

5.2.2　菌丝形态特征（O）

菌丝的分隔特征、典型特征、特化特征及菌丝类型等。

5.2.3　产孢特征（M）

对于无性阶段的描述，应指明无性孢子产孢结构的类型、大小、形状等，以及无性孢子的类型、大小、结构、着生方式、颜色、表面特征等。

对于有性阶段的描述，应指明有性孢子产孢结构的类型、大小、形状等，以及有性孢子的类型、大小、结构、着生方式、颜色、表面特征等。

5.2.4 培养温度（M）

菌株生长的最适温度、最高温度及最低温度，以℃表示。

5.2.5 pH 值（O）

菌株生长最适 pH 值、最高 pH 值及最低 pH 值。

5.2.6 菌落生长速度（O）

菌株的菌落生长速度，以单位时间内菌落直径大小表示，长度单位一般用 mm 表示，时间单位以 d 表示，并描述培养基编号（或配方）以及相应的培养条件。

5.2.7 生理生化特性（O）

菌株特有的生理、生化特性。

5.2.8 植物病害名称（M）

菌株引起的植物病害名称。若被描述菌种在不同寄主上可引起不同病害，则以菌株分离基物所属植物的病害排在前面，然后是该菌可引起的最常见或最重要的病害名称。

5.2.9 地理分布（M 或 O）

菌株所致病害的地理分布。

5.2.10 主要寄主名称（M）

菌株在自然界的主要寄主植物的学名和中文名称。

5.2.11 寄主范围（M 或 O）

菌株的寄主植物范围，列出自然寄主和试验寄主。

5.2.12 寄生特点（M 或 O）

菌株的寄生特点，如活物寄生或死体寄生，内寄生或外寄生，单主寄生或转主寄生等。

5.2.13 传播方式（M 或 O）

自然状况下菌株的接种体扩散到达寄主植物的方式。

5.2.14 所致病害的症状特点（M 或 O）

菌株所致植物病害的症状特点（如叶斑、茎腐等）。

5.2.15 病害的流行特点和危害程度（M 或 O）

菌株所致植物病害的流行特点，危害程度一般分为重、中和轻。

5.2.16 遗传特征（O）

菌株的遗传特征、交配型（mating type）及具有的特殊遗传标记。

5.2.17 核苷酸序列信息（O）

菌株的核苷酸序列信息，如 rDNA ITS 序列信息等，并注明核苷酸序列注册号。

5.2.18 菌株用途（O）

菌株已知的主要用途及功能特性。

5.3 ,其他信息

5.3.1 图像信息（O）

菌株的菌落、孢子、产孢结构、组织等及所致病害症状的图像信息。

5.3.2 保存方法（M）

适于菌株长期保藏的技术方法。

5.3.3　文献信息（O）

菌株公开发表的文献资料。

附表 1　植物病原真菌菌种资源描述表

描述日期：　　年　　月　　日

基本信息			
平台资源号		学名	
中文名称		资源归类编码	
分类地位			
专化型和生理小种			
菌株保藏编号		其他保藏机构编号	
来源历史			
分离人		分离时间	
菌株原始编号		收藏时间	
培养基编号		原产国或地区	
标本号		鉴定人	
鉴定人所在单位			
采集地		分离基物	
采集地生境			
生物危害程度		模式菌株	
形态特征和生物学特性			
菌落形态特征			
菌丝形态特征			
产孢特征			
培养条件	温度	最高______℃　最适______℃　最低______℃	
	pH	最高______　最适______　最低______	
菌落生长速度			
生理生化特性			
植物病害名称			
地理分布			
主要寄主名称			
寄主范围			
寄生特点			
传播方式			
所致病害的症状特点			
病害的流行特点和危害程度			
遗传特征			
核苷酸序列信息			
菌株用途			
其他信息			
图像信息		保存方法	
文献信息			

腐霉属、疫霉属菌种资源描述规范

前　言

卵菌中腐霉属、疫霉属多数种类可被分离、培养和保藏，它们是一类形态多样、生理独特、生态上适应性广的生物类群。其中多数种类为维管束植物的兼性或高度专化的寄生菌，引起一些重要农作物的严重病害，如：马铃薯晚疫病、油菜根腐病、柑橘根腐与果腐病、多种植物幼苗的猝倒病等。然而，有些种类能合成生物素、核黄素、硫胺素、叶酸、泛酸、抗坏血酸等；有些能转化甾醇类化合物；有些则能分泌纤维素酶和果胶酶；有些甚至能抑制或杀灭其他植物病原真菌。对这类菌种资源进行研究和规范化的描述可增进人们对他们的了解，并为该类群卵菌资源的收集和共享奠定一定的基础。

本规范规定了对腐霉属、疫霉属卵菌不同分类群进行描述应包括的基本内容和要求。

腐霉属、疫霉属菌种资源描述规范

1 范围

本规范规定了茸鞭生物界卵菌门腐霉属、疫霉属菌种资源描述的内容。

2 术语和定义

下列术语和定义适用于本规范。

2.1 腐霉属（*Pythium* Pringsh.）（*Stramenopola* 茸鞭生物界，Oomycota 卵菌门，Oomycetes 卵菌纲，Pythiales 腐霉目，Pythiaceae 腐霉科）

菌丝发达，分枝繁茂，常形成菌丝膨大体或附着胞，很少产生厚垣孢子。孢囊梗与菌丝无区别。孢子囊线形、姜瓣形和球形，成熟后不脱落，萌发生游动孢子或芽管，游动孢子在泡囊内形成。卵孢子球形，壁平滑或具纹饰。全球已报到 100 余种，中国有 56 种。大多数腐生于土壤或水中，少数引起植物幼苗猝倒、苗枯和根腐病。如瓜果腐霉［*Pythium aphanidermatum*（Edson）Fitzp.］，在中国分布极为广泛，危害多种蔬菜、瓜果、林木幼苗以及棉花、甜菜和烟草等。

2.2 疫霉属（*Phytophthora* de Bary）（Stramenopola 茸鞭生物界，Oomycota 卵菌门，Oomycetes 卵菌纲，Pythiales 腐霉目，Pythiaceae 腐霉科）

菌丝培养初无隔多核，老后具隔，分枝多呈锐角，常在分枝处缢缩，少数种可产生吸器，有时形成菌丝膨大体。孢囊梗从与菌丝区别不大至分化明显，不分枝、不规则分枝、合轴分枝，或从空孢子囊内层出。孢子囊生于梗端。孢子囊大多卵形或倒梨形，具乳突、半乳突或无乳突，成熟后脱落或不脱落，脱落者常具长短不等的柄，萌发产生游动孢子或芽管，游动孢子在孢子囊内形成。藏卵器具侧生或基生两种雄器。全球已报道 60 余种，中国已知近 30 种。如致病疫霉［*Phytophthora infestans*（Mont.）de Bary］引起马铃薯晚疫病。

2.3 孢囊梗 Sporangiophore

产生孢子囊的特化菌丝。

2.4 孢子囊 Sporangium（复数 Sporangia）

一种袋状结构，其内含的全部原生质体转化为数目不定的游动孢子。

2.5 游动孢子 Zoospore

无性繁殖产生的一种具鞭毛的无壁的能动孢子。

2.6 芽管 Germ tube

从萌发的孢子囊或孢子上产生的菌丝结构，可发育成菌丝或在某些致病种类中产生特化的侵染结构。

2.7 泡囊 Vesicle

孢子囊萌发产生无细胞壁的囊状体，游动孢子在其中发育成熟。

2.8 藏卵器 Oogonium（复数 Oogonia）

含一个或多个卵球的雌配子囊。

2.9 雄器 Antheridium（复数 Antheridia）

雄配子囊。

2.10 卵孢子 Oospore

由卵球通过受精或单性生殖而形成的一种厚壁孢子。

2.11 异宗配合 Heterothallic

需要两个交配型（A_1，A_2）共同培养才能形成卵孢子的现象。

2.12 同宗配合 Homothallic

不需要通过两个菌株配对可形成卵孢子的现象。

2.13 休止孢 Cyst

游动孢子停止游动，鞭毛脱落或吸收后形成的有壁结构。

3 腐霉属、疫霉属菌种资源基本信息

3.1 要求

应根据《微生物菌种资源共性描述规范》要求，对腐霉属、疫霉属菌种的共性进行描述，具体描述内容逐项记入附表 1 中。描述要素分为 2 类：

M：必须描述的要素；

O：可选要素，其描述与否视具体菌株而定。

3.2 平台资源号（M）

国家自然科技资源 e-平台统一生成的资源编号，平台资源号长度为 18 位，前 9 位是资源单位编码，后 9 位是流水号，参见《微生物菌种资源共性描述规范》。

3.3 菌株保藏编号（M）

微生物菌种资源在保存机构的保藏编号，由前缀和菌株编号两部分组成。前缀，即保藏机构名称的缩写，前缀和菌株编号之间应留半角空格。

3.4 拉丁学名（M）

应指明该菌株的学名。种的名称应包括属名、种加词及定名人和定名时间；种级以下分类群的名称应包括属名、种加词和种下等级的加词及该分类群的定名人和定名时间，种加词和种下等级的加词之间用指示其等级的术语（如 subsp.，var.，forma 等）相连。未鉴定到种的菌株，以“属名 sp.”表示。

3.5 中文名称（M）

微生物菌种资源的中文名称。尚无中文译名时，填写“暂无”。

3.6 资源归类编码（M）

国家自然科技资源平台资源分级与编码标准中的编码，参见《微生物菌种资源分类编码体系》。

3.7 收藏时间（M）

微生物菌种资源被保藏机构收集、保存该菌株的时间。格式为 YYYYMMDD，其中 YYYY 为年，MM 为月，DD 为日。

3.8 来源历史（M）

得到该菌株的途径。如菌株转移经过多个保藏机构，则保藏机构之间用一个左指向的

箭头“←”连接。

3.9 原始编号（M）

该菌株的原始分离编号。

3.10 是否模式菌株（M）

应指明该菌株是否为模式菌株。

3.11 其他保藏单位编号（O）

该菌株在其他菌种保藏机构中的菌株保藏编号。每个其他编号均由等号“=”开头，如编号不止一个时，中间也用等号“=”连接。

3.12 原产国或地区（M）

菌种的分离基物采集地所在国家、地区的名称，ISO 国家或地区代码。

3.13 鉴定人（O）

应指明该菌株的鉴定人姓名。

3.14 分离人（O）

该菌株的原始分离人的姓名。

3.15 分离时间（O）

该菌株的最初分离时间。格式为 YYYYMM，其中 YYYY 为年，MM 为月。

3.16 分离基物（M）

该菌株的分离源，宜指明具体分离自何种物质。

3.17 采集地区（O）

分离基物采集地的行政区划，详细到县。

3.18 采集地生境（O）

分离基物采集具体地点的生态环境描述。

3.19 采集时间（O）

采集分离基物样品的时间。

3.20 培养基（M）

应参照《中国菌种目录》，指明培养该菌种所用培养基的编号，如《中国菌种目录》没有收录，应给出该培养基的具体配方及制作方法。

3.21 培养温度（M）

应指明该菌株的最适培养温度。

3.22 具体用途（O）

宜指明微生物菌种资源的具体用途。

3.23 生物危害程度（M）

应指明该菌株的生物危害类群，具体参照《病原微生物实验室生物安全管理条例》。

3.24 致病对象（O）

病原微生物菌种的致病对象类群，如人类、动物、植物或微生物等。

3.25 传播途径（O）

微生物菌种资源在自然界的传播途径，主要包括接触传播、空气传播、食物传播、水传播以及血液、体液传播等。

3.26 寄主名称（O）

菌种寄生宿主的拉丁文名称和中文名称。

3.27 基因元器件（O）

宜指明该菌株所携带的特定用途的质粒、F 因子、载体、筛选标记基因、启动子、增强子、信号肽基因等。

4 腐霉属、疫霉属菌种特征特性描述信息

4.1 要求

描述要素分为2 类：M 为必须描述的要素；O 为可选要素，其描述与否视具体菌株而定。

4.2 营养体特征

4.2.1 培养特征（M）

腐霉属、疫霉属的一些种具有比较特别的培养特征。应采用玉米粉培养基（CMA）于该种的最适培养温度下培养，并对其培养特征进行描述。菌落形态主要有以下三种：菊花瓣状、玫瑰花瓣状和放射状。

应给出各个种的最适、最高生长温度。最适条件下的生长速度，以菌落直径（mm/24h at ℃）表示。

4.2.2 菌丝及其变态

应对菌丝进行描述，包括：是否有气生菌丝，菌丝有无隔膜，菌丝分枝情况及其菌丝变态类型。这两属多数种的菌丝通常膨大成球形、近球形、柠檬形、椭圆形或不规则形，膨大可发生于菌丝中间或顶端。有的种菌丝膨大为特化的附着胞，附着胞或简单或复杂，形状大致有直的、弯曲的、扁平的、柄状或球形。该属中个别种还产生厚垣孢子，描述时应注意。另外对所有的种均应测量菌丝直径，精确到0.1μm。

4.3 无性繁殖特征（M）

4.3.1 孢囊梗

应指明孢囊梗的分化情况。

4.3.2 孢子囊

应从以下几个方面对其进行描述：

——孢子囊是否着生在分化的孢囊梗上。同时，应指明其着生部位（顶生、间生或侧生），是否具层出现象；

——孢子囊萌发时是否形成泡囊，或直接萌发形成芽管。若形成泡囊，还应给出泡囊大小；

——孢子囊的形态、大小、是否具乳突。孢子囊的形态包括：丝状、菌丝膨大状、裂瓣状、球形、近球形、梨形、椭圆形等；

——孢子囊是否脱落，小梗（pedicel）长度。

4.3.3 游动孢子

游动孢子形成部位（孢子囊或泡子囊）。

游动孢子形状，大小。休止孢直径大小。

4.4 有性繁殖特征（M）

4.4.1 藏卵器

应对藏卵器的形状、着生部位（顶生、间生或侧生）、大小、表面光滑或具刺状、指状或不规则突起进行描述。

4.4.2 雄器

应对雄器形状、大小、每个藏卵器上的数量、着生部位（基生或侧生）、有柄或无柄、（雌、雄）同丝生或（雌、雄）异丝生进行描述。

4.4.3 卵孢子

应对卵孢子形状、数量、大小、颜色、壁的厚薄以及是否满器，油球的位置等进行描述。

4.5 遗传信息（O）

宜对菌株的ITS、18S rRNA或28S rRNA等基因序列进行了分析。如该序列提交到GenBank，应提供序列注册号。

4.6 其他特征信息（O）

4.6.1 致病性

宜说明该菌是否是条件致病菌或致病菌。

4.6.2 图像信息

宜给出菌株的菌落形态图像、显微特征形态图像。

4.6.3 文献信息

宜列出与菌株相关的公开发表的文献资料的详细信息。

附表1 **腐霉属、疫霉属菌种资源描述表**

描述日期：　　年　　月　　日

基本信息			
平台资源号		菌株保藏编号	
拉丁学名		中文名称	
资源归类编码		收藏时间	
来源历史		原始编号	
是否模式菌株		其他保藏机构编号	
原产国或地区		鉴定人	
分离人		分离时间	
分离基物		采集地区	
采集地生境		采集时间	
培养基		培养温度	
生物危害程度		致病对象	
传播途径		寄主名称	
具体用途		基因元器件	
特征特性信息			
营养体特征	菌落形态		
	菌丝特征		
无性繁殖特征	孢囊梗		
	孢子囊		
	游动孢子		

（续附表 1）

特征特性信息			
有性繁殖特征	藏卵器		
	雄器		
	卵孢子		
遗传信息	ITS 基因序列		
	18S rRNA 基因序列		
	28S rRNA 基因序列		
其他特征信息	致病性		
	图像信息		
	文献信息		

七、大型真菌

大型真菌（mushroom，macrofungi）是指有显著子实体的真菌（地下或地上），其子实体肉眼可见，徒手可摘。目前全世界已知大型真菌至少有14 000种，估计地球上的大型真菌约为140 000种，目前我国已发现并记载的大型真菌有3 800多种，在分类学上大型真菌大多数隶属于子囊菌门（Asxomycota）和担子菌门（Basidiomycota）。按照目前对大型真菌的研究和应用，一般将大型真菌分为食用菌、木腐菌和外生菌根菌三个大部分。

1 食用菌

1.1 我国食用菌栽培业的发展

食用菌是一类子实体肉质或胶质可供食用的大型真菌，通常只有少数几种子囊菌，绝大多数种类是担子菌，担子菌中又以伞菌目（Agaricales）为最多。目前，世界上已经发现的食用菌达2 000多种，我国有981种，能够进行人工栽培的有80多种，目前商业化栽培的有50多种（表1）。据有关统计，1978年我国食用菌总产量为6万吨，1986年增至58.6万吨，1990年首次突破100万吨，1994年为264万吨，1998年达435万吨，2001年达782万吨，2003年达1 039万吨，2006年达1 461万吨，总产值超过600亿元人民币。据中国海关统计2006年全国食用菌出口创汇达11.21亿美元。产量超过100万吨的有4种，分别是平菇、香菇、双孢蘑菇、木耳；产量超过10万吨的有金针菇、鸡腿菇、草菇、滑菇、茶树菇、银耳、白灵菇、杏鲍菇、茯苓9种。目前食用菌已经成为中国农业中的一个重要产业，是种植业中仅次于粮、棉、油、果、菜的第六大类产品。

表1　我国人工栽培的食用菌

中文名	商品名	学名
双孢蘑菇	白蘑菇、洋菇	*Agaricus bisporus*
双环蘑菇	大肥菇、高温蘑菇	*Agaricus bitorquis*
巴西蘑菇	姬松茸、巴西菇	*Agaricus blazei*
柱状田头菇	杨树菇	*Agrocybe aegerita*
茶薪菇	茶树菇	*Agrocybe chaxinggu*
黑木耳		*Auricularia auricula*
皱木耳	网纹木耳	*Auricularia delicata*
琥珀褐木耳	黄褐木耳	*Auricularia fuscosuccenia*
毛木耳	黄背木耳	*Auricularia polytricha*
毛头鬼伞	鸡腿蘑	*Coprinus comatus*
小孢毛头鬼伞	白鸡腿蘑	*Coprinus ovatus*
短裙竹荪	竹荪	*Dictyophora duplicata*
棘托竹荪	竹荪	*Dictyophora echinovolvata*
长裙竹荪	竹荪	*Dictyophora indusiata*
红托竹荪	竹荪	*Dictyophora rubrovolvata*
牛舌菌	牛排菌	*Fistulina hepatica*

（续表 1）

中文名	商品名	学名
金针菇	冬菇、金钱菇、金针蘑	*Flammulina velutipes*
榆耳	榆蘑	*Gloeostereum incarnatum*
灰树花	舞茸、栗蘑、云蕈	*Grifola frondosa*
猴头菌	猴头菇	*Hericium erinaceus*
分枝猴头菌	莱花菇	*Hericium ramosum*
真姬菇	蟹味菇、玉蕈	*Hypsizigus marmoreus*
香菇	花菇、香信	*Lentinula edodes*
大斗菇	巨大香菇	*Lentinus giganteus*
紫丁香蘑	裸口蘑	*Lepista nuda*
灰离褶伞	松毛菌	*Lyophyllum cinerascens*
高大环柄菇	棉花菇	*Macrolepiota procera*
长根菇	奥德蘑	*Oudemansiella radicata*
鳞长根菇		*Oudemansiella radicata* var. *furfuracea*
滑菇	滑子蘑	*Pholiota nameko*
多脂鳞伞	柳蘑、黄伞	*Pholita adiposa*
红平菇		*Pleurotus　djamor*
鲍鱼菇		*Pleurotus abalonus*
金顶侧耳	榆黄蘑	*Pleurotus citrinopileatus*
黄白侧耳	姬菇、小平菇	*Pleurotus cornucopiae*
盖囊侧耳	高温平菇	*Pleurotus cystidiosus*
刺芹侧耳	杏鲍菇	*Pleurotus eryngii*
阿魏侧耳	白灵菇	*Pleurotus nebrodensis*
糙皮侧耳	平菇	*Pleurotus ostreatus*
凤尾菇		*Pleurotus plumonarius*
美味侧耳		*Pleurotus sapidus*
虎奶菇	虎奶菌、南洋茯苓	*Pleurotus tuber*
皱环球盖菇	大球盖菇	*Stropharia rugosoannulata*
银耳	白木耳、雪耳	*Tremella fuciformis*
血耳	红耳	*Tremella sanguinea*
金耳	云南黄木耳	*Tremellx aurantialba*
巨大口蘑	金福菇、洛巴依口蘑	*Tricholoma giganteum*
银丝草菇	树生草菇、丝盖苞脚菇	*Volvariella bombycin*
草菇	杆菇、麻菇	*Volvariella volvacea*
茯苓	皖苓、鄂苓、闽苓、松茯苓	*Wolfiporia cocos*

1.2 我国野生食用菌

我国幅员辽阔，气候复杂，地形多变，自然植被的种类丰富，菌类资源丰富，我国野生食用菌贸易于下列类群中：松茸类、牛肝菌类、红菇类、鸡纵类、干巴菌类、珊瑚菌类、鸡油菌类和块菌类。

松茸类迄今为止全球共报道15 种1 变种，我国记载5 种1 变种，松茸 *Tricholoma matsutake*、黄褐口蘑 *T. fulvocastaneum*、假松茸 *T. bakamatsutake*、青冈蕈 *T. quericicola*、粗壮口蘑 *T. robustum*；1 变种是台湾松茸变种 *T. matsutake* (Ito et Imai) Singer var. *formosana*。

在我国松茸分布于辽宁、黑龙江（牡丹江地区）、吉林、安徽、四川、甘肃、山西、贵州、云南、广西、西藏、福建、台湾等省区，主产区为东北地区和云南。在我国东北地区，松茸类资源由于早年的采集现已趋枯竭。近年来我国西南地区的松茸由于受到来自日本等国际市场的强烈需求，被大量采集，其中特别是那些菌蕾期的子实体，地下菌丝因为不当的采收亦受到了干扰，这使得川、滇、藏交界地区的资源明显受到威胁；松茸也已被列入国家濒危保护物种。同属的蒙古白蘑 *T. mongolicum* 和黄皮白蘑 *T. gambosum* 为草原产珍贵食用菌，主产于我国东北、内蒙古中东部、内蒙古及俄罗斯阿尔泰草原，与禾草类有共生关系，由于过量的采集，现已日趋减少。

中国牛肝菌区系的种质资源非常丰富。在中国发现的具菌管或具菌褶的牛肝菌目 (Boletales) 的种类多达 390 种以上，其中 199 种是可食用的。中国有不少非常好的食用牛肝菌，如美味牛肝菌 *Boletus edulis*、铜色牛肝菌 *B. aereus*、橙香牛肝菌 *B. citrifragrans*、褐圆孔牛肝菌 *Gyroporus castaneus*、蓝圆孔牛肝菌 *G. cyanescens*、橙黄疣柄牛肝菌 *Leccinum aurantiacum*、黄皮疣柄牛肝菌 *L. crocipodium* 和褐环乳牛肝菌 *Suillus luteus*。此外，黑点疣柄牛肝菌 *L. atrostipitatum* 味道也相当鲜美。有毒牛肝菌在牛肝菌中所占比例不太高，食用后主要会引起肠胃不适或神经症状，但个别能引起严重症状。有些可食用的牛肝菌与有毒的种类在外观上相似。所以，不认识或易混淆的种类则不要采食，以免造成严重后果。

我国西南地区（云南、四川、西藏、贵州等）食用牛肝菌种类最为丰富，南方的广东、台湾、福建、广西、海南、湖南等省区食用牛肝菌也非常丰富。其次是东北及华东沿海各省，食用牛肝菌种类也不少。牛肝菌类是云南市场上最为重要的食用菌，约占总贸易量的 30%。同时美味牛肝菌也是国际著名的食用菌，在欧洲国家深受欢迎，是出口创汇的重要种类之一。

羊肚菌属 *Morchella* 隶属于子囊菌亚门 Ascomycotina 盘菌目 Pezizales、羊肚菌科 Morchellaceae，共有 28 个种，我国有 10 种：小顶羊肚菌 *Morchella angusticeps*、尖顶羊肚菌 *M. conica*、粗柄羊肚菌 *M. crassipes*、小羊肚菌 *M. deliciosa*、开裂羊肚菌 *M. diatans*、高羊肚菌 *M. elata*、羊肚菌 *M. esculenta*、硬羊肚菌 *M. rigida*、庭园羊肚菌 *M. horitensis*、离柄羊肚菌 *M. semilibera*。这些羊肚菌分布在云南、甘肃、湖南、四川、青海、河南、河北、黑龙江、辽宁、宁夏、新疆、江苏等地，由于具有独特的口味成为重要的食用菌。

块菌隶属子囊菌亚门 Ascomycotina，块菌目 Tuberales，块菌科 Tuberaceae，块菌属 *Tuber*。块菌子囊果呈不规则的球形、半球形或块状。块菌是世界上最珍贵的可食用菌根菌之一，它具有奇特的香味和营养价值，必须与适宜树木营共生生活，因此产量有限，国际市场上价格昂贵，供不应求，其中又以被誉为“黑钻石”的黑孢块菌 *Tuber melanosporum* Vitt 和意大利白块菌 *Tuber Magnatum* Pico 最为昂贵，其价值可与黄金媲美。

迄今全球已描述的块菌在 60 种以上，据统计，我国自 1985 年以来先后发现了 26 种块菌，主要分布在西南的四川和云南，西北的新疆和西藏等地，在山西、辽宁、吉林、福建等省区也陆续发现有块菌的分布。夏块菌 *Tuber aestivum*、波奇块菌 *Tuber borchii*、印度块菌 *Tuber indium*、中国块菌 *Tuber sinense*、喜峰块菌 *Tuber himalayense* 等几种可食块菌出口欧洲。

红菇类包括红菇属和乳菇属，据不完全统计，红菇属有贸易食菌 12 余种，其中最为重要的是变绿红菇，其次是美丽红菇和蓝黄红菇，其余各种较少见。其中变绿红菇，是早为产区人民所喜爱的一种食用菌，在云南分布范围广，资源蕴藏量丰富，主要以新鲜菌在当地市场销售。

2 木腐菌

木腐菌（Wood-decay fungi）是一大类能侵蚀或分解树木或木材细胞，并吸收营养和破坏结构，导致树木和木材腐朽的真菌。能全部或部分降解木材中的木质素、纤维素和半纤维素，其降解机制有：白色腐朽、褐色腐朽、软腐朽、木材变色菌、污染性腐朽等。

一个健康的生态系统由 4 部分组成：非生物成分、生产者、消费者和分解者，其中分解者在生态系统中的作用极为重要，没有它们，物质不能循环，生态系统将崩溃。而在森林生态系统中，木材腐朽菌能将木材中的木质素、纤维素和半纤维素降解为下一代苗木能够吸收的营养物质，从而完成系统中的物质循环。从分类学地位来看，木材腐朽菌主要指担子菌门（Basidiomycota）和子囊菌门（Ascomycota）以及半知菌类的部分真菌。

2.1 白色腐朽真菌

一般情况下，木材白腐菌对纤维素、半纤维素和木质素都能分解，但对木质素的分解能力更强。由于暗色的木质素的大量分解，腐朽后的木材呈白色，随着分解的进行，木材细胞的次生壁逐渐变薄，木材质地将变为纤维状或海绵状。引起白色腐朽的真菌种类较多，主要是担子菌，还有少数子囊菌，白色腐朽多发生在阔叶树上。在选择性脱木质化作用中，比较典型的是由松木层孔菌（*Phellinus pini*）或灰树花菌（*Grifola frondosa*）引起白色腐朽；而同步腐烂中以木蹄层孔菌（*Fomes fomentarius*）和弗氏灵芝（*Ganoderma pfeifferi*）引起的白色腐朽较为典型，另外，在全球范围内危害严重的病原菌密环菌（*Armillaria mellea*）和多年异担子菌（*Heterobasidion annosum*）和大多数多孔菌包括变孔菌属（*Anomoporia*）、小薄孔菌属（*Antrodiella*）、黑管菌属（*Bjerkandera*）、蜡质孔菌属（*Ceripiria*）、拟蜡孔菌属（*Ceriporiopsis*）、齿毛菌属（*Cerrena*）、粗毛孔菌属（*Funalia*）、纤孔菌属（*Inonotus*）、荣氏菌属（*Junghuhnia*）、锐孔菌属（*Oxyporus*）、多年卧孔菌属（*Perenniporia*）、木层孔菌属（*Phellinus*）、多孔菌属（*Polypours*）、硬孔菌属（*Rigidoporus*）、栓菌属（*Trametes*）等等，以及子囊菌中的轮层炭壳属（*Daldinia*）、炭团菌属（*Hypoxylon*）和炭角菌属（*Xylaria*）均引起白色腐朽。

2.2 褐色腐朽真菌

木材褐腐菌能分解纤维素和半纤维素，但不能分解木质素，或分解木质素的能力很弱，仅对木质素分子稍加改变，如使之脱去甲氧基或加以氧化等。褐色腐朽的木材由于木质素的残留而呈浅或深褐色，质地变成碎粒状、粉状或方块裂纹状。

木材腐朽菌中只有 10% 作用的真菌引起褐色腐朽，大多数为担子菌中的多孔菌，包括薄孔菌属（*Antrodia*）、拟迷孔菌属（*Daedalea*）、牛排菌属（*Fistulina*）、拟层孔菌属（*Fomitopsis*）、灼孔菌属（*Laetiporus*）、褐色腐朽干酪菌属（*Oligoporus*）、帕氏孔菌属

(*Parmastomyces*)、扇菇菌属(*Phaeolus*)、滴孔菌属(*Piptopolus*)、干腐菌属(*Serpula*)、芮氏孔菌属(*Wolfiporia*)。

2.3 软腐真菌

这些菌类在木质细胞间隙活动，可分解单宁、胶质物及其他的一些有机物，但一般并不真正损害木质细胞壁，因此把它们对木材的分解称作软腐朽。将这些菌就称为木材软腐菌。软腐朽在水中的木材与土壤接触的较湿的木材、林地内的倒木，以及各种高湿度环境中的木材上都可发生。在引起木材软腐的菌类中也有少数能分解木材中的纤维素，在木材细胞次生壁的中层上形成空洞，对木材的危害也较大，常引起木材表层的软化。木材因软腐引起的重量减少一般在百分之几的范围，但也有达百分之十几或更高的。软腐主要发生在木材外表层上，在深度方向上的进展较慢，对不断面材所受的危害相对小些。

软腐朽真菌主要是子囊菌和半知菌的一些种类，其中最重要的软腐朽真菌是炭角菌科的枯焦菌(*Ustulina deusta*)，而有些是土壤中纤维素的分解者，是木材腐朽菌中的特殊类群，通常腐烂的窗框和滑湿的地板木块、栅栏木上能找到此类真菌。

2.4 木材变色菌

木材变色有化学性变色、物理性变色、生理性变色和微生物性变色等。其中微生物性变色最普遍，是由于真菌和细菌在木材表面或内部的生长而引起的木材变色，真菌中的木材腐朽菌、木材软腐菌、木材变色菌和污染性霉菌以及细菌等都可以引起木材的变色，而木材变色菌引起的木材变色最明显。

木材变色菌一般由子囊菌及一部分半知菌组成，常见的有长喙壳属(*Ceratocystis*)、毛壳属(*Chaetomium*)、镰孢属(*Fusarium*)、交链孢属(*Aternaria*)、枝霉属(*Cladosporium*)、根霉属(*Rhizopus*)和毛霉属(*Mucor*)等。这些菌属当中大多数只侵入边材中的薄壁组织，其菌丝多从木材细胞壁的纹孔中穿入，吸取细胞内的糖类、淀粉、磷脂等有机物，并不分解木材的真正木质部分，也不影响木材的强度，但它们的活动常常使木材表层出现色斑。只有在适宜条件下，才能破坏木材细胞壁。由木材变色菌引起的木材变色因树种与菌种而异，常见的变色有青、褐、黄、绿、红、灰、黑等颜色。

3 外生菌根真菌

外生菌根是菌根真菌菌丝体侵染宿主植物尚未木栓化的营养根形成的，其主要特征是菌丝在植物营养幼根表面形成菌套(Mantle)，同时侵入到根的皮层组织细胞间隙形成哈蒂氏网(Hartig net)，但不侵入细胞内部。外生菌根真菌能提高宿主营养的吸收，固定土壤中营养元素及分布，增强宿主的抗逆性，影响植物的群落演替和区系组成，维持系统的多样性，因此外生菌根在生态系统中发挥了重要作用。在漫长的进化过程中，菌根真菌与陆地植物相互影响，一起经历了自然的演变。

3.1 我国外生菌根菌的资源状况

据不完全统计，形成外生菌根的植物主要限于种子植物中的乔灌木，约占世界30多万种维管植物的10%，主要为松科(Pinaceae)、柏科(Cupressaceae)、杨柳科(Salicaceae)、桦木科(Betulaceae)、壳斗科(Fagaceae)等34科百余属植物。据统计，高等真菌有10目、30科、81属、535种可与280种树木形成外生菌根，不同的树种与真菌的共生组合估计可达1 500种以上。就外生菌根资源多样性进行的调查研究，主要集中在不同的自然地理区域、植被类型和生态环境下。

我国外生菌根资源调查研究起步较晚，但进展较快，如对滇西北高山针叶林区主要林型下外生菌根的分布调查，在7种主要林型下，发生外生菌根真菌16科、32属、149种，其中紫晶蜡蘑（*Laccaria amethystea*）、彩色豆马勃（*Pisolithustinctorius*）、乳牛肝菌（*Suillusbovinus*）、点柄乳牛肝菌（*S. granulatus*）等为各种林型和生境下的常见种。

3.2 我国外生菌根生物技术及应用现状

随着人们对菌根研究的不断深入，外生菌根在生态系统的稳定、农林业生产和社会经济等方面所表现出的重要性，越来越引起人们的关注，目前外生菌根技术在引种、菌根化育苗造林、逆境造林、植物病害防治以及食用菌生产等方面的应用都已取得了初步成效。

3.2.1 引种

引种一种新的植物时，应同时引进相应的菌根真菌，尤其是那些专性菌根树种（如松树等）。许多国家和地区都因缺少菌根真菌导致引种失败，例如：南美的波多黎各岛引种27种国外松，近30年均告失败，直到引入原产地的菌根真菌才造林成功。我国广东省林业科学研究所1974年引种*Pinuselliottii*、*P. caribaea* 和 *P. taeda*，由于缺乏足量的菌根真菌，造林几告失败。之后采用菌根真菌接种的幼苗进行造林，使得这三种松树的成活率分别达到86%、100%、97%。

3.2.2 菌根化育苗造林

采用菌根化育苗造林不仅可以提高造林成活率；促进树木生长，提高木材产量；提高林木吸收利用养分的能力；而且苗期接种还可以大大减少菌剂的用量，节约成本。具有省工、省料、省成本及技术配套的优点，值得推广研究。世界上许多国家和地区都规定在特定情况下造林，必须采用菌根化的苗木。如：美国规定在湿草原地区育苗造林必须对苗木进行接种。为此，美国还成立了“菌根技术公司”，专门为林木菌根化提供菌根生物制剂。前苏联规定在森林草原地带建立苗圃要采取接种菌根的措施。我国育苗虽还没有成文规定，但在许多地方已开始大面积苗木接种，并取得一定的成效。中国林业科学院林木菌根研发中心也进行了菌根生物制剂的生产和应用技术的研究，并在全国20个省（区）推广，取得了显著的成效。

3.2.3 逆境造林

在许多荒坡废地上造林，历来是一项艰巨的工作。在这些常规造林困难的地区，选择适宜的树种和适应性强的外生菌根菌，采用人工合成菌根技术可以大大提高造林的成活率，加速植被的恢复，防止地力衰退和环境的进一步恶化，促进生态平衡。在我国西部生态环境恢复与重建中将会起到极其重要的作用。

3.2.4 防治植物根部病害

近年来，国内外许多研究结果表明，菌根菌对植物病原菌有一定的颉颃作用，从而将菌根技术作为植物病害生物防治的一种手段，取得了较好的效果。菌根技术在植物根部病害防治中的应用，不仅能增强植物的抗性，减少农药等化学制剂的使用，避免造成环境污染，实现生态安全，而且可以提高土壤的活性，增加土壤有机质，改善土壤理化结构，维持根际微生态系统的健康与稳定。

3.2.5 外生菌根食用菌

外生菌根真菌中有一大部分为食用菌，如：鸡油菌（*Cantharellus cibarius*）、松乳菇（*Lactarius deliciosus*）、变绿红菇（*Russula virescens*）、黑孢块菌（*Tuber melanosporum*）、松口蘑（*Tricholoma matsutake*）、美味牛肝菌（*Boletus edulis*）等。但遗憾的是现在还不能完

全人工栽培，而只能利用菌根技术，在活的植物根部进行“菌根合成”。法国等已研制成功这一技术，意大利等国家也先后建立了块菌的种植园，成功地向人们展示了这一菌根技术应用的广阔前景。因此世界上产生了许多以生产名贵菌根食菌为经营目的的新型经济林。许多国家已成立了专门的机构，从事外生菌根食用菌的研究和生产。

4 广泛发掘和收集大型真菌菌种资源的必要性和迫切性

为了很好地保存和利用自然界生物的多样性；为了丰富和充实育种工作和生物学研究的物质基础，种质资源工作的首要环节和迫切任务是广泛发掘和收集种质资源。

4.1 不少宝贵资源大量流失，急待发掘保护

近几十年来，随着对野生食药用资源的过度开采利用和自然环境的破坏及变化，其中的部分类群种群数量显著减少，甚至受到严重威胁，野生食用菌尤其是野生贸易真菌的种类和产量也呈逐年下降趋势。刘培贵参照植物和动物关键类群的划分原理及方法，结合高等真菌的特点将大型高等真菌划分为三种类型：濒危类群、重大科学价值类群和重要经济类群。濒危类群指在近年的考察和报告中发现的数量急剧减少或由于过度的采集资源明显受到威胁的种类，其中有虫草属（*Cordyceps*）的冬虫夏草（*C. sinensis*）、块菌属（*Tuber*）的中华块菌（*T. sinense*）、假下陷块菌（*T. pseudoexcavatum*）、喜马拉雅块菌（*T. hemlayense*）、革菌属（*Thelephora*）的干巴菌（*T. ganbajun*）、口蘑属（*Tricholoma*）的松茸（*T. matsutake*）及其近缘种和蒙古口蘑（*T. mongolicum*）；重大科学价值类群指在真菌系统演化或与动、植物和其他真菌协同进化中的一些重要类群，或在应用研究领域具重要价值的类群，如鸡枞菌属（*Termitomyces*）、鹅膏属（*Amanita*）、腹菌与伞菌的过渡类型如地红菇属（*Macowanites*）、粉褶包属（*Richoniella*）、轴腹菌属（*Hydnangium*）、腹牛肝菌属（*Gastroboletus*）等、牛肝菌类中的一些特殊单种属和寡种属如圆花孢牛肝菌属（*Heimiella*）、圆孔牛肝菌属（*Gyroporus*）等；重要经济类群指广为利用的食用菌、药用菌和外生菌根菌，其中主要有虫草属的中华虫草、块菌属的中华块菌、鸡枞菌属盾尖鸡枞菌（*T. dypeatus*）、鸡枞菌（*T. eurrhizus*）、球形鸡枞菌（*T. globulus*）、口蘑属的松茸群及蒙古口蘑、牛肝菌属（*Boletus*）的美味牛肝菌（*B. edulis*）、小美牛肝菌（*B. speciosus*）、茶褐牛肝菌（*B. brunneissimus*）等，乳菇的红汁乳菇（*L. hatsudake*）、松乳菇（*L. deliciousus*）、多汁乳菇（*L. volemus*）、红菇属的变绿红菇（*R. virescens*）、蓝黄红菇（*R. cyanoxantha*）、鹅膏属的红黄鹅膏（*A. hemicapha*）、隐花青鹅膏（*A. manginiana*）、灵芝属（*Ganoderma*）的灵芝（*G. lucidum*）及紫芝（*G. sinense*）、竹荪属（*Dictyophora*）、豆马勃属（*Pisolithus*）的一些种，这些种类由于具有重要的经济价值而受到过度的采集，故往往与濒危的种类一致。这些种质资源一旦从地球上消灭，就难以用任何现代技术重新创造出来。所以必须采取紧急的有效措施，来发掘、收集和保护这些种质资源，为子孙后代造福。

4.2 我国食用菌栽培业的发展需要不断的驯化和培育新的品种

新的育种目标必须有更丰富的种质资源才能完成。随着食用菌生产的不断发展，对栽培品种提出了越来越高的要求，要解决这些日新月异的育种任务，使育种工作有所突破，迫切需要更多、更好的种质资源供人们选用，以便按照人们的需要，将其有利基因转育到现有品种中去。为了避免新品种遗传基础的贫乏，必须利用更多的种质资源。随着少数遗传上有关连的优良品种的大面积推广，并且使用它们作亲本培育出的一系列品种，不但在许多农艺性状上是均一的，而且在遗传组成上也是相近的。这种遗传多样性的大幅度减少

和品种的单一化，恰恰增加了对严重病虫害抵抗能力的遗传脆弱性。即一旦发生新的病害或寄生物，会产生新的适应性，而使作物失去抵抗力。目前世界上所用双孢蘑菇品种大多数来源于同一菌株，导致商业栽培品种的遗传多样性非常匮乏。要解决由于品种遗传多样性匮乏造成的问题，必须收集、鉴定和利用更广泛的食用菌种质资源作为育种材料。

为了满足人口增长和生产发展的需要，必须不断地发展新种类。我国食用菌业以物种多样性发展为特色，在国际食用菌行业中占有特殊的地位，并受到世界的关注。特别是进入本世纪中国食用菌生产以多品种影响和改变世界长期食用单一品种的现象。除了已商业栽培的常规种类，如蘑菇、香菇、各种平菇（包括凤尾菇、白平菇、红平菇、榆黄磨、鲍鱼菇）、草菇、金针菇、滑菇、银耳、黑木耳、毛木耳、猴头菌、竹荪等的生产得到巩固和发展之外，各种新开发或新引进的珍稀食用菌，如姬松茸、真姬菇、杏鲍菇、阿魏蘑、白灵菇、茶薪菇、杨树菇、大球盖菇已普遍引起各地菇农的重视，成为继常规品种之后，最有增产潜力的栽培品种，尤其白灵菇可谓我国具有自主知识产权，原产地在新疆的高品位食用菌，也是上世纪末以来开发生产受世人欢迎的珍品。这些种类大大丰富了菜篮子，增加了市场竞争力，调节了我国食用菌的产品结构，满足消费者需求的多样化，促进我国食用菌产业持续、稳定、健康的发展。在此情形下，我国需要加强食用菌资源普查，保护食用菌资源的多样性，继续发挥资源优势，驯化选育优良、高品位的菌株，保持生产品种多样化为特色。

4.3　大型真菌在自然界中具有不可取代的生态地位

无论是作为森林生态系统物质循环的重要环节，还是提高生态系统的生物多样性，大型真菌都具有不可替代的作用，然而，近一个世纪以来，原始林遭到毁灭性的砍伐和破坏，生态环境恶化，生物物种以惊人的速度从地球上消失，由于大型真菌与其他生物之间密不可分的关系，很多种类也面临绝迹的威胁。鉴于大型真菌在森林生态系统中的重要作用，一定程度上讲，保护生态环境，维护生态系统的健康，不但要保护高等植物、动物的多样性，也要保护大型真菌的生物多样性。

4.4　描述规范的制定与应用的目的是促进菌种资源的保藏和共享

根据微生物菌种资源描述规范和技术规程进行微生物菌种资源的收集、整理和保藏后，其最终目的是为社会提供资源共享，为我国的基础研究、开发利用、科技创新和可持续性发展服务。微生物菌种资源信息的数据化和网络化是实现共享的桥梁，是国家微生物菌种资源共享平台体系的一个重要部分。

大型真菌菌种资源描述规范

前　言

大型真菌是菌物中的一个重要类群，很多种类具有较高的营养价值和药用价值，是目前菌物中最有开发应用前景的一类；此外，一些大型真菌能够分解枯死植物，对维持自然界物质循环、生态平衡有重要的作用，可开发应用于造纸业和环境净化；一些大型真菌能引起树木病害或损害多种木质产品，对此类病原真菌的认识的加强，有利于预防和减少危害的发生。

制定本规范是为了规范大型真菌菌种资源描述，便于大型真菌菌种资源的收集、保藏、鉴定、评价、研究和利用，有效整理菌种资源，促进菌种资源信息化，实现菌种资源的高效共享和可持续利用。

大型真菌菌种资源描述规范

1 范围

本规范规定了大型真菌菌种资源描述要素和描述规范。

本规范适用于大型真菌菌种资源的收集、整理和保藏，以及数据库和信息共享网络系统的建立。

2 规范性引用文件

下列文件中的条款通过本规范的引用而成为本规范的条款。凡是注明日期的引用文件，其随后所有的修改单（不包括勘误的内容）或修订版均不适用于本规范，然而，鼓励根据本规范达成协议的各方研究是否可使用这些文件的最新版本。凡是不注明日期的引用文件，其最新版本适用于本规范。

国务院令第424号《病原微生物实验室生物安全管理条例》。

3 术语和定义

下列术语和定义适用于本规范。

3.1 大型真菌 *macrofungi*

大型真菌是菌物中子实体大型的一类真菌，泛指广义上的蘑菇或蕈菌。

4 要求

4.1 描述要求

——描述内容应清楚、准确，力求完整；

——要充分考虑该菌株的最新研究进展；

——能被微生物专业人员理解。

4.2 描述要素

描述要素分为2类：

——M：必备要素，必须描述的要素；

——O：可选要素，其描述与否视具体菌株而定。

5 描述内容

5.1 基本信息

5.1.1 平台资源号（O）

国家自然科技资源e-平台统一生成的资源编号，平台资源号长度为18位，前9位是资源单位编码，后9位是流水号，参见《微生物菌种资源共性描述规范》。

5.1.2 学名（M）

应指明该菌株的完整科学名称。对于鉴定到属，未鉴定到种的菌株，种名以“sp.”表示；对于未鉴定的菌株，以“unidentified”表示。

5.1.3 中文名称（M）

微生物菌种资源的中文名称，尚无中文译名时，可填“暂无”。

5.1.4 资源归类编码（M）

国家自然科技资源平台资源分级与编码标准中的编码，参见《微生物菌种资源分类编码体系》。

5.1.5 菌株保藏编号（M）

微生物菌种资源在保藏机构的保藏编号。由前缀和菌株编号两部分组成。前缀为保藏机构名称的英文缩写，前缀和菌株编号之间应留半角空格。

5.1.6 其他中心编号（O）

微生物菌种资源在其他菌种保藏中心的保藏编号。其他保藏中心编号前以等号“=”开头，保藏编号之间用等号“=”连接。

5.1.7 来源历史（M）

应指明得到该菌株的途径。如菌株转移经过多个保藏机构，则保藏机构之间用一个左指向的箭头“←”连接。

5.1.8 分离人（M）

应指明该菌株最初分离人的姓名。

5.1.9 分离时间（M）

应指明该菌株的分离时间。格式为YYYYMMDD，其中YYYY为年，MM为月，DD为日。

5.1.10 原始编号（M）

微生物菌种资源的原始分离编号。

5.1.11 标本号（O）

如果该菌株有标本，宜指明其标本的保藏机构及保藏编号。

5.1.12 鉴定人（O）

宜指明该菌株的鉴定人。

5.1.13 鉴定人所在单位（O）

宜指明该菌株的鉴定人所在单位。

5.1.14 收藏时间（O）

微生物菌种资源被保藏机构收集、保存该菌株的时间。格式为YYYYMMDD，其中YYYY为年，MM为月，DD为日。

5.1.15 原产国（M）

微生物菌种资源分离基物采集地所在国家名称。

5.1.16 采集地区（O）

宜指明该菌株采集地的行政区划，详细到县。

5.1.17 分离基物（O）

微生物菌种资源分离物质的具体名称，对于寄生或共生的宜指明分离的具体组织部位。

5.1.18 采集地生境（O）

宜描述该菌株分离基物具体采集地点的生态环境，参照《微生物菌种资源采集环境描述规范》。

5.1.19 生物危害程度（M）

病原微生物菌种资源的分类，其分类方法见《病原微生物实验室生物安全管理条例》。

1：一类；

2：二类；

3：三类；

4：四类；

5：不清楚。

5.1.20 培养基编号（M）

微生物菌种最适培养基编号用4位数表示，具体编号参考《中国菌种目录》。如果《中国菌种目录》中不包含该培养基，应写明培养基配方和制作方法。

5.1.21 模式菌株（M）

微生物菌种资源是否为模式菌株。

1：模式菌株；

2：非模式菌株。

5.1.22 分类地位（M）

应指明每个菌株的界、门、纲、目、科、属、种。如需要，可指明该菌株的变种、亚种、专化型、融合种名称及生理小种类型等。

5.1.23 菌种用途（O）

宜指明菌株已知的主要用途及功能特性。

5.1.24 致病对象（O）

病原微生物菌种资源的致病对象类群。

1：人；

2：动物；

3：人畜共患；

4：植物；

5：微生物；

6：不清楚。

5.1.25 病害名称（O）

宜指明病原菌种致病的病害名称。

5.1.26 寄主名称（O）

微生物菌种资源引起的疾病名称及其组织部位。

5.2 特征特性信息

5.2.1 子实体的形态特征

5.2.1.1 子实体或子座（M）

应指明菌株子实体或子座的形态特征，包括子实体或子座的大小、整体形状、质地及分离方法和部位等。

5.2.1.2　菌盖（O）

宜指明菌盖的直径大小、整体形状、菌盖边缘形状、菌盖表面性状和颜色。

5.2.1.3　菌肉（O）

宜指明菌肉的颜色、质地，以及菌肉伤后变色情况和气味。

5.2.1.4　菌柄（O）

宜指明菌柄的整体性状、长度、直径、质地，与菌盖的着生关系，表面性状与颜色。

5.2.1.5　菌环（O）

宜指明菌环的有无及其着生部位、颜色、质地等。

5.2.1.6　菌托（O）

宜指明菌托的有无及其颜色、形状等。

5.2.1.7　菌褶（O）

宜指明菌褶的颜色、形状及与菌柄的着生关系。

5.2.1.8　菌管（O）

宜指明菌管的颜色，管孔的形状和大小。

5.2.1.9　侧丝（O）

对于子囊菌类的一些菌种宜描述其子座内侧丝的颜色、形状、长度等形态特征。

5.2.1.10　子囊（O）

宜指明子囊的颜色和形状等特征。

5.2.1.11　子囊孢子（O）

宜指明子囊孢子的颜色、大小、形状以及表面特征（如光滑或有刻纹等）等特征。

5.2.1.12　担子（O）

宜指明担子的颜色、大小和形状等特征。

5.2.1.13　担孢子（O）

宜指明担孢子的颜色、大小和形状等特征。

5.2.1.14　孢子印（O）

宜指明孢子印的颜色。

5.2.1.15　其他（O）

宜指明其他有性生殖器官方面的特征。

5.2.2　培养特征（O）

宜指明菌落颜色、形态以及其他培养特征，并指出所用培养基的名称或配方以及培养条件。

5.2.3　生理生化特征（O）

宜指明菌株重要的生理生化特征，如：吸收利用水分、各种碳源、氮源、硫源及其他特殊化合物的能力；对温度、pH 值的需求及耐受性；对盐的耐受性；对生长因子及其他特殊化合物及营养的需求；产生的酶或酸等生理生化特征。

5.2.4　核苷酸序列信息（O）

宜指明菌株的核苷酸序列信息，如 ITS、18S rDNA 等序列信息，并注明核苷酸序列注册号。

5.3 其他信息

5.3.1 图像信息（O）

宜给出该菌株的菌落、菌丝、孢子、产孢器官、组织等图像信息。

5.3.2 文献信息（O）

宜列出该菌株公开发表的文献资料。

附表1　　大型真菌菌种资源描述表

描述日期：　　年　　月　　日

基本信息			
平台资源号			
学名		中文名称	
资源归类编码		菌株保藏编号	
其他中心编号		来源历史	
分离人		分离时间	
原始编号		标本号	
鉴定人		鉴定人所在单位	
收藏时间		原产国或地区	
采集地区		分离基物	
采集地生境		生物危害等级	
培养基编号		模式菌株	
分类地位			
菌种用途	1：研究　2：教学　3：生产　4：分类　5：分析检测　6：其他		
致病对象		病害名称	
寄主名称			

特征特性信息				
子实体的形态特征	子实体		子座	
	菌盖		菌肉	
	菌柄		菌环	
	菌托		菌褶	
	菌管		侧丝	
	子囊		子囊孢子	
	担子		担孢子	
	孢子印		其他	

（续附表 1）

特征特性信息				
培养特征	菌落形态			
	菌落颜色			
	其他菌落特征			
生理生化特征	吸收利用水分、各种碳源、氮源、硫源及其他特殊化合物的能力			
	对温度、pH 的需求及耐受性			
	对生长因子及其他特殊化合物及营养的需求			
	产生的酶或酸			
	其他			
分子生物学特征	18S rDNA 序列		ITS 序列	
	特异性 DNA 片段		其他	
其他信息				
图像信息			文献信息	

木腐菌菌种资源描述规范

前　　言

木腐菌是一大类能侵蚀或分解树木或木材细胞，并吸收营养和破坏结构，导致树木和木材腐朽的真菌。在自然界中，木腐菌在森林物质转换和能量平衡方面发挥关键作用；此外，作为木材防腐技术研究的实验材料之一，可用于防腐剂筛选、效果检验和防腐机理等研究。目前，对木腐菌的利用研究已扩大到生物制浆造纸、饲料蛋白、抗癌药物和环境净化等领域。

制定本规范是为了规范木腐菌菌种资源描述，便于木腐菌菌种资源的收集、保存、鉴定、评价、研究和利用，有效整理菌种资源，促进菌种资源信息化，实现菌种资源的高效共享和可持续利用。

木腐菌菌种资源描述规范

1　范围

本规范规定了木腐菌菌种资源描述要素和描述规范。

本规范适用于木腐菌菌种资源的收集、整理和保藏，以及数据库和信息共享网络系统的建立。

2　规范性引用文件

下列文件中的条款通过本规范的引用而成为本规范的条款。凡是注明日期的引用文件，其随后所有的修改单（不包括勘误的内容）或修订版均不适用于本规范，然而，鼓励根据本规范达成协议的各方研究是否可使用这些文件的最新版本。凡是不注明日期的引用文件，其最新版本适用于本规范。

国务院令第424号《病原微生物实验室生物安全管理条例》。

3　术语和定义

下列术语和定义适用于本规范。

3.1　木腐菌 *wood-decay fungi*

木腐菌是一大类能侵蚀或分解树木或木材细胞，并吸收营养和破坏结构，导致树木和木材腐朽的真菌。主要引起树木白腐、褐腐、软腐和木材表面变色等。英文亦称 wood-destroying fungi；wood-attacking fungi；wood-rotting fungi。

4　要求

4.1　描述要求

——描述内容应清楚、准确，力求完整；

——要充分考虑该菌株的最新研究进展；

——能被微生物专业人员理解。

4.2　描述要素

描述要素分为2类：

——M：必备要素，必须描述的要素；

——O：可选要素，其描述与否视具体菌株而定。

5　描述内容

5.1　基本信息

5.1.1　平台资源号（M）

国家自然科技资源 e-平台统一生成的资源编号，平台资源号长度为18位，前9位是资源单位编码，后 9 位是流水号，参见《微生物菌种资源共性描述规范》。

5.1.2　学名（M）

应指明该菌株的完整科学名称。对于鉴定到属，未鉴定到种的菌株，种名以“sp.”表示；对于未鉴定的菌株，以“unidentified”表示；对于不能鉴定的菌株，以“sterile fungi”表示。

5.1.3　中文名称（M）

微生物菌种资源的中文名称，尚无中文译名时，可填“暂无”。

5.1.4　资源归类编码（M）

国家自然科技资源平台资源分级与编码标准中的编码，参见《微生物菌种资源分类编码体系》。

5.1.5　菌株保藏编号（M）

微生物菌种资源在保藏机构的保藏编号。由前缀和菌株编号两部分组成。前缀为保藏机构名称的英文缩写，前缀和菌株编号之间应留半角空格。

5.1.6　其他中心编号（O）

微生物菌种资源在其他菌种保藏中心的保藏编号。其他保藏中心编号前以等号“=”开头，保藏编号之间用等号“=”连接。

5.1.7　来源历史（M）

微生物菌种资源在收藏单位之前的转移情况。收藏单位前以左指向箭头“←”开头，收藏单位之间用左指向箭头“←”连接。

5.1.8　分离人（M）

应指明该菌株最初分离人的姓名。

5.1.9　分离时间（M）

应指明该菌株的分离时间。格式为 YYYYMMDD，其中 YYYY 为年，MM 为月，DD 为日。

5.1.10　原始编号（M）

微生物菌种资源的原始分离编号。

5.1.11　标本号（O）

如果该菌株有标本，宜指明其标本保藏机构及保藏编号。

5.1.12　鉴定人（O）

宜指明该菌株的鉴定人。

5.1.13　鉴定人所在单位（O）

宜指明该菌株的鉴定人所在单位。

5.1.14　收藏时间（O）

微生物菌种资源被保藏机构收集、保存该菌株的时间。格式为 YYYYMMDD，其中 YYYY 为年，MM 为月，DD 为日。

5.1.15　原产国（M）

微生物菌种资源分离基物采集地所在国家名称。

5.1.16　采集地区（O）

宜指明该菌株采集地的行政区划，详细到县。

5.1.17　分离基物（O）

微生物菌种资源分离物质的具体名称，对于寄生或共生的宜指明分离的具体组织部位。

5.1.18　采集地生境（O）

宜指明该菌株分离基物具体采集地点的生态环境描述，参照《微生物菌种资源采集环境描述规范》。

5.1.19　生物危害程度（M）

病原微生物菌种资源的分类，其分类方法见《病原微生物实验室生物安全管理条例》。

1：一类；

2：二类；

3：三类；

4：四类；

5：不清楚。

5.1.20　培养基编号（M）

微生物菌种最适培养基编号用4位数表示，具体编号参考《中国菌种目录》。如果《中国菌种目录》中不包含该培养基，应写明培养基配方和制作方法。

5.1.21　模式菌株（M）

微生物菌种资源是否为模式菌株。

1：模式菌株；

2：非模式菌株。

5.1.22　分类地位（M）

应指明每个菌株的界、门、纲、目、科、属、种。如需要，可指明该菌株的变种、亚种、专化型、融合种名称及生理小种类型等。

5.1.23　菌种用途（O）

微生物菌种资源的主要用途；

1：分类；

2：研究；

3：教学；

4：分析检测；

5：生产；

6：其他。

5.2　特征特性信息

5.2.1　木腐菌菌种资源类型（M）

木腐菌菌种资源一般分为以下几类：

1：白腐菌；

2：褐腐菌；

3：中间型腐朽菌；

4：软腐菌；

5：变色菌；

6：污染菌；

7：其他。

5.2.2　子实体的形态特征

5.2.2.1　子实体或子座（M）

应指明菌株子实体或子座的形态特征，包括子实体或子座的大小、整体形状、质地及分离方法和部位等。

5.2.2.2　菌盖（O）

宜指明菌盖的直径大小、整体形状、菌盖边缘形状、菌盖表面性状和颜色。

5.2.2.3　菌肉（O）

宜指明菌肉的颜色、质地以及伤后的颜色变化与否。

5.2.2.4　菌柄（O）

宜指明菌柄的整体形状、长度、直径、质地，与菌盖的着生关系，表面性状与颜色。

5.2.2.5　菌环（O）

宜指明菌环的有无及其着生部位、颜色、质地等。

5.2.2.6　菌托（O）

宜指明菌托的有无及其颜色、形状等。

5.2.2.7　菌褶（O）

宜指明菌褶的颜色、形状及与菌柄的着生关系。

5.2.2.8　菌管（O）

宜指明菌管的颜色，管孔的形状和大小。

5.2.2.9　侧丝（O）

对于子囊菌类的一些菌种宜描述其子座内侧丝的颜色、形状、长度等形态特征。

5.2.2.10　其他（O）

宜指明子实体的其他形态特征。

5.2.3　有性特征（M）

应指明菌株重要的有性特征，如子囊的形状、子囊孢子的颜色和大小，担子的形状、担孢子的颜色、大小和形状、孢子印的颜色以及其他重要的有性特征。

5.2.4　培养特征

5.2.4.1　菌落颜色（O）

宜指明菌落的颜色，并指出所用培养基的名称或配方以及培养条件。

5.2.4.2　菌落形态（O）

宜指明菌落形态，并指出所用培养基的名称或配方以及培养条件。

5.2.4.3　其他（O）

宜指明其他培养特征。如培养基颜色变化、生长速度、菌落直径等。

5.2.5　功能特征

5.2.5.1　腐朽对象（M）

应指明该菌株易侵染的树种，如松树、水清冈等。

5.2.5.2　腐朽部位（O）

宜指明该菌株易侵染的木材部位，如木材表面、边材、心材、树干基部、梢头等。

5.2.5.3　腐朽方式（O）

宜指明该菌株腐朽木材的方式，如分解木质素、纤维素等。

5.2.5.4　腐朽颜色（O）

宜指明该菌株侵染木材后，木材所发生的颜色变化，如蓝变、赤变等。

5.2.5.5　代谢产物（O）

宜指明该菌株侵染木材后产生的与腐朽相关的代谢产物，如产酸、漆酶等。

5.2.5.6　其他（O）

宜指明其他功能特征。

5.2.6　生理生化特征（O）

宜指明菌株重要的生理生化特征，如吸收利用水分、各种碳源、氮源、硫源及其他特殊化合物的能力；对温度、pH 值的需求及耐受性；对盐的耐受性；对生长因子及其他特殊化合物及营养的需求；产生的酶或酸等生理生化特征。

5.2.7　核苷酸序列信息（O）

宜指明菌株的核苷酸序列信息，如 ITS、18S rDNA 等序列信息，并注明核苷酸序列注册号。

5.3　其他信息

5.3.1　图像信息（O）

宜给出该菌株的菌落、菌丝、孢子、产孢器官、组织等图像信息。

5.3.2　文献信息（O）

宜列出该菌株公开发表的文献资料。

附表 1　　**木腐菌菌种资源描述表**

描述日期：　　年　　月　　日

基本信息			
平台资源号			
学名		中文名称	
资源归类编码		菌株保藏编号	
其他中心编号		来源历史	
分离人		分离时间	
原始编号		标本号	
鉴定人		鉴定人所在单位	
收藏时间		原产国或地区	
采集地区		分离基物	
采集地生境		生物危害等级	
培养基		模式菌株	
分类地位			
菌种用途	1：研究　2：教学　3：生产　4：分类　5：分析检测　6：其他		

（续附表 1）

<table>
<tr><td colspan="5">特征特性信息</td></tr>
<tr><td>木腐菌菌种资源类型</td><td colspan="4">1：白腐菌　2：褐腐菌　3：中间型腐朽菌　4：软腐菌　5：变色菌　6：污染菌　7：其他</td></tr>
<tr><td rowspan="8">子实体的形态特征</td><td>子实体</td><td></td><td>子座</td><td></td></tr>
<tr><td>菌盖</td><td></td><td>菌肉</td><td></td></tr>
<tr><td>菌柄</td><td></td><td>菌环</td><td></td></tr>
<tr><td>菌托</td><td></td><td>菌褶</td><td></td></tr>
<tr><td>菌管</td><td></td><td>侧丝</td><td></td></tr>
<tr><td>子囊</td><td></td><td>子囊孢子</td><td></td></tr>
<tr><td>担子</td><td></td><td>担孢子</td><td></td></tr>
<tr><td>孢子印</td><td></td><td>其他</td><td></td></tr>
<tr><td rowspan="3">培养特征</td><td>菌落形态</td><td colspan="3"></td></tr>
<tr><td>菌落颜色</td><td colspan="3"></td></tr>
<tr><td>其他菌落特征</td><td colspan="3"></td></tr>
<tr><td rowspan="3">功能特征</td><td>腐朽对象</td><td></td><td>腐朽部位</td><td></td></tr>
<tr><td>腐朽方式</td><td></td><td>腐朽颜色</td><td></td></tr>
<tr><td>代谢产物</td><td></td><td>其他</td><td></td></tr>
<tr><td rowspan="5">生理生化特征</td><td>吸收利用水分、各种碳源、氮源、硫源及其他特殊化合物的能力</td><td colspan="3"></td></tr>
<tr><td>对温度、pH 的需求及耐受性</td><td colspan="3"></td></tr>
<tr><td>对生长因子及其他特殊化合物及营养的需求</td><td colspan="3"></td></tr>
<tr><td>产生的酶或酸</td><td colspan="3"></td></tr>
<tr><td>其他</td><td colspan="3"></td></tr>
<tr><td rowspan="3">分子生物学特征</td><td>18S rDNA 序列</td><td></td><td>ITS 序列</td><td></td></tr>
<tr><td>特异性 DNA 片段</td><td></td><td>其他</td><td></td></tr>
<tr><td colspan="4"></td></tr>
<tr><td colspan="5">其他信息</td></tr>
<tr><td colspan="2">图像信息</td><td></td><td>文献信息</td><td></td></tr>
</table>

外生菌根真菌菌种资源描述规范

前　　言

外生菌根真菌是指可与大多数被子植物、裸子植物的根结合，在吸收根表面形成菌套或菌鞘，并在植物皮层细胞间隙形成哈蒂氏网的一类真菌。外生菌根可增加共生植物的养分吸收、提高水分的传递速率、抗旱性及抗病性，在植树造林方面有重要的应用前景。外生菌根真菌种类繁多，资源丰富。

制定本规范是为了规范外生菌菌种资源描述，便于外生菌根菌种资源的收集、保藏、鉴定、评价、研究和利用，有效整理菌种资源，促进菌种资源信息化，实现菌种资源的高效共享和可持续利用。

外生菌根真菌菌种资源描述规范

1 范围

本规范规定了外生菌根真菌菌种资源描述要素和描述规范。

本规范适用于外生菌根真菌菌种资源的收集、整理和保藏，以及数据库和信息共享网络系统的建立。

2 规范性引用文件

下列文件中的条款通过本规范的引用而成为本规范的条款。凡是注明日期的引用文件，其随后所有的修改单（不包括勘误的内容）或修订版均不适用于本规范，然而，鼓励根据本规范达成协议的各方研究是否可使用这些文件的最新版本。凡是不注明日期的引用文件，其最新版本适用于本规范。

国务院令第424号《病原微生物实验室生物安全管理条例》。

3 术语和定义

下列术语和定义适用于本规范。

3.1 外生菌根真菌 ectomycorrhizal fungi

菌根是指一类与植物根系共生的非致病或弱致病的真菌，外生菌根真菌是指菌丝只长于细胞间隙，而不侵入寄主植物细胞内壁的一种菌根。

3.2 根状菌索 rhizomorphs

由营养菌丝组成的粗索，其中菌丝已失去独立性，整体像一个组织的单体，菌索生长点的结构有些像根尖，故此得名。也称作 mycelial cord 菌丝索。

3.3 哈蒂氏网 Hartig net

在外生菌根中的细胞间菌丝网，是外生菌根共生体相互接触和物质交换的场所。

4 要求

4.1 描述要求

——描述内容应清楚、准确，力求完整；

——要充分考虑该菌株的最新研究进展；

——能被微生物专业人员理解。

4.2 描述要素

描述要素分为2类：

——M：必备要素，必须描述的要素；

——O：可选要素，其描述与否视具体菌株而定。

5 描述内容

5.1 基本信息

5.1.1 平台资源号（M）

国家自然科技资源 e-平台统一生成的资源编号，平台资源号长度为 18 位，前 9 位是资源单位编码，后 9 位是流水号，参见《微生物菌种资源共性描述规范》。

5.1.2 学名（M）

应指明该菌株完整的科学名称。对于鉴定到属，未鉴定到种的菌株，种名以“sp.”表示；对于未鉴定的菌株，以“unidentified”表示。

5.1.3 中文名称（M）

微生物菌种资源的中文名称，尚无中文译名时，可填“暂无”。

5.1.4 资源归类编码（M）

国家自然科技资源平台资源分级与编码标准中的编码，参见《微生物菌种资源分类编码体系》。

5.1.5 菌株保藏编号（M）

微生物菌种资源在保藏机构的保藏编号。由前缀和菌株编号两部分组成。前缀为保藏机构名称的英文缩写，前缀和菌株编号之间应留半角空格。

5.1.6 其他中心编号（O）

微生物菌种资源在其他菌种保藏中心的保藏编号。其他保藏中心编号前以等号“=”开头，保藏编号之间用等号“=”连接。

5.1.7 来源历史（M）

微生物菌种资源在收藏单位之前的转移情况。收藏单位前以左指向箭头“←”开头，收藏单位之间用左指向箭头“←”连接。

5.1.8 分离人（M）

应指明该菌株最初分离人的姓名。

5.1.9 分离时间（M）

应指明该菌株的分离时间。格式为 YYYYMMDD，其中 YYYY 为年，MM 为月，DD 为日。

5.1.10 原始编号（M）

微生物菌种资源的原始分离编号。

5.1.11 标本号（O）

如果该菌株有标本，宜指明其标本保藏机构及保藏编号。

5.1.12 鉴定人（O）

宜指明该菌株的鉴定人。

5.1.13 鉴定人所在单位（O）

宜指明该菌株的鉴定人所在单位。

5.1.14 收藏时间（O）

微生物菌种资源被保藏机构收集、保存该菌株的时间。格式为 YYYYMMDD，其中 YYYY 为年，MM 为月，DD 为日。

5.1.15　原产国（M）

微生物菌种资源分离基物采集地所在国家名称。

5.1.16　采集地区（O）

宜指明该菌株采集地的行政区划，详细到县。

5.1.17　分离基物（O）

微生物菌种资源分离物质的具体名称，对于寄生或共生的宜指明分离的具体组织部位。

5.1.18　采集地生境（O）

宜描述该菌株分离基物具体采集地点的生态环境，参照《微生物菌种资源采集环境描述规范》。

5.1.19　生物危害程度（M）

病原微生物菌种资源的分类，其分类方法见《病原微生物实验室生物安全管理条例》。

1：一类；

2：二类；

3：三类；

4：四类；

5：不清楚。

5.1.20　培养基编号（M）

微生物菌种最适培养基编号用 4 位数表示，具体编号参考《中国菌种目录》。如果《中国菌种目录》中不包含该培养基，应写明培养基配方和制作方法。

5.1.21　模式菌株（M）

微生物菌种资源是否为模式菌株。

1：模式菌株；

2：非模式菌株。

5.1.22　分类地位（M）

应指明每个菌株的界、门、纲、目、科、属、种。如需要，可指明该菌株的变种、亚种、专化型、融合种名称及生理小种类型等。

5.1.23　菌种用途（O）

宜指明菌株已知的主要用途及功能特性。

5.1.24　宿主名称（O）

宜指明菌种宿主的学名和中文名称。

5.2　特征特性信息

5.2.1　子实体的形态特征

5.2.1.1　子实体或子座（M）

应指明菌株子实体或子座的形态特征，包括子实体或子座的大小、整体形状、质地及分离方法和部位等。

5.2.1.2　菌盖（O）

宜指明菌盖的直径大小、整体形状、菌盖边缘形状、菌盖表面性状和颜色。

5.2.1.3　菌肉（O）

宜指明菌肉的颜色、质地。

5.2.1.4　菌柄（O）

宜指明菌柄的整体性状、长度、直径、质地，与菌盖的着生关系，表面性状与颜色。

5.2.1.5　菌环（O）

宜指明菌环的有无及其着生部位、颜色、质地等。

5.2.1.6　菌托（O）

宜指明菌托的有无及其颜色、形状等。

5.2.1.7　菌褶（O）

宜指明菌褶的颜色、形状及与菌柄的着生关系。

5.2.1.8　菌管（O）

宜指明菌管的颜色，管孔的形状和大小。

5.2.1.9　侧丝（O）

对于子囊菌类的一些菌种宜描述其子座内侧丝的颜色、形状、长度等形态特征。

5.2.1.10　其他（O）

宜指明其他子实体的形态特征。

5.2.2　有性特征（M）

应指明菌株重要的有性特征，如子囊的形状、子囊孢子的颜色和大小，担子的形状、担孢子的颜色、大小和形状、孢子印的颜色以及其他重要的有性特征。

5.2.3　外生菌根共生特征

5.2.3.1　菌根的外形特征（M）

应指明外生菌根的形状（轴状、叉状、珊瑚状、瘤状、羽状等）。

5.2.3.2　菌根的颜色（O）

宜指明外生菌根的颜色。

5.2.3.3　菌套（O）

宜指明菌套的表面特征和组织类型。

5.2.3.4　根状菌索（O）

宜指明根状菌索的有无及其数量和类型。

5.2.3.5　外生菌丝及囊状体（O）

宜指明外生菌丝及囊状体的有无及其形态结构。

5.2.3.6　菌核和厚垣孢子（O）

宜指明菌核和厚垣孢子的有无及其形态特征。

5.2.3.7　哈蒂氏网（O）

宜指明哈蒂氏网的结构与组成。

5.2.3.8　其他（O）

宜指明其他共生特征。

5.2.4　培养特征（O）

宜指明菌落颜色、形态以及其他显著特征，并指出所用培养基的名称或配方、培养条件。

5.2.5　生理生化特征（O）

宜指明菌株重要的生理生化特征，如吸收利用水分、各种碳源、氮源、硫源及其他特殊化合物的能力；对温度、pH 的需求及耐受性；对盐的耐受性；对生长因子及其他特殊化合物及营养的需求；外生菌根本身及其真菌菌丝自发荧光；产生的酶或酸等生理生化特性。

5.2.6 核苷酸序列信息（O）

宜指明菌株的核苷酸序列信息，如 ITS、18S rDNA 等序列信息，并注明核苷酸序列注册号。

5.3 其他信息

5.3.1 图像信息（O）

宜给出该菌株的菌落、菌丝、孢子、产孢器官、组织等图像信息。

5.3.2 文献信息（O）

宜列出与该菌株相关的公开发表的文献资料。

附表 1　　外生菌根真菌菌种资源描述表

描述日期：　　年　　月　　日

基本信息			
平台资源号			
学名		中文名称	
资源归类编码		菌株保藏编号	
其他中心编号		来源历史	
分离人		分离时间	
原始编号		标本号	
鉴定人		鉴定人所在单位	
收藏时间		原产国或地区	
采集地区		分离基物	
采集地生境		生物危害等级	
培养基		模式菌株	
分类地位			
菌种用途	1：研究　2：教学　3：生产　4：分类　5：分析检测　6：其他		
寄主中文名称		寄主拉丁文名称	

特征特性信息				
子实体的形态特征	子实体		子座	
	菌盖		菌肉	
	菌柄		菌环	
	菌托		菌褶	
	菌管		侧丝	
	子囊		子囊孢子	
	担子		担孢子	
	孢子印		其他	

（续附表 1）

特征特性信息				
共生特性	外生特征		寄主	
	菌套		根状菌索	
	外生菌丝及囊状体		菌核、厚垣孢子	
	哈蒂氏网		其他	
培养特征	菌落形态			
	菌落颜色			
	其他菌落特征			
生理生化特征	吸收利用水分、各种碳源、氮源、硫源及其他特殊化合物的能力			
	对温度、pH 值的需求及耐受性			
	对生长因子及其他特殊化合物及营养的需求			
	产生的酶或酸			
	其他			
分子生物学特征	18S rDNA 序列		ITS 序列	
	特异性 DNA 片段		其他	
其他信息				
图像信息			文献信息	

食（药）用菌菌种资源描述规范

前　　言

食（药）用菌是能够形成大型肉质、胶质子实体或菌核类组织，并能供人们食用或药用的一类大型真菌，绝大多数是担子菌，仅有少数几种属于子囊菌。专家估计全世界食用菌有2 000～5 000 种，而我国至少有1 500种。经多年考察研究统计，目前我国已知983种，是现时食用菌物种最多的国家，丰富的食用菌资源是食用菌产业的重要物质基础。目前，我国食用菌年产量居世界之首，食用菌产业在农村经济中占有重要地位。

制定本规范的目的是为了规范食用菌菌种资源的描述，为食用菌菌种资源的收集、整理、保藏、评价研究和共享工作服务，促进食（药）用菌产业可持续性发展。

食（药）用菌菌种资源描述规范

1 范围

本规范规定了食用菌菌种资源的描述要素和描述规范。

本规范适用于食用菌菌种资源的收集、整理和保藏，以及数据库和信息共享网络系统的建立。

2 规范性引用文件

下列文件中的条款通过本规范的引用而成为本规范的条款。凡是注明日期的引用文件，其随后所有的修改单（不包括勘误的内容）或修订版均不适用于本规范，然而，鼓励根据本规范达成协议的各方研究是否可使用这些文件的最新版本。凡是不注明日期的引用文件，其最新版本适用于本规范。

国务院令第424号《病原微生物实验室生物安全管理条例》。

3 术语和定义

下列术语和定义适用于本规范。

3.1 食（药）用菌 edible mushroom

食用菌是能够形成大型肉质或胶质子实体或菌核类组织并能供人们食用或药用的一类大型真菌，绝大多数是担子菌，仅有少数几种属于子囊菌。

3.2 子实体分化温度 temperature of fruiting body differentiation

菌丝体生理成熟后，分化产生原基需要的最适温度。

3.3 子实体发育温度 temperature of fruiting body development

原基生长发育形成商品菇所需要的最适温度。

4 要求

4.1 描述要求

——描述内容应清楚、准确，力求完整；

——要充分考虑该菌株的最新研究进展；

——能被微生物专业人员理解。

4.2 描述要素

描述要素分为2类：

——M：必备要素，必须描述的要素；

——O：可选要素，其描述与否视具体菌株而定。

5 描述内容

5.1 基本信息

5.1.1 平台资源号

国家自然科技资源 e-平台统一生成的资源编号，平台资源号长度为 18 位，前 9 位是资源单位编码，后 9 位是流水号，参见《微生物菌种资源共性描述规范》。

5.1.2 学名（M）

应指明该菌株的科学名称。对于鉴定到属，未鉴定到种，种名以“sp.”表示。

5.1.3 中文名称（M）

微生物菌种资源的中文名称，尚无中文译名时，可填“暂无”。

5.1.4 资源归类编码（M）

国家自然科技资源平台资源分级与编码标准中的编码，参见《微生物菌种资源分类编码体系》。

5.1.5 菌株保藏编号（M）

微生物菌种资源在保藏机构的保藏编号。由前缀和菌株编号两部分组成。前缀为保藏机构名称的英文缩写，前缀和菌株编号之间应留半角空格。

5.1.6 其他中心编号（O）

微生物菌种资源在其他菌种保藏中心的保藏编号。其他保藏中心编号前以等号“=”开头，保藏编号之间用等号“=”连接。

5.1.7 来源历史（M）

微生物菌种资源在收藏单位之前的转移情况。收藏单位前以左指向箭头“←”开头，收藏单位之间用左指向箭头“←”连接。

5.1.8 分离人或选育者（M）

应指明该菌株最初分离人的姓名，如果是人工选育的栽培品种，应指明选育者。

5.1.9 分离时间或选育时间（M）

应指明该菌株的分离时间，如果是人工选育的栽培品种，应指明选育时间。格式为YYYYMMDD，其中 YYYY 为年，MM 为月，DD 为日。

5.1.10 原始编号（M）

微生物菌种资源的原始分离编号。

5.1.11 标本号（O）

如果该菌株有标本，宜指明其标本保藏机构及保藏编号。

5.1.12 鉴定人（O）

宜指明该菌株的鉴定人。

5.1.13 收藏时间（O）

微生物菌种资源被保藏机构收集、保存该菌株的时间。格式为 YYYYMMDD，其中 YYYY 为年，MM 为月，DD 为日。

5.1.14 原产国（M）

微生物菌种资源分离基物采集地所在国家名称。

5.1.15 采集地区（O）

宜指明该菌株的采集地的行政区划，详细到县。

5.1.16 分离基物（O）

微生物菌种资源分离物质的具体名称，对于寄生或共生的宜指明分离的具体组织部位。

5.1.17 采集地生境（O）

宜指明该菌株分离基物采集具体地点的生态环境描述，参照《微生物菌种资源采集环境描述规范》。

5.1.18 宿主名称（O）

宜指明该菌株的宿主中文名称或学名。

5.1.19 生物危害等级（M）

病原微生物菌种资源的分类，其分类方法见《病原微生物实验室生物安全管理条例》。

1：一类；

2：二类；

3：三类；

4：四类；

5：不清楚。

5.1.20 培养基编号（M）

微生物菌种最适培养基编号用4位数表示，具体编号参考《中国菌种目录》。如果《中国菌种目录》中不包含该培养基，应写明培养基配方和制作方法。

5.1.21 模式菌株（M）

微生物菌种资源是否为模式菌株。

1：模式菌株；

2：非模式菌株。

5.1.22 分类地位（M）

应指明每个菌株的界、门、纲、目、科、属、种。

5.2 特征特性

5.2.1 亲本及育种方法（O）

对于栽培品种，宜指明其亲本以及育种方法（野生菌株筛选、诱变、杂交、转基因等）。

5.2.2 菌丝体类型（M）

应指明每个菌株的菌丝体类型——同核菌丝，异核菌丝。

5.2.3 菌丝生长温度（O）

宜指明菌丝生长的最适温度、最高温度和最低温度。

5.2.4 菌丝生长 pH 值（O）

宜指明菌株菌丝生长的最适 pH 值、最高 pH 值和最低 pH 值。

5.2.5 菌丝生长速度（O）

宜指明菌株的菌丝生长速度（长度单位一般用 mm 表示，时间单位以天表示），并指明培养基名称（或配方）以及相应的培养条件。

5.2.6 菌盖形态特征（O）

宜指明菌盖形状（盅形、斗笠形、半球形、平展形、漏斗形等），边缘形状（内卷、反卷、上翘、延伸等，全缘、波浪状或撕裂），菌盖表面性状（干燥、湿润、粘、光滑、粗糙等），表面附属物（纤毛、鳞片等）和颜色，菌盖厚度，菌肉质地（肉质、蜡质、脆骨质、木质、革质等）等。

5.2.7　菌褶形态特征（O）

宜指明菌褶的颜色、形状及与菌柄的着生关系。

5.2.8　菌柄形态特征（O）

宜指明菌柄的有无，着生方式（中生、偏生、侧生），整体形状（圆柱状、棒状、纺锤状等），长度，直径，质地（肉质、蜡质、脆骨质、木质、革质等），表面性状（有纵纹、沟纹、网纹、光滑等），颜色等。

5.2.9　菌环和菌托形态特征（O）

宜指明菌环、菌托有无以及其形态特征。

5.2.10　特殊类型的子实体或子座形态特征（O）

对于子囊菌、木耳目、银耳目以及非褶菌目等非伞形子实体或子座，宜指明其形态特征。

5.2.11　孢子印及孢子形态特征（O）

宜指明孢子印及孢子形态特征。

5.2.12　子实体分化的温度（O）

应指明子实体分化需要的温度范围。

5.2.13　子实体发育温度（M）

应指明子实体发育所需的温度范围，以及最适温度。

5.2.14　性亲和性（M）

应指明菌株的性的亲和方式，即同宗配合，异宗配合。

5.2.15　营养类型（O）

宜指明菌株的营养方式（腐生、寄生、共生）。

5.2.16　宿主（O）

宜指明菌种寄生或共生的宿主学名和中文名称。

5.2.17　栽培特性（M）

如果能够进行人工栽培，宜简单阐述其人工栽培特性。如培养基、培养温度、发菌周期、出菇性状以及生物学效率。

5.2.18　特殊遗传标记（O）

对于具有特殊遗传标记的菌株，宜指明其具体的遗传标记信息。

5.2.19　核苷酸序列信息（O）

宜指明菌株的核苷酸序列信息，如 ITS 序列信息、18S rDNA 等，并注明核苷酸序列注册号。

5.2.20　转基因（O）

对于转基因品种宜指明。

5.3　其他

5.3.1　图像（O）

宜提供菌株的相关图像，如菌丝、菌落、子实体的图像等。

5.3.2　文献信息（O）

宜列出该菌株公开发表的文献资料。

附表 1　　　　　　　食（药）用菌菌种资源描述表

描述日期：　　年　　月　　日

基本信息			
平台资源号			
学名		中文名称	
资源归类编码		菌株保藏编号	
其他中心编号			
来源历史			
分离人或选育者		分离时间或选育时间	
原始编号或品种名称		标本号	
鉴定人		收藏时间	
原产国		采集地区	
分离基物		采集地生境	
宿主名称		生物危害程度	
培养基编号		是否是模式菌株	
分类地位			
特征特性			
亲本及育种方法		菌丝体类型	
菌丝生长温度		菌丝生长 pH 值	
菌丝生长速度			
菌盖形态特征			
菌褶形态特征			
菌柄形态特征			
菌环及菌托形态特征			
特殊类型的子实体或子座形态特征			
孢子印及孢子形态特征			
子实体分化温度		子实体发育温度	
性亲和性		营养类型	
宿主			
栽培特性			
特殊遗传标记			
核苷酸序列信息		转基因	
其他			
图像			
文献信息			

平菇菌种资源描述规范

前　　言

平菇是侧耳的俗称，属于担子菌门（Basidiomycota），层菌纲（Hymenomycetes），伞菌目（Agaricales），侧耳科（Pleurotaceae），侧耳属（*Pleurotus*），泛指糙皮侧耳（*Pleurotus ostreatus*）、黄白侧耳（*Pleurotus cornucopiae*）、秀珍菇（*Pleurotus geesteranus*）、紫孢侧耳（*Pleurotus sapidus*）、凤尾菇（肺形侧耳）（*Pleurotus pulmonarius*）、弗罗里达侧耳（*Pleurotus floridia*）、鲍鱼侧耳（*Pleurotus abalonus*）、金顶侧耳（*Pleurotus citrinopileatus*）、红侧耳（*Pleurotus djamor*）以及杂交种（*Pleurotus* sp. ×sp.）等。平菇的适应性强，分布极为广泛，野生平菇资源非常丰富，同时平菇又是我国广泛栽培食用菌之一，人工驯化选育的品种繁多。这些丰富的平菇种质资源是平菇栽培、育种和研究的基础材料。

制定本规范的目的是为了规范平菇菌种资源的描述，为平菇菌种资源的收集、整合、整理、保藏、评价研究和共享工作服务。

平菇菌种资源描述规范

1　范围

本规范规定了侧耳属糙皮侧耳（*Pleurotus ostreatus*）、黄白侧耳（*Pleurotus cornucopiae*）、秀珍菇（*Pleurotus geesteranus*）、紫孢侧耳（*Pleurotus sapidus*）、凤尾菇（肺形侧耳）（*Pleurotus pulmonarius*）、弗罗里达侧耳（*Pleurotus floridia*）、鲍鱼侧耳（*Pleurotus abalonus*）、金顶侧耳（*Pleurotus citrinopileatus*）、红侧耳（*Pleurotus djamor*）以及杂交种（*Pleurotus* sp. ×sp.）等平菇菌种资源的描述内容及其描述要求。

本规范适用于侧耳属黄白侧耳、秀珍菇、糙皮侧耳、紫孢侧耳、凤尾菇、弗罗里达侧耳、鲍鱼菇、金顶侧耳、红侧耳以及杂交种等平菇菌种资源的收集、整理和保藏，数据库和信息共享网络系统的建立。

2　规范性引用文件

下列文件中的条款通过本规范的引用而成为本规范的条款。凡是注明日期的引用文件，其随后所有的修改单（不包括勘误的内容）或修订版均不适用于本规范，然而，鼓励根据本规范达成协议的各方研究是否可使用这些文件的最新版本。凡是不注明日期的引用文件，其最新版本适用于本规范。

NY/T 528—2002 食用菌菌种生产技术规程；

国务院令第 424 号《病原微生物实验室生物安全管理条例》。

3　术语和定义

下列术语和定义适用于本规范。

3.1　平菇 oyster mushroom

是黄白侧耳、秀珍菇、糙皮侧耳、紫孢侧耳、凤尾菇、弗罗里达侧耳、鲍鱼菇、金顶侧耳、红侧耳以及杂交种的总称，属于担子菌门（Basidiomycota）、层菌纲（Hymenomycetes）、伞菌目（Agaricales）、侧耳科（Pleurotaceae）、侧耳属（*Pleurotus*），均为木腐菌，可食。

3.2　品种 strain

经各种方法分离、诱变、杂交、筛选而选育出来具有特异性、均一（一致）性和稳定性的属同一祖先的群体，常称作菌株或品系。

3.3　菌种 pure culture

经人工培养并可供进一步繁殖使用的食用菌菌丝体纯培养物。

3.4　母种 stock culture

经各种方法选育得到的具有结实性的菌丝体纯培养物及其继代培养物，以玻璃试管为培养容器和使用单位，称一级种、试管种。

[NY/T 528—2002，定义 3.3]。

3.5 生物学效率 biological efficiency

子实体鲜重与培养料干重的比率。

4 要求

4.1 描述要求

——在本规范所规定的界限内力求完整；

——信息清楚、准确；

——充分考虑该菌株的最新研究进展；

——能被微生物专业人员理解。

4.2 描述要素

描述要素分为 2 类：

——M：必备要素，必须进行描述的要素；

——O：可选要素，不是必须描述的要素，其描述与否视具体菌株而定。

5 基本信息

5.1 平台资源号（M）

国家自然科技资源 e-平台统一生成的资源编号，平台资源号长度为 18 位，前 9 位是资源单位编码，后 9 位是流水号，参见《微生物菌种资源共性描述规范》。

5.2 学名（M）

应指明菌株的学名，对于未鉴定的平菇菌株用 *Pleurotus* sp. 表示。

5.3 中文名称（M）

微生物菌种资源的中文名称，尚无中文译名时，可填“暂无”。

5.4 分类地位（M）

担子菌门（Basidiomycota），层菌纲（Hymenomycetes），伞菌目（Agaricales），侧耳科（Pleurotaceae），侧耳属（*Pleurotus*）。

5.5 商品名称和俗名（O）

宜指明菌株的商品名称和俗名。

5.6 资源归类编码（M）

国家自然科技资源平台资源分级与编码标准中的编码，参见《微生物菌种资源分类编码体系》。

5.7 菌株保藏编号（M）

微生物菌种资源在保藏机构的保藏编号。由前缀和菌株编号两部分组成。前缀为保藏机构名称的英文缩写，前缀和菌株编号之间应留半角空格。

5.8 其他保藏中心编号（O）

微生物菌种资源在其他菌种保藏中心的保藏编号。其他保藏中心编号前以等号“=”开头，保藏编号之间用等号“=”连接。

5.9 来源历史（M）

微生物菌种资源在收藏单位之前的转移情况。收藏单位前以左指向箭头“←”开头，收藏单位之间用左指向箭头“←”连接。

5.10 种质类型（M）

1：野生资源；

2：选育品种；

3：单核体；

4：特殊遗传材料；

5：其他。

5.11 分离人或育种者（O）

该菌株的分离人姓名，育该菌株的单位名称或个人。

5.12 分离时间或选育时间（O）

该菌株的分离时间或选育时间，格式为YYYYMMDD，其中YYYY为年，MM为月，DD为日。

5.13 原始编号（O）

微生物菌种资源的原始分离编号。

5.14 标本号（O）

如果该菌株有标本，指明其标本保藏机构及保藏编号。

5.15 鉴定人（O）

该菌株的鉴定人。

5.16 收藏时间（O）

微生物菌种资源被保藏机构收集、保存该菌株的时间。格式为YYYYMMDD，其中YYYY为年，MM为月，DD为日。

5.17 原产国（M）

微生物菌种资源分离基物采集地所在国家名称。

5.18 采集地区（O）

该菌株的具体采集地点。

5.19 分离基物（O）

微生物菌种资源分离物质的具体名称，对于寄生或共生的宜指明分离的具体组织部位。

5.20 培养基编号（M）

微生物菌种最适培养基编号用4位数表示，具体编号参考《中国菌种目录》。如果《中国菌种目录》中不包含该培养基，应写明培养基配方和制作方法。

5.21 采集地生境

该菌株分离基物采集具体地点的生态环境，参照《微生物菌种资源采集环境描述规范》。

5.22 亲本（O）

该菌株的选育亲本。

5.23 选育方法（O）

该菌株的选育方法。

5.24 生物危害程度（M）

病原微生物菌种资源的分类，其分类方法见《病原微生物实验室生物安全管理条例》。

1：一类；

2：二类；

3：三类；

4：四类；

5：不清楚。

5.25　模式菌株（M）

微生物菌种资源是否为模式菌株。

1：模式菌株；

2：非模式菌株。

6　生物学特征

6.1　菌丝体的颜色（O）

该菌株菌丝体的颜色。

6.2　培养基背面的颜色（O）

该菌株培养基背面的颜色。

6.3　菌落质地（O）

1：绒毛状；

2：粉末状；

3：菌索状；

4：菌皮状；

5：其他。

6.4　菌丝长势（O）

1：粗壮；

2：中等；

3：细弱。

6.5　无性型孢梗束（O）

1：有；

2：无。

6.6　菌丝最适生长温度（O）

宜指明菌丝最适生长温度。

6.7　菌丝耐受最高温度（O）

宜指明菌丝耐受最高温度。

6.8　母种在 PDA 培养基及适宜的条件下的生长速度（O）

采用平板培养直线测量法，将菌种定量接种于平板中心，在生长迟缓期完成之后，开始测量菌落的直径，计算生长速度（单位：cm/d）；或用生长管培养直线测量法测量，将菌种定量接种于直线生长管的中心，在生长迟缓期完成之后，开始测量菌落的长度，计算生长速度（单位：cm/d）。

6.9　适合的栽培料（O）

宜指明该菌株的适合的栽培原料，如段木、木屑、棉籽壳等。

6.10　从接种到第一次现蕾的时间（O）

宜指明在适合的栽培原料上从接种到第一次现蕾的时间（单位：d），并指明培养料的组成。

6.11　子实体分化的温度类型（O）

1：高温型（20～36℃）；

2：中温型（15～25℃）；

3：低温型（5～20℃）；

4：广温型（10～32℃）。

6.12　菇潮（O）

1：集中；

2：分散。

6.13　子实体在基质上的生长方式（O）

1：单生；

2：簇生。

6.14　生物学效率（O）

宜指明菌株的生物学效率。

6.15　抗病能力（O）

1：强；

2：中；

3：弱。

6.16　抗杂菌能力（O）

1：强；

2：中；

3：弱。

7　子实体形态特征

7.1　菌盖形状（O）

1：扇形；

2：贝壳状；

3：漏斗状；

4：偏漏斗状；

5：圆形；

6：其他。

7.2　菌盖直径（O）

随机取第一潮菇10个子实体，测量菌盖最宽处（单位：cm），取其平均值。

7.3　菌盖颜色（O）

1：黑色；

2：灰褐色；

3：灰白色；

4：白色；

5：粉红色；
6：黄色；
7：其他。

7.4 菌盖边缘（O）

1：内卷；
2：平展；
3：波浪状；
4：撕裂；
5：其他。

7.5 菌盖表面（O）

1：光滑；
2：被绒毛；
3：干燥；
4：水浸状；
5：其他。

7.6 菌盖皮层菌丝（O）

1：分化；
2：不分化。

7.7 菌肉厚度（O）

随机取第一潮菇10个子实体，沿菌盖中心纵向割开菌盖，量取菌肉最厚处的厚度（单位：cm），取其平均值。

7.8 菌肉质地（O）

1：硬；
2：中等；
3：软。

7.9 气味（O）

1：浓郁；
2：清淡。

7.10 菌褶颜色（O）

1：白色；
2：粉红色；
3：灰色；
4：其他。

7.11 菌褶边缘（O）

1：平滑；
2：锯齿状。

7.12 菌褶是否等长（O）

1：等长；
2：不等长。

7.13　小菌褶（O）

1：有；

2：无。

7.14　菌褶是否交织成网状（O）

1：交织；

2：不交织。

7.15　菌髓（O）

1：规则；

2：不规则。

7.16　囊状体（O）

1：侧生囊状体；

2：缘生囊状体；

3：菌盖表面囊状体。

7.17　菌柄（O）

1：有；

2：无。

7.18　菌柄的着生方式（O）

1：侧生；

2：偏生；

3：偏中生；

4：中生。

7.19　菌柄的长度（O）

第一潮菇随机取鲜菇 10 只，用剪刀将菌盖与菌柄分开，测量柄长（单位：cm），取其平均值。

7.20　菌柄的质地（O）

1：硬；

2：中等；

3：软。

7.21　菌柄附着物（O）

如果菌柄有明显的附着物（如绒毛等），宜指明。

7.22　鲜菇单重（O）

随机取第一潮菇 10 个子实体，称量重量（单位：g），取其平均值。

8　其他描述信息

8.1　遗传标记（O）

指明形态标记、细胞学标记、生化标记、分子标记等方面的遗传标记。

8.2　转基因信息

8.2.1　是否是转基因（O）

1：是；

2：否。

8.2.2　外源基因（O）

指明外源基因的名称。

8.2.3　外源基因的表型（O）

1：抗病；

2：抗虫；

3：抗杂菌；

4：高产；

5：提高营养价值；

6：提高药用价值；

7：其他性状。

8.3　参考文献（O）

列出与该菌株有关的重要参考文献。

8.4　图像信息（O）

宜给出菌丝、菌落、子实体等图像信息。

附表 1　　国家自然科技资源平台平菇菌种资源描述表

描述日期：　　年　　月　　日

基本信息			
平台资源号		学名	
中文名称		商品名称	
资源归类编码		菌株保藏编号	
其他保藏中心编号		来源历史	
种质类型		分离人或育种者	
分离时间或选育时间		原始编号或品种名称	
标本号		鉴定人	
收藏时间		原产国	
采集地区		分离基物	
采集地生境		亲本	
选育方法		生物危害程度	
培养基		是否模式菌株	
分类地位			
生物学特征			
菌落质地		菌丝长势	
无性型孢梗束		菌丝最适生长温度	
菌丝耐受最高温度		母种在 PDA 培养基上的生长速度	
适合的栽培料		从接种到第一次现蕾的时间	
子实体分化的温度类型		同一潮中出菇	
子实体在基质上的生长方式		生物学效率	
抗病能力		抗杂菌能力	

（续附表 1）

子实体形态特征			
菌盖形状		菌盖直径	
菌盖颜色		菌盖边缘	
菌盖表面		菌盖皮层菌丝	
菌肉厚度		菌肉质地	
气味		菌褶颜色	
菌褶边缘		菌褶是否等长	
小菌褶		菌褶是否交织成网状	
菌髓		囊状体	
菌柄		菌柄的着生方式	
菌柄的长度		菌柄的质地	
菌柄附着物		鲜菇单重	
其他描述信息			
遗传标记		是否是转基因	
外源基因		外源基因的表型	
参考文献		图像信息	

白灵侧耳菌种资源描述规范

前　　言

白灵侧耳（Pleurotus nebrodensis）又名白灵菇，属于担子菌门，层菌纲，伞菌目，侧耳科，侧耳属。野生白灵菇种质资源稀少，在我国仅分布于新疆木垒、清河、托里等气候恶劣的戈壁荒漠中的阿魏滩中，兼性寄生在阿魏的根茎部。我国于20世纪80年代驯化栽培成功，20世纪90年代开始大面积推广栽培，目前已经成为一种广泛栽培的食用菌，驯化选育了大量的栽培品种，这些丰富的白灵菇种质资源是白灵菇栽培、育种和研究的基础材料。

制定本规范的目的是为了规范白灵菇菌种资源的描述，为白灵菇菌种资源的收集、整合、整理、保藏、评价研究和共享工作服务。

白灵侧耳菌种资源描述规范

1 范围

本规范规定了白灵菇（*Pleurotus nebrodensis*）菌种资源的描述内容及其描述要求。

本规范适用于白灵菇菌种资源的收集、整理和保藏，数据库和信息共享网络系统的建立。

2 规范性引用文件

下列文件中的条款通过本规范的引用而成为本规范的条款。凡是注明日期的引用文件，其随后所有的修改单（不包括勘误的内容）或修订版均不适用于本规范，然而，鼓励根据本规范达成协议的各方研究是否可使用这些文件的最新版本。凡是不注明日期的引用文件，其最新版本适用于本规范。

NY/T 528—2002 食用菌菌种生产技术规程；

国务院令第 424 号《病原微生物实验室生物安全管理条例》。

3 术语和定义

下列术语和定义适用于本规范。

3.1 白灵菇 *Pleurotus nebrodensis*

又名白灵侧耳，属担子菌门（Basidiomycota），伞菌目（Agaricales），侧耳科（Pleurotaceae），侧耳属（*Pleurotus*），子实体洁白，手掌形或马蹄形，可食。

3.2 品种 strain

经各种方法分离、诱变、杂交、筛选而选育出来具有特异性、均一（一致）性和稳定性的属同一祖先的群体。常称作菌株或品系。

3.3 菌种 pure culture

经人工培养并可供进一步繁殖使用的食用菌菌丝体纯培养物。

3.4 母种 stock culture

经各种方法选育得到的具有结实性的菌丝体纯培养物及其继代培养物，以玻璃试管为培养容器和使用单位，称一级种、试管种。

[NY/T 528—2002，定义 3.3]。

3.5 生物学效率 biological efficiency

子实体鲜重与培养料干重的比率。

4 要求

4.1 描述要求

——在本规范所规定的界限内力求完整；

——信息清楚、准确；
——充分考虑该菌株的最新研究进展；
——能被微生物专业人员理解。

4.2 描述要素

描述要素分为2类：
——M：必备要素，必须进行描述的要素；
——O：可选要素，不是必须描述的要素，其描述与否视具体菌株而定。

5 基本信息

5.1 平台资源号（M）

国家自然科技资源e-平台统一生成的资源编号，平台资源号长度为18位，前9位是资源单位编码，后9位是流水号，参见《微生物菌种资源共性描述规范》。

5.2 学名（M）

白灵菇的学名为Pleurotus nebrodensis。

5.3 中文名称（M）

微生物菌种资源的中文名称，尚无中文译名时，可填“暂无”。

5.4 分类地位（M）

担子菌门（Basidiomycota）、层菌纲（Hymenomycetes）、伞菌目（Agaricales）、侧耳科（Pleurotaceae）、侧耳属（*Pleurotus*）。

5.5 资源归类编码（M）

国家自然科技资源平台资源分级与编码标准中的编码，参见《微生物菌种资源分类编码体系》。

5.6 菌株保藏编号（M）

微生物菌种资源在保藏机构的保藏编号。由前缀和菌株编号两部分组成。前缀为保藏机构名称的英文缩写，前缀和菌株编号之间应留半角空格。

5.7 其他保藏中心编号（O）

微生物菌种资源在其他菌种保藏中心的保藏编号。其他保藏中心编号前以等号“=”开头，保藏编号之间用等号“=”连接。

5.8 来源历史（M）

微生物菌种资源在收藏单位之前的转移情况。收藏单位前以左指向箭头“←”开头，收藏单位之间用左指向箭头“←”连接。

5.9 种质类型（M）

1：野生资源；
2：选育品种；
3：单核体；
4：特殊遗传材料；
5：其他。

5.10 分离人或育种者（O）

该菌株的分离人姓名，育该菌株的单位名称或个人。

5.11　分离时间或选育时间（O）

该菌株的分离时间或选育时间，格式为 YYYYMMDD，其中 YYYY 为年，MM 为月，DD 为日。

5.12　原始编号（O）

微生物菌种资源的原始分离编号。

5.13　标本号（O）

如果该菌株有标本，指明其标本保藏机构及保藏编号。

5.14　鉴定人（O）

该菌株的鉴定人。

5.15　收藏时间（O）

微生物菌种资源被保藏机构收集、保藏的时间，格式为 YYYYMMDD，其中 YYYY 为年，MM 为月，DD 为日。

5.16　原产国（M）

微生物菌种资源分离基物采集地所在国家名称。

5.17　采集地区（O）

该菌株的具体采集地点。

5.18　分离基物（O）

微生物菌种资源分离物质的具体名称，对于寄生或共生的宜指明分离的具体组织部位。

5.19　采集地生境（O）

该菌株分离基物采集具体地点的生态环境，参照《微生物菌种资源采集环境描述规范》。

5.20　培养基编号（M）

微生物菌种最适培养基编号用 4 位数表示，具体编号参考《中国菌种目录》。如果《中国菌种目录》中不包含该培养基，应写明培养基配方和制作方法。

5.21　亲本（O）

该菌株的选育亲本。

5.22　选育方法（O）

该菌株的选育方法。

5.23　生物危害程度（M）

病原微生物菌种资源的分类，其分类方法见《病原微生物实验室生物安全管理条例》。

1：一类；

2：二类；

3：三类；

4：四类；

5：不清楚。

5.24　模式菌株（M）

微生物菌种资源是否为模式菌株。

1：模式菌株；

2：非模式菌株。

6 生物学特征

6.1 菌丝体的颜色（O）

该菌株菌丝体的颜色。

6.2 培养基背面的颜色（O）

该菌株培养基背面的颜色。

6.3 菌落质地（O）

1：绒毛状；

2：粉末状；

3：菌索状；

4：菌皮状。

6.4 菌丝长势（O）

1：粗壮；

2：细弱；

3：中等。

6.5 最适生长温度（O）

宜指明最适生长温度。

6.6 菌丝耐受最高温度（O）

宜指明菌丝耐受最高温度。

6.7 适合的栽培料（O）

宜指明该菌株的适合的栽培原料，如段木、木屑、棉籽壳等。

6.8 母种在 PDA 培养基上的生长速度（O）

采用平板培养直线测量法，将菌种定量接种于平板中心，在生长迟缓期完成之后，开始测量菌落的直径，计算生长速度（单位：cm/d）；或用生长管培养直线测量法测量，将菌种定量接种于直线生长管的中心，在生长迟缓期完成之后，开始测量菌落的长度，计算生长速度（单位：cm/d）。

6.9 从接种到长满菌袋的时间（O）

宜指明在适合的栽培原料上从接种到第一次现蕾的时间（单位：d），并指明该培养料的组成。

6.10 后熟时间（O）

宜指明后熟的时间（单位：d）。

6.11 子实体分化温度（O）

宜指明子实体分化温度。

6.12 子实体产生方式（O）

1：单生；

2：簇生。

6.13 生物学效率（O）

宜指明菌株的生物学效率。

6.14 抗病能力（O）

1：强；

2：中；

3：弱。

6.15 抗杂菌能力（O）

1：强；

2：中；

3：弱。

7 子实体形态特征

7.1 子实体形状（O）

1：手掌形；

2：马蹄形。

7.2 菌盖颜色（O）

宜指明菌盖的颜色。

7.3 菌盖形状（O）

1：平展；

2：扁半球形；

3：漏斗形；

4：其他。

7.4 菌盖直径（O）

随机选取10个子实体，测量菌盖最宽处（单位：cm），取其平均值。

7.5 菌肉厚度（O）

随机选取10个子实体，沿菌盖中心纵向割开菌盖，量取菌肉最厚处的厚度（单位：cm），取其平均值。

7.6 菌肉质地（O）

1：硬；

2：中等；

3：软。

7.7 菌褶边缘（O）

1：平滑；

2：锯齿状。

7.8 菌褶是否等长（O）

1：等长；

2：不等长。

7.9 小菌褶（O）

1：有；

2：无。

7.10 菌褶是否交织成网状（O）

1：交织；

2：不交织。

7.11　菌柄的着生方式（O）

1：侧生；

2：偏生；

3：偏中生；

4：中生。

7.12　菌柄的长度（O）

随机取鲜菇 10 只，用剪刀将菌盖与菌柄分开，测量柄长（单位：cm），取其平均值。

7.13　菌柄的质地（O）

1：硬；

2：中等；

3：软。

7.14　鲜菇单重（O）

随机选取 10 个子实体，称量重量（单位：g），取其平均值。

8　其他描述信息

8.1　遗传标记（O）

指明形态标记、细胞学标记、生化标记、分子标记等方面的遗传标记。

8.2　转基因（O）

8.2.1　是否是转基因

1：是；

2：否。

8.2.2　外源基因（O）

指明外源基因的名称。

8.2.3　外源基因的主要功能（O）

1：抗病；

2：抗虫；

3：抗杂菌；

4：高产；

5：提高营养；

6：提高药用价值；

7：其他性状。

8.3　参考文献（O）

列出与该菌株有关的重要参考文献。

8.4　图像信息（O）

宜给出菌丝、菌落、子实体等图像信息。

附表 1　　白灵菇菌种资源描述表

描述日期：　　年　　月　　日

基本信息			
平台资源号		学名	
中文名称		资源归类编码	
菌株保藏编号		其他保藏中心编号	
来源历史		种质类型	
分离人或育种者		分离时间或选育时间	
原始编号或品种名称		标本号	
鉴定人		收藏时间	
原产国		采集地区	
分离基物		采集地生境	
亲本		选育方法	
生物危害程度		培养基	
是否模式菌株		分类地位	
生物学特征			
菌落质地		菌丝长势	
菌丝最适生长温度		菌丝耐受最高温度	
母种在 PDA 培养基上的生长速度		适合的栽培料	
从接种到长满菌袋的时间		后熟时间	
子实体分化温度		子实体产生方式	
生物学效率		抗病能力	
抗杂菌能力			
子实体形态特征			
子实体形状		菌盖形状	
菌盖直径		菌肉厚度	
菌肉质地		菌褶边缘	
菌褶是否等长		小菌褶	
菌褶是否交织成网状		菌柄的着生方式	
菌柄的长度		菌柄的质地	
鲜菇单重			
其他描述信息			
遗传标记		是否是转基因	
外源基因		外源基因的表型	
参考文献			
图像信息			

香菇菌种资源描述规范

前　　言

香菇（Lentinula edodes）属担子菌门、层菌纲、伞菌目、口蘑科、香菇属，是我国一种著名的食用菌。野生的香菇资源非常丰富，主要分布于中国（浙江、福建、台湾、安徽、江西、湖南、湖北、广东、广西、四川、云南、贵州、西藏、海南等省区）、朝鲜、日本、菲律宾、婆罗门州、苏拉威西岛、新几内亚、新西兰、尼泊尔等。由于生态条件（发生的树种、光照、温度、湿度、海拔、地理隔离等）的差异，香菇在形态、品质和色泽上有多种的变化，形成了丰富的遗传多样性。除此之外，在人工栽培过程中，有目的地选育了许多具有不同性状的品种，如按发生温度分：高温型、中低温型、低温型；按菌盖大小分：大叶型、中叶型、小叶型；按菌肉厚薄分：厚肉种、中肉种、薄肉种等。这些丰富的香菇种质资源是香菇栽培和育种的基础材料。

制定本规范的目的是为了规范香菇菌种资源的描述，为香菇菌种资源的收集、整合、整理、保藏、评价研究和共享工作服务。

香菇菌种资源描述规范

1 范围

本规范规定了香菇菌种资源的描述内容及其描述要求。

本规范适用于香菇菌种资源的收集、整理和保藏，数据库和信息共享网络系统的建立。

2 规范性引用文件

下列文件中的条款通过本规范的引用而成为本规范的条款。凡是注明日期的引用文件，其随后所有的修改单（不包括勘误的内容）或修订版均不适用于本规范，然而，鼓励根据本规范达成协议的各方研究是否可使用这些文件的最新版本。凡是不注明日期的引用文件，其最新版本适用于本规范。

NY/T 528—2002 食用菌菌种生产技术规程；

国务院令第 424 号《病原微生物实验室生物安全管理条例》。

3 术语和定义

下列术语和定义适用于本规范。

3.1 香菇 Lentinula edodes

属担子菌门（Basidiomycota）、层菌纲（Hymenomycetes）、伞菌目（Agaricales）、口蘑科（Tricholomataceae）、香菇属（*Lentinula*），是一种木腐菌，子实体伞形，可食。

3.2 品种 strain

经各种方法分离、诱变、杂交、筛选而选育出来具有特异性、均一（一致）性和稳定性的属同一祖先的群体，常称作菌株或品系。

3.3 菌种 pure culture

经人工培养并可供进一步繁殖使用的食用菌菌丝体纯培养物。

3.4 母种 stock culture

经各种方法选育得到的具有结实性的菌丝体纯培养物及其继代培养物，以玻璃试管为培养容器和使用单位，也称一级种、试管种。

[NY/T 528—2002，定义 3.3]。

3.5 生物学效率 biological efficiency

子实体鲜重与培养料干重的比率。

3.6 转色 colouring

在一定条件下，菌丝细胞由于代谢而产生色素及醌类物质等使菌棒表面发生颜色变深的过程称为转色。

3.7　生理成熟 physiological maturation

香菇菌丝体长满菌袋后，继续发育，使菌棒有肿胀现象，手摸有弹性，有菌膜形成，菌棒上呈现2/3不规则的疙瘩状突起，接种穴四周有部分呈棕褐色，折断菌棒其断面充满菌丝体，几乎见不到培养料，这个过程称为生理成熟。

4　要求

4.1　描述要求

——在本规范所规定的界限内力求完整；

——信息清楚、准确；

——充分考虑香菇菌种资源的最新研究进展；

——能被微生物专业人员理解。

4.2　描述要素

描述要素分为2类：

——M：必备要素，必须进行描述的要素；

——O：可选要素，不是必须描述的要素，其描述与否视具体菌株而定。

5　基本信息

5.1　平台资源号（M）

国家自然科技资源e-平台统一生成的资源编号，平台资源号长度为18位，前9位是资源单位编码，后9位是流水号，参见《微生物菌种资源共性描述规范》。

5.2　学名（M）

香菇学名为Lentinula edodes（Berk.）Pegler。

5.3　中文名称（M）

微生物菌种资源的中文名称，尚无中文译名时，可填“暂无”。

5.4　分类地位（M）

香菇是担子菌门（Basidiomycota）、层菌纲（Hymenomycetes）、伞菌目（Agaricales）、口蘑科（Tricholomataceae）、香菇属（*Lentinula*）中的　个种。

5.5　资源归类编码（M）

国家自然科技资源平台资源分级与编码标准中的编码，参见《微生物菌种资源分类编码体系》。

5.6　菌株保藏编号（M）

微生物菌种资源在保藏机构的保藏编号。由前缀和菌株编号两部分组成。前缀为保藏机构名称的英文缩写，前缀和菌株编号之间应留半角空格。

5.7　其他保藏中心编号（O）

微生物菌种资源在其他菌种保藏中心的保藏编号。其他保藏中心编号前以等号“=”开头，保藏编号之间用等号“=”连接。

5.8　来源历史（M）

微生物菌种资源在收藏单位之前的转移情况。收藏单位前以左指向箭头“←”开头，收藏单位之间用左指向箭头“←”连接。

5.9 种质类型（M）

1：野生资源；

2：选育品种；

3：单核体；

4：特殊遗传材料；

5：其他。

5.10 分离人或育种者（O）

该菌株的分离人姓名，育该菌株的单位名称或个人。

5.11 分离时间或选育时间（O）

该菌株的分离时间或选育时间，格式为 YYYYMMDD，其中 YYYY 为年，MM 为月，DD 为日。

5.12 原始编号（O）

微生物菌种资源的原始分离编号。

5.13 标本号（O）

如果该菌株有标本，指明其标本保藏机构及保藏编号。

5.14 鉴定人（O）

该菌株的鉴定人。

5.15 收藏时间（O）

微生物菌种资源被保藏机构收集、保藏的时间。格式为 YYYYMMDD，其中 YYYY 为年，MM 为月，DD 为日。

5.16 原产国（M）

微生物菌种资源分离基物采集地所在国家名称。

5.17 采集地区（O）

该菌株的具体采集地点。

5.18 分离基物（O）

微生物菌种资源分离物质的具体名称，对于寄生或共生的宜指明分离的具体组织部位。

5.19 采集地生境（O）

该菌株分离基物采集具体地点的生态环境，参照《微生物菌种资源采集环境描述规范》。

5.20 培养基编号（M）

微生物菌种最适培养基编号用 4 位数表示，具体编号参考《中国菌种目录》。如果《中国菌种目录》中不包含该培养基，应写明培养基配方和制作方法。

5.21 亲本（O）

该菌株的选育亲本。

5.22 选育方法（O）

该菌株的选育方法。

5.23 生物危害程度（M）

病原微生物菌种资源的分类，其分类方法见《病原微生物实验室生物安全管理条例》。

1：一类；
2：二类；
3：三类；
4：四类；
5：不清楚。

5.24　模式菌株（M）

微生物菌种资源是否为模式菌株。

1：模式菌株；
2：非模式菌株。

6　生物学特征

6.1　菌丝体的颜色（O）

该菌株菌丝体的颜色。

6.2　培养基背面的颜色（O）

该菌株培养基背面的颜色。

6.3　菌落类型（O）

1：匍匐型菌落；
2：气生型菌落。

6.4　菌落质地（O）

1：绒毛状；
2：粉末状；
3：菌索状；
4：菌皮状。

6.5　菌丝长势（O）

1：粗壮；
2：细弱；
3：中等。

6.6　最适生长温度（O）

宜指明菌丝最适生长温度。

6.7　菌丝耐受最高温度（O）

宜指明菌丝最高生长温度。

6.8　适合的栽培料（O）

宜指明该菌株的适合的栽培原料，如段木、木屑、棉籽壳等。

6.9　母种在PDA培养基上的生长速度（O）

采用平板培养直线测量法，将菌种定量接种于平板中心，在生长迟缓期完成之后，开始测量菌落的直径，计算生长速度（单位：cm/d）；或用生长管培养直线测量法测量，将菌种定量接种于直线生长管的中心，在生长迟缓期完成之后，开始测量菌落的长度，计算生长速度（单位：cm/d）。

6.10　菌丝体达到生理成熟的时间（O）

宜指明在适合的栽培原料上从接种到菌丝体达到生理成熟的时间（单位：d），并指明该培养料的组成。

6.11　转色的时间长短（O）

菌丝体生理成熟后，转色需要的时间（单位：d）。

6.12　转色的颜色（O）

香菇正常转色后菌棒表面菌丝体的颜色。

6.13　从接种到第一次现蕾的时间（O）

宜指明在适合的栽培原料及在适宜的条件下从接种到第一次现蕾的时间（单位：d），并指明该培养料的组成。

6.14　子实体分化的温度类型（O）

1：高温型（15～25℃）；

2：中温型（10～20℃）；

3：低温型（5～15℃）；

4：广温型（5～25℃）。

6.15　变温结实特性

1：严格；

2：一般。

6.16　菇潮（O）

1：集中；

2：分散。

6.17　子实体产生方式（O）

1：单生；

2：簇生。

6.18　生物学效率（O）

指明该菌株在适合栽培原料上的生物学效率。

6.19　主要菇型（O）

1：适合产花菇；

2：不适合产花菇。

6.20　抗病能力（O）

1：强；

2：中；

3：弱。

6.21　抗杂菌能力（O）

1：强；

2：中；

3：弱。

7　子实体形态特征

7.1　朵型（O）

1：圆整；

2：不圆整。

7.2　菌盖直径（O）

随机取第一潮菇 10 个子实体，测量菌盖直径（单位：cm），取其平均值。

7.3　菌肉厚度（O）

随机取第一潮菇 10 个子实体，沿菌盖中心纵向割开菌盖，量取菌肉最厚处的厚度（单位：cm），取其平均值。

7.4　菌盖颜色（O）

1：黄褐色；
2：褐色；
3：红褐色。

7.5　菌肉质地（O）

1：硬；
2：中等；
3：软。

7.6　鳞片的位置（O）

1：整个菌盖；
2：菌盖的四周；
3：无；
4：其他。

7.7　菌褶在子实体上的排列

1：规则；
2：波状；
3：其他。

7.8　菌褶颜色（O）

1：乳白色；
2：淡黄色；
3：浅褐色；
4：其他。

7.9　菌柄的形状（O）

1：均匀；
2：上粗下细；
3：下粗上细；
4：其他。

7.10　菌柄的着生位置（O）

1：中央生；
2：偏心生。

7.11　菌柄的粗细（O）

随机取第一潮菇 10 个子实体，用剪刀将菌盖和菌柄分开，测量菌柄中间的直径（单位：cm），取其平均值。

7.12　菌柄的长度（O）

随机取第一潮菇 10 个子实体，用剪刀将菌盖和菌柄分开，测量菌柄长度（单位：

cm)，取其平均值。

7.13　菌柄的质地（O）

1：硬；

2：中等；

3：软。

7.14　菌柄颜色（菌环以下部分）（O）

1：褐色；

2：白色；

3：其他。

7.15　菌柄是否有绒毛（O）

1：有；

2：无。

7.16　鲜菇单重（O）

随机取第一潮菇10个子实体，称量，计算其平均值（单位：g）。

7.17　干菇率（O）

随机取第一潮菇10个子实体，称量鲜重，用烘箱80℃烘烤10h，称量其干重，计算干重/鲜重×100%，即干菇率。

8　其他描述信息

8.1　遗传标记（O）

指明形态标记、细胞学标记、生化标记、分子标记等方面的遗传标记。

8.2　转基因

8.2.1　是否是转基因（O）

1：是；

2：否。

8.2.2　外源基因（O）

如果是转基因菌株，宜指明外源基因的名称。

8.2.3　外源基因的主要功能（O）

1：抗病；

2：抗虫；

3：抗杂菌；

4：高产；

5：提高营养价值；

6：提高药用价值；

7：其他性状。

8.3　参考文献（O）

列出与该菌株有关公开发表的参考文献。

8.4　图像信息（O）

宜给出菌丝、菌落、子实体等图像信息。

附表 1　　　　**香菇菌种资源描述表**

描述日期：　　年　　月　　日

基本信息			
平台资源号		学名	
中文名称		资源归类编码	
菌株保藏编号		其他保藏中心编号	
来源历史		种质类型	
分离人或育种者		分离时间或选育时间	
原始编号或品种名称		标本号	
鉴定人		收藏时间	
原产国		采集地区	
分离基物		采集地生境	
亲本		选育方法	
生物危害程度		培养基	
是否模式菌株		分类地位	
生物学特征			
菌落类型		菌落质地	
菌丝长势		菌丝最适生长温度	
菌丝耐受最高温度		母种在 PDA 培养基上的生长速度	
适合的栽培料		从接种到第一次现蕾的时间	
子实体分化温度		变温结实特性	
同一潮中出菇		子实体产生方式	
生物学效率		主要菇型	
抗病能力		抗杂菌能力	
子实体形态特征			
朵型		菌盖直径	
菌肉厚度		菌盖颜色	
菌肉质地		鳞片的位置	
菌褶在子实体上的排列		菌褶颜色	
菌柄的形状		菌柄的着生位置	
菌柄的粗细		菌柄的长度	
菌柄的质地		菌柄颜色	

（续附表 1）

子实体形态特征			
菌柄是否有绒毛		鲜菇单重	
干菇率			
其他描述信息			
遗传标记		是否是转基因	
外源基因		外源基因的表型	
参考文献		图像信息	

金针菇菌种资源描述规范

前　　言

金针菇（*Flammulina velutipes*）属担子菌门、伞菌目、口蘑科、小火焰菌属，子实体伞形，是一种广泛栽培的食用菌，目前金针菇栽培在我国农业中占有重要的地位。我国的野生金针菇种质资源丰富，北起黑龙江、南至广东、东起福建、西至四川的广大区域内均有分布。在栽培过程中，人工驯化选育了大量栽培品种。丰富的金针菇种质资源是金针菇栽培、育种和研究的基础材料。

制定本规范的目的是为了规范金针菇菌种资源的描述，为金针菇菌种资源的收集、整合、整理、保藏、评价研究和共享工作服务。

金针菇菌种资源描述规范

1 范围

本规范规定了金针菇（Flammulina velutipes）菌种资源的描述内容及其描述要求。

本规范适用于金针菇菌种资源的收集、整理和保藏，数据库和信息共享网络系统的建立。

2 规范性引用文件

下列文件中的条款通过本规范的引用而成为本规范的条款。凡是注明日期的引用文件，其随后所有的修改单（不包括勘误的内容）或修订版均不适用于本规范，然而，鼓励根据本规范达成协议的各方研究是否可使用这些文件的最新版本。凡是不注明日期的引用文件，其最新版本适用于本规范。

NY/T 528—2002 食用菌菌种生产技术规程；

国务院令第424号《病原微生物实验室生物安全管理条例》。

3 术语和定义

下列术语和定义适用于本规范。

3.1 金针菇 Flammulina velutipes

金针菇属担子菌门（Basidiomycota），伞菌目（Agaricales），口蘑科（Tricholomataceae），小火焰菌属（*Flammulina*），是一种木腐菌，子实体伞形，可食。

3.2 品种 strain

经各种方法分离、诱变、杂交、筛选而选育出来具有特异性、均一（一致）性和稳定性的属同一祖先的群体。常称作菌株或品系。

3.3 菌种 pure culture

经人工培养并可供进一步繁殖使用的食用菌菌丝体纯培养物。

3.4 母种 stock culture

经各种方法选育得到的具有结实性的菌丝体纯培养物及其继代培养物，以玻璃试管为培养容器和使用单位，也称一级种、试管种。

[NY/T 528—2002，定义3.3]。

3.5 生物学效率 biological efficiency

子实体鲜重与培养料干重的比率。

4 要求

4.1 描述要求

——在本规范所规定的界限内力求完整；

——信息清楚、准确；
——充分考虑金针菇菌种资源的最新研究进展；
——能被微生物专业人员理解。

4.2 描述要素

描述要素分为2类：
——M：必备要素，必须进行描述的要素；
——O：可选要素，不是必须描述的要素，其描述与否视具体菌株而定。

5 基本信息

5.1 平台资源号

国家自然科技资源e-平台统一生成的资源编号，平台资源号长度为18位，前9位是资源单位编码，后9位是流水号，参见《微生物菌种资源共性描述规范》。

5.2 学名（M）

金针菇的学名为Flammulina velutipes。

5.3 中文名称（M）

微生物菌种资源的中文名称，尚无中文译名时，可填“暂无”。

5.4 分类地位（M）

担子菌门（Basidiomycota）、伞菌目（Agaricales）、口蘑科（Tricholomataceae）、小火焰菌属（*Flammulina*）。

5.5 资源归类编码（M）

国家自然科技资源平台资源分级与编码标准中的编码，参见《微生物菌种资源分类编码体系》。

5.6 菌株保藏编号（M）

微生物菌种资源在保藏机构的保藏编号，由前缀和菌株编号两部分组成。前缀，即保藏机构名称的缩写。前缀和菌株编号之间留半角空格。

5.7 其他保藏中心编号（O）

微生物菌种资源在其他菌种保藏中心的保藏编号。其他保藏中心编号前以等号“＝”开头，保藏编号之间用等号“＝”连接。

5.8 来源历史（M）

微生物菌种资源在收藏单位之前的转移情况。收藏单位前以左指向箭头“←”开头，收藏单位之间用左指向箭头“←”连接。

5.9 种质类型（M）

1：野生资源；
2：选育品种；
3：单核体；
4：特殊遗传材料；
5：其他。

5.10 分离人或育种者（O）

该菌株的分离人姓名，育该菌株的单位名称或个人。

5.11 分离时间或选育时间（O）

该菌株的分离时间或选育时间，格式为 YYYYMMDD，其中 YYYY 为年，MM 为月，DD 为日。

5.12 原始编号（O）

微生物菌种资源的原始分离编号。

5.13 标本号（O）

如果该菌株有标本，指明其标本保藏机构及保藏编号。

5.14 鉴定人（O）

该菌株的鉴定人。

5.15 收藏时间（O）

微生物菌种资源被保藏机构收集、保存该菌株的时间。格式为 YYYYMMDD，其中 YYYY 为年，MM 为月，DD 为日。

5.16 原产国（M）

微生物菌种资源分离基物采集地所在国家名称。

5.17 采集地（O）

该菌株具体采集地点。

5.18 分离基物（O）

该菌株的具体分离基物名称。

5.19 采集地生境（O）

该菌株分离基物采集具体地点的生态环境，参照《微生物菌种资源采集环境描述规范》。

5.20 培养基（M）

微生物菌种最适培养基编号用 4 位数表示，具体编号参考《中国菌种目录》。如果《中国菌种目录》中不包含该培养基，应写明培养基配方和制作方法。

5.21 亲本（O）

该菌株的选育亲本。

5.22 选育方法（O）

该菌株的选育方法。

5.23 生物危害程度（M）

病原微生物菌种资源的分类，其分类方法见《病原微生物实验室生物安全管理条例》。

1：一类；

2：二类；

3：三类；

4：四类；

5：不清楚。

5.24 模式菌株（M）

微生物菌种资源是否为模式菌株。

1：模式菌株；

2：非模式菌株。

6 生物学特征

6.1 菌丝体的颜色（O）

该菌株菌丝体的颜色。

6.2 培养基背面的颜色（O）

该菌株培养基背面的颜色。

6.3 菌落类型（O）

1：匍匐型菌落；

2：气生型菌落；

3：其他。

6.4 菌落质地（O）

1：绒毛状；

2：粉末状；

3：菌索状；

4：菌皮状；

5：其他。

6.5 菌丝长势（O）

1：粗壮；

2：中等；

3：细弱。

6.6 最适生长温度（O）

宜指明菌株的最适生长温度。

6.7 菌丝耐受最高温度（O）

宜指明菌株的最高生长温度。

6.8 适合的栽培料（O）

宜指明该菌株的适合的栽培原料，如段木、木屑、棉籽壳等。

6.9 母种在PDA培养基上的生长速度（O）

采用平板培养直线测量法，将菌种定量接种于平板中心，在生长迟缓期完成之后，开始测量菌落的直径，计算生长速度（单位：cm/d）；或用生长管培养直线测量法测量，将菌种定量接种于直线生长管的中心，在生长迟缓期完成之后，开始测量菌落的长度，计算生长速度（单位：cm/d）。

6.10 从接种到第一次现蕾的时间（O）

宜指明在适合的栽培原料上从接种到第一次现蕾的时间（单位：d），并指明该培养料的组成。

6.11 子实体分化的温度类型（O）

1：中高温型（5～23℃）；

2：低温型（5～14℃）；

3：其他。

6.12 生物学效率（O）

宜指明菌株的生物学效率。

6.13 抗病能力（O）

1：强；

2：中；

3：弱。

6.14 抗杂菌能力（O）

1：强；

2：中；

3：弱。

7 子实体形态特征

7.1 菌盖形状（O）

宜指明菌盖的形状。

7.2 菌盖直径（O）

随机取10个子实体，测量菌盖直径（单位：cm），取其平均值。

7.3 菌盖颜色（O）

1：黄褐色；

2：金黄色；

3：淡黄色；

4：白色。

7.4 菌褶颜色（O）

1：白色；

2：淡黄色；

3：其他。

7.5 菌褶（O）

1：延生；

2：弯生；

3：离生；

4：其他。

7.6 菌柄的长度（O）

随机取10个子实体，用剪刀将菌盖和菌柄分开，测量菌柄长度（单位：cm），取其平均值。

7.7 菌柄是否分枝（O）

1：分枝；

2：不分枝。

7.8 菌柄颜色（O）

1：黄褐色；

2：黄色；

3：白色；

4：其他。

7.9　菌柄基部颜色（O）

1：黑褐色；

2：与菌柄颜色相同；

3：其他。

7.10　菌柄基部是否有绒毛（O）

1：有；

2：无。

7.11　菌柄质地（O）

宜指明菌柄质地。

7.12　鲜菇单重（O）

随机选取 10 个子实体，称量重量（单位：g），取其平均值。

8　其他描述信息

8.1　遗传标记（O）

指明形态标记、细胞学标记、生化标记、分子标记等方面的遗传标记。

8.2　转基因

8.2.1　是否是转基因（O）

1：是；

2：否。

8.2.2　外源基因（O）

指明外源基因的名称。

8.2.3　外源基因的主要功能（O）

1：抗病；

2：抗虫；

3：抗杂菌；

4：高产；

5：提高营养；

6：提高药用价值；

7：其他性状。

8.3　参考文献（O）

列出与该菌株有关的重要参考文献。

8.4　图像信息（O）

宜给出菌丝、菌落、子实体等图像信息。

附表 1 **金针菇菌种资源描述表**

描述日期：　　年　　月　　日

基本信息			
平台资源号		学名	
中文名称		资源归类编码	
菌株保藏编号		其他保藏中心编号	
来源历史		种质类型	
分离人或育种者		分离时间或选育时间	
原始编号或品种名称		标本号	
鉴定人		收藏时间	
原产国		采集地区	
分离基物		采集地生境	
亲本		选育方法	
生物危害程度		培养基	
是否模式菌株		分类地位	
生物学特征			
菌落类型		菌落质地	
菌丝长势		菌丝最适生长温度	
菌丝耐受最高温度		母种在 PDA 培养基上的生长速度	
适合的栽培料		从接种到第一次现蕾的时间	
子实体分化温度		生物学效率	
抗病能力		抗杂菌能力	
子实体形态特征			
菌盖直径		菌盖颜色	
菌褶颜色		菌褶	
菌柄长度		菌柄是否分枝	
菌柄颜色		菌柄基部颜色	
菌柄基部是否有绒毛		鲜菇单重	
其他描述信息			
遗传标记		是否是转基因	
外源基因		外源基因的表型	
参考文献		图像信息	

八、病　毒

病毒

是一类比较原始的、具有遗传及生命特征的、能够自我复制和严格细胞内寄生的非细胞生物，没有细胞结构，是微生物中最小的生命实体。

病毒以病毒颗粒的形式存在，具有一定形态、结构和传染性，需要在电镜下才能观察。各种病毒颗粒形态不一，但都具有蛋白质的衣壳及其包裹的核酸芯髓，衣壳和芯髓共同构成核衣壳。有的病毒核衣壳外还有囊膜及纤突。衣壳由壳粒组成，呈20面体对称或螺旋对称，少数为复合对称。病毒的基本化学组成为核酸和蛋白质，某些病毒还含有脂类、多糖及无机盐类等。每种病毒只有一种核酸遗传物质，或是DNA，或是RNA。每种核酸又有双股与单股，正链与负链、线状与环状、分节段与不分节段之分；蛋白质有结构蛋白与非结构蛋白质之分。

病毒的分类

在病毒的分类系统中，分类单元为目、科、属、种，科和属是病毒的最主要单位。国际病毒分类委员会（ICTV）从第六次分类报告开始，把病毒分为3大类：DNA病毒类、DNA反转录病毒类与RNA反转录病毒类、RNA病毒类。最新公布的ICTV第八次分类报告，把已知病毒分为73个科，11个亚科，289个属，1 950多个种。涉及脊椎、无脊椎动物病毒38个科，其中DNA病毒13个科，RNA病毒21个科，具有反转录过程的DNA或RNA病毒4个科，另外还有6个未定科的独立属。其余分别为植物病毒、细菌病毒（噬菌体）、真菌病毒、藻类和支原体类病毒。几乎所有的生物都可以感染相应的病毒，根据其宿主种类分为动物病毒、植物病毒和细菌病毒（即噬菌体）。

1970年以后又发现了比病毒结构更加简单的微生物，目前将只含有具有单独侵染性的较小型的核糖核酸（RNA）分子（类病毒Viroid），或只含有不具备侵染性的RNA（拟病毒Virusoid）和没有核酸而有感染性的蛋白质颗粒（朊病毒Prion）等3类统称为亚病毒，其分类及有关介绍一般均附于病毒学之内。

病毒的特性

病毒是专性活细胞内寄生物，缺乏生活细胞所具备的细胞器以及代谢必需的酶系统和能量，在宿主细胞协助下，通过核酸的复制和核酸蛋白装配的形式进行增殖，不存在个体生长和二均等分裂等细胞繁殖方式。繁殖所需的原料、能量和生物合成的场所均由宿主细胞提供，在病毒核酸的控制下合成病毒的核酸（DNA或RNA）与蛋白质等成分，然后在宿主细胞的细胞质或细胞核内装配为成熟的、具感染性的病毒粒子，再以各种方式释放至细胞外，感染其他细胞。离开宿主细胞，它只是一个大化学分子，停止活动，但保持感染活性，可制成蛋白质结晶，为一个非生命体；遇到宿主细胞它会通过吸附，侵入、复制、装配、释放子代病毒而显示典型的生命体特征。

感染病毒的宿主细胞内，出现在光学显微镜下可见的大小、形态、数量不等的小体，称为包涵体。包涵体是病毒的合成部位，是病毒的聚集体，是与病毒蛋白及病毒感染有关的蛋白质；非病毒性包涵体，由化学因子或细菌感染形成。在宿主细胞内形成包涵体是病毒的特征，不同病毒形成的包涵体具有不同的形态、结构和特性。它的实际意义在于是病毒鉴定、临床诊断的依据。

病毒的繁殖只在活细胞内进行，其方式与其他微生物有所不同，是以病毒基因为模板，在酶的作用下，分别合成基因和蛋白质，再组装成完整的病毒颗粒，这种方式称为复制。一个完整的复制周期包括吸附、侵入与脱壳、生物合成、组装与释放等步骤。病毒复制表现为强烈的时序性：病毒感染的起始（吸附、侵入与脱壳）、病毒大分子的合成、病毒的装配和释放。

病毒的危害

病毒的发现是来自于人、动物或植物的传染病，所以病毒对人类和动植物的危害是作为病原体引发传染病，危及其健康和正常生长发育直至死亡。

动物病毒包括脊椎动物病毒和无脊椎动物病毒即昆虫病毒。脊椎动物病毒可引起许多人类或畜禽等动物的疾病，许多还是人兽共患病，且危害严重，严重的可引起疫病的流行，如非典型肺炎（SARS）、禽流感等。在已发现的动物病毒中约有1/4的病毒具有致肿瘤作用，至少有五类病毒（乳头瘤病毒、反转录病毒、疱疹病毒、肝DNA病毒和黄病毒）与癌症发病有关。

病毒的研究与利用

培养和检测病毒研究的发展常常与病毒培养和检测方法的进步有密切的关系，特别在脊椎动物病毒方面，小鼠和鸡胚接种、组织培养、超速离心、凝胶电泳、电子显微镜和免疫测定等技术，对病毒学的发展具有深刻的影响。噬菌体的培养和检测方法最为简单。将噬菌体接种到易感细菌的肉汤培养物中，经18～24h后，混浊的培养物重新透明，此时细菌被裂解，大量噬菌体被释放到肉汤中，再经除菌过滤，即为粗制噬菌体。为了测定其中噬菌体的数量，将粗制噬菌体稀释到每一接种量含100个左右，与过量的细菌混合，然后铺种于琼脂平皿上，在温箱中培养过夜，细菌繁殖成乳白色衬底，被噬菌体裂解的区域则在此衬底上表现为圆形的透明斑，称为噬斑。噬斑数代表该接种量中有活力的噬菌体数量。如果挑出单个噬斑来培养，就能获得由单个噬菌体所繁殖的后代，达到分离纯化的目的。动物病毒（见脊椎动物病毒）的培养可在自然宿主、实验动物、鸡胚或细胞培养中进行，以死亡、发病或病变等作为病毒繁殖的直接指标，或以血细胞凝集、抗原测定等作为间接指标。收获发病动物的组织磨成悬液或有病变的细胞培养液，即为粗制病毒。测定活病毒数量可采用空斑法，其原理与噬斑法相同，但以易感的动物单层细胞代替细菌，在接种适当稀释的病毒后，用含有培养液和中性红的琼脂覆盖，使病毒感染局限在小面积内形成病变区，衬底的健康细胞被中性红染成红色，病变区不染色而显示为空斑。

病毒的特征使病毒成为研究生命现象及发展生物技术的理想材料，现已成为生命科学领域中一门重要的分支学科——病毒学。病毒学的研究与生命科学及生物技术密切相关。随着理化技术和分子生物学技术的进展，基础病毒学的研究，特别是噬菌体的研究，除获得更精确的病毒形态、结构、大小等物理学数据外，还从分子水平深入病毒的本质，系统分析了病毒的组成与功能，阐明病毒的复制机制及调控，同时新发现了不少病毒种类和一些新的生物学现象及机制。

病毒学的基础与应用研究的重点是深入了解疾病的本质，及病毒的生物学及分子生物学特征，以及病毒与宿主在分子、细胞、机体等水平上的相互关系，这是发展病毒学的基础，也是提供有效检出、利用和控制病毒手段的理论依据。

因为病毒是研究生命活动最简单的模型，为近代研究生物大分子结构及其功能、基因组高效表达与调控提供了有力工具，在人类认识生命现象的过程中提供了许多基本的信息，成为人们认识生命本质，发展国民经济和保证人畜健康而必须深入研究的重点学科。

病毒的研究对防治人类、动物和植物的病毒病作出了重要贡献。病毒疫苗的发展，为控制人类疾病（如天花、黄热病、脊髓灰质炎、麻疹等）和畜禽疾病（如牛瘟、猪瘟、鸡新城疫、禽流感、口蹄疫等）提供了有效措施；由于综合防治和抗病育种等措施的利用，有效地控制了马铃薯退化病、小麦土传花叶病、白菜芜菁花叶病等农作物病害；利用昆虫病毒作为杀虫剂的研究，也在大力开展并已进入实用阶段。

人类对病毒的利用大致为：

1. 病毒制备预防病毒传染性疾病的疫苗和诊断试剂。

2. 噬菌体可以作为防治某些疾病的特效药，例如烧伤病人在患处涂抹绿脓杆菌噬菌体稀释液。作为分子生物学研究的工具；用于鉴定未知菌，可到型；用于临床治疗传染病；检验植物病原菌；测定辐射剂量等。

3. 在细胞工程中，某些病毒可以作为细胞融合的助融剂，例如仙台病毒。

4. 在基因工程中，病毒可以作为目的基因的载体，使之被拼接在目标细胞的染色体上。噬菌体可作为原核生物基因工程的载体；动物 DNA 病毒作为动物基因工程的载体；植物 DNA 病毒作为植物基因工程的载体；昆虫 DNA 病毒作为真核生物基因工程的载体。

5. 在专一的细菌培养基中添加的病毒可以除杂。

6. 病毒可以作为精确制导药物的载体。

7. 病毒可以作为特效杀虫剂。

8. 病毒可能用作肿瘤、癌症的治疗。

病毒毒种资源描述规范

前　言

病毒是一类比较原始的、有生命特征的、严格细胞内寄生和能够自我复制的非细胞生物，种类多，变异快，能够引起人类、动物、植物的病害，易造成极大的危害和经济损失。

制定本规范是为了规范病毒毒种资源的描述，便于病毒毒种资源的收集、保藏、鉴定、评价、研究，有效整理病毒毒种资源，促进病毒毒种资源信息化，实现资源的高效共享，并为有效控制致病性病毒的危害奠定基础。

病毒毒种资源描述规范

1 范围

本规范规定了病毒毒种资源的描述要素和描述规范。

本规范适用于病毒毒种资源的收集、整理和保藏，以及数据库和信息共享网络系统的建立。

2 规范性引用文件

下列文件中的条款通过本规范的引用而成为本规范的条款。凡是注明日期的引用文件，其随后所有的修改单（不包括勘误的内容）或修订版均不适用于本规范，然而，鼓励根据本规范达成协议的各方研究是否可使用这些文件的最新版本。凡是不注明日期的引用文件，其最新版本适用于本规范。

国务院令第 424 号《病原微生物实验室生物安全管理条例》。

中华人民共和国农业部令第 53 号《动物病原微生物分类名录》。

3 术语和定义

下列术语和定义适用于本规范。

3.1 病毒 virus

是一类比较原始的、有生命特征的、严格细胞内寄生和能够自我复制的非细胞生物，本规范中的病毒暂不包括噬菌体类病毒。

3.2 病毒资源 virus resources

指可培养的有一定科学意义、具有实际或潜在实用价值的病毒毒种及相关的信息数据。

4 要求

4.1 描述要求

——描述内容应清楚、准确，力求完整；

——要充分考虑该毒株的最新研究进展；

——能被微生物专业人员理解。

4.2 描述要素

描述要素分为 2 类：

——M：必备要素，必须描述的要素；

——O：可选要素，其描述与否视具体毒株而定。

5　描述内容

5.1　基本信息

5.1.1　平台资源号（M）

国家自然科技资源 e-平台统一生成的资源编号，平台资源号长度为 18 位，前 9 位是资源单位编码，后 9 位是流水号，参见《微生物菌种资源共性描述规范》。

5.1.2　学名（M）

应指明该毒株的完整的科学名称。

5.1.3　中文名称（M）

应指明该毒株的中文名称（如有别名，可在括号中注明）。尚无中文译名时，填写“暂无”。

5.1.4　资源归类编码（M）

应指明该毒株的资源归类编码，参见《微生物资源分类编码体系》。

5.1.5　毒株保藏编号（M）

应指明该毒株在专业保藏机构的保藏编号，保藏编号由前缀和毒株编号两部分组成。前缀为保藏机构英文名称的缩写，前缀和毒株编号之间应留半角空格。

5.1.6　其他保藏机构编号（O）

宜指明该毒株在其他菌种保藏机构的毒株保藏编号。每个其他保藏机构的编号均由等号“=”开头，如编号不止一个时，中间也用等号“=”连接。

5.1.7　来源历史（M）

应指明得到该毒株的途径。如毒株转移经过多个保藏机构，则保藏机构之间用一个左指向的箭头“←”连接。

5.1.8　分离人（M）

应指明该毒株最初分离人的姓名。

5.1.9　分离时间（M）

应指明该毒株的分离时间。格式为 YYYYMMDD，其中 YYYY 为年，MM 为月，DD 为日。

5.1.10　原始编号（M）

应指明该毒株最初分离编号。

5.1.11　鉴定人（O）

宜指明该毒株的鉴定人。

5.1.12　鉴定人所在单位（O）

宜指明该毒株的鉴定人所在单位。

5.1.13　收藏时间（O）

宜指明保藏机构收集、保存该毒株的时间。格式为 YYYYMMDD，其中 YYYY 为年，MM 为月，DD 为日。

5.1.14　原产国或地区（M）

应指明该毒株分离基物采集地所在国家或地区名称。

5.1.15　采集地区（O）

宜指明该毒株的采集地行政区划，详细到县。

5.1.16　分离基物（O）

宜指明具体的分离基物名称。

5.1.17　采集地生境（O）

宜描述该毒株分离基物采集具体地点的生态环境，参照《微生物菌种资源采集环境描述规范》。

5.1.18　生物危害程度（M）

应指明该毒株的生物危害等级归类，参照《病原微生物实验室生物安全管理条例》和中华人民共和国农业部令第53号《动物病原微生物分类名录》。

5.1.19　参考毒株（M）

凡是参考毒株应予指明。

5.1.20　参考文献（O）

与病毒毒种相关的资料信息，包括书籍、期刊、学术报告及其他。

5.2　形态学特征

5.2.1　病毒形状（O）

5.2.1.1　形状

病毒在电子显微镜下的形状描述，如球形、子弹形、砖形、卵形、杆状、丝状、多形态。

5.2.1.2　排列方式

多个病毒粒子的排列方式，是否形成结晶等。

5.2.2　有无纤突（O）

5.2.2.1　有无表面纤突

5.2.2.2　纤突特征

5.2.3　有无囊膜（M）

有无囊膜。

5.2.4　衣壳对称性（O）

衣壳对称性和结构，立体对称、螺旋对称还是复合对称；立体对称病毒粒子的壳粒数目。

5.2.5　病毒的大小（M）

完整病毒的体积描述，以 nm 表示。

5.3　培养特性

5.3.1　培养物（M）

适合病毒毒种生长的营养物质，包括不同种类的细胞、禽胚或动物。

5.3.2　培养条件（M）

培养病毒毒种所需要的温度、pH 值、营养因子和其他条件。

5.3.3　培养时间（M）

病毒毒种在特定培养条件下，生长至最高滴度所需要的时间，以小时（h）表示。

5.3.4　其他特性

病毒粒子在培养物（细胞或禽胚或动物）内的聚集场所，装配场所，成熟和释放部位。

5.4 理化特性（O）
5.4.1 分子量
5.4.2 浮密度
5.4.3 沉降系数
5.4.4 对酸碱的稳定性
5.4.5 对热的稳定性
5.4.6 对两价离子（Mg^{2+}和Mn^{2+}）的稳定性
5.4.7 对乙醚或氯仿的稳定性
5.4.8 对消毒剂的稳定性
5.4.9 对辐射的稳定性
5.5 蛋白质结构与功能（O）
5.5.1 结构蛋白的数目和氨基酸序列
5.5.2 结构蛋白的大小
5.5.3 结构蛋白的功能
5.5.4 非结构蛋白的数目和氨基酸序列
5.5.5 非结构蛋白的大小
5.5.6 非结构蛋白的功能
5.6 遗传信息
5.6.1 核酸类型（M）
DNA 还是 RNA。
5.6.2 核苷酸序列（O）
全部或部分序列。
5.6.3 基因组大小（O）
基因组的碱基对数目，以 kb 表示。
5.6.4 碱基链数目（O）
是单股还是双股。
5.6.5 碱基链存在方式（O）
线状还是环状。
5.6.6 碱基链性质（O）
是正义、负义还是双义。
5.6.7 基因组连续性（O）
是否分节段，节段的大小和数目。
5.6.8 开放阅读框的数目和位置（O）
5.7 生物学特性
5.7.1 自然宿主（M）
5.7.2 流行季节（O）
5.7.3 传播方式（O）
5.7.4 地理分布（O）
5.7.5 组织嗜性（O）
5.7.6 对宿主致病的病理变化（O）

5.7.7　血清型（M）

5.7.8　抗原性（M）

与同种或同属病毒的血清学关系或与标准毒株、参考毒株或疫苗毒株的血清学关系。

5.7.9　基因型（O）

5.8　致病性（M）

5.8.1　是否致病

5.8.2　致病对象

5.8.3　致病力

对细胞或禽胚或动物的致病力［分别以 $CCID_{50}$（$TCID_{50}$）、EID_{50} 或 LD_{50} 表示］。

5.9　其他特性（O）

该病毒特有的或必须说明的，但上述项目中未包括的特征。

附表 1　　　　**病毒毒种资源描述表**

描述日期：　　年　　月　　日

<table>
<tr><th colspan="6">基本信息</th></tr>
<tr><td colspan="2">平台资源号</td><td colspan="4"></td></tr>
<tr><td colspan="2">学名</td><td></td><td colspan="2">中文名称</td><td></td></tr>
<tr><td colspan="2">资源归类编码</td><td></td><td colspan="2">毒株保藏编号</td><td></td></tr>
<tr><td colspan="2">其他保藏机构编号</td><td></td><td colspan="2">来源历史</td><td></td></tr>
<tr><td colspan="2">分离人</td><td></td><td colspan="2">分离时间</td><td></td></tr>
<tr><td colspan="2">原始编号</td><td></td><td colspan="2">鉴定人</td><td></td></tr>
<tr><td colspan="2">鉴定人所在单位</td><td></td><td colspan="2">收藏时间</td><td></td></tr>
<tr><td colspan="2">原产国或地区</td><td></td><td colspan="2">采集地区</td><td></td></tr>
<tr><td colspan="2">分离基物</td><td></td><td colspan="2">采集地生境</td><td></td></tr>
<tr><td colspan="2">生物危害等级</td><td></td><td colspan="2">参考毒株</td><td></td></tr>
<tr><td colspan="2">参考文献</td><td></td><td colspan="2"></td><td></td></tr>
<tr><th colspan="6">形态学特征</th></tr>
<tr><td rowspan="2">病毒形状</td><td>形状</td><td></td><td rowspan="2">有无纤突</td><td>有无表面纤突</td><td></td></tr>
<tr><td>排列方式</td><td></td><td>纤突特征</td><td></td></tr>
<tr><td colspan="2">有无囊膜</td><td></td><td colspan="2">衣壳对称性</td><td></td></tr>
<tr><td colspan="2">病毒大小</td><td colspan="4"></td></tr>
<tr><th colspan="6">培养特性</th></tr>
<tr><td colspan="2">培养物</td><td></td><td colspan="2">培养条件</td><td></td></tr>
<tr><td colspan="2">培养时间</td><td></td><td colspan="2">其他特性</td><td></td></tr>
<tr><th colspan="6">理化特性</th></tr>
<tr><td colspan="2">分子量</td><td></td><td colspan="2">浮密度</td><td></td></tr>
<tr><td colspan="2">沉降系数</td><td></td><td colspan="2">对酸碱的稳定性</td><td></td></tr>
<tr><td colspan="2">对热的稳定性</td><td></td><td colspan="2">对两价离子（Mg^{2+} 和 Mn^{2+}）的稳定性</td><td></td></tr>
</table>

（续附表1）

理化特性			
对乙醚或氯仿的稳定性		对消毒剂的稳定性	
对辐射的稳定性			
蛋白质结构与功能			
结构蛋白的数目和氨基酸序列		结构蛋白的大小	
结构蛋白的功能		非结构蛋白的数目和氨基酸序列	
非结构蛋白的大小		非结构蛋白的功能	
遗传信息			
核酸类型		核苷酸序列	
基因组大小		碱基链数目	
碱基链存在方式		碱基链性质	
基因组连续性		开放阅读框数目和位置	
生物学特性			
自然宿主		流行季节	
传播方式		地理分布	
组织嗜性		对宿主致病的病理变化	
血清性		抗原性	
基因型			
致病性			
是否致病		致病力	
		致病对象	
其他特性			

植物病毒毒种资源描述规范

前　　言

植物病毒是一类严格细胞内寄生和能够复制的非细胞生物，其种类多，变异快，能够引起植物的病害，造成极大的危害和经济损失。同时植物病毒又是分子生物学和基因工程的优良分子材料，是重要的遗传和分子生物学资源。

制定本规范是为了植物病毒毒种资源描述的标准化，便于植物病毒毒种资源的收集、保藏、鉴定、评价、研究，有效整理我国植物病毒毒种资源，促进毒种资源信息化，实现资源的高效共享，并为有效控制植物病毒的危害、充分利用植物病毒的遗传信息奠定基础。

植物病毒毒种资源描述规范

1 范围

本规范规定了植物病毒毒种资源的描述要素和描述规范。

本规范适用于植物病毒毒种资源的收集、整理、保藏，以及数据库和信息共享网络系统的使用。

2 规范性引用文件

下列文件中的条款通过本规范的引用而成为本规范的条款。凡是注明日期的引用文件，其随后所有的修改单（不包括勘误的内容）或修订版均不适用于本规范，然而，鼓励根据本规范达成协议的各方研究是否可使用这些文件的最新版本。凡是不注明日期的引用文件，其最新版本适用于本规范。

GB 19489　实验室生物安全通用要求；

国务院令第 424 号《病原微生物实验室生物安全管理条例》。

国际病毒分类委员会（International Committee on Taxonomy of Viruses，ICTV）病毒规范数据库（ICTVdB），网络地址为 http：//www. ncbi. nlm. nih. gov/ICTVdb/index. htm，其国内镜像站点链接为 http：//ictvdB：mirror. aC：cn/；

植物病毒鉴定数据库（Virus Identification Data Exchange，VIDE）澳大利亚国立大学（Australian National University）创建，网络地址为 http：//cis. anu. edu. au/anu/contents. html。

3 术语和定义

下列术语和定义适用于本规范。

3. 1　植物病毒 plant virus

是一类具有生命特征的、严格在植物细胞内寄生和能够复制的非细胞寄生物。本规范暂不包括亚病毒中的类病毒和病毒卫星。

3. 2　病毒毒种 virus species

是指种构成一个复制谱系（replicating lineage）、占据一个特定小生境、具有多个（同等重要的）分类特征的病毒群体。

3. 3　确定种 definitive species

指分类地位获得国际病毒分类委员会（International Committee on Taxonomy of Viruses，ICTV）认可的病毒毒种。

3. 4　典型种或称模式种 type species

指具有所在属的代表性毒种，每属只有一个。

3.5　暂定种 tentative species

指分类地位尚未获得国际病毒分类委员会认可的病毒毒种，但已经有国际同行认可的研究论文。

3.6　病毒株系 virus strain

是病毒种下的分类单元，指致病性相似的病毒群体，常根据致病性强弱或症状类型命名。

3.7　病毒分离物 virus isolate

当分离到一种病毒，但还未完全了解其特征，或确定其分类地位之前，常将其称为“分离物”或“分离株”。

3.8　悬浮属 floating genera

在没有建立或确定所属病毒科的情况下，暂时作为最高分类单位的病毒属，称为“悬浮属”。

3.9　核衣壳 nucleocapsid

组成植物病毒粒体的核酸和蛋白质合称为核蛋白或核衣壳。

3.10　蛋白亚基 protein subunit

是由结构蛋白多肽链经过三维折叠形成外壳的基本结构单位，也称结构亚基。

3.11　内含体 inclusions

某些植物病毒的翻译产物与病毒的核酸，或与寄主的蛋白等物质聚集在寄主细胞内形成的具有一定大小和形状的内含物。

4　要求

4.1　描述要求

——描述内容应清楚、准确，力求完整；

——要充分考虑该毒株的最新研究进展；能与国际病毒分类委员会数据库接轨；

——能被植物病理学专业人员理解，其学术性经由专业杂志发表认可。

4.2　描述要素

描述要素分为 2 类：

——M：必备要素，必须描述的要素；

——O：可选要素，其描述与否视具体毒种和资料情况而定。

5　描述内容

5.1　基本信息

5.1.1　平台资源号（M）

国家自然科技资源 e-平台统一生成的资源编号，平台资源号长度为 18 位，前 9 位是资源单位编码，后 9 位是流水号，参见《微生物菌种资源共性描述规范》。

5.1.2　学名（M）

应指明该毒株的完整的科学名称，使用 ICTV 规定的命名和书写规则。

5.1.3　中文名称（M）

微生物菌种资源的中文名称，尚无中文译名时，可填“暂无”。

5.1.4 分类地位（M）

国际病毒分类委员会（ICTV）认可的病毒科属名称，暂时未能明确的可以填写“暂未明确”。

5.1.5 病毒编码（O）

ICTV 的病毒编码。未获国际病毒分类委员会认可的，但在我国公开发表的毒种，此项可暂空缺。

5.1.6 资源归类编码（M）

国家自然科技资源平台资源分级与编码标准中的编码，参见《微生物菌种资源分类编码体系》。

5.1.7 菌种保藏编号（M）

微生物菌种资源在保藏机构的保藏编号。由前缀和菌株编号两部分组成。前缀为保藏机构名称的英文缩写，前缀和菌株编号之间应留半角空格。

5.1.8 其他保藏机构编号（O）

微生物菌种资源在其他菌种保藏中心的保藏编号。其他保藏中心编号前以等号“＝”开头，保藏编号之间用等号“＝”连接。

5.1.9 来源历史（M）

微生物菌种资源在收藏单位之前的转移情况。收藏单位前以左指向箭头“←”开头，收藏单位之间用左指向箭头“←”连接。

5.1.10 分离人（M）

应指明该毒株最初分离人的姓名；由于植物病毒学名不要求书写命名人，有些病毒已经难于明确最初分离人；此项可以现有保藏毒种分离人代替。

5.1.11 分离时间（M）

应指明该毒株的分离时间。

5.1.12 原始编号（M）

微生物菌种资源的原始分离编号。

5.1.13 鉴定人（O）

宜指明该毒株的鉴定人。

5.1.14 鉴定人所在单位（O）

宜指明该毒株的鉴定人所在单位。

5.1.15 收藏时间（O）

微生物菌种资源被保藏机构收集、保存该菌株的时间。格式为 YYYYMMDD，其中 YYYY 为年，MM 为月，DD 为日。

5.1.16 原产国（M）

微生物菌种资源分离基物采集地所在国家名称。

5.1.17 采集地区（O）

宜指明该毒株的采集地行政区划，详细到县。

5.1.18 毒种来源寄主（O）

宜指明具体的分离寄主植物名称，包括拉丁学名和品种、品系名称。

5.1.19 采集地生境（O）

宜描述该毒种寄主植物采集具体地点的生态环境，参照《微生物菌种资源采集环境描述规范》。

5.1.20 生物危害等级（M）

病原微生物菌种资源的分类，其分类方法见《病原微生物实验室生物安全管理条例》。

1：一类；

2：二类；

3：三类；

4：四类；

5：不清楚。

5.1.21 典型毒种（M）

指明该毒种是否属于典型毒种。

5.1.22 参考文献（O）

与该病毒毒株相关的资料信息，包括书籍、期刊、学术报告及其他。

5.2 形态学特征

5.2.1 病毒形状（M）

5.2.1.1 形状

病毒在电子显微镜下的形状，是球状、杆状、线状、弹形，还是其他形态。

5.2.1.2 排列方式（O）

多个病毒粒子的排列方式，是否形成结晶等。

5.2.1.3 有无囊膜（M）

有无囊膜。

5.2.1.4 衣壳对称性（O）

衣壳对称性和结构，立体对称、螺旋对称还是复合对称；立体对称病毒粒子的壳粒数目。

5.2.1.5 病毒的大小（M）

完整病毒的直径，或杆线状病毒的长度×宽度，均以纳米（nm）表示。

5.3 理化特性（O）

5.3.1 分子量

以 10^6Da 为单位表示。

5.3.2 紫外吸收特性

由病毒核酸和蛋白组成差异造成紫外吸收不同，常用 $E_{1cm}^{0.1\%}$260nm 值，表示某病毒在 0.1% 浓度，光径为 1cm 比色杯中在 260nm 处的吸收值。

5.3.3 沉降系数

是指一种物质在 20℃水中在 1 达因（1/981g）的引力场中沉降的速度，单位是每秒若干厘米，因这一单位太大，病毒 S_{20}w 测定多采用其千分之一，即 Svedberg 单位。

5.3.4 体外存活期（Longevity in vitro，LIV）

在室温（20～22℃）条件下，病毒抽提液保持侵染力的最长时间。

5.3.5 钝化温度（Thermal Inactivation Point，TIP）

处理 10min 使病毒丧失活性的最低温度，用摄氏度表示。

5.3.6　稀释限点（Dilution End Point，DEP）

保持病毒侵染力的最高稀释度，用 10^{-1}，10^{-2}，10^{-3}，……表示，它反映了病毒的体外稳定性和侵染力，也表示病毒在自然寄主中浓度的高低。

5.4　蛋白质结构与功能（O）

5.4.1　结构蛋白的数目和氨基酸序列

病毒外壳蛋白亚基的种类、数目及其氨基酸序列登录号。

5.4.2　结构蛋白的大小

病毒外壳蛋白亚基的分子量，以 10^3Da 为单位表示。

5.4.3　非结构蛋白的数目和氨基酸序列

病毒编码的其他蛋白的种类、数目及其氨基酸序列登录号。

5.4.4　非结构蛋白的大小

非结构蛋白的分子量，以 10^3Da 为单位表示。

5.4.5　非结构蛋白的功能

5.5　遗传信息

5.5.1　核酸类型（M）

DNA 还是 RNA。

5.5.2　核酸链数目（O）

是单股还是双股。

5.5.3　核酸链存在方式（O）

线状还是环状。

5.5.4　核酸链性质（O）

是正义、负义还是双义。

5.5.5　核苷酸序列（O）

全部或部分序列，已经公开发表的序列，建议仅列出登录号。

5.5.6　基因组大小（O）

基因组的碱基对数目，以 bp 表示。

5.5.7　基因组连续性（O）

是否分节段，节段的大小和数目。

5.5.8　开放阅读框的数目和位置（O）

5.6　生物学特性

5.6.1　自然寄主及其症状类型（M）

5.6.2　人工寄主（M）

5.6.3　非寄主范围

经过科学实验证实病毒不能侵染的植物。

5.6.4　鉴别寄主及症状类型（M）

5.6.5　繁殖寄主（O）

5.6.6　传播方式（M）

5.6.7　传播介体（M）

5.6.8　地理分布（M）

5.6.9　对寄主致病的组织病理变化（O）

5.6.10　抗原型（M）

5.6.11　血清型（M）

与同种或同属病毒的血清学关系。

5.6.12　所致植物病害的生产重要性（O）

5.7　其他特性（O）

该病毒特有的或必须说明的，但上述项目中未包括的特征。

附表1　　**植物病毒毒种资源描述表**

描述日期：　　年　　月　　日

基本信息				
平台资源号				
病毒学名		中文名称		
资源归类编码		毒种保藏编号		
其他保藏机构编号		来源历史		
发现人		分离时间		
原始编号		鉴定人		
鉴定人所在单位		收藏时间		
原产国或地区		采集地区		
来源寄主植物		采集地生境		
检疫重要性等级		典型毒种		
参考文献				
形态学特征				
病毒形状	形状		衣壳对称性	
	有无囊膜		病毒粒体大小	
理化特性				
分子量		紫外吸收特性		
沉降系数		体外存活期		
钝化温度		对辐射的稳定性		
稀释限点				
蛋白质结构与功能				
结构蛋白的数目		非结构蛋白的大小		
结构蛋白的大小		非结构蛋白的数目		
结构蛋白氨基酸序列号		非结构蛋白氨基酸序列号		
结构蛋白的功能		非结构蛋白的功能		
遗传信息				
核酸类型		核酸链数目		
基因组大小		核酸链性质		

（续附表 1）

核酸链存在方式		开放阅读框数目和位置	
基因组连续性		核苷酸序列号	
生物学特性			
自然寄主		地理分布	
传播方式		传播介体	
鉴别寄主		对寄主致病的组织病理变化	
血清型		抗原性	
株系分化		所致病害的生产重要性	
其他特性			

口蹄疫病毒毒种资源描述规范

前　言

口蹄疫病毒（Foot and Mouth Disease Virus，FMDV）为小核糖核酸病毒科（Picornaviridae）口蹄疫病毒属（Aphthovirus）成员，口蹄疫病毒属下只有口蹄疫一种病毒，分为O、A、C、SAT1、SAT2、SAT3 和 Asia1 等 7 个血清型和 65 个以上的亚型。

口蹄疫病毒可导致易感偶蹄兽发生口蹄疫。口蹄疫临床表现为口、舌、唇、鼻、蹄、乳房等部位发生水泡、破溃形成烂斑。该病可造成严重经济损失，被世界动物卫生组织［World Organization for Animal Health（英），Office International des Epizooties（法），OIE］列为 A 类疾病，我国列为一类动物疫病。

制定本规范是为了规范口蹄疫病毒资源的描述，便于口蹄疫病毒资源的收集、保藏、鉴定、评价、研究，有效整理口蹄疫病毒资源，促进口蹄疫病毒资源信息化，为有效控制口蹄疫病毒的危害奠定基础。

口蹄疫病毒毒种资源描述规范

1 范围

本规范规定了口蹄疫病毒资源的描述要素和描述规范。

本规范适用于口蹄疫病毒资源的收集、整理、保藏，以及数据库和信息共享网络系统的建立。

2 规范性引用文件

下列文件中的条款通过本标准的引用而成为本标准的条款。凡是注明日期的引用文件，其随后所有的修改单（不包括勘误的内容）或修订版均不适用于本标准，然而，鼓励根据本标准达成协议的各方研究是否可使用这些文件的最新版本。凡是不注明日期的引用文件，其最新版本适用于本标准。

GB 19489 《实验室生物安全通用要求》；

国务院令第 424 号《病原微生物实验室生物安全管理条例》。

3 术语和定义

下列术语和定义适用于本规范。

3.1 *口蹄疫病毒* Foot and Mouth Disease Virus，FMDV

口蹄疫病毒是人类发现的第一个被确认的动物病毒，病毒粒子直径为 20～25nm，呈大致的圆形或六角形，由结构蛋白 VP4、VP2、VP3 和 VP1 各 60 个分子组成的衣壳包裹一个分子的 RNA 组成，分子量为 6.9×10^6 道尔顿。成熟的病毒粒子约含 30% 的 RNA，其余 70% 为蛋白质。病毒粒子的氯化铯浮力密度为 1.43g/ml，完整的病毒粒子的沉降系数为 146S。

口蹄疫病毒有 7 个血清型，各型之间彼此几乎没有交叉免疫反应。

口蹄疫病毒的 RNA 呈单股线状，为约 8 500个核苷酸组成的正链 RNA，具有感染性，分子量约 2.6×10^6～2.8×10^6 道尔顿。基因组的基本结构是：VPg-5'NTR-（L 蛋白）-结构蛋白 P1-非结构蛋白-3'NTR-poly（A）。

3.2 *口蹄疫* Foot and Mouth Disease，FMD

口蹄疫是由口蹄疫病毒引起的易感偶蹄兽的一种急性、热性、高度接触传染性的动物疫病。口蹄疫临床表现为口、舌、唇、齿龈、鼻、蹄、乳房等部位发生水泡，水泡破溃形成烂斑。该病可引起严重经济损失，被世界动物卫生组织［World Organization for Animal Health（英），Office International des Epizooties（法），OIE］列为 A 类疾病，我国列为一类动物疫病。

3.3 *口蹄疫病毒资源*

指有一定科学意义、具有实际或潜在实用价值的口蹄疫病毒毒株、核酸、结构蛋白，非结构蛋白等以及相关的信息数据。

可参照《国家自然科技资源平台口蹄疫病毒毒株资源描述表》（附表一）填写毒株资源信息。

3.4　开放阅读框 Open Reading Frame，ORF

3.5　5' 非编码区 5'-Non-Translated Region，5'-NTR

3.6　3' 非编码区 3'-Non-Translated Region，3'-NTR

3.7　致细胞病变效应 Cytopathil Effect，CPE

4　要求

4.1　描述要求

——描述内容应清楚、准确，力求完整。

——要充分考虑该毒株的最新研究进展。

——能被微生物学及相关学科专业人员理解。

4.2　描述要素

描述要素分为 2 类：

——M：为必备要素，必须描述的要素。

——O：为可选要素，其描述与否视具体毒株而定。

5　描述内容

5.1　基本信息

5.1.1 平台资源号（M）

国家自然科技资源 e-平台统一生成的资源编号，平台资源号长度为 18 位，前 9 位是资源单位编码，后 9 位是流水号，参见《微生物菌种资源共性描述规范》。

5.1.2　学名（M）

中文名称：口蹄疫病毒；

英文名称：Foot and Mouth Disease Virus，简写为 FMDV。

5.1.3　毒株名称（M）

5.1.3.1　毒株中文名称（M）

5.1.3.1.1　毒株命名原则

（1）不使用人名；

（2）便于识别、使用、记忆；

（3）新名称不应与以往的名称有重复；

（4）毒株名称应至少能反映该毒株的分离地点和时间以及该毒株的型别；

（5）毒株的中文命名应与国际通用的口蹄疫病毒命名方法相同；

（6）现有已被使用者熟知并广泛应用的毒株，无论该毒株的名称是否合乎命名原则，均应予保留，如制备活疫苗的毒株 OMII；

（7）毒株的中文名称（如有别名，可在括号中注明）。国外毒株尚无中文译名时，填写“暂无”。

5.1.3.1.2　分离毒株命名方法

毒株的完整的科学名称应包含下面几项内容：型别/分离地点/毒株序号/分离年代。

分离地点为省市、县名称；

分离年代应写全；

如同一分离地点多次分离，按时间先后加写分离序号（阿拉伯数字），一个地点只有一个分离株时，分离序号可省略。

5.1.3.2 毒株英文名称

（1）中文名称翻译为英文名称原则：按照中文先后顺序依次翻译，以英文简写为主，若有可能产生歧义，则写英文全称；其中分离地点是中文拼音首字母的大写。

（2）尚无英文名称时，填写“暂无”；

（3）若是引进国外毒株：则保留原英文名称，不翻译，在英文名称后加“株”。

5.1.4 资源归类编码（M）

毒株的资源归类编码，参见《微生物菌种资源分级归类编码体系》。

5.1.5 毒株保藏编号（M）

应指明该毒株在专业保藏机构的保藏编号，保藏编号由前缀和毒株编号两部分组成。前缀为保藏机构英文名称的缩写，前缀和毒株编号之间应留空格。

5.1.6 其他保藏机构编号（O）

宜指明该毒株在其他菌种保藏机构的毒株保藏编号。每个其他保藏机构的编号均由等号“=”开头，如编号不止一个时，中间也用等号“=”连接。

5.1.7 来源历史（M）

应指明得到该毒株的途径。如毒株转移经过多个保藏机构，则保藏机构之间用一个左指向的箭头“←”连接。

5.1.8 分离人或分离单位（M）

应指明该毒株最初分离人或分离单位的名称。

5.1.9 分离时间（M）

应指明该毒株的分离时间。具体到年月日。

5.1.10 原始编号（M）

应指明该毒株最初分离编号。

5.1.11 鉴定人或鉴定单位（O）

宜指明该毒株的鉴定人或鉴定单位。

5.1.12 收藏时间（O）

宜指明保藏机构收集、保存该毒株的时间。具体到年月日。

5.1.13 原产国或地区（M）

应指明该毒株分离基物采集地所在国家或地区名称。

5.1.14 采集地区（O）

宜指明该毒株的采集地行政区划，详细到县。

5.1.15 原始宿主和分离基物（O）

宜指明毒株采集时的宿主种类和具体的分离基物名称。

5.1.16 采集地生境（O）

宜描述该毒株分离基物采集具体地点的生态环境，参照《微生物菌种资源采集环境描述规范》。

5.1.17 生物危害等级（M）

应指明该毒株的生物危害等级归类，参照《病原微生物实验室生物安全管理条例》。

5.1.18 参考毒株（M）

应注明是否参考毒。我国部分口蹄疫病毒参考毒株见附录1。口蹄疫亚型和参考株见附录2。

5.1.19 分离、继代历史（O）

毒株在不同培养物中培养、继代的历史。

毒株的继代历史用宿主加继代代数来表示。宿主用英文缩写表示，继代代数以英文大写“F”后紧跟代数表示；毒株若在不同宿主间传递，不同宿主之间用“/”分开（宿主英文缩写为：猪 P，牛 B，羊 S，乳鼠 M，豚鼠 G，BHK21 细胞 BH）。

如一份毒株在乳鼠上传3代后接种 BHK21 细胞传5代，再在豚鼠上传至第5代保存，后又在牛上回归一次，在乳鼠上传3代保存，该毒株的继代历史则记为 MF3/BHF5/GF5/BF1/MF3。

5.1.20 参考文献（O）

宜注明与该口蹄疫病毒毒株相关的主要资料信息，包括书籍、期刊、学术报告及其他资料信息。

5.2 形态学特征

5.2.1 形态

口蹄疫病毒粒子呈球形。

5.2.2 病毒的大小（M）

病毒大小用直径（d）表示，以“nm”（中文名称：纳米）作为基本单位表示。若在一定的范围内，用“~”表示。

5.2.3 囊膜

无囊膜。

5.2.4 核衣壳

呈二十面体对称。

5.3 培养特性

5.3.1 培养物（M）

适合病毒增殖的宿主，包括不同种类的细胞、动物。

应注明增殖口蹄疫病毒所用的细胞，限于附录3所列病毒增殖细胞，若采用新型增殖细胞，应在该新型增殖细胞名称后用记号“（新）”注明。

5.3.2 培养条件（M）

应注明增殖该病毒所用的细胞和培养基的具体信息，包括所用细胞的具体名称、培养基的组成等。

5.3.3 培养方法（O）

宜注明增殖该株病毒所需要的细胞名称及状态、培养时间、培养温度、培养条件、收获病毒的时机、保存病毒的方法及温度要求。

5.3.4 CPE（O）

宜注明光学显微镜下的观察结果，即是否有细胞病变，并且指出所用细胞的名称。

5.3.5　其他特性（O）

若该株口蹄疫病毒还存在其他培养特性，以阿拉伯小写数字序号依次说明，说明文字应精练易懂，无歧义。

5.4　理化特性（O）

5.4.1　分子量

视具体毒株而定，中文单位是道尔顿，英文单位简写是“Da”。

5.4.2　浮密度

浮密度的测量包括两种方法：在蔗糖密度梯度中的浮密度和在氯化铯密度梯度中的浮密度，两者均可，但宜注明具体测量采取哪一种方法及测量的结果，单位是克每毫升（g/ml）。

5.4.3　沉降系数（O）

宜指明病毒颗粒20℃时在水中的沉降系数 S_{20}，单位用S，即Svedberg单位。

5.4.4　等电点（O）

宜指明等电点的pH值即pI。

5.4.5　对酸碱的稳定性（O）

由在一定的时间内病毒滴度（$TCID_{50}$）的变化来表现，分为最稳定、稳定和不稳定（或者不耐受）三种状态；应注明具体酸碱度值，如果是在一定的酸碱度范围内，则用“～”表示。

5.4.6　对热的稳定性（O）

应指明口蹄疫病毒灭活（或丧失致病力）的温度和所用的时间，其中温度的单位是摄氏度（℃），时间的单位是分钟（min）、天（d）或年（y）。

5.4.7　对两价离子的稳定性（O）

宜指明两价离子的种类，一般包括镁离子（Mg^{2+}）和锰离子（Mn^{2+}），其他二价离子应注明，包括中文名称和英文名称；应注明该病毒在何种条件下可以失去感染性，包括具体溶质和所需要的温度、时间。

5.4.8　对脂溶剂的稳定性（O）

脂溶剂一般包括丙酮、乙醚、氯仿、去氧胆酸盐、诺乃洗涤剂P40和皂素等，应指明所用脂溶剂的名称及灭活时间。

5.4.9　对消毒剂的稳定性（O）

宜指明消毒剂的名称、浓度、灭活作用的时间及使用方式。

5.4.10　对辐射的稳定性（O）

应指明该株病毒经电离辐射（主要指γ射线和X射线）和非电离辐射（主要指紫外线）是否可以使其灭活，以及若经非电离辐射后再经可见光照射是否可以使其复活。

5.4.11　凝集红细胞特性（O）

宜指明是否凝集何种动物的红细胞；包括“不能凝集”和“凝集”两种类别，并在其后注明动物的种属。

5.5　蛋白质结构与功能（O）

蛋白质结构主要指出一级结构的特点，若试验条件允许，应注明该蛋白二级结构和三级结构的特点；

蛋白质功能宜考虑到最新研究进展；

若无该项信息或信息不确定，应填写“不详”。

5.5.1　结构蛋白

a）VP1

b）VP2

c）VP3

d）VP4

5.5.2　非结构蛋白

a）前导蛋白酶（Lpro）

b）2A

c）2B

d）2C

e）3A

f）3B

g）3C 蛋白酶

h）3D 聚合酶

5.6　遗传信息

5.6.1　核苷酸序列（O）

宜注明是“全长序列”或者“部分序列”；

若为部分序列，应指明该段序列在全基因组中的位置和属于开放阅读框中的基因片段名称，若暂时无该项信息，应说明“无具体信息”。

5.6.2　基因组大小（O）

基因组的碱基对数目，以 kb 表示。

5.6.3　基因组结构（O）

基因组的基本结构是：VPg-5’UTR（S-polyC-IRES）-（L 蛋白）-结构蛋白 P1（VP4-VP2-VP3-VP1）-非结构蛋白（P2-P3）-3’UTR-poly（A）。

5.6.4　单股碱基链

5.6.5　线状碱基链

5.6.6　正义碱基链

5.6.7　基因组

5.6.8　开放阅读框数目

5.7　生物学特性

5.7.1　自然宿主（M）

5.7.2　流行季节（O）

5.7.3　传播方式（O）

5.7.4　传染源（M）

包括传染的媒介及主要传染源。

5.7.5　地理分布（O）

5.7.6　组织嗜性（O）

宜注明该株口蹄疫病毒的最初感染器官或组织名称。

5.7.7　对宿主致病的临床症状（O）

5.7.7.1 自然感染潜伏期（O）

5.7.7.2 临床症状

宜重点注明口鼻及蹄部变化，病程及病死率和其他最突出的临床症状。

5.7.8 对宿主致病的病理变化（O）

宜重点注明主要病理变化，包括心脏、肌肉、肠道的变化。口蹄疫病毒感染动物后的典型病理发生过程见附录4。

5.7.9 血清型（M）

包括七个血清型，即O、A、C、Asia1、SAT1、SAT2、SAT3型。

5.7.10 抗原性（M）

与参考毒株的血清学关系。

5.7.11 基因型（O）

5.8 致病性（M）

5.8.1 致病对象（O）

5.8.2 致病力

对细胞、动物的致病力［分别以$CCID_{50}$（$TCID_{50}$）、EID_{50}或LD_{50}表示］。

5.9 外源病毒检测（O）

按《中国兽药典》进行，毒种应无外源病毒污染。参见附录5。

5.10 其他特性（O）

该病毒特有的或必须说明的，但上述项目中未包括的特征。

附录 1

我国口蹄疫病毒参考毒株

1 口蹄疫病毒 A 正型

1958 年由苏联引进。对豚鼠毒价为 $10^9 ID_{50}/ml$，对乳鼠毒价 $10^7 LD_{50}/ml$。由中国兽医微生物保藏管理中心兰州分中心保存。用途：检验用。

2 口蹄疫病毒 A1 亚型

1958 年由苏联引进。由中国兽医微生物保藏管理中心兰州分中心保存。用途：检验用。

3 口蹄疫病毒 A2 亚型

1958 年由苏联引进。由中国兽医微生物保藏管理中心兰州分中心保存。用途：检验用。

4 口蹄疫病毒 A3 亚型

1958 年由苏联引进。由中国兽医微生物保藏管理中心兰州分中心保存。用途：检验用。

5 口蹄疫病毒 A4 亚型

1958 年由苏联引进。由中国兽医微生物保藏管理中心兰州分中心保存。用途：检验用。

6 口蹄疫病毒 A5 亚型

1958 年由苏联引进。由中国农业科学院兰州兽医研究所保存。用途：检验用。

7 口蹄疫病毒 A6 亚型

1958 年由苏联引进。由中国兽医微生物保藏管理中心兰州分中心保存。用途：检验用。

8 口蹄疫病毒 A7 亚型

1958 年由苏联引进。由中国兽医微生物保藏管理中心兰州分中心保存。用途：检验用。

9 口蹄疫病毒 O 正型

1958 年由苏联引进。对豚鼠毒价为 $10^8 ID_{50}/ml$，对乳鼠毒价 $10^7 LD_{50}/ml$。由中国兽医微生物保藏管理中心兰州分中心保存。用途：检验用。

10 口蹄疫病毒 O1 亚型

1958 年由苏联引进。对豚鼠毒价为 $10^8 ID_{50}/ml$，由中国兽医微生物保藏管理中心兰州分中心保存。用途：检验用。

11 口蹄疫病毒 O2 亚型

1958 年由苏联引进。对豚鼠毒价为 $10^8 ID_{50}/ml$，由中国兽医微生物保藏管理中心兰州分中心保存。用途：检验用。

12 口蹄疫病毒 O3 亚型

1958 年由苏联引进。对豚鼠毒价为 $10^8 ID_{50}/ml$，由中国兽医微生物保藏管理中心兰州分中心保存。用途：检验用。

13 口蹄疫病毒 C 型

1958 年由苏联引进。对豚鼠毒价达 10^8ID_{50}/ml，对乳鼠毒价 10^7LD_{50}/ml。由中国兽医微生物保藏管理中心兰州分中心保存。用途：检验用。

14 口蹄疫病毒亚洲 1 型云南保山分离株

1958 年由云南省保山分离，由中国兽医微生物保藏管理中心兰州分中心保存。用途：检验用，制备疫苗。

附录 2

口蹄疫病毒的参考株

型	参考株
O	Lombardy Brescia Venezuela India 1/62 Pirbright OV1 Italy 1/58 Brasil 1/60 Kenya 102/60 Philipines 3/58 Indonesia 1/62
A	Bavaria Spain Mecklenburg Hessen Westerwald = A7 Greece Greece A5 Parma Kemron Pirbright-AGB Pirbright-A 119 Brasil 1/58-A Santos Spain 1/59 Thailand 1/60 Brasil-A Belem Brasil = A Guarulhos Venezuela-Azulia Argentine-A Suipacha UssR1/64-Usbek 1960 Kenya3/64-Lumbwa Iraq24/14-middle East Variant Kenya 46/65 A-Cruzeiro-Brasil
A	A-Argentine/59 A-Argentine/66 Colombia/67 Polatle Peru/69 Uruguay/69 Colombia/69 Venezuela/70
C	CGC Dutch Vaccine/62 997 British FS/65 Resende Brasil Tierra del Fuego Arg. Argentina/69
SAT1	Bechuanaland 1 Rhodesia 11/37 South Wes Africa 1/49 South Rhodesia 2/58 South Africa 12/61 SouthWes Africa 40/61 Israel 4/62
SAT2	Rhodesia 1/48 South Africa 106/59 Kenya 11/60
SAT3	Rhodesia 7/34 South Africa 57/59 Bechuanaland 20/61 Bechuanaland 1/65
Asia 1	Pakistan 1/54 Israel 3/63 Kemron

附录 3

口蹄疫病毒可增殖细胞

病毒增殖细胞：牛舌上皮细胞、牛甲状腺细胞、牛胎皮肤-肌肉细胞，猪肾、羊肾细胞、豚鼠胎儿细胞、胎兔肺细胞、仓鼠肾细胞、犊牛甲状腺细胞。其中犊牛甲状腺细胞对口蹄疫病毒极为敏感，并能产生极高滴度的病毒，特别适合野外样品分离病毒。仓鼠和猪肾等细胞系，如 BHK21、IB-RS-2 广泛用于口蹄疫病毒的增殖。

附录 4

口蹄疫病毒感染动物后典型的病理发生过程

大体分为 4 个阶段：

1　浆液性渗出（或原发性水泡）阶段

口蹄疫病毒由消化道黏液、呼吸道道黏液或损伤的皮肤三种途径侵入机体后，首先在侵入部位的上皮细胞内迅速繁殖，引起浆液性渗出而形成原发性水泡，称其为第一期水泡，此时，感染动物通常不表现临床症状或只表现轻度发热，因此往往不容易发现。在第一期水泡的上皮细胞和水泡液内，存有高浓度口蹄疫病毒。人工感染时，浆液性水泡一般出现于感染后 14 ~ 16h。

2　病毒血症阶段

通常在原发性水泡出现数小时后，大量的病毒由原发性水泡进入淋巴和血液循环系统，导致病毒血症。此时，机体产生全身性反应，引起体温升高，出现全身症状。人工感染后 20 ~ 26h，血液和部分内脏中含有大量病毒，56h 后则显著减少。

3　继发性水泡阶段

口蹄疫病毒对口、鼻、蹄、舌及乳房等处的上皮细胞有极强的亲和力。继病毒血症之后 1 ~ 3d，病毒随着血液循环，抵达嗜好部位如口腔黏液、舌面、鼻端、蹄冠状带趾间、趾底等部位的皮肤表层组织内，继续繁殖，形成继发性水泡，称作第二期水泡。此外，病毒还会在全身有关腺体如胰腺、唾液腺、乳房腺泡与腺管上皮细胞、直肠及肾脏的上皮细胞以及心肌细胞内大量繁殖。口蹄疫的特征性症状在该阶段出现。

4　转归阶段

随着第二期水泡的发展、融合、破裂，体温一般随即下降，逐渐恢复正常，病毒从血液中逐渐减少以至消失，病畜即进入恢复期。此时，多数病例逐渐好转；部分动物，特别是幼畜，会因恶性口蹄疫而死亡；部分动物，特别是牛可转为持续性感染。

恶性口蹄疫主要发生于幼畜，尤其是吃奶的幼畜。幼畜通过哺乳吸入含大量病毒的乳汁或其他途径感染后，发生病毒血症。由于病毒在心肌组织内生长繁殖，或病毒产生的毒素危害心肌组织，致使心肌变性或坏死而出现白色或淡灰色的斑点条纹，形成所谓“虎斑心”，最后因心力衰竭导致急性死亡。

附录 5

外源病毒检验法

本方法用于生产用的非禽源细胞（或细胞系）及其制品（种子毒及病毒性活疫苗）的检验。

1　荧光抗体检查法

1.1　选样

对细胞或细胞系检验时，选用连传 2 代后培养 4 日以上的细胞单层；对其制品的检验时，样品用相应的单特异性血清中和处理后，接种细胞单层培养 4 日，传第 2 代，选用第 2 代培养物。

1.2　荧光抗体的选择

视被检细胞来源不同，选用不同病毒的特异荧光抗体。

猪源细胞应检查：牛病毒性腹泻/黏液病病毒（BVDV）、伪狂犬病病毒（PRV）、狂犬病病毒（RV）、猪细小病毒（PPV）、猪瘟病毒（HCV）。

牛羊源细胞应检查：BVDV、RV、PRV、PPV、BTV（蓝舌病病毒）。

马源细胞应检查：马传染性贫血病毒。

犬源细胞应检查：RV、PRV、PPV、BVDV。

1.3　检验

样品分别经丙酮固定后，以适宜的荧光抗体进行染色、镜检。检查每种病毒时，应各用 2 组细胞单层，一组为被检组；一组为由中国兽药监察所提供的接种 100～300$FAID_{50}$特异病毒的细胞固定片，作为阳性对照。被检组至少取 4 个细胞覆盖率在 75% 以上的细胞单层，总面积不少于 6cm^2。

1.4　判定

若被检组出现任何一种特异荧光，为不合格。若阳性对照组不出现特异荧光或荧光不明显，为无结果，可以重检。若被检组出现不明显荧光，必须重检，重检仍出现不明显荧光，为不合格。

2　绿猴肾（Vero）传代细胞检查法

毒种及疫苗经相应的特异性血清中和后，用 3 瓶 Vero 细胞单层（总面积不少于 100cm^2），每瓶接种检样 1ml，连传 2 代，每代 7 日，应不出现细胞病变。同时进行红细胞吸附病毒检测（按 2.3 项进行）和荧光抗体检查（按 2.1 项进行），应无红细胞吸附因子和特异性荧光。

3　致细胞病变和（或）红细胞吸附性外源病毒的检验

3.1　致细胞病变外源病毒的检测

取经传代后培养至少 7 日的细胞单层（每个 6cm^2）1 个或多个进行检验。

用适宜染色液，对细胞单层进行染色。

观察细胞单层，检查包涵体、巨细胞或其他由外源病毒引起的细胞病变的出现情况。

3.2　红细胞吸附性外源病毒的检测

取经传代后至少培养 7 日的细胞单层（每个 $6cm^2$）1 个或多个进行检验。

以 PBS 洗涤细胞单层数次。加入 0.2% 红细胞悬液适量，以覆盖整个单层表面为准。红细胞悬液应是洗涤过的豚鼠红细胞、人“O”型红细胞和鸡红细胞的等量混合悬液，可在加入前混合，亦可分别滴加于不同的细胞单层上。选两个细胞单层分别在 2～8℃ 和 20～25℃ 培养 30min，用 PBS 洗涤，检查红细胞吸附情况。

3.3　判定

若出现外源病毒所致的特异性细胞病变或红细胞吸附现象，判不合格；若疑有外源病毒污染，但又不能通过其他试验排除这种可能性时，则作不合格论。

附表 1　口蹄疫病毒毒种资源描述表

描述日期：　　年　　月　　日

基本信息			
平台资源号			
学名		毒株名称	
资源归类编码		毒株保藏编号	
其他保藏机构编号		来源历史	
分离人		分离时间	
原始编号		鉴定人	
鉴定人所在单位		收藏时间	
原产国或地区		采集地区	
分离基物		采集地生境	
分离继代历史			
生物危害等级		参考毒株	
参考文献			
形态学特征			
病毒形状	形状		
	排列方式		
囊膜特性		衣壳对称性	
病毒大小	完整病毒大小		
	核衣壳大小		
培养特性			
培养物		培养条件	
培养时间		培养方法	
提纯方法		是否有 CPE	
其他特性			

（续附表1）

理化特性			
分子量		浮密度	
沉降系数		等电点	
对热的稳定性		对酸碱的稳定性	
对乙醚或氯仿的稳定性		对两价离子（Mg^{2+} 和 Mn^{2+}）的稳定性	
对辐射的稳定性		对消毒剂的稳定性	
凝集红细胞特性			
蛋白质结构			
结构蛋白的数目和种类名称		非结构蛋白的数目和种类名称	
遗传信息			
核酸类型		核苷酸序列	
基因组大小		碱基链数目	
碱基链存在方式		碱基链性质	
基因组连续性		开放阅读框数目	
生物学特性			
自然宿主		储存宿主	
传播方式		流行季节	
组织嗜性		地理分布	
血清型		抗原性	
基因型		对宿主致病的临床症状	
		对宿主致病的病理变化	
致病性			
毒力		致病对象	
其他特性			

禽流感病毒毒种资源描述规范

前　　言

禽流感病毒（Avian Influenza Virus）是禽流行性感冒（Avian Influenza，AI）的致病病原体，属正黏病毒科流感病毒属，A 型流感病毒。是有囊膜的单股负链分节段 RNA 病毒。禽流感病毒又分为高致病性禽流感病毒、低致病性禽流感病毒与无致病性禽流感病毒。高致病性禽流感病毒引起的禽流感又称真性鸡瘟或欧洲鸡瘟，被国际动物卫生组织（OIE）定为 A 类动物疫病，我国将其列为一类动物疫病，易造成极大的危害和经济损失。

制定本规范是为了规范禽流感病毒毒种资源的描述，便于禽流感病毒毒种资源的收集、保藏、鉴定、评价、研究，有效整理禽流感病毒毒种资源，促进该病毒毒种资源信息化，实现资源的高效共享，并为有效控制高致病性禽流感病毒的危害奠定基础。

禽流感病毒毒种资源描述规范

1 范围

本规范规定了禽流感病毒毒种资源的描述要素和描述规范。

本规范适用于禽流感病毒毒种资源的收集、整理、保藏，以及数据库和信息共享网络系统的建立。

2 规范性引用文件

下列文件中的条款通过本标准的引用而成为本标准的条款。凡是注明日期的引用文件，其随后所有的修改单（不包括括勘误的内容）或修订版均不适用于本标准，然而，鼓励根据本标准达成协议的各方研究是否可使用这些文件的最新版本。凡是不注明日期的引用文件，其最新版本适用于本标准。

GB 19489 实验室生物安全通用要求；

国务院令第424号《病原微生物实验室生物安全管理条例》。

3 术语和定义

下列术语和定义适用于本规范。

3.1 鸡胚半数致死量 5% Embryo Lethal Dose，ELD_{50}

3.2 半数致死量 50% Lethal Dose，LD_{50}

3.3 细胞培养物半数感染量 50% Tissue Culture Infective Doses，$TCID_{50}$

3.4 静脉接种致病指数 Intravenous Pathogenicity Index，IVPI

3.5 禽流感病毒 Avian Influenza Virus

禽流感病毒是禽流行性感冒（Avian Influenza，AI）的致病病原体，属正黏病毒科流感病毒属，A型流感病毒。有囊膜和核衣壳。病毒基因组由8个负链的单链RNA片段组成，它们编码10个病毒蛋白，其中8个（HA、NA、NP、M1、M2、PB1、PB2和PA）是病毒粒子的组成成分，另外两个（NS1、NS2）是非结构蛋白。

3.6 禽流感 Avian Influenza

禽流感是禽流行性感冒（Avian Influenza，AI）的简称，是由A型流行性感冒病毒引起的发生于家禽、野禽和多种哺乳动物的一种从呼吸道病到严重性败血症等多种症状的综合病症。

3.7 高致病性禽流感 HPAI

高致病性禽流感是由高致病性禽流感病毒（应符合OIE的高致病性禽流感病毒的分类标准）引起，又称真性鸡瘟或欧洲鸡瘟，被国际动物卫生组织定为A类动物疫病，我国将其列为一类动物疫病，传播快、发病率和死亡率都很高，危害大。

3.8　禽流感病毒资源 Avian Influenza Virus Resources

指有一定科学意义、具有实际或潜在实用价值的禽流感病毒毒种及相关的信息数据。

4　要求

4.1　描述要求

——描述内容应清楚、准确，力求完整；

——要充分考虑该毒株的最新研究进展；

——能被微生物专业人员理解。

4.2　描述要素

描述要素分为2类：

——M：必备要素，必须描述的要素；

——O：可选要素，其描述与否视具体毒株而定。

5　描述内容

5.1　基本信息

5.1.1　平台资源号（M）

国家自然科技资源e-平台统一生成的资源编号，平台资源号长度为18位，前9位是资源单位编码，后9位是流水号，参见《微生物菌种资源共性描述规范》。

5.1.2　学名（M）

中文名称：禽流感病毒。

英文名称：Avian Influenza Virus，简写为AIV。

5.1.3　毒株名称（M）

中文名称

应指明该毒株的完整的科学名称。包括型（A、B或C）、宿主来源、地理来源、毒株编号（如果有）和分离年代，后面括号内附以表面抗原血凝素HA（H）和神经氨酸酶NA（N）的抗原亚型说明。

英文名称

（1）中文名称翻译为英文名称原则：按照中文先后顺序依次翻译，以英文简写为主，若有可能产生歧义，则写英文全称；其中分离地点是中文的拼音；

（2）尚无英文名称时，填写“暂无”；

（3）若是引进国外毒株，则保留原英文名称，不翻译，在英文名称后加“株”。

5.1.4　资源归类编码（M）

应指明该毒株的资源归类编码，参见《微生物菌种资源分级归类编码体系》。

5.1.5　毒株保藏编号（M）

应指明该毒株在专业保藏机构的保藏编号，保藏编号由前缀和毒株编号两部分组成。前缀为保藏机构英文名称的缩写，前缀和毒株编号之间应留空格。

5.1.6　其他保藏机构编号（O）

宜指明该毒株在其他菌种保藏机构的毒株保藏编号。每个其他保藏机构的编号均由等号“=”开头，如编号不止一个时，中间也用等号“=”连接。

5.1.7　来源历史（M）

应指明得到该毒株的途径。如毒株转移经过多个保藏机构，则保藏机构之间用一个左指向的箭头“←”连接。

5.1.8　分离人（M）

应指明该毒株最初分离人的姓名。

5.1.9　分离时间（M）

应指明该毒株的分离时间。

5.1.10　原始编号（M）

应指明该毒株最初分离编号。

5.1.11　鉴定人（O）

宜指明该毒株的鉴定人。

5.1.12　鉴定人所在单位（O）

宜指明该毒株的鉴定人所在单位。

5.1.13　收藏时间（O）

宜指明保藏机构收集、保存该毒株的具体时间。

5.1.14　原产国或地区（M）

应指明该毒株分离基物采集地所在国家或地区名称。

5.1.15　采集地区（O）

宜指明该毒株的采集地行政区划，详细到县。

5.1.16　分离基物（O）

宜指明具体的分离基物名称。

5.1.17　采集地生态环境（O）

宜描述该毒株分离基物采集具体地点的生态环境，参照《微生物菌种资源采集环境描述规范》。

5.1.18　生物危害等级（M）

应指明该毒株的生物危害等级归类，参照《病原微生物实验室生物安全管理条例》。

5.1.19　模式株（参考株）（M）

应指明是否模式株（参考株）。标明“是”或“否”。

5.1.20　参考文献（O）

宜注明与该禽流感病毒毒株相关的主要资料信息，包括书籍、期刊、学术报告及其他。

5.2　形态学特征

5.2.1　病毒形状（O）

病毒在电子显微镜下的形状，是球形还是丝状形态。

5.2.2　有无纤突（O）

有无表面纤突；

纤突特征。

5.2.3　有无囊膜（M）

有无囊膜。

5.2.4 衣壳对称性（O）

有无螺旋形衣壳。

5.2.5 病毒的大小（M）

完整病毒的直径，以纳米（nm）表示。

5.3 培养特性

5.3.1 培养物（M）

适合禽流感病毒毒种增殖的宿主，包括禽胚、不同种类的细胞或动物。

5.3.2 培养条件（M）

应注明增殖该病毒所用细胞或宿主培养的温度、pH 值、营养因子和其他条件。

5.3.3 培养时间（M）

应注明病毒在特定条件下，增殖至最高滴度所需要的时间，时间以小时（h）表示。

5.3.4 其他特性

病毒粒子在宿主（细胞或禽胚或动物）内的聚集场所，装配场所，成熟和释放部位。

5.4 理化特性（O）

5.4.1 分子量

视具体毒株而定，中文单位是道尔顿，英文单位简写是“Da”。

5.4.2 浮密度

浮密度的测量包括两种方法：在蔗糖密度梯度中的浮密度和在氯化铯密度梯度中的浮密度，两者均可，但宜注明具体测量采取哪一种方法及测量的结果，单位是克每毫升（g/ml）。

5.4.3 沉降系数

宜指明病毒颗粒 20℃时在水中的沉降系数 S_{20}，单位用 S，即 Svedberg 单位，为 1×10^{13}s。

5.4.4 对酸碱的稳定性

由在一定的时间内病毒滴度（$TCID_{50}$）的变化来表现，分为最稳定、稳定和不稳定（或者不耐受）三种状态；请注明具体酸碱度值，如果是在一定的酸碱度范围内，则用“~”表示。

5.4.5 对热的稳定性

宜指明禽流感病毒灭活（或丧失致病力）的温度和所用的时间，其中温度的单位是摄氏度（℃），时间的单位是分钟（min）、天（d）或年（y）。

5.4.6 对两价离子（Mg^{2+}和 Mn^{2+}）的稳定性

宜指明两价离子的种类，一般包括镁离子（Mg^{2+}）和锰离子（Mn^{2+}），其他二价离子应注明，包括中文名称和英文名称；注明该病毒在何种条件下可以失去感染性，包括具体溶质和所需要的温度、时间。

5.4.7 对脂溶剂的稳定性

所需试验的脂溶剂一般包括丙酮、乙醚、氯仿、去氧胆酸盐、诺乃洗涤剂 P40 和皂素等一类去污剂；应指明所用脂溶剂的名称及灭活时间。

5.4.8 对消毒剂的稳定性

宜指明消毒剂的名称、浓度、灭活作用的时间及使用地点。

5.4.9 对辐射的稳定性

宜指明该株病毒经电离辐射（主要指 γ 射线和 X 射线）和非电离辐射（主要指紫外

线）是否可以使其灭活，以及若经非电离辐射后再经可见光照射是否可以使其复活。

5.5　蛋白质结构与功能（O）

——蛋白质结构主要指出一级结构的特点，若试验条件允许，请注明该蛋白二级结构和三级结构的特点；

——蛋白质功能宜考虑到最新研究进展；

——若无该项信息或信息不确定，请填写“不详”。

5.5.1　结构蛋白及氨基酸序列

——HA；

——NA；

——NP；

——M；

——PB1；

——PB2；

——PA。

5.5.2　非结构蛋白及氨基酸序列

——NS1；

——NS2。

5.6　遗传信息

5.6.1　单股负链分节段 RNA

5.6.2　核苷酸序列（O）

宜注明是“全长序列”或者“部分序列”或是含有其他外源基因；

若为部分序列，应指明该段序列在全长片段基因组中的位置和属于开放阅读框中的基因片段名称，若暂时无该项信息，请说明“无具体信息”。

5.6.3　基因组大小（O）

宜注明基因组的碱基对数目，以 kb 表示。

5.6.4　基因序列（O）

宜列出具体的全基因或部分序列。

——PB2；

——PB1；

——PA；

——HA；

——NP；

——NA；

——M；

——NS。

5.6.5　开放阅读框的数目和位置（O）

5.7　生物学特性

5.7.1　自然宿主（M）

5.7.2　实验宿主（O）

5.7.3　流行季节（O）

5.7.4 传播方式（O）

5.7.5 传染源（M）

包括传染的媒介及主要传染源。

5.7.6 地理分布（O）

宜注明该毒株的国内地理分布和世界地理分布。

5.7.7 组织嗜性（O）

宜注明该毒株最初感染器官及主要侵入的淋巴组织。

5.7.8 对宿主致病的临床症状及病理变化（O）

宜根据临床症状特征，分为急性型、温和型、慢性和隐性型三种类型；根据毒株所致临床症状填写相应类别，分别为“急性型”、“温和型”、“慢性和隐性型”。

若上述类别不可以囊括，填写“其他”，并且将具体信息填写在备注栏中；

若症状不能清楚归于某一类，请注明可能的类别；

若呈现与其他病毒疾病混合感染的症状，请注明“混合感染”，并且将可能信息填写在备注栏中。

5.7.9 抗原型及亚型（M）

应分别注明抗原型及亚型。

5.8 致病性（M）

5.8.1 是否致病

5.8.2 是否高致病力

5.8.3 致病对象

5.8.4 致病力

对禽胚或雏鸡的毒力。

5.8.5 对细胞的致病力

接种于细胞培养物上，观察其在胰蛋白酶缺乏时是否引起细胞病变或形成蚀斑。

5.8.6 IVPI

测定方法见《国家自然科技资源平台禽流感病毒资源检测技术规程》。

5.8.7 病毒含量

用鸡胚、鸡或细胞培养物进行测定，分别以 EID_{50}、LD_{50} 或 $CCID_{50}$（$TCID_{50}$）表示。特别注意确定为高致病力的依据。

5.9 血凝价（M）

用鸡红细胞检测的凝集价，以 $\log_2$ 表示。

5.10 外源病毒检测（M）

毒种应无外源病毒污染。参见附录 5 及附录 6。

5.11 代次（M）

应注明毒株的代次。

5.12 其他特性（O）

宜注明病毒特有的或必须说明的，但上述项目中未包括的特征。

5.13 毒种用途（M）

5.14 保藏方法（M）

附录 1

毒株命名原则

1. ICTC（国际病毒分类委员会）不参与协调病毒株、变异株或血清型的分类与命名。
2. 现有分类和病毒的名称无论是否适用均应予保留。
3. 不使用人名。
4. 便于识别、使用、记忆。
5. 不使用下标、上标、连字符、斜杠和希腊字母。
6. 新名称不应与已通过的名称有重复。
7. 毒株名称应与种名一起，必须表示明确的特征，不涉及属名和科名。
8. 毒株名称应至少能反映该毒株的分离地点和时间以及该毒株的型别。
9. 采用国际通用的流感病毒毒株命名方法。

型别（A、B 或 C）/宿主来源/分离地点/毒株编号/分离年代（血凝素和神经氨酸酶的型号），例如：A/Goose/Guangdong/1/96（H5N1）。

附录 2

禽流感病毒标准毒株

A/Goose/Guangdong/1/96（H5N1）

基因组信息请见 http：//www. ncbi. nlm. nih. gov/网页，序号：NC007357 －007364。

1996 年在广东从鹅中分离，对 9 ~11 日龄鸡胚的 ELD_{50} 可达 10^{-8}/0. 1ml；对 4 ~8 周龄 SPF 鸡的半数致死量（LD_{50}）可达 $10^{-5.5}$/0. 1ml。该毒株是我国禽流感疫苗效力检验的攻毒用标准强毒株，由农业部禽流感参考实验室统一保管、鉴定、分发。

附录 3

禽流感病毒致病的临床症状及病理变化

1 急性型

鸡群发病后即可出现死亡。病鸡精神高度沉郁，采食量下降甚至废绝，黄绿色稀便，呼吸困难。病鸡无毛部皮肤（冠、肉髯、脚等）发绀、肿、出血、坏死，皮肤有出血点；产蛋鸡产蛋急速下降，有的产蛋停止；有些鸡群没有任何先兆症状而大批死亡，死亡率可达 100% 。

主要病理变化：急性病例可见头颈部皮下胶样浸润，喉头气管充血、出血，黏液较多，气管叉内堵塞黄白色干酪样物，典型的纤维素性气囊炎、心包炎、肝周炎和腹膜炎，十二指肠充血出血，腺胃乳头和肌胃角质膜下出血，胰脏出血且常有大小不等灰白色坏死斑点等症状；有的急性型病例内脏几乎看不到病变，但在脂肪组织中可见到细小出血点形成的出血片。

2 温和型

发病鸡可有采食量减少，饮水量增加；羽毛蓬乱，缩头闭目，精神委顿；病鸡鼻窦肿胀、流鼻涕；眼结膜充血、流泪；头部肿大，冠、髯淤血，黑紫；脚趾有紫色出血点。产蛋鸡群主要为不同程度的呼吸道症状及产蛋下降，伴随呼吸道症状，大部分鸡开始腹泻，有的排绿色或黄绿色黏稠粪便，有的拉水稀粪，稀粪中带有未完全消化的饲料。

剖检病变主要是呼吸道和生殖道的炎症。肉用禽和后备禽主要表现为呼吸道症状。剖检见喉头气管充血、出血，气管叉内被干酪样物堵塞，纤维素性气囊炎、心包炎、肝周炎、腹膜炎，十二指肠充血、出血，偶尔可见到腺胃和肌胃出血。产蛋鸡发育的卵泡逐渐减少，卵黄膜淤血、出血，卵黄破裂，腹腔内充满卵黄液，严重时卵巢明显萎缩，甚至坏死。卵泡变形，输卵管内有脓性分泌物，严重时输卵管或收缩或管内充满白色干酪物或呈结节状坏死。

3 慢性和隐性型

鸡群发病症状不明显，只是在血清学检验及采样分离病毒时才发现。

附录 4

高致病性禽流感（HPAI）判定标准

1　OIE 对高致病性禽流感的分类标准

1.1　用 0.2ml1：10 稀释的无菌感染流感病毒的鸡胚尿囊液，经静脉注射接种 8 只 4～8 周的易感鸡，在接种后 10d 内，能导致 6 只、7 只或 8 只鸡死亡，这些流感病毒应属于高致病性的。

1.2　静脉接种上述剂量分离物能使 1～5 只鸡致死，但病毒不是 H5 或 H7 亚型，则应进行下列实验：将病毒接种于细胞培养物上，观察其在胰蛋白酶缺乏时是否引起细胞病变或形成蚀斑。如果病毒不能在细胞上生长，则分离物应被考虑为非致病性禽流感病毒。

1.3　对低致病性的所有 H5 和 H7 毒株和其他病毒，在缺乏胰蛋白酶的细胞上能够生长时，则应进行与血凝素有关肽链的氨基酸序列分析，如果分析结果同其他强致病性禽流感病毒相似，这种被检验的分离物应被考虑为强致病性禽流感病毒。

2　欧共体对高致病性禽流感的分类标准

引起禽流感的 A 型流感病毒对 6 周龄鸡的静脉致病指数（IVPI）大于 1.2，或者感染的 A 型流感病毒 H5 或 H7 亚型的核苷酸序列在血凝素的分裂位点上有聚碱氨基酸。

附录 5

外源病毒检验法

1 样品处理

取种子毒或活疫苗样品 2～3 瓶混合后，用相应的单特异性血清中和后作为检品（除另有规定外）；对细胞样品经 3 次冻融后混合作为检品。用鸡检查法，样品不处理。

如被检样品中的病毒中和不完全，可用效价高的血清重做，或用制品使用对象进行检验。

2 检查法

制品的要求按下列不同方法进行检查。

2.1 鸡胚检查法

2.1.1 选 9～11 日龄 SPF 鸡胚 20 个，分成 2 组，第 1 组 10 个胚经尿囊腔内接种 0.1ml（如为疫苗，至少含 10 个使用剂量）；第 2 组 10 个胚经绒毛尿囊膜接种 0.1ml（如为疫苗，至少含 10 个使用剂量），在 37℃ 培养 7d。弃去在接种后 24h 内的死胚，但每组胚须至少存活 8/10，试验方可成立。

2.1.2 判定胎儿应发育正常，绒毛尿囊膜无病变。取鸡胚液做红细胞凝集试验，若为阴性，此批制品判为合格。

用鸡胚检查无结果或可疑时，可用鸡检 1 次。

2.2 鸡检查法

用适于接种本疫苗日龄的 SPF 鸡 20 只，点眼、滴鼻接种 10 个使用剂量的疫苗；肌肉注射 100 个使用剂量的疫苗，接种后 21d，按上述方法重复接种 1 次，第 1 次接种后 42 日采血，进行有关病原（见下表）的血清抗体检验。在 42 日内，不应有疫苗引起的局部或全身症状和呼吸道症状或死亡。如有死鸡，应做病理学检查，证明是否由疫苗所致。血清抗体检验，除本疫苗所产生的特异性抗体外，不应有其他病原的抗体存在。

用鸡检查禽源活疫苗中的外源病毒

病　　原	检验方法	病　　原	检验方法
鸡传染性支气管炎病毒	HI/ELISA	鸡传染性法氏囊病病毒	AGP/ELISA
鸡新城疫病毒	HI	禽网状内皮增生症病毒	IFA/ELISA
禽腺病毒（有血凝性）	HI	鸡马立克氏病病毒	AGP
禽流感病毒	AGP/HI	禽白血病病毒	ELISA
鸡传染性喉气管炎病毒	中和抗体	禽脑脊髓炎病毒	ELISA
禽呼肠孤病毒	AGP	鸡痘病毒	AGP（临床观察）

2.3 细胞检查法

2.3.1 细胞观察

取 2 个方瓶（100ml 容量）的 CEF、（培养 24h 左右），接种中和后的疫苗 0.2ml，培养 5 ~ 7d，观察细胞，应不出现 CPE。

2.3.2 红细胞吸附试验

上述培养的细胞弃去培养液，用 PBS 洗细胞面 3 次，加入 0.1%（V/V）鸡红细胞悬液覆盖细胞面，2 ~ 8℃放置 60min 后，用 PBS 轻轻洗涤细胞 1 ~ 2 次，在显微镜下检查红细胞吸附情况，应不出现由外源病毒所致的红细胞吸附现象。

2.3.3 COFAL 试验（检禽白血病病毒）

附录 6

禽白血病病毒检验法（COFAL 试验）

用对禽白血病病毒易感的 9 ~ 11 日龄 SPF 鸡胚，制备鸡胚成纤维细胞。

1 样品的处理及接种

1.1 毒种和疫苗样品的处理

每批毒种或病毒性活疫苗均用 M-199 液（不含牛血清）复原，2 000r/min 离心 10min，然后加入相应抗血清，37℃左右中和 60min。

1.1.1 含鸡新城疫病毒（NDV）的制品

取 0.8ml（含 200 羽份）疫苗，加入等量 NDV 抗血清进行混和，全部接种到细胞瓶中。

1.1.2 含鸡马立克氏病病毒和腱鞘炎病毒的制品

加入无菌蒸馏水或去离子水 10ml，通过 0.2μm 滤器滤过 1 ~ 2 次，将滤液（含 500 羽份）接种到细胞中。

1.1.3 含鸡痘病毒（FPV）的制品

每瓶疫苗加稀释液 10ml，通过 0.65μm 滤器滤过 1 次，再通过孔径为 0.2μm 滤器滤过 2 次，将滤液（含 500 羽份）接种到细胞中。

1.1.4 含禽脑脊髓炎病毒（AEV）的制品

取稀释的疫苗 2ml（含 500 羽份）加入等量的 AE 抗血清中和（AE-FPV 产品，则先按 FPV 进行滤过处理），接种到细胞中。

1.1.5 含鸡传染性支气管炎病毒（IBV）和传染性喉气管炎病毒（LTV）制品不用中和，直接取稀释后的制品 2ml（含 500 羽份）接种到细胞中。

1.1.6 含鸡传染性法氏囊病病毒（IBDV）的制品

取 2ml（含 500 羽份）稀释过的疫苗，加适量抗血清中和后接种到细胞中。

1.1.7 细胞液

取最后的细胞悬液 5ml 作为样品。

1.2 接种与培养

接种后，37℃吸附 30min，弃去接种液，加入细胞生长液，次日换成维持液。同时设立正常细胞和培养液作对照。

2 细胞培养的传代与处理

2.1 待细胞培养 5 ~ 7 日后，按常规方法消化、收获细胞，其中 1/2 细胞做上标记，放 -60℃以下做检验用（P_1），其余细胞分散到两个瓶中。培养 7d 后，按同样方法收获细胞，留样（P_2）。如此继续传第 3 代，收获（P_3）。所有对照组亦同样处理。

2.2 处理将 P_1、P_2 和 P_3 的细胞培养物（包括样品和所有对照组）冻融 3 次，并做上标记。

3　阳性病毒对照的设立

去掉细胞生长液，分别加入 RAV_1 和 RAV_2 0.5ml，37℃吸附 30min，直接加入培养液，任何一代阳性对照的操作应在最后进行。

4　COFAL 试验（两天试验）

4.1　第 1 日试验

表 1　　96 孔板样板

	1	2	3	4	5	6	7	8	9	10	11	12
A1：2	NCP_1	NCP_2	NCP_3	S_1P_1	S_1P_2	S_1P_3	S_2P_1	S_2P_2	S_2P_3			
B1：4	↓	↓	↓	↓	↓	↓	↓	↓	↓			
C1：8												
D1：2	—	—	—	—	—	—	—	—	—			
E1：2	S_3P_1	S_3P_2	S_3P_3	RAV_1 P_1	RAV_1 P_2	RAV_1 P_3	RAV_2 P_1	RAV_2 P_2	RAV_2 P_3	标准比色板孔		其他对照孔
F1：4	↓	↓	↓	↓	↓	↓	↓	↓	↓			
G1：8												
H1：2	—	—	—	—	—	—	—	—	—			

注：NC：正常细胞对照。

P_1、P_2、P_3：分别为第 1 代、第 2 代、第 3 代；S_1、S_2、S_3：分别为样品 1、样品 2、样品 3。

4.1.1　在 96 孔微量板中，按表示加入缓冲液 0.025ml，对照孔 A、B 各 0.025ml；C、D、E 各 0.05ml，F 加 0.1ml。

4.1.2　样品的加入与稀释　在 A 和 D、E 和 H 横排各孔中分别加入 0.025ml 样品，并用微量移液管从 A→B→C 和 E→F→G 进行连续稀释，最后 C 孔和 G 孔中弃去 0.025ml，D 和 H 孔中混合后弃去 0.025ml；其他对照孔中 B、G 各加病毒对照 0.025ml。

4.1.3　在 D 和 H 排各孔中加入缓冲液 0.025ml。

4.1.4　在 A、B、C 和 E、F、G 排各孔中加入灭活抗血清 0.025ml，其他对照孔中 A、G 各加入 0.025ml，混匀包板后，室温下作用 30～45min（其间配制补体）。

4.1.5　所有孔中均加入适当浓度的补体（全量）0.05ml，对照孔中 A、B、C、G 各加入 0.05ml（全量）补体，D 孔加 0.05ml（1/2 浓度），E 孔加入 0.05ml（1/4 浓度）的补体，轻摇平板，混匀密封后，置 2～8℃过夜。

4.2　第 2 日试验

4.2.1　配制 2.8% 绵羊红细胞悬液。

4.2.2　致敏红细胞的制备在 2.8% 的绵羊红细胞中缓缓加入等量作适当稀释（如 1：2 000）的溶血素，磁力搅拌混合 10min 后，放 37℃水浴 30min，其间搅动 2～3 次。

4.2.3 制备标准比色板

4.2.3.1 将2.8%绵羊红细胞悬液用缓冲液稀释成0.28%绵羊红细胞悬液。

4.2.3.2 取2.8%绵羊红细胞悬液1ml加无菌去离子水7ml，然后加5倍缓冲液2ml，即为溶解红细胞液。

4.2.3.3 按顺序加入下列试剂（见表2），第12管只加缓冲液1ml。

表2　　标准比色板试剂加样表

	试管号										
	1	2	3	4	5	6	7	8	9	10	11
溶解红细胞液	0	0.1	0.2	0.3	0.4	0.5	0.6	0.7	0.8	0.9	1.0
0.28%绵羊红细胞悬液	1	0.9	0.8	0.7	0.6	0.5	0.4	0.3	0.2	0.1	0
溶血率（%）	0	10	20	30	40	50	60	70	80	90	100

4.2.3.4 在标准比色板中，从0%溶血率开始，在11列的A→H和10列的H→F相应孔内加入上述红细胞悬液0.125ml。

4.2.4 其余各孔内加入致敏红细胞悬液0.025ml，并用胶带密封好，37℃水浴30min，再1 500r/min离心5min或2～8℃放3～6h。

4.2.5 判定　以50%为反应终点，任何孔溶血率高于50%判为阴性，低于50%判为阳性。

附表1　　禽流感病毒毒种资源描述表

描述日期：　　年　　月　　日

<table>
<tr><td rowspan="14">基本信息</td><td>平台资源号</td><td colspan="4"></td></tr>
<tr><td rowspan="2">学名</td><td>中文名称</td><td colspan="3"></td></tr>
<tr><td>英文名称</td><td colspan="3"></td></tr>
<tr><td rowspan="2">毒株名称</td><td>中文名称</td><td colspan="3"></td></tr>
<tr><td>英文名称</td><td colspan="3"></td></tr>
<tr><td>资源归类编码</td><td></td><td colspan="2">毒株保藏编号</td><td></td></tr>
<tr><td>其他保藏机构编号</td><td></td><td colspan="2">来源历史</td><td></td></tr>
<tr><td>分离人</td><td></td><td colspan="2">分离时间</td><td></td></tr>
<tr><td>原始编号</td><td></td><td colspan="2">鉴定人</td><td></td></tr>
<tr><td>鉴定人所在单位</td><td></td><td colspan="2">收藏时间</td><td></td></tr>
<tr><td>原产国或地区</td><td></td><td colspan="2">采集地区</td><td></td></tr>
<tr><td>分离基物</td><td></td><td colspan="2">采集地生境</td><td></td></tr>
<tr><td>生物危害等级</td><td></td><td colspan="2">标准毒株</td><td></td></tr>
<tr><td>参考文献</td><td></td><td colspan="2"></td><td></td></tr>
<tr><td rowspan="4">形态学特征</td><td rowspan="2">病毒形状</td><td rowspan="2"></td><td rowspan="2">有无纤突</td><td>有无表面纤突</td><td></td></tr>
<tr><td>纤突特征</td><td></td></tr>
<tr><td>有无囊膜</td><td></td><td colspan="2">衣壳对称性</td><td></td></tr>
<tr><td>病毒大小</td><td></td><td colspan="2"></td><td></td></tr>
<tr><td rowspan="2">培养特性</td><td>培养物</td><td></td><td colspan="2">培养条件</td><td></td></tr>
<tr><td>培养时间</td><td></td><td colspan="2">其他特性</td><td></td></tr>
</table>

（续附表 1）

理化特性	分子量			浮密度	
	沉降系数			对酸碱的稳定性	
	对热的稳定性			对两价离子（Mg^{2+} 和 Mn^{2+}）的稳定性	
	对乙醚或氯仿的稳定性			对消毒剂的稳定性	
	对辐射的稳定性				
蛋白质结构与功能	结构蛋白及氨基酸序列	HA			
		NA			
		NP			
		M			
		PB1			
		PB2			
		PA			
	非结构蛋白及氨基酸序列	NS1			
		NS2			
遗传信息	单股负链分节段 RNA				
	核苷酸序列				
	基因组大小				
	基因序列	PB2			
		PB1			
		PA			
		HA			
		NP			
		NA			
		M			
		NS			
	开放阅读框数目和位置				
	携带质粒/基因元件	名称			
		序列			
生物学特性	自然宿主			流行季节	
	实验宿主			传染源	
	传播方式			组织嗜性	
	地理分布			抗原型及亚型	
	对宿主致病的临床症状及病理变化				
致病性	是否致病			致病对象	
	是否高致病力				
	致病力	对禽胚或雏鸡的毒力			
		对细胞的致病力			
		IVPI			
		病毒含量			
血凝价					
外源病毒检测					
其他特性					
毒种用途					
保藏方法					

猪瘟病毒毒种资源描述规范

前　　言

猪瘟病毒（Classical Swine Fever Virus，CSFV），是猪瘟的病原体，为黄病毒科瘟病毒属成员，是一种有囊膜的单股正链 RNA 病毒，感染细胞一般不产生细胞病变效应。

制定本规范是为了猪瘟病毒资源描述的规范，便于猪瘟病毒资源的收集、保藏、鉴定、评价和研究，有效整理猪瘟病毒资源，促进猪瘟病毒资源信息化，实现资源的高效共享，并为有效控制猪瘟病毒的危害奠定基础。

猪瘟病毒毒种资源描述规范

1 范围

本规范规定了猪瘟病毒资源的描述要素和描述规范。

本规范适用于猪瘟病毒资源的收集、整理、保藏，以及数据库和信息共享网络系统的建立。

2 规范性引用文件

下列文件中的条款通过本标准的引用而成为本标准的条款。凡是注明日期的引用文件，其随后所有的修改单（不包括勘误的内容）或修订版均不适用于本标准，然而，鼓励根据本标准达成协议的各方研究是否可使用这些文件的最新版本。凡是不注明日期的引用文件，其最新版本适用于本标准。

GB 19489 实验室生物安全通用要求；

国务院令第424号《病原微生物实验室生物安全管理条例》。

3 术语和定义

下列术语和定义适用于本规范。

3.1 猪瘟病毒 Classical Swine Fever Virus，CSFV

3.2 牛病毒性腹泻/黏膜病病毒 Bovine Viral Diarrhea-mucosal Disease virus，BVDV

3.3 羊边界病病毒 Border Disease Virus，BDV

3.4 猪瘟 Classical Swine Fever，CSF

3.5 致细胞病变效应 Cytopathic Effect，CPE

3.6 无特定病原体动物 Specific Pathogen-free Animals，SPF

3.7 开放阅读框 Open Reading Frame，ORF

3.8 5' 非编码区 5'-Non-Translated Region，5'-NTR

3.9 3' 非编码区 3'-Non-Translated Region，3'-NTR

3.10 猪瘟病毒 Classical Swine Fever Virus，CSFV

猪瘟病毒是猪瘟的病原体，为黄病毒科瘟病毒属（Pestivirus）成员，与之同属的病毒还有牛病毒性腹泻病病毒（BVDV）和羊边界病病毒（BDV）。CSFV是一种有囊膜的单股正链RNA病毒，感染细胞一般不产生细胞病变效应。基因组具有感染性，沉降系数40～50S，分子量4×10^6U，长度约12.3kb，由5'-NTR、一个ORF和3'-NTR构成，CSFV ORF可编码3 898个氨基酸的多聚蛋白。多聚蛋白在翻译的同时及翻译后，经宿主细胞及病毒编码酶的加工，形成病毒的4种结构蛋白及8种非结构蛋白。

3.11 猪瘟 Classical Swine Fever，CSF

猪瘟是猪的一种急性高度接触性传染性疾病，早期称猪霍乱，我国有人叫“烂肠瘟”。欧洲称猪瘟为“古典猪瘟”，是为了与非洲猪瘟相区别而言。其特征是小血管管壁的变性，导致内脏器官中的多发性出血、坏死和梗塞。该病可分为急性、亚急性、慢性、非典型性或温和型猪瘟。该病常常给养猪业造成严重的经济损失。OIE 将猪瘟列为 A 类 16 种法定传染病之一，我国将其列为一类传染病。

3.12　荧光斑

指用荧光抗体着染感染细胞培养物，在荧光显微镜下看到的有几个至几十个感染细胞组成的荧光灶。初发荧光斑出现于病毒接种后的 16～20h，继发荧光斑则需迟至 22h 才能出现。由于荧光灶的数目与接种物中的病毒感染滴度有直接关系，因此“荧光斑形成单位”是原病毒材料中病毒含量的计数指标。

4　要求

4.1　描述要求

——描述内容应清楚、准确，力求完整；

——要充分考虑该毒株的最新研究进展；

——能被微生物学及相关专业的技术人员理解。

4.2　描述要素

描述要素分为 2 类：

——M：为必备要素，必须描述的要素；

——O：为可选要素，其描述与否视具体毒株而定。

5　描述内容

5.1　基本信息

5.1.1 平台资源号（M）

国家自然科技资源 e-平台统一生成的资源编号，平台资源号长度为 18 位，前 9 位是资源单位编码，后 9 位是流水号，参见《微生物菌种资源共性描述规范》。

5.1.2　学名（M）

中文名称：猪瘟病毒。

英文名称：Classical Swine Fever Virus，简写为 CSFV。

5.1.3　毒株名称（M）

5.1.3.1　毒株中文名称

毒株中文名称定义参考标准

（1）毒株命名原则：参考《动物病毒学》（第二版）（殷震，刘景华主编）；

（2）分离毒株命名方法：

分离地点-分离年代-分离序号；

其中：分离地点为省、市、自治区简称；

分离年代应写全；

如同一分离地点多次分离，按时间先后加写分离序号（阿拉伯数字）。

（3）毒株中文命名举例：如果是 2005 年从内蒙古呼和浩特市某猪场病死猪扁桃体中分离得到某未知猪瘟病毒，经中国兽医药品监察所鉴定为一新型毒株，是内蒙古第 3 次分离到的猪瘟病毒，则该毒株命名如下：

蒙-2005-3。

5.1.3.2　毒株英文名称

（1）中文名称翻译为英文名称原则：按照中文先后顺序依次翻译，以英文简写为主，若有可能产生歧义，则写英文全称；其中分离地点是中文的用汉语拼音；

（2）中文名称翻译为英文名称方法：C（China）-英文翻译；

（3）毒株英文命名举例：若是“蒙-2005-3”，则翻译为“Meng-2005-3”；

（4）尚无英文名称时，填写“暂无”；

（5）若是引进国外毒株，则保留原英文名称，不翻译，在英文名称后加“株”。

5.1.4　资源归类编码（M）

应指明该毒株的资源归类编码，参见《微生物菌种资源分级归类编码体系》《自然科技资源共性描述规范（试行）》。

5.1.5　毒株保藏编号（M）

应指明该毒株在专业保藏机构的保藏编号，保藏编号由前缀和毒株编号两部分组成。前缀为保藏机构英文名称的缩写，前缀和毒株编号之间应留空格。

5.1.6　其他保藏机构编号（O）

宜指明该毒株在其他菌种保藏机构的毒株保藏编号。每个其他保藏机构的编号均由等号“=”开头，如编号不止一个时，中间也用等号“=”连接。

5.1.7　来源历史（M）

应指明得到该毒株的途径。如毒株转移经过多个保藏机构，则保藏机构之间用一个左指向的箭头“←”连接。

5.1.8　分离人（M）

应指明该毒株最初分离人的姓名。

5.1.9　分离时间（M）

应指明该毒株的分离时间，具体到年月日。

5.1.10　原始编号（M）

应指明该毒株最初分离编号。

5.1.11　鉴定人（O）

宜指明该毒株的鉴定人。

5.1.12　鉴定人所在单位（O）

宜指明该毒株的鉴定人所在单位。

5.1.13　收藏时间（O）

宜指明保藏机构收集、保存该毒株的时间，具体到年月日。

5.1.14　原产国或地区（M）

应指明该毒株分离基物采集地所在国家或地区名称。

5.1.15　采集地区（O）

宜指明该毒株的采集地行政区划，具体到县。

5.1.16　分离基物（O）

宜指明具体的分离基物名称。

5.1.17　采集地生境（O）

宜描述该毒株分离基物采集具体地点的生态环境，参照《微生物菌种资源采集环境描述规范（试行）》。

5.1.18　生物危害等级（M）

应指明该毒株的生物危害等级，归类参照《病原微生物实验室生物安全管理条例》。

5.1.19　参考毒株（M）

应指明是否为参考毒株，我国的参考毒株（见附录1）包括石门系CSFV和猪瘟兔化弱毒株（HCLV）两株：如果是参考毒株，标明“是”，反之则标明“否”。

5.1.20　参考文献（O）

宜指明与该猪瘟病毒毒株相关的主要资料信息，包括书籍、期刊、学术报告及其他。

5.1.21　外源病毒检验（M）

应指明该猪瘟病毒是否经过外源病毒的荧光抗体检测法和细胞病变法的检测，并且指明检测结果即有无主要外源病毒（见附录2）。

外源病毒主要包括牛病毒性腹泻/黏膜病病毒（BVDV）、猪细小病毒（PPV）、狂犬病病毒（RV）和伪狂犬病病毒（PRV）等。

5.2　形态学特征

5.2.1　病毒形状（M）

呈球形（或圆形）。

5.2.2　纤突（O）

（1）纤突长度　以“nm”（中文名称：纳米）作为基本单位表示，若在一定的范围内，用“~”表示；

（2）纤突特征　包括形态及结构特点。

5.2.3　囊膜特性（M）

具有脂蛋白囊膜，较脆弱。

5.2.4　核衣壳对称性（M）

呈二十面体对称。

5.2.5　病毒的大小（M）

其大小用直径（d）表示，以“nm”（中文名称：纳米）作为基本单位表示。若在一定的范围内，用“~”表示；

5.2.5.1　完整病毒的大小

5.2.5.2　核衣壳的大小

5.3　培养特性

5.3.1　增殖细胞（M）

应注明增殖猪瘟病毒所用的细胞，限于附录3所列病毒增殖细胞，若采用新型增殖细胞，请在该新型增殖细胞名称后用记号“（新）”注明。

5.3.2　培养条件（M）

注明增殖该病毒所用的细胞和培养基的具体信息，包括所用细胞的具体名称、培养基的组成等。

5.3.3　培养及保存（O）

宜注明增殖该株病毒所需要的细胞名称及状态、培养时间、培养温度、培养条件、收获病毒时机的确定方法、保存病毒的方法及温度要求。

5.3.4　CPE（O）

宜注明光学显微镜观察方法下的观察结果即是否有细胞病变（CPE），并且指出显微镜观察的放大倍数（放大倍数 = 目镜的放大倍数 × 物镜的放大倍数）及所用细胞的名称。

5.3.5　其他特性（O）

若该株猪瘟病毒还存在其他培养特性，请加以阿拉伯小写数字序号依次说明，说明文字应精练易懂，无歧义。

5.4　理化特性

5.4.1　分子量（M）

视具体毒株而定，中文单位是道尔顿，英文单位简写是“Da”。

5.4.2　浮密度（O）

浮密度的测量包括两种方法：在蔗糖密度梯度中的浮密度和在氯化铯密度梯度中的浮密度，两者均可，但宜注明具体测量采取哪一种方法及测量的结果，单位是克每毫升（g/ml）。

5.4.3　沉降系数（O）

宜指明病毒颗粒 20℃时在水中的沉降系数 S_{20}，单位用 S，即 Svedberg 单位，为 1×10^{13}秒。

5.4.4　等电点（O）

宜指明等电点的 pH 值即 pI。

5.4.5　对酸碱的稳定性（O）

宜由在一定的时间内病毒滴度（$FA\text{-}TCID_{50}$）的变化来表现，分为最稳定、稳定和不稳定（或者不耐受）三种状态；请注明具体酸碱度值，如果是在一定的酸碱度范围内，则用“～”表示。

5.4.6　对热的稳定性（O）

宜指明猪瘟病毒灭活（或丧失致病力）的温度和所用的时间，其中温度的单位是摄氏度（℃），时间的单位是分钟（min）、天（d）或年（y）。

5.4.7　对两价离子的稳定性（O）

宜指明两价离子的种类，一般包括镁离子（Mg^{2+}）和锰离子（Mn^{2+}），其他二价离子请注明，包括中文名称和英文名称；请注明该病毒在何种条件下可以失去感染性，包括具体溶质和所需要的温度、时间。

5.4.8　对脂溶剂的稳定性（O）

所需试验的脂溶剂一般包括丙酮、乙醚、氯仿、去氧胆酸盐、诺乃洗涤剂 P40 和皂素等一类去污剂；请指明所用脂溶剂的名称及灭活条件。

5.4.9　对消毒剂的稳定性（O）

宜指明消毒剂的名称、浓度、灭活作用的时间。

5.4.10　对辐射的稳定性（O）

宜指明该株病毒经电离辐射（主要指 γ 射线和 X 射线）和非电离辐射（主要指紫外线）是否可以使其灭活，以及若经非电离辐射后再经可见光照射是否可以使其复活。

5.4.11　凝集红细胞特性（O）

宜指明是否凝集何种动物的红细胞；包括“不能凝集”和“凝集”两种类别，并在其后注明动物的种属。

5.4.12　是否形成结晶（O）

猪瘟病毒颗粒难形成结晶。

5.4.13　提纯方法（O）

宜注明提纯该株病毒的提纯方法，包括物理方法、化学方法或生物学方法。

5.5　蛋白质结构与功能（O）

蛋白质结构主要指出一级结构的特点（见附表4），若试验条件允许，请注明该蛋白二级结构和三级结构的特点；

蛋白质功能宜考虑到最新研究进展；

若无该项信息或信息不确定，请填写“不详”。

5.5.1　结构蛋白

——C（p14）；

——E0（Erns）；

——E1；

——E2。

5.5.2　非结构蛋白

——Npro（p23）；

——P7；

——NS2-3；

——NS4A；

——NS4B；

——NS5A；

——NS5B。

5.6　遗传信息

5.6.1　核苷酸序列（O）

宜注明是“全长序列”或者“部分序列”；

若为部分序列，请指明该段序列在全长基因组片段中的位置和属于开放阅读框中的基因片段名称，若暂时无该项信息，请说明“无具体信息”。

5.6.2　基因组大小（O）

基因组的碱基对数目，以kb表示。

5.6.3　基因组结构（O）

从5’端到3’端，依次排列：5’-NTR，Npro，C，E0（Erns），E1，E2，P7，NS2，NS3，NS4A，NS4B，NS5A，NS5B，3’-NTR，无5’帽子结构，无3’poly（A）结构。

（1）5’-UCR的结构与功能；

（2）ORF编码的蛋白质的结构与功能；

（3）3’-NTR的结构与功能。

5.6.4　碱基链数目（O）

单股。

5.6.5　碱基链存在方式（O）

线状。

5.6.6　碱基链性质（O）

正义。

5.6.7　基因组连续性（O）

不分节段。

5.6.8　开放阅读框的数目（O）

仅有一个开放阅读框。

5.6.9　开放阅读框编码的氨基酸数目（O）

3 898个。

5.7　生物学特性

5.7.1　自然宿主（M）

5.7.2　储存宿主（O）

5.7.3　流行季节（O）

5.7.4　传播方式（O）

5.7.5　传染源（M）

包括主要传染途径及传染的媒介。

5.7.6　地理分布（O）

宜注明该株猪瘟病毒已发生的国内地理分布和世界地理分布，包括发生国全称，并且具体到该国所属下一级行政区域名称。

附录4是（FAO-OIE-WHO）编辑的《动物卫生年鉴》（1992）公布的猪瘟世界地理分布资料。

5.7.7　组织嗜性（O）

宜注明该株猪瘟病毒的最初感染器官及主要侵入的淋巴组织名称。

5.7.8　对宿主致病的临床症状（O）

5.7.8.1　自然感染潜伏期（O）

5.7.8.2　临床症状

根据临床症状特征，将猪瘟分为最急性型、急性型、亚急性型、慢性和非典型性型（或者温和型）四种类型；根据毒株所致临床症状填写相应类别，分别为“最急性型”、“急性型”、“亚急性型”、“慢性非典型性型（或者温和型）”；

若上述类别不可以囊括，填写“其他”，并且将具体信息填写在备注栏中；

若症状不能清楚归于某一类，请注明可能的类别；

若呈现与其他病毒疾病混合感染的症状，请注明“混合感染”，并且将可能信息填写在备注栏中；

宜重点注明体温变化，皮肤是否发绀，病程、病死率和最突出的临床症状。

具体不同类型的临床症状表现参见附录5。

5.7.9　对宿主致病的病理变化（O）

根据病理变化特征，分为最急性型、急性型、慢性和非典型性型（温和型）；

根据毒株所致宿主的病理变化填写相应类别，分别为“最急性型”、“急性型”、“亚急性型”、“慢性和非典型性型（或者温和型）”；

若上述类别不可以囊括，填写“其他”，并且将具体信息填写在备注栏中；

若病理变化不能清楚归于某一类，请注明可能的类别，多项之间用“&”连接；

若呈现与其他病毒疾病混合感染的病理变化，请注明“混合感染”，并且将可能信息填写在备注栏中；

宜重点注明主要病理变化，包括扁桃体、淋巴结、肾脏和脾的变化。

不同类型的猪瘟病理变化参见附录 6。

5.7.10　血清型

仅有一个血清型。

5.7.11　抗原型

仅有一个抗原型。

5.7.12　与瘟病毒属各成员之间有无交叉反应

与瘟病毒属各成员之间有交叉反应。

5.7.13　基因型（O）

猪瘟病毒按经典方法分为 A、B 两个基因亚群，请注明基因亚群的类别：

A 群：包括流行的强毒株和由强毒株人工培育的弱毒株，如中国的石门系强毒株（CSFV Shimen）和用其经家兔致弱的中国猪瘟兔化弱毒株（HCLV，简称 C 株）以及美国的 ALD 株等；

B 群：包括分离的自然无毒、低毒或中等毒力的毒株，如美国的 331 弱毒株。

具体分类方法见《技术规程》。

5.8　致病性（M）

5.8.1　致病力（毒力或者感染力）

应注明毒力大小及毒力稳定性。

其中，毒力大小标明毒力峰值 CS 及毒力判断结果；

毒力稳定性标明细胞传代次数及毒力变化；

毒力综合判断参考标准见附录 7。

5.8.2　致病对象（O）

5.9　其他特性（M）

若该株猪瘟病毒还存在其他特性，请加以阿拉伯小写数字序号依次说明，说明文字应精练易懂，无歧义。

附录 1

猪瘟病毒参考毒株

1 猪瘟病毒石门系（CSFV Shimen）

基因组信息请见 http：//www. ncbi. nlm. nih. gov/网页，序号：AF092448；

中国兽医微生物菌种保藏管理中心编号（以下简称 CVCC 编号）：AV1411；

石门系猪瘟病毒是 1945 年在石家庄地区从猪血中分离，对仔猪的最小发病量达到 10^{-8}/ml（肌注），该毒株是我国猪瘟疫苗检验用毒株。由中国兽医药品监察所统一保管、鉴定、分发使用。

2 猪瘟兔化弱毒株（HCLV）

基因组信息请见 http：//www. ncbi. nlm. nih. gov/网页，序号：AF091507；

CVCC 编号：AV1412；

猪瘟兔化弱毒株是一株兔体传代适应毒，感染兔产生定性热反应，对各种日龄、品种的猪均安全，对兔的最小感染量为 10^{-5}/ml（静注），肌肉接种猪的最小免疫剂量为 10^{-5}/ml，用途：制备活疫苗。

附录 2

非禽源细胞（或细胞系）及其制品的检验

1　荧光抗体检查法

1.1　选样

对细胞或细胞系检验时，选用连传 2 代后培养 4 日以上的细胞单层；对其制品的检验时，样品用相应的单特异性血清中和处理后，接种细胞单层培养 4 日，传第 2 代，选用第 2 代培养物。

1.2　荧光抗体的选择

视被检细胞来源不同，选用不同病毒的特异荧光抗体。

猪源细胞应检查：牛病毒性腹泻/黏膜病病毒（BVDV）、伪狂犬病病毒（PRV）、狂犬病病毒（RV）、猪细小病毒（PPV）、猪瘟病毒（HCV）。

牛羊源细胞应检查：BVDV、RV、PRV、PPV、BTV（蓝舌病病毒）。

马源细胞应检查：马传染性贫血病毒。

犬源细胞应检查：RV、PRV、PPV、BVDV。

1.3　检验

样品分别经丙酮固定后，以适宜的荧光抗体进行染色、镜检。检查每种病毒时，应各用 2 组细胞单层，一组为被检组；一组为由中国兽药监察所提供的接种 100 ~ 300FA-$TCID_{50}$特异病毒的细胞固定片，作为阳性对照。被检组至少取 4 个细胞覆盖率在 75% 以上的细胞单层，总面积不少于 6cm^2。

1.4　判定

若被检组出现任何一种特异荧光，为不合格。若阳性对照组不出现特异荧光或荧光不明显，为无结果，可以重检。若被检组出现不明显荧光，必须重检，重检仍出现不明显荧光，为不合格。

2　绿猴肾（Vero）传代细胞检查法

毒种及疫苗经相应的特异性血清中和后，用 3 瓶 Vero 细胞单层（总面积不少于 100cm^2），每瓶接种检样 1ml，连传 2 代，每代 7 日，应不出现细胞病变。同时进行红细胞吸附病毒检测（按 2.3 项进行）和荧光抗体检查（按 2.1 项进行），应无红细胞吸附因子和特异性荧光。

3　致细胞病变和（或）红细胞吸附性外源病毒的检验

3.1　致细胞病变外源病毒的检测

取经传代后培养至少 7 日的细胞单层（每个 6cm^2）1 个或多个进行检验。

3.1.1　用适宜染色液，对细胞单层进行染色。

3.1.2　观察细胞单层，检查包涵体、巨细胞或其他由外源病毒引起的细胞病变的出现情况。

3.2　红细胞吸附性外源病毒的检测

取经传代后至少培养 7 日的细胞单层（每个 6cm^2）1 个或多个进行检验。

3.2.1 以 PBS 洗涤细胞单层数次。

3.2.2 加入 0.2% 红细胞悬液适量，以覆盖整个单层表面为准。红细胞悬液应是洗涤过的豚鼠红细胞、人“O”型红细胞和鸡红细胞的等量混合悬液，可在加入前混合，亦可分别滴加于不同的细胞单层上。选 2 个细胞单层分别在 2 ~ 8℃ 和 20 ~ 25℃ 培养 30min，用 PBS 洗涤，检查红细胞吸附情况。

3.3 判定

若出现外源病毒所致的特异性细胞病变或红细胞吸附现象，判不合格；若疑有外源病毒污染，但又不能通过其他试验排除这种可能性时，则作不合格论。

附录 3

猪瘟病毒可增殖细胞和非增殖细胞

病毒增殖细胞：猪肾、猪骨髓、猪睾丸、猪肺、猪脾的细胞和白细胞；牛肾细胞；鸡胚成纤维细胞；牛胚胎、绵羊羔、山羊、鹿、臭鼬、狐、松鼠、豚鼠、獾、家兔的原代肾细胞；低代细胞系（包括胎牛的皮肤、脾和气管，胎羊的肾和睾丸，兔的皮肤等传代细胞）；猪肾细胞培养物（PK15、SK-6 和 CPK 细胞系）。

非病毒增殖细胞：狗、雪貂、猩猩、猴、大鼠、小鼠、袋鼠、马的肾细胞和皮肤细胞；高代细胞系（包括人和其他灵长类细胞、猫肾和乳仓鼠肾 BHK-21 细胞以及牛肾细胞系 MDBR、非洲绿猴肾细胞系 BSC-1）。

附录 4

猪瘟病毒的世界地理分布

根据粮农组织-国际兽医局-世界卫生组织（FAO-OIE-WHO）编辑的《动物卫生年鉴》（1992）公布的资料，全世界现有 44 个国家和地区存在猪瘟，主要分布于南美、欧洲和远东的一些国家和地区。

非洲 3 国：几内亚比绍、马达加斯加和毛里求斯；

美洲 13 国：阿根廷、玻利维亚、巴西、智利、哥伦比亚、厄巴多尔、萨尔瓦多、危地马拉、洪都拉斯、墨西哥、尼巴拉瓜、秘鲁和委内瑞拉；

亚洲 14 国家和地区：阿富汗、不丹、柬埔寨、中国、中国香港、印度、日本、韩国、黎巴嫩、缅甸、菲律宾、斯里兰卡、泰国和越南；

欧洲 14 国家和地区：奥地利、保加利亚、原捷克斯洛伐克、意大利、拉脱维亚、立陶宛、摩尔多瓦、荷兰、波兰、俄罗斯、斯洛文尼亚、匈牙利、乌克兰和南斯拉夫；

猪瘟遍布于全世界，但许多国家已经宣布消灭了该病。根据 OIE 的资料，主要包括：阿尔巴尼亚、保加利亚、丹麦、芬兰、英国、匈牙利、爱尔兰、冰岛、卢森堡、挪威、瑞典和瑞士；根据 FAO-OIE-WHO 的《动物卫生年鉴》历年资料，自 1977 ~ 1992 年底，宣布无猪瘟的国家还有：美国、日本、海地、法国、葡萄牙、巴拿马、比利时、荷兰、奥地利、加拿大、澳大利亚、新西兰以及斯堪的纳维亚国家。

附录 5

猪瘟病毒致病的临床症状

1　最急性型

发病最开始时出现突发的体温升高、食欲不振、喜欢饮水、眼结膜充血，颈部、腿内侧、腹下侧出现少量的发绀和出血；病死率高达 100%；病程短 1～2d。

2　急性型

体温升高明显，可达 41～42℃，稽留热；脓性结膜炎，先便秘，后腹泻，带血带脓，全身皮肤重点部位（少毛部位）出血，发绀非常明显；另一变化为流产，病程 7～10d，病死率为 70%～80%，若发生在哺乳仔猪，最大特点为神经症状、运动障碍、转圈、死前角弓反张、抽搐。

3　亚急性型

常发生在有猪瘟流行的地区，体温变化不规则，脓性结膜炎，口腔黏膜形成伪膜，扁桃体溃疡，无溃疡的肿胀也非常明显，咽炎，皮肤因出血形成淤斑，或者便秘或者腹泻，死亡率低 50%～60%，病程 10 天至 1 个月。

4　慢性型

主要见于幼龄猪，便秘或者腹泻交替出现，口腔黏膜上伪膜明显，还出现溃疡，猪衰弱，出血处出现坏死，如果不死亡出现僵猪。

5　非典型性（温和型）

低毒力病毒引起，皮肤上出现轻度的出血、发绀、干耳、干尾（干性坏疽），甚至脱落、全身性皮肤花斑状脱落，称为“花皮猪”，扁桃体变化明显、充血、肿胀、溃疡、发热轻，病程 1～2 个月，发育停滞。

根据症状，又可详细分为：

（1）母猪繁殖障碍（妊娠母猪带毒综合征）　表现流产、早产、产死胎或木乃伊胎、不发情或不孕等。

（2）仔猪先天性感染（胎盘垂直感染）　仔猪生后衰弱，拉稀便，陆续死亡，也有在 20 日龄左右或断奶前后发生严重死亡，偶有发生先天性震颤。

（3）持续感染（亚临床隐性感染）　猪感染猪瘟病毒，但不表现临床症状，可持续向外排毒。

（4）免疫耐受（免疫力低下）　虽用合格的猪瘟疫苗及正规的操作进行免疫，但抗体仍达不到保护水平，猪瘟还时有发生，这种情况多见于育成猪。

附录 6

猪瘟病毒致病的病理变化

1 最急性型

突发高热而无明显症状并且迅速死亡，浆膜、黏膜和肾脏中仅有极少数的点状出血，淋巴结轻度肿胀、潮红、出血。

2 急性型

败血症的变化；除了皮肤出血外，皮下组织和肌肉出血也非常明显，全身各处的黏膜、浆膜普遍出血，最明显的为肾脏、膀胱、喉头、回肠瓣，扁桃体出血、肿胀、溃疡；淋巴结周边髓质出血，出现“大理石样花纹”；脾部肿大，边缘出现楔形梗死灶；肾贫血，发黄，表面有或多或少出血点，称“麻雀肾”；膀胱黏膜出血；心外膜出血；小肠卡他性出血性肠炎，肠道淋巴结肿胀，大肠黏膜在出血的基础上发展为坏死，呈灰黄色，干燥，表面纤维素附着，形成扣状肿；胆囊坏死。

3 慢性型

肠道固膜性肠炎。

继发感染巴氏杆菌，形成纤维素性胸膜炎、心包炎。

继发感染沙门氏菌，肝脏形成坏死灶，脾可能肿大，固膜性肠炎加重，非常干燥，像糠麸状，肠道淋巴结出现髓样肿。

幼猪出现钙、磷代谢紊乱，肋骨与软骨间出现钙化现象，出现黄色的骨化线。

4 非典型性型（或温和型）

病变较轻，淋巴结肿胀，出血轻微或不出血，肾脏出血也较少；脾梗死灶少，略有肿胀；膀胱黏膜没有出血，大肠黏膜很少有扣状肿。

附录 7

毒力综合判断参考标准

1　用作鉴定毒力的实验动物

1.1　实验动物

猪瘟病毒中和抗体阴性的 SPF 猪或健康猪。

1.2　体重

15～30kg 重。

1.3　年龄

8～12 周。

1.4　试验动物数量

5 头/毒株。

1.5　饲养要求

（1）饲料选择　若采用猪瘟病毒中和抗体阴性的 SPF 猪，采用专用饲料；若采用猪瘟病毒中和抗体阴性的健康猪，则采用优质全价配合饲料；

（2）饲养场所　生物安全Ⅲ级实验动物房。

2　毒力试验方法

2.1　临床症状观察法

2.1.1　病毒增殖细胞

PK-15 细胞系。

2.1.2　攻毒剂量

10^3～10^6 FA-$TCID_{50}$（测定方法见《技术规程》）。

2.1.3　攻毒方式

肌肉接种。

2.1.4　实验动物攻毒前需适应性饲养 1 周，并测定基础体温

2.1.5　攻毒天数计算

攻毒后 24h 算作第 1 天，以后依次类推；直到实验动物死亡为止；若不死亡直至第 40d 终止试验。

2.1.6　体温（T）测定

每隔 24h 测定一次。

2.1.7　临床症状观察

2.1.7.1　每天观察一次

2.1.7.2　观察内容

精神状态、身体紧张度、身体形态、呼吸情况（远离动物观察）、走路状态、皮肤情况（特别注意耳朵、鼻子、四肢和尾部）、眼睛（包括眼结膜）、食欲、排泄物状态、饲料食用情况。

2.1.7.3　观察记录要求

详细，根据临床症状打分系统（见附表3）打分。

2.1.7.4　CS（dpi）计算

CS（dpi）=∑所有实验动物每天每项参数所得分数/实验动物总数

其中：CS是临床症状得分（clinical score，CS）；

dpi是感染天数（days post-infection）。

2.1.7.5　T（dpi）计算

T（dpi）=∑所有实验动物每天所测体温/实验动物总数

2.1.7.6　根据记录CS和T分别绘图（样图如下）

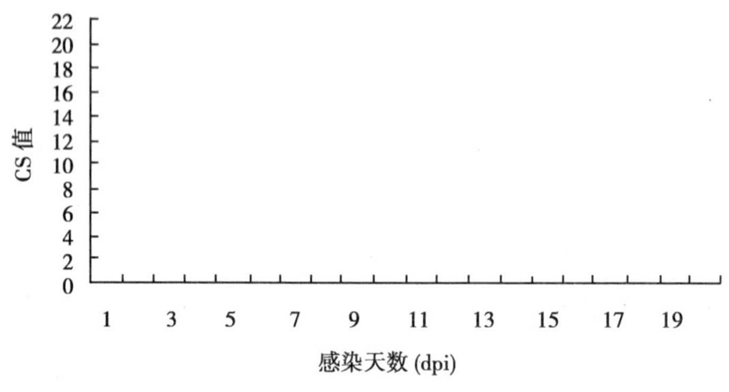

CS与感染天数的关系

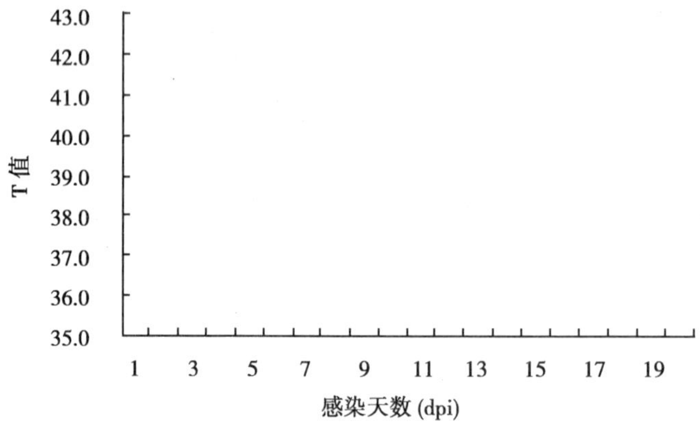

T值与感染天数的关系

注：纵坐标Y分别为CS（分）和T（℃）；其中CS值范围为0～24分，T值范围为35～43℃，横坐标x为感染天数（dpi），其中感染天数的范围为0～40dpi。

2.2　病理变化观察法

2.2.1　所有实验动物均需进行解剖，观察病理变化；做好尸体处理和解剖室消毒；防止散毒。

2.2.2　病理变化观察器官

包括皮肤、皮下组织和浆膜、扁桃体、脾脏、肾脏、淋巴结、回肠和直肠、脑、呼吸系统。

2.2.3　观察记录

应详细，后根据病理变化打分系统（见附表4）为实验动物打分。

2.2.4　PS（dpi）计算

PS（dpi）=∑所有实验动物每天每项参数所得分数/实验动物总数

其中：PS是病例变化得分（Pathological Score，PS）；

dpi是感染天数（days post-infection）。

2.2.5　根据记录CS绘图

纵坐标y分别为CS（分）；

横坐标x为感染天数（dpi）。

2.3　综合判断

2.3.1　根据临床症状观察法（CS）和病理变化观察法（PS）所得分数进行综合判断毒株毒力强弱

2.3.2　毒力强弱判断标准

取峰值CS（PS）作为判定标准，标准如下：

强毒：　　最高CS（PS）>15，T>41.0℃；

中等毒力：5<CS（PS）≤15，41.0℃>T≥40.0℃；

弱毒：　　CS（PS）<5，T<40℃；

无毒：　　CS（PS）=0。

2.3.3　注意事项

（1）需按观察内容前后顺序观察；

（2）若判断是强毒且CS>20，可以提前终止试验；

（3）以临床症状评分（CS）为主，病理变化评分（PS）作为参考。

若临床症状资料不可得，则按病理变化评分（PS）判定结果，但试验动物数量应至少10头。

附表1　　　　国家自然科技资源平台猪瘟病毒毒株资源描述表

描述日期：　　年　　月　　日

基本信息			
平台资源号			
学名		毒株名称	
资源归类编码		毒株保藏编号	
其他保藏机构编号		来源历史	
分离人		分离时间	
原始编号		鉴定人	
鉴定人所在单位		收藏时间	
原产国或地区		采集地区	
分离基物		采集地生境	
生物危害等级		参考毒株	
参考文献			

（续附表1）

形态学特征				
病毒形状	形状		纤突长度	
	排列方式		纤突特征	
囊膜特性		衣壳对称性		
病毒大小	完整病毒大小			
	核衣壳大小			
培养特性				
培养物		培养条件		
培养时间		培养方法		
提纯方法		是否有 CPE		
其他特性				
理化特性				
分子量		浮密度		
沉降系数		等电点		
对热的稳定性		对酸碱的稳定性		
对乙醚或氯仿的稳定性		对两价离子（Mg^{2+}和 Mn^{2+}）的稳定性		
对辐射的稳定性		对消毒剂的稳定性		
凝集红细胞特性				
蛋白质结构				
结构蛋白的数目和种类名称		非结构蛋白的数目和种类名称		
遗传信息				
核酸类型		核苷酸序列		
基因组大小		碱基链数目		
碱基链存在方式		碱基链性质		
基因组连续性		开放阅读框数目		
生物学特性				
自然宿主		储存宿主		
传播方式		流行季节		
组织嗜性		地理分布		
血清型		抗原型		
基因型		对宿主致病的临床症状		
		对宿主致病的病理变化		
致病性				
毒力		致病对象		
其他特性				

附表 2　　临床症状评分系统

其中 0 分为正常，1 分为轻微症状，2 分为明显症状，3 分为严重症状。

序号	观察内容	标准	分数
1	精神状态	注意力集中（警觉，见到人立即站立起来）	0
		反应稍迟钝（站立犹豫，但不用帮助）	1
		疲倦，仅仅驱赶时才站立起来，但又躺下	2
		嗜睡，不愿站立	3
2	身体紧张度	放松，背平直	0
		僵硬，站起时弓背，后又恢复正常	1
		弓背，行走时步态僵硬	2
		抽搐	3
3	体型	腹部饱满	0
		腹部空虚	1
		腹部空虚，瘦弱	2
		衰弱，脊椎和肋骨清晰可见，头部相对于身体所占比例过大	3
4	呼吸情况（远离动物观察）	频率 10～15 次/min	0
		频率 >20 次/min，无明显胸式呼吸	1
		频率 >20 次/min，有明显胸式呼吸	2
		频率 >30 次/min，张口呼吸	3
5	走路姿态	协调	0
		运动迟缓，轻微失调	1
		明显运动失调，但可以行走	2
		严重跛行，无法走路	3
6	皮肤（耳朵、鼻、四肢和尾部）	皮毛均匀光滑，有光泽，皮肤呈浅粉红色	0
		皮肤部分区域变红	1
		出现紫斑，有少量淤斑，皮肤发冷	2
		皮肤暗红色，不敏感，有大的出血斑	3
7	眼睛（包括眼结膜）	眼结膜呈粉红色	0
		变红，有清亮分泌物	1
		严重炎症，有混浊分泌物	2
		严重炎症，脓性分泌物，血管扩张	3
8	食欲	食欲旺盛	0
		进食缓慢	1
		几乎不食，但闻食	2
		完全不食，对食物毫无兴趣	3
9	排泄状况	软粪，正常数量	0
		粪便干燥，数量减少	1
		少量有纤维覆盖的干燥粪便或者腹泻	2
		无粪便或仅有直肠黏液，或水样或血样稀粪	3
10	饲料食用情况	饲槽干净，空	0
		饲槽几乎无饲料	1
		仅食用少量饲料	2
		饲槽满，完全没有食用	3

附表 3　　病理变化评分系统

其中 1 分为轻微病变，2 分为明显病变，3 分为严重病变，0 分为无病变。

序号	观察内容	标准	分数
1	皮肤	有非特异性红斑	1
		零星的猪瘟特异性出血斑	2
		大量的猪瘟特异性出斑	3
2	皮下组织和浆膜	单个少量出血点	1
		较多地方有出血斑	2
		普遍广泛出现出血斑	3
3	扁桃体	肿胀	1
		红肿	2
		出现坏疽	3
4	脾脏	轻微梗死	1
		明显梗死	2
		严重梗死	3
5	肾脏	有零星出血斑	1
		皮质和髓质都有出血斑	2
		出现广泛出血斑	3
6	淋巴结（颌下、腹股沟、肠系膜淋巴结）	肿胀	1
		肿胀，不规则出血	2
		肿胀，大面积出血	3
7	回肠和直肠	有红斑	1
		有红斑，小的坏疽	2
		大量坏疽或称“扣状肿”	3
8	脑	轻微充血	1
		充血	2
		充血，血管肿胀	3
9	呼吸系统	支气管炎	1
		支气管肺炎或者胸膜炎	2
		支气管肺炎和胸膜炎	3

附表 4　　猪瘟病毒基因组编码蛋白的已知基本结构信息

	名称	分子量大小（kD）	起始氨基酸（简称）	起始氨基酸位置	终止氨基酸（简称）	终止氨基酸的位置	全长氨基酸的大小
结构蛋白	C（p14）	14	Ser	169	Ala	267	98
	E0（Erns）	44～48	Glu	268	Ala	494	227
非结构蛋白	E1	33	Leu	495	Gly	689	195
	E2	41		690		1 060	370
	N^{pro}（p23）	23					
	P7	不详					
	NS2	不详					
	NS3	不详					
	NS4A	不详					
	NS4B	不详					
	NS5A	不详					
	NS5B	不详					

注：若无该项信息，请填写“不详”。

类病毒毒种资源描述规范

前　　言

类病毒是一类单链共价闭合环状 RNA 分子，不编码蛋白，能够进行自我复制，属亚病毒类非细胞生物，种类较多，一些能够引起植物的病害，造成极大的危害和经济损失，有些则不引起明显症状。

制定本规范是为了规范类病毒毒种资源的描述，便于类病毒毒种资源的收集、保藏、鉴定、评价、研究和利用，有效整理类病毒毒种资源，促进类病毒毒种资源信息化，实现资源高效共享，并为有效控制致病性类病毒的危害奠定基础。

类病毒毒种资源描述规范

1 范围

本规范规定了类病毒毒种资源的描述要素和描述规范。

本规范适用于类病毒毒种资源的收集、整理、保藏，以及数据库和信息共享网络系统的建立。

2 规范性引用文件

下列文件中的条款通过本规范的引用而成为本规范的条款。凡是注明日期的引用文件，其随后所有的修改单（不包括勘误的内容）或修订版均不适用于本规范，然而，鼓励本规范达成协议的各方研究是否可使用这些文件的最新版本。凡是不注明日期的引用文件，其最新版本适用于本规范。

国务院令第424号《病原微生物实验室生物安全管理条例》。

3 术语和定义

本规范采用下列术语、定义、符号。

3.1 类病毒 viroid

类病毒是一类比较原始的、没有衣壳包被、小的单链共价闭合环状RNA分子，由数百个核苷酸组成，在寄主植物细胞内能够进行自我复制的亚病毒非细胞生物，目前只在高等植物中发现，有些具有致病性，引起严重的植物病害，有些则不引起明显症状。

3.2 类病毒资源 viroid resources

类病毒资源指可人工培养或活体培养的具有一定科学意义、具有实际或潜在实用价值的类病毒毒种及相关的数据信息。

4 要求

4.1 描述要求

——描述内容应清楚、准确，力求完整；

——要充分了解该毒种的历史背景并考虑该毒株的最新研究进展；

——能被微生物专业人员理解。

4.2 描述要素

描述要素分为2类：

——M：必备要素，必须描述的要素；

——O：可选要素，其描述与否视具体毒株而定。

5　描述内容

5.1 基本信息

5.1.1　平台资源号（M）

国家自然科技资源 e-平台统一生成的资源编号，平台资源号长度为 18 位，前 9 位为资源单位编码，后 9 位为流水号，参见《微生物菌种资源共性描述规范》。

5.1.2　学名（M）

应指明该毒株的完整的科学名称，包括英文和中文名称。

5.1.3　中文名称（M）

微生物菌种资源的中文名称，尚无中文译名时，可填“暂无”。

应增加异名，以便检索使用。

5.1.4　资源归类编码（M）

国家自然科技资源平台资源分级与编码标准中的编码，参见《微生物菌种资源分类编码体系》。

5.1.5　菌株保藏编号（M）

微生物菌种资源在保藏机构的保藏编号。由前缀和菌株编号两部分组成。前缀为保藏机构名称的英文缩写，前缀和菌株编号之间应留半角空格。

5.1.6　其他保藏机构编号（O）

微生物菌种资源在其他菌种保藏中心的保藏编号。其他保藏中心编号前以等号“=”开头，保藏编号之间用等号“=”连接。

5.1.7　来源历史（M）

微生物菌种资源在收藏单位之前的转移情况。收藏单位前以左指向箭头“←”开头，收藏单位之间用左指向箭头“←”连接。

5.1.8　分离人（M）

应指明该毒株最初分离人的姓名。

5.1.9　分离时间（M）

应指明该毒株的分离时间。

5.1.10　原始编号（M）

微生物菌种资源的原始分离编号。

5.1.11　鉴定人（O）

宜指明该毒株的鉴定人。

5.1.12　鉴定人所在单位（O）

宜指明该毒株的鉴定人所在单位。

5.1.13　收藏时间（O）

微生物菌种资源被保藏机构收集、保存该菌株的时间。格式为 YYYYMMDD，其中 YYYY 为年，MM 为月，DD 为日。

5.1.14　原产国（M）

微生物菌种资源分离基物采集地所在国家名称。

5.1.15　采集地区（O）

宜指明该毒株的采集地行政区划，详细到县。

5.1.16 分离基物（O）

微生物菌种资源分离物质的具体名称，对于寄生或共生的宜指明分离的具体组织部位。

5.1.17 采集地生境（O）

宜描述该毒株分离基物采集具体地点的生态环境，参照《微生物菌种资源采集环境描述规范》。

5.1.18 生物危害等级（M）

病原微生物菌种资源的分类，其分类方法见《病原微生物实验室生物安全管理条例》。

1：一类；

2：二类；

3：三类；

4：四类；

5：不清楚。

5.1.19 参考毒株（M）

凡是参考毒株应予指明。

5.1.20 参考文献（O）

与类病毒毒种相关的资料信息，包括书籍、期刊、学术报告及其他。

5.2 形态学特征

5.2.1 类病毒形状（O）

类病毒 RNA 分子在电子显微镜下的形状，是棒状或类似棒状构形。

5.2.2 类病毒分子大小（O）

完整类病毒 RNA 分子构形的长度，以纳米（nm）表示。

5.3 理化特性（O）

5.3.1 分子量

以 1×10^5 道尔顿为单位描述。

5.3.2 对热的稳定性

5.3.3 在 2M LiCl 中的可溶性

5.4 遗传信息

5.4.1 核苷酸序列（O）

全部或部分序列。

5.4.2 基因组大小（O）

基因组的核苷酸数目，以 nt 表示。

5.4.3 G+C 含量（O）

基因组的核苷酸组成中，G+C 所占的比例，以% 表示。

5.4.4 有无中央保守区（M）

基因组结构中是否含有中央保守区（central conserved region，CCR）。

5.4.5 滚环复制方式（O）

基因组复制的方式是对称滚环方式还是不对称滚环方式。

5.4.6 复制过程中是否形成锤头结构（M）

5.4.7　复制和积累的场所（O）

基因组复制和积累是在细胞核中还是在叶绿体中进行。

5.5　生物学特性

5.5.1　自然寄主（M）

5.5.2　人工接种条件下可侵染的寄主。

5.5.3　流行季节（O）

5.5.4　传播方式（O）

5.5.5　地理分布（O）

5.5.6　组织向性（O）

5.5.7　对宿主致病的病理变化（O）

5.5.8　致病性（M）

5.5.9　寄主范围

5.5.10　引起的症状表现

以寄主症状表现进行描述，如叶片褪绿、坏死、皱缩，节间缩短，果实畸形、变色、成熟期延迟等。

5.6　其他特性（O）

该类病毒特有的或必须说明的，但上述项目中未包括的特征。

附表 1　　**病毒毒种资源描述表**

描述日期：　　年　　月　　日

基本信息			
学名		中文名称	
资源归类编码		毒株保藏编号	
其他保藏机构编号		来源历史	
分离人		分离时间	
原始编号		鉴定人	
鉴定人所在单位		收藏时间	
原产国或地区		采集地区	
分离基物		采集地生境	
生物危害等级		参考毒株	
参考文献			
形态学特征			
类病毒分子形状		类病毒分子大小	
理化特性			
分子量		对热的稳定性	
2M LiCl 中可溶性			

（续附表1）

遗传信息			
核苷酸序列		基因组大小	
G+C含量		有无中央保守区	
复制过程中是否形成锤头结构		复制和积累的场所	
生物学特性			
自然宿主		流行季节	
传播方式		地理分布	
组织嗜性		对宿主致病的病理变化	
致病性			
是否致病		致病对象	
引起的症状表型			
其他特性			

九、其他微生物

原虫类虫种资源描述规范

前　言

原虫类虫种资源是与人类关系密切的一类微生物资源，是微生物学研究的一个重要领域，也是微生物多样性的重要组成部分。

原虫为单细胞真核生物，体积微小而能独立完成生命活动的全部生理功能。在自然界分布广泛，种类繁多，迄今已发现约65 000余种，多数营自生或腐生生活，分布在海洋、土壤、水体或腐败物内。约有近万种为寄生性原虫，生活在动物体内或体表。医学原虫是寄生在人体管腔、体液、组织或细胞内的致病及非致病性原虫，约40余种。其中的一些种类以其独特的生物学和传播规律危害人群或家畜，构成广泛的区域性流行。

制定本规范是为了规范原虫类虫种资源描述，便于原虫类虫种资源的收集、保藏、鉴定、评价和研究，有效整理原虫类虫种资源，促进原虫类虫种资源信息化，实现资源的高效共享，并为有效控制致病性原虫的危害奠定基础。

原虫类虫种资源描述规范

1 范围

本规范规定了原虫类虫种资源的定义、描述符及其分级规范。

本规范适用于原虫类虫种资源的收集、整理和保藏，以及数据库和信息共享网络系统的建立。

2 规范性引用文件

下列文件中的条款通过本规范的引用而成为本规范的条款。凡是注明日期的引用文件，其随后所有的修改单（不包括勘误的内容）或修订版均不适用于本规范，然而，鼓励根据本规范达成协议的各方研究是否可使用这些文件的最新版本。凡是不注明日期的引用文件，其最新版本适用于本规范。

国务院令第424号《病原微生物实验室生物安全管理条例》。

3 术语与定义

下列术语和定义适用于本规范。

3.1 原虫 protozoa

原虫即原生生物，为一类单细胞真核生物。本规范中主要是指具有致病性的原虫。

3.2 原虫类虫种资源 protozoa resources

指可培养的有一定科学意义、具有实际或潜在实用价值的原虫虫种及相关的信息数据。

4 要求

4.1 描述要求

——描述内容应清楚、准确，力求完整。

——要充分考虑该虫株的最新研究进展；

——能被微生物专业人员理解。

4.2 描述要素

描述要素分为2类：

——M：必备要素，必须描述的要素；

——O：可选要素，其描述与否视具体虫株而定。

5 描述内容

5.1 基本信息

5.1.1 平台资源号（M）

国家自然科技资源 e-平台统一生成的资源编号，平台资源号长度为 18 位，前 9 位是资源单位编码，后 9 位是流水号，参见《微生物菌种资源共性描述规范》。

5.1.2 学名（M）

应指明该虫株的完整的科学名称。

5.1.3 中文名称（M）

应指明该虫株的中文名称（如有别名，可在括号中注明）。尚无中文译名时，填写“暂无”。

5.1.4 资源归类编码（M）

应指明该虫株的资源归类编码，参见《微生物菌种资源分类编码体系》。

5.1.5 虫株保藏编号（M）

应指明该虫株在专业保藏机构的保藏编号，保藏编号由前缀和虫株编号两部分组成。前缀为保藏机构英文名称的缩写，前缀和虫株编号之间应留半角空格。

5.1.6 其他保藏机构编号（O）

宜指明该虫株在其他菌种保藏机构的虫株保藏编号。每个其他保藏机构的编号均由等号“ = ”开头，如编号不止一个时，中间也用等号“ = ”连接。

5.1.7 来源历史（M）

应指明得到该虫株的途径。如虫株转移经过多个保藏机构，则保藏机构之间用一个左指向的箭头“←”连接。

5.1.8 分离人（M）

应指明该虫株最初分离人的姓名。

5.1.9 分离时间（M）

应指明该虫株的分离时间。格式为 YYYYMMDD，其中 YYYY 为年，MM 为月，DD 为日。

5.1.10 原始编号（M）

应指明该虫株最初分离编号。

5.1.11 分离途径及方式（O）

说明单一种的分离途径（如：来自血液、组织、淋巴结、病灶、分泌物或粪便等）和分离方式（如：利用潜隐期、不同的媒介等）。

5.1.12 鉴定人（O）

宜指明该虫株的鉴定人。

5.1.13 鉴定人所在单位（O）

宜指明该虫株的鉴定人所在单位。

5.1.14 收藏时间（O）

宜指明保藏机构收集、保存该虫株的时间。格式为 YYYYMMDD，其中 YYYY 为年，MM 为月，DD 为日。

5.1.15 原产国或地区（M）

应指明该虫株分离基物采集地所在国家或地区名称。

5.1.16 采集地区（O）

宜指明该虫株的采集地行政区划，详细到县。

5.1.17 分离基物（O）

宜指明具体的分离基物名称。

5.1.18 采集地生境（O）

宜描述该虫株分离基物采集具体地点的生态环境，参照《微生物菌种资源采集环境描述规范》。

5.1.19 生物危害等级（M）

该菌株的生物危害程度分类，参照《病原微生物实验室生物安全管理条例》。

5.1.20 培养基编号（M）

微生物菌种资源最适培养基的统一编号，编号以4位数表示，培养基的统一编号参考《中国菌种目录》。

5.1.21 模式虫株（M）

凡是模式虫株应予指明。

5.1.22 分类地位（M）

标明该虫种所属的门、纲、目、科、属、种/亚种/变种。

5.2 生物学特性

5.2.1 脊椎动物宿主（M）

注明该虫种的主要寄生宿主和保虫宿主的种类。

5.2.2 传播媒介或中间宿主或贮藏宿主（M）

说明该虫种有无传播媒介、中间宿主、贮藏宿主，并注明传播媒介、中间宿主、贮藏宿主的种类、名称。

5.2.3 传播方式和途径（M）

阐明传播媒介和中间宿主以何种方式传递该病原，传播媒介和中间宿主在哪个世代和发育阶段传播病原。

5.2.4 潜隐期（O）

标明潜隐期的时间区间和通常值。

5.2.5 寄生部位和基物（M）

说明该虫种寄生在脊椎动物宿主的何种器官、何种组织以及在何种细胞。

5.2.6 寄生物血症或感染状况（O）

指出寄生物血症或感染率的数值范围和通常值。

5.2.7 带（荷）虫期（M）

说明该虫体在脊椎动物宿主体内的存留时间区间和通常值。

5.2.8 病原性（M）

表明该虫种对脊椎动物宿主有或无致病。

5.2.9 临床症状（M）

主要阐述该虫种对脊椎宿主动物的标志性临床症状，特别是在种的分类上具有特征性的症状。

5.2.10　繁殖动物（M）

阐明该虫种复壮繁殖所需的实验动物种类。

5.2.11　致病性（M）

说明该虫种（株）对目标宿主的致病性强弱。致病性通常分为强、中等、弱，或用单位致死率表示。

5.2.12　应用范围（O）

主要表明虫种应用的适宜范围。

5.3　形态学

主要描述虫种的各种发育阶段的形态特征，特别注明该种的标准形态，量度的大小，有无裂殖体形成。

5.3.1　生活史（O）

阐述该种的发育过程（裂体生殖、配子生殖、孢子生殖、有性生殖、无性生殖或有无孢子体生成、有无裂殖体生成等）。

5.3.2　形态描述（M）

根据5.3.1内容，描述各阶段的形态特征，特别注明该种的标准形态，量度的大小，有无裂殖体形成。

5.3.3　鞭毛（O）

说明该虫种有无鞭毛，以及鞭毛的形态和数量。

5.3.4　动基体（O）

说明该虫种有无动基体，以及动基体的形态。

5.3.5　包囊（O）

说明该虫种有无包囊形成，以及包囊的形态。

5.4　其他特性（O）

5.4.1　生化与分子生物学特征

说明该虫种（株）相关阶段已测定的同工酶酶谱、特异蛋白条带及分子量、18s rDNA序列等。

5.4.2　其他

主要包括前述的各种生物学性状无法涵盖的一些某个虫种所具有的指征性的生物学特性。

附表1　　原虫类虫种资源描述表

描述日期：　　年　　月　　日

基本信息			
平台资源号			
学名		中文名称	
资源归类编码		虫株保藏编号	
其他保藏机构编号		来源历史	
分离人		分离时间	
原始编号		分离途径及方式	

（续附表 1）

基本信息			
鉴定人		鉴定人所在单位	
收藏时间		原产国或地区	
采集地区		分离基物	
采集地生境		生物危害等级	
培养基		模式虫株	
分类地位			
生物学特性			
脊椎动物宿主		传播媒介或中间宿主或贮藏宿主	
传播方式和途径		潜隐期	
寄生部位和基物		寄生物血症或感染情况	
带（荷）虫期		病原性	
临床症状		繁殖动物	
致病性		应用范围	
形态学			
		形态描述	
鞭毛		动基体	
包囊			
其他特性			
生化与分子生物学特征		其他	

植物寄生线虫虫种资源描述规范

前　言

线虫虫种资源是与人类关系密切的一类动物资源，是线虫学研究的一个重要领域，也是生物多样性的重要组成部分。

线虫是一类两侧对称原体腔无脊椎动物，在自然界分布广泛，种类繁多，迄今已发现约 50 万～100 万余种，多数营自生或腐生生活，分布在海洋、土壤、水体或腐败物内。其中约有 10% 是植物寄生线虫，目前已记载的植物线虫约有 200 多属 5 000多种，生活在植物体内或体表、土壤中。植物寄生线虫是植物的重要病原物之一，线虫病害已成为农林生产上的最重要问题之一。

制定本规范是为了规范植物寄生线虫类虫种资源描述，便于植物寄生线虫虫种资源的收集、保藏、鉴定、评价、研究，有效整理植物线虫类虫种资源，促进植物寄生线虫虫种资源信息化，实现资源的高效共享，并为有效控制植物寄生线虫的危害奠定基础。

植物寄生线虫虫种资源描述规范

1 范围

本规范规定了植物寄生线虫虫种资源的定义、描述符及其分级规范。

本规范适用于植物寄生线虫虫种资源的收集、整理和保存，以及数据库和信息共享网络系统的建立。

2 规范性引用文件

下列文件中的条款通过本规范的引用而成为本规范的条款。凡是注明日期的引用文件，其随后所有的修改单（不包括勘误的内容）或修订版均不适用于本规范，然而，鼓励根据本规范达成协议的各方研究是否可使用这些文件的最新版本。凡是不注明日期的引用文件，其最新版本适用于本规范。

国务院令第424号《病原微生物实验室生物安全管理条例》；

GB 19489　实验室　生物安全通用要求。

3 术语与定义

下列术语和定义适用于本规范。

3.1 植物寄生线虫 plant- parasitic nematodes

植物寄生线虫是一类两侧对称原体腔无脊椎动物，内寄生或外寄生于植物的线虫，称为植物寄生线虫，或简称植物线虫（plant nematodes）。

3.2 植物线虫虫种资源 plant parasitic nematode resources

植物线虫虫种资源指可培养的有一定科学意义、具有实际或潜在实用价值的植物寄生线虫虫种及相关的信息数据。

3.3 遗传标记 genetic markers

遗传标记指那些明确反映遗传多样性的生物特征，一般分为形态标记、细胞标记、生理生化标记、分子标记四类。

4 要求

4.1 描述要求

——描述内容应清楚、准确，力求完整；

——要充分考虑该线虫种的最新研究进展；

——能被线虫学专业人员理解。

4.2 描述要素

描述要素分为2类：

——M：必备要素，必须描述的要素；

——O：可选要素，其描述与否视具体线虫种类而定。

5 描述内容

5.1 基本信息

5.1.1 平台资源号（M）

国家自然科技资源 e-平台统一生成的资源编号，平台资源号长度为 18 位，前 9 位是资源单位编码，后 9 位是流水号，参见《微生物菌种资源共性描述规范》。

5.1.2 学名（M）

应指明该线虫株系的完整的科学名称。对于鉴定到属，未到种的株系，种名以“sp.”表示。对于未鉴定的线虫株系，标明“unidentified nematode”。

5.1.3 中文名称（M）

微生物菌种资源的中文名称，尚无中文译名时，可填“暂无”。

5.1.4 资源归类编码（M）

国家自然资源科技资源平台资源分级与编码标准中的编码，参见《微生物菌种资源分类编码体系》。

5.1.5 菌株保藏编号（M）

微生物菌种资源在保藏机构的保藏编号。由前缀和菌株编号两部分组成。前缀为保藏机构名称的英文缩写，前缀和菌株编号之间应留半角空格。

5.1.6 其他保藏机构编号（O）

微生物菌种资源在其他菌种保藏中心的保藏编号。其他保藏中心编号前以等号“=”开头，保藏编号之间用等号“=”连接。

5.1.7 来源历史（M）

微生物菌种资源在收藏单位之前的转移情况。收藏单位前以左指向箭头“←”开头，收藏单位之间用左指向箭头“←”连接。

5.1.8 分离人（M）

应指明该线虫株系最初分离人的姓名。

5.1.9 分离时间（M）

应指明该线虫株系的分离时间。

5.1.10 原始编号（M）

微生物菌种资源的原始分离编号。

5.1.11 分离途径及方式（O）

说明单一种的分离途径（如：来自植物木质部、叶部、根部或根部土壤等）。

5.1.12 鉴定人（O）

宜指明该线虫株系的鉴定人。

5.1.13 鉴定人所在单位（O）

宜指明该线虫株系的鉴定人所在单位。

5.1.14 收藏时间（O）

微生物菌种资源被包藏机构收集，包藏的时间。格式为 YYYYMMDD，其中 YYYY 为年，MM 为月，DD 为日。

5.1.15 原产国（M）

微生物菌种资源分离基物采集地所在国家名称。

5.1.16　采集地区（O）

宜指明该线虫株系的采集地行政区划，详细到县。

5.1.17　分离基物（O）

宜指明具体的分离基物名称。

5.1.18　采集地生境（O）

宜描述该线虫株系分离基物采集具体地点的生态环境，参照《微生物菌种资源采集环境描述规范》。

5.1.19　生物危害等级（M）

病原微生物菌种资源的分类，其分类方法见《病原微生物实验室生物安全管理条例》

1：一类；

2：二类；

3：三类；

4：四类；

5：不清楚。

5.1.20　培养基质（M）

应给出保虫宿主或培养基质配方及制作方法。

5.1.21　模式菌株（M）

微生物菌种资源是否为模式菌株。

1：模式菌株；

2：非模式菌株。

5.1.22　分类地位（M）

标明该线虫种所属的门、纲、目、科、属、种/亚种/变种。

如需要，可指明该虫株的生理小种等。

5.2　生物学特性

5.2.1　寄主（M）

注明该虫种的主要寄生宿主种类。

5.2.2　寄生位置（M）

说明该虫种在植物寄主的各种摄食位置。

5.2.3　致病性（M）

说明该虫种（株系）对目标宿主的致病性强弱。致病性通常分为强、中等、弱，或用单位致死率表示。

5.2.4　应用范围（O）

主要表明虫种应用的适宜范围。

5.3　形态学

主要说明植物寄生线虫虫种的形态特征，特别注明该线虫种的外部和内部形态特征，包括形态特征测量和形态特征描述。

5.3.1　形态特征测量（M）

5.3.1.1　体长

整个线虫体长，用L表示，单位是μm或mm，用mm时保留两位小数，用μm时保留整数。

5.3.1.2　线虫体长与最大体宽之比

用 a 表示，保留整数。

5.3.1.3　体长与体前端至食道腺与肠连接处的距离之比

用 b 表示，保留整数。

5.3.1.4　体长与尾长之比

用 c 表示，保留整数。

5.3.1.5　口针长

用 s 表示，单位是 μm，保留整数。

5.3.1.6　中食道球长与口针长之比

用 m 表示，保留整数。

5.3.2　形态特征描述（M）

5.3.2.1　体形和死态（O）

说明整个体长、体形，包括在不同的发育时期线虫的形态。必要时说明体前部和尾部形态和热杀死的死态。

5.3.2.2　头部（M）

说明总的形态；与体部有无明显界限；说明唇区结构及形态。

5.3.2.3　体壁（M）

线虫体壁的表面有无纹理。必要时说明体纹，体环，侧线的数量。

5.3.2.4　尾部（O）

线虫自肛门以后的部分为尾部（tail）。说明尾部两侧有无侧尾腺；线虫尾部的形态、长短及其他附属结构。

5.3.2.5　口针（M）

口针（stylet）的粗、细及类型，针锥部与杆部的比例，有无基部球（basal knobs），基部球是否发达及其形态。

5.3.2.6　食道（O）

指明食道类型及结构，指明食道前体部（procorpus）形状，与中食道球连接处分界明显或融合；中食道球是否肌肉质，是否具有瓣片，瓣片是否显著，中食道球的形态，大小及长宽比例，在整个食道中的位置，峡部长、短；食道腺形状及食道腺与肠的位置关系，必要时指明背食道腺开口的有无及位置。

5.3.2.7　肠（O）

描述肠与直肠的关系（肠覆盖直肠）。

5.3.2.8　肛门（O）

说明该处体宽，雄虫的泄殖腔口偶尔延伸形成交合刺管。

5.3.2.9　雌虫生殖系统（M）

雌虫生殖系统包括卵巢、输卵管、受精囊、子宫、后子宫囊、阴道和阴门。说明生殖腺单个（前伸或后伸），1 对（对伸或前伸）；单个生殖腺是否有后阴子宫囊，后阴子宫囊长度（以体宽或肛阴距来比较）；生殖腺的长、短；卵巢直伸或转折；卵母细胞的排列；受精囊有或无；子宫是否有卵，卵的多少、长度；阴道的长度；阴门的位置、形态，阴门唇有无变化，有无阴门膜或阴门盖。

5.3.2.10　雄虫生殖系统（M）

雄虫生殖系统包括精巢、贮精囊、输精管、交合刺、引带、交合伞。

说明生殖腺单或双、长度，若单生殖腺则其前伸或后伸（一般前伸），是否转折；贮精囊是否明显；交合刺的形态、长度，有无缘膜，引带有无及其长度，交合伞有无及其长度，与尾的位置关系。

5.3.2.11　排泄系统（M）

指明排泄孔的位置。

5.3.2.12　神经系统（O）

说明侧尾腺的有无，及侧尾腺口的形态和位置。

5.4　其他特性（O）

5.4.1　生化与分子生物学特征

说明该虫种（株）已测定的同工酶酶谱、特异蛋白条带及分子量、18S rDNA 序列等。

5.4.2　其他

主要包括前述的各种生物学性状无法涵盖的一些某个虫种所具有的指征性的生物学特性。

附表 1　　**植物寄生线虫虫种资源描述表**

描述日期：　　年　　月　　日

基本信息			
学名		中文名称	
资源归类编码		虫株保藏编号	
其他保藏机构编号		来源历史	
分离人		分离时间	
原始编号		分离途径及方式	
鉴定人		鉴定人所在单位	
收藏时间		原产国或地区	
采集地区		分离基物	
采集地生境		生物危害等级	
培养基		模式虫株	
分类地位		寄主植物	
生物学特性			
寄主		寄生位置	
致病性		应用范围	
形态学			
L		A	
B		C	
S		M	
体形		头部	
口针类型		口针基球	
中食道球		食道类型	
侧尾腺		侧器开口	
生殖系统特征		排泄孔位置	
其他特性			
生化与分子生物学特征		其他	

伞滑刃属线虫虫种资源描述规范

前　　言

伞滑刃属（*Bursaphelenchus* Fuchs，1937）线虫属于线虫门 Nematoda、侧尾腺口纲 Secernentea、滑刃目 Aphelenchida、滑刃超科 Aphelenchoidoidea、滑刃科 Aphelenchoididae。目前伞滑刃属中有效种达 75 个之多，其中有许多重要的种类，如松材线虫［*B. xylophilus*（Steiner & Buhrer）Nickle］引起松树枯萎，由于其危害严重和防治困难受到世界各国的重视。很多国家将其列为检疫对象。伞滑刃属线虫中一些形态相似种难以区分，因此制定本规范是为了规范伞滑刃属线虫虫种资源描述，便于伞滑刃属线虫虫种资源的收集、保藏、鉴定、评价、研究，有效整理伞滑刃属线虫虫种资源，促进伞滑刃属线虫虫种资源信息化，实现资源的高效共享，并为有效控制致病性伞滑刃属线虫的危害奠定基础。

伞滑刃属线虫虫种资源描述规范

1 范围

本规范规定了伞滑刃属线虫虫种资源的定义、描述符及其分级规范。

本规范适用于伞滑刃属线虫虫种资源的收集、整理和保存，以及数据库和信息共享网络系统的建立。

2 规范性引用文件

下列文件中的条款通过本规范的引用而成为本规范的条款。凡是注明日期的引用文件，其随后所有的修改单（不包括勘误的内容）或修订版均不适用于本规范，然而，鼓励根据本规范达成协议的各方研究是否可使用这些文件的最新版本。凡是不注明日期的引用文件，其最新版本适用于本规范。

国务院令第424号《病原微生物实验室生物安全管理条例》；

GB 19489 实验室生物安全通用要求。

3 术语与定义

下列术语和定义适用于本规范。

3.1 伞滑刃线虫 *Bursaphelenchus* Fuchs，1937

伞滑刃线虫属于侧尾腺口纲 Secernentea、滑刃目 Aphelenchida、滑刃超科 Aphelenchoidoidea、滑刃科 Aphelenchoididae，是一类植物寄生线虫。

这个属的特征是：虫体通常细长，唇区高和身体间缢缩明显。口针有小的基部膨大。排泄孔位置通常在中食道球后方。阴门有时突出，后阴子宫囊长。雌虫尾端钝圆或尖。交合刺大而狭，基部通常有明显的喙。雄虫尾部向腹面弯曲，尾端尖，有一短的尾端交合伞。在尾部通常有2对乳突，一对在肛门前，一对在肛门后。无导刺带（引带）。

3.2 伞滑刃属线虫虫种资源 Bursaphelenchus resources

伞滑刃属线虫虫种资源指可培养的有一定科学意义、具有实际或潜在实用价值的伞滑刃属线虫虫种及相关的信息数据。

3.3 株系 strains

株系指经过各种方法分离、纯化而可培养的具有特异性、均一性和稳定性的属同一祖先的群体，称为株系。

4 要求

4.1 描述要求

——描述内容应清楚、准确，力求完整；

——要充分考虑该虫株的最新研究进展；

——能被植物线虫学和植物病理学专业人员理解。

4.2 描述要素

描述要素分为2类：

——M：必备要素，必须描述的要素；

——O：可选要素，其描述与否视具体虫株而定。

5 描述内容

5.1 基本信息

5.1.1 平台资源号（M）

国家自然科技资源e-平台统一生成的资源编号，平台资源号长度为18位，前9位是资源单位编码，后9位是流水号，参见《微生物菌种资源共性描述规范》。

5.1.2 学名（M）

伞滑刃属线虫学名 *Bursaphelenchus* Fuchs，1937。

5.1.3 中文名称（M）

微生物菌种资源的中文名称，尚无中文译名时，可填“暂无”。

5.1.4 资源归类编码（M）

国家自然科技资源平台资源分级归类与编码标准的编码，参见《微生物菌种资源分类编码体系》。

5.1.5 菌株保藏编号（M）

微生物菌种资源在保藏机构的保藏编号。由前缀和菌株编号两部分组成。前缀为保藏机构名称的英文缩写，前缀和菌株编号之间应留半角空格。

5.1.6 其他保藏机构编号（O）

宜生物菌种资源在其他菌种保藏机构的保藏编号。每个其他保藏机构的编号均由等号“=”开头，如编号不止一个时，中间也用等号“=”连接。

5.1.7 来源历史（M）

微生物菌种资源在收藏单位之前的转移情况。收藏单位前以左指向箭头“←”开头，收藏单位之间用左指向箭头“←”连接。

5.1.8 分离人（M）

应指明该虫种最初分离人的姓名。

5.1.9 分离时间（M）

应指明该虫种的分离时间。

5.1.10 原始编号（M）

微生物菌种资源的原始分离编号。

5.1.11 分离途径（O）

说明单一株系的分离途径（如：来自植物或昆虫组织等）。

5.1.12 鉴定人（O）

宜指明该虫种的鉴定人。

5.1.13 鉴定人所在单位（O）

宜指明该虫种的鉴定人所在单位。

5.1.14 收藏时间（O）

微生物菌种资源被保藏机构收集、保存该菌株的时间。格式为 YYYYMMDD，其中 YYYY 为年，MM 为月，DD 为日。

5.1.15 原产国（M）

微生物菌种资源分离基物采集地所在国家名称。

5.1.16 采集地区（O）

宜指明该虫种的采集地行政区划，详细到县。

5.1.17 分离基物（O）

微生物菌种资源分离物质的具体名称，对于寄生或共生的宜指明分离的具体组织部位。

5.1.18 采集地生境（O）

宜描述该虫种分离基物采集具体地点的生态环境，参照《微生物菌种资源采集环境描述规范》。

5.1.19 生物危害等级（M）

病原微生物菌种资源的分类，其分类方法见《病原微生物实验室生物安全管理条例》

1：一类；

2：二类；

3：三类；

4：四类；

5：不清楚。

5.1.20 培养基编号（M）

微生物菌种最适培养基编号用 4 位数表示，具体编号参考《中国菌种目录》。如果《中国菌种目录》中不包含该培养基，应写明培养基配方和制作方法。

5.1.21 分类地位（M）

伞滑刃线虫属于线虫门 Nematoda、侧尾腺口纲 Secernentea、滑刃目 Aphelenchida、滑刃超科 Aphelenchoidoidea、滑刃科 Aphelenchoididae。

标明该虫种所属的门、纲、目、科、属、种/亚种/变种。

5.2 生物学特性

5.2.1 寄主（M）

注明该虫种主要寄生寄主的种类。

5.2.2 传播媒介寄主（M）

说明该虫株有无传播媒介寄主的种类及名称。

5.2.3 致病性（M）

说明该虫种（株）对目标植物的致病性强弱。致病性通常分为强、中等、弱，或用单位致死率表示。

5.2.4 应用范围（O）

主要表明虫种应用的适宜范围。

5.3 形态学

主要描述虫种的各种发育阶段的形态特征，特别注明该种的标准形态，量度的大小，雌虫阴门盖有无。

5.3.1 形态描述（M）

描述成虫的形态特征，特别注明该种的标准形态，量度的大小。L＝虫体全长（mm、μm）；a＝体长/最大体宽；c＝体长/尾长（肛门或泄殖腔至尾端）；V＝阴门至头顶距离×100/体长；T＝泄殖腔至精巢最前端距离×100/体长。

5.3.2 交合刺的形态结构（M）

说明该虫种交合刺的形态结构。

5.3.3 雌虫阴门盖（O）

说明该虫种雌虫有无阴门盖。

5.4 其他特性（O）

4.4.1 生化与分子生物学特征

说明该虫种（株）相关阶段已测定的特异蛋白条带及分子量和ITS序列等。

4.4.2 其他

主要包括前述的各种生物学性状无法涵盖的一些某个虫种所具有的指征性的生物学特性。

附表1　　伞滑刃属线虫虫种资源描述表

描述日期：　　年　　月　　日

基本信息			
学名		中文名称	
资源归类编码		虫株保藏编号	
其他保藏机构编号		来源历史	
分离人		分离时间	
原始编号		分离途径及方式	
鉴定人		鉴定人所在单位	
收藏时间		原产国或地区	
采集地区		分离基物	
采集地生境		生物危害等级	
培养基		模式虫株	
分类地位		寄主植物	
生物学特性			
植物宿主		传播媒介	
传播方式和途径		致病性	
应用范围			
形态学			
生活史		L值	
a值		c值	
雌虫的V值		st值	
雌虫阴门盖有无		雄虫的交合刺长度	
雄虫交合刺端部类型			
其他特性			
生化与分子生物学特征		其他	

球虫虫种资源描述规范

前　言

球虫是属于顶复器门（Apicomplexa）、孢子虫纲（Sporozoasida）、球虫亚纲（Coccidiasina）、真球虫目（Eucoccidiorida）、艾美耳科（Eimeridae）的原虫。自1677年列文虎克发现兔的肝球虫以来，迄今已发现对人类、家畜、家禽具有重要意义的球虫主要有4个属，即艾美耳属（*Eimeria*）、等孢属（*Isospora*）、泰泽属（*Tyzzeria*）、温扬属（*Wennyonella*）。

球虫病是畜牧生产中最重要的，也是最常见的一类原虫病，在自然界中分布广泛，可引起大批动物的发病和死亡，从而给畜牧业造成巨大的经济损失。各种动物的不同种球虫的寄生部位、潜在期和裂殖生殖代数各不相同，但球虫生活史的基本过程是相同的，都包括孢子生殖（sporogony）、裂殖生殖（schizogony 或 merogony）和配子生殖（gametogony）三个阶段。

目前，国际卫生组织未将球虫病列入《国际动物卫生法典》中，我国相关部门颁布的规程中将部分球虫病列入二类动物疫病中，如：鸡球虫病、兔球虫病等。球虫病的经典诊断方法是镜检虫体，分子生物学技术和免疫学技术也陆续被用于球虫病的诊断中。

制定本规范是为了规范球虫虫种资源描述，便于球虫虫种资源的收集、保藏、鉴定、评价、研究，有效整理球虫虫种资源，促进球虫虫种资源信息化，实现资源的高效共享，并为有效控制致病性球虫的危害奠定基础。

球虫虫种资源描述规范

1 范围

本规范规定了球虫虫种资源的定义、描述及其分级规范。

本规范适用于球虫虫种资源的收集、整理和保存，以及数据库和信息共享网络系统的建立。

2 规范性引用文件

下列文件中的条款通过本规范的引用而成为本规范的条款。凡是注明日期的引用文件，其随后所有的修改（不包括勘误的内容）或修订版均不适用于本规范，然而，鼓励根据本规范达成协议的各方研究可使用这些文件的最新版本。凡是不注明日期的引用文件，其最新版本适用于本规范。

国务院令第 424 号《病原微生物实验室生物安全管理条例》；

GB 19489　实验室生物安全通用要求。

3 术语与定义

下列术语和定义适用于本规范。

3.1　球虫 Coccidia

球虫是指顶复器门孢子虫纲真球虫目艾美耳科的原虫。本规范中主要是指具有致病性的球虫。

3.2　球虫虫种资源 Coccidia resources

球虫虫种资源指可培养的有一定科学意义、具有实际或潜在实用价值的球虫虫种及相关的信息数据。

3.3　未孢子化卵囊 Unsporutated oocyst

未孢子化卵囊指细胞内充满着细胞质团，没有形成囊体，可随动物的上皮细胞破裂，进入肠腔，随粪便排到外界，不具有感染能力的卵囊。

3.4　孢子化卵囊 Sporutated oocyst

孢子化卵囊指细胞的细胞质团分裂成孢子囊，每个孢子囊内再形成子孢子，或直接分裂成子孢子，具有感染能力的卵囊。

3.5　孢子生殖 Sporogony

孢子生殖是指随动物粪便排到外界环境中的未孢子化卵囊，在适宜的温度、湿度及有氧条件下发育成孢子化卵囊的过程。

4 要求

4.1 描述要求

——描述内容应清楚、准确，力求完整；

——要充分考虑该虫株的最新研究进展；

——能被微生物专业人员理解。

4.2 描述要素

描述要素分为2类：

——M：为必备要素，必须描述的要素；

——O：为可选要素，其描述与否视具体虫株而定。

5 描述内容

5.1 基本信息

5.1.1 平台资源号（M）

国家自然科技资源e-平台统一生成的资源编号，平台资源号长度为18位，前9位是资源单位编号，后9位是流水号，参见《微生物菌种资源共性描述规范》。

5.1.2 学名（M）

应指明该虫株的完整科学名称。

5.1.3 中文名称（M）

应指明该虫株的中文名称（如有别名，可在括号中注明）。尚无中文译名时，填写“暂无”。

5.1.4 资源归类编码（M）

应指明该虫株的资源归类编码，参见《微生物菌种资源分类编码体系》。

5.1.5 虫株保藏编号（M）

应指明该虫株在专业保藏机构的保藏编号，保藏编号由前缀和虫株编号两部分组成。前缀为保藏机构英文名称的缩写，前缀和虫株编号之间应留半角空格。

5.1.6 其他保藏机构编号（O）

宜指明该虫株在其他菌种保藏机构的虫株保藏编号。每个其他保藏机构的编号均由等号“=”开头，如编号不止一个时，中间也用等号“=”连接。

5.1.7 来源历史（M）

应指明得到该虫株的途径。如虫株转移经过多个保藏机构，则保藏机构之间用一个左指向的箭头“←”连接。

5.1.8 分离人（M）

应指明该虫株最初分离人的姓名。

5.1.9 分离时间（M）

应指明该虫株的分离时间。

5.1.10 原始编号（M）

应指明该虫株最初分离编号。

5.1.11 分离途径及方式（O）

说明单一种的分离途径（如：来自血液、组织、淋巴结、病灶、分泌物或粪便等）、分离方式（如：利用潜隐期、不同的媒介等）和分离纯化方法（如：漂浮法、沉淀法、单卵囊分离法等）。

5.1.12　鉴定人（O）

宜指明该虫株的鉴定人。

5.1.13　鉴定人所在单位（O）

宜指明该虫株的鉴定人所在单位。

5.1.14　收藏时间（O）

宜指明保藏机构收集、保存该虫株的时间。

5.1.15　原产国或地区（M）

应指明该虫株分离基物采集地所在国家或地区名称。

5.1.16　采集地区（O）

宜指明该虫株的采集地行政区划，详细到县。

5.1.17　分离基物（O）

应指明具体的分离基物名称。

5.1.18　采集地生境（O）

应描述该虫株分离基物采集具体地点的生态环境，参照《微生物菌种资源采集环境描述规范》。

5.1.19　生物危害等级（M）

应指明该虫株的生物危害等级归类，参照《病原微生物实验室生物安全管理条例》。

5.1.20　培养基（O）

应参照《中国菌种目录》指明该虫株的培养基编号，如《中国菌种目录》没有收录该培养基，应给出配方及制作方法。

5.1.21　模式虫株（M）

凡是模式虫株应予指明。

5.1.22　分类地位（M）

标明该虫种所属的门、纲、目、科、属、种/亚种/变种。

5.2　生物学特性

5.2.1　致病宿主（M）

注明该虫种的主要寄生宿主和保虫宿主的种类。

5.2.2　传播媒介或中间宿主或贮藏宿主（M）

说明该虫种有无传播媒介、中间宿主、贮藏宿主，并注明传播媒介、中间宿主、贮藏宿主的种类、名称。

5.2.3　传播方式和途径（M）

阐明传播媒介和中间宿主以何种方式传递该病原，传播媒介和中间宿主在哪个世代和发育阶段传播病原。

5.2.4　潜隐期（O）

标明感染至排虫的最短时间。

5.2.5　寄生部位（M）

说明该虫种寄生在脊椎动物宿主的何种器官、何种组织、何种细胞。

5.2.6 寄生物血症或感染状况（O）

指出寄生物血症或感染率的数值范围和通常值。

5.2.7 带（荷）虫期（M）

说明该虫体在脊椎动物宿主体内的存留时间区间。

5.2.8 病原性（M）

表明该虫种对脊椎宿主动物有或无致病。

5.2.9 临床症状（M）

主要阐述该虫种对脊椎宿主动物的标志性临床症状，特别是在种的分类上具有特征性的症状。

5.2.10 繁殖动物（M）

阐明该虫种复壮繁殖所需的实验动物种类，同时阐明繁殖代数、保存条件、病原活性维持时间。

5.2.11 致病性（M）

说明该虫种（株）对目标宿主的致病性强弱。致病性通常分为强、中等、弱。

5.2.12 应用范围（O）

主要表明虫种应用的适宜范围（包括分类、研究、教学、分析检测、生产等）。

5.3 形态学

主要描述虫种的各种发育阶段的形态特征，特别注明该种的标准形态，各发育阶段量度的大小，有无裂殖体形成。

5.3.1 生活史（M）

阐述该种的发育过程（裂体生殖、配子生殖、孢子生殖、有性生殖、无性生殖或有无孢子体生成、有无裂殖体生成等）。

5.3.2 形态描述（M）

根据5.3.1内容，描述各阶段的形态特征，特别注明该种的标准形态，量度的大小，有无裂殖体形成。

5.3.3 卵囊（M）

说明该虫种卵囊的形态特征，包括卵囊的外形、大小、形状指数、色泽、外膜，有无卵膜孔、卵囊残体、极帽和极粒。

5.3.4 孢子囊（M）

说明该虫种孢子囊数目、大小和外形，孢子囊上是否有斯氏体，有无孢子囊残体和孢子囊残体形态。

5.3.5 子孢子（M）

说明该虫种子孢子数目、大小和形态。

5.3.6 包囊（M）

说明该虫种有无包囊形成，以及包囊的形态。

5.4 其他特性（O）

5.4.1 生化与分子生物学特征

说明该虫种（株）相关阶段已测定的同工酶酶谱、特异蛋白条带及分子量、18S rDNA序列等。

5.4.2 其他

主要包括前述的各种生物学性状无法涵盖的一些某个虫种所具有的指征性的生物学特性（抗药性等）。

附表 1　　球虫虫种资源描述表

描述日期：　年　月　日

基本信息			
学名		中文名称	
资源归类编码		虫株保藏编号	
其他保藏机构编号		来源历史	
分离人		分离时间	
原始编号		分离途径及方式	
鉴定人		鉴定人所在单位	
收藏时间		原产国或地区	
采集地区		分离基物	
采集地生境		生物危害等级	
培养基		模式虫株	
分类地位			
生物学特性			
脊椎动物宿主		传播媒介或中间宿主或贮藏宿主	
传播方式和途径		潜隐期	
寄生部位		寄生物血症或感染情况	
带（荷）虫期		病原性	
临床症状		繁殖动物	
致病性		应用范围	
形态学			
生活史		形态描述	
卵囊		孢子囊	
子孢子		包囊	
其他特性			
生化与分子生物学特征		其他	

十、附　录

微生物菌种资源分级归类编码体系

前　　言

由于微生物的中文名称不统一，即一个学名往往有不同的中文翻译，本编码体系中每个微生物菌种资源均只给出一个中文名称，因此在使用过程中尽量以学名（拉丁名）为准。针对微生物菌种资源的特殊性，微生物菌种资源编码体系中“小类”及“一级”分类分级的划分，是在实用性和现在微生物菌种资源的保藏管理的基础上编写制定的，同时兼顾系统分类学。

微生物菌种资源分级归类编码体系

大类	代码	小类	代码	一级	代码	二级	代码	三级	代码	代码全称
微生物菌种资源	15	古菌	11	广古菌	11	盐杆菌科(Halobacteriaceae)	11	盐杆菌属(*Halobacterium*)	101	15111111101
								盐盒菌属(*Haloarcula*)	102	15111111102
								盐球菌属(*Halococcus*)	103	15111111103
								富盐菌属(*Haloferax*)	104	15111111104
								盐红菌属(*Halorubrum*)	105	15111111105
								无色嗜盐菌属(*Natrialba*)	106	15111111106
								嗜盐碱杆菌属(*Natronobacterium*)	107	15111111107
								嗜盐碱球菌属(*Natronococcus*)	108	15111111108
								嗜盐碱单胞菌属(*Natronomonas*)	109	15111111109
								Halobiforma	110	15111111110
								盐栖菌属(*Haloterrigena*)	111	15111111111
								钠线菌属(*Natrinema*)	112	15111111112
						甲烷杆菌科(Methanobacteriaceae)	12	甲烷杆菌属(*Methanobacterium*)	101	15111112101
						热球菌科(Thermococcaceae)	13	热球菌属(*Pyrococcus*)	101	15111113101
				泉古菌	13	硫化叶菌科(Sulfolobaceae)	11	硫化叶菌属(*Sulfolobus*)	101	15111311101
		细菌	13	变形菌	11	醋杆菌科(Acetobacteraceae)	11	醋杆菌属(*Acetobacter*)	101	15131111101
								嗜酸菌属(*Acidiphilium*)	102	15131111102
								酸球状菌属(*Acidisphaera*)	103	15131111103
								酸胞菌属(*Acidocella*)	104	15131111104
								酸单胞菌属(*Acidomonas*)	105	15131111105
								脆弱球菌属(*Craurococcus*)	106	15131111106
								葡糖酸醋酸杆菌属(*Gluconoacetobacter*)	107	15131111107
								葡糖杆菌属(*Gluconobacter*)	108	15131111108
								红球形菌属(*Rhodopila*)	109	15131111109
								葡糖酸醋杆菌属(*Gluconacetobacter*)	110	15131111110
						产碱杆菌科(Alcaligenaceae)	12	产碱杆菌属(*Alcaligenes*)	101	15131112101
								无色杆菌属(*Achromobacter*)	102	15131112102
								鲍特氏菌属(*Bordetella*)	103	15131112103

（续表）

大类	代码	小类	代码	一级	代码	二级	代码	三级	代码	代码全称
微生物菌种资源	15	细菌	13	变形菌	11	从毛单胞菌科(Comamonadaceae)	13	食酸菌属(*Acidovorax*)	101	15131113101
								贪噬菌属(*Variovorax*)	102	15131113102
								从毛单胞菌属(*Comamonas*)	103	15131113103
								戴尔福特菌属(*Delftia*)	104	15131113104
								(*Diaphorobacter*)	105	15131113105
						莫拉氏菌科(Moraxellaceae)	14	莫拉氏菌属(*Moraxella*)	101	15131114101
								不动杆菌属(*Acinetobacter*)	102	15131114102
								Branhamella	103	15131114103
								嗜冷菌属(*Psychrobacter*)	104	15131114104
						交替单胞菌科(Alteromonadaceae)	15	交替单胞菌属(*Alteromonas*)	101	15131115101
								假交替单胞菌属(*Pseudoalteromonas*)	102	15131115102
								海杆状菌菌属(*Marinobacter*)	103	15131115103
								希瓦氏菌属(*Shewanella*)	104	15131115104
						气单胞菌科(Aeromonadaceae)	16	气单胞菌属(*Aeromonas*)	101	15131116101
						拜叶林克氏菌科(Beijerinckiaceae)	17	拜叶林克氏菌属(*Beijerinckia*)	101	15131117101
						生丝微菌科(Hyphomicrobiaceae)	18	杆菌属(*Ancylobacter*)	101	15131118101
								绿芽菌属(*Blastochloris*)	102	15131118102
								黄色杆菌属(*Xanthobacter*)	103	15131118103
								固氮根瘤菌属(*Azorhizobium*)	104	15131118104
						慢生根瘤菌科(Bradyrhizobiaceae)	19	慢生根瘤菌属(*Bradyrhizobium*)	101	15131119101
								红假单胞菌属(*Rhodopseudomonas*)	102	15131119102
								硝化杆菌属(*Nitrobacter*)	103	15131119103
						柄杆菌科(Caulobacteriaceae)	20	柄杆菌属(*Caulobacter*)	101	15131120101
								短波单胞杆菌属(*Brevundimonas*)	102	15131120102
								不粘杆菌属(*Asticcacaulis*)	103	15131120103
						伯克霍尔德氏菌科(Burkholderiaceae)	21	伯克霍尔德氏菌属(*Burkholderia*)	101	15131121101
						肠杆菌科(Enterobacteriaceae)	22	埃希氏菌属(*Escherichia*)	101	15131122101
								布丘氏菌属(*Buttiauxella*)	102	15131122102
								柠檬酸杆菌属(*Citrobacter*)	103	15131122103
								爱德华氏菌属(*Edwardsiella*)	104	15131122104
								肠杆菌属(*Enterobacter*)	105	15131122105

（续表）

大类	代码	小类	代码	一级	代码	二级	代码	三级	代码	代码全称
微生物菌种资源	15	细菌	13	变形菌	11	肠杆菌科(Enterobacteriaceae)	22	欧文氏菌属(*Erwinia*)	106	15131122106
								哈夫尼菌属(*Hafnia*)	107	15131122107
								克雷伯氏菌属(*Klebsiella*)	108	15131122108
								泛菌属(*Pantoea*)	109	15131122109
								邻单胞菌属(*Plesiomonas*)	110	15131122110
								变形菌属(*Proteus*)	111	15131122111
								普罗威登斯菌属(*Providencia*)	112	15131122112
								沙门氏菌属(*Salmonella*)	113	15131122113
								沙雷氏菌属(*Serratia*)	114	15131122114
								志贺氏菌属(*Shigella*)	115	15131122115
								致病杆菌属(*Xenorhabdus*)	116	15131122116
								耶尔森氏菌属(*Yersinia*)	117	15131122117
								摩根氏菌属(*Morganella*)	118	15131122118
						毛螺菌科(Lachnospiraceae)	23	丁酸弧菌属(*Butyrivibrio*)	101	15131123101
								粪球菌属(*Coprococcus*)	102	15131123102
						奈氏球菌科(Neisseriaceae)	24	奈瑟氏球菌属(*Neisseria*)	101	15131124101
								水螺菌属(*Aquaspirillum*)	102	15131124102
								链状球菌属(*Catenococcus*)	103	15131124103
								棍状杆菌属(*Clavibacter*)	104	15131124104
								紫色小杆菌属(*Iodobacter*)	105	15131124105
						黄杆菌科(Flavobacteriaccac)	25	黄杆菌属(*Flavobacterium*)	101	15131125101
								Salegentibacter	102	15131125102
						屈挠杆菌科(Flexibacteriaceae)	26	屈挠杆菌属(*Flexibacter*)	101	15131126101
								圆杆菌属(*Cyclobacterium*)	102	15131126102
								嗜纤维菌属(*Cytophaga*)	103	15131126103
								弯杆菌属(*Flectobacillus*)	104	15131126104
								螺状菌属(*Spirosoma*)	105	15131126105
						黄单胞菌科(Xanthomonadaceae)	27	黄单胞菌属(*Xanthomonas*)	101	15131127101
								弗拉特氏菌属(*Frateuria*)	102	15131127102
								寡养单胞菌属(*Stenotrophomonas*)	103	15131127103
								藤黄单孢菌属(*Luteimonas*)	104	15131127104

（续表）

大类	代码	小类	代码	一级	代码	二级	代码	三级	代码	代码全称
微生物菌种资源	15	细菌	13	变形菌	11	巴斯德氏菌科(Pasteurellaceae)	28	巴斯德氏菌属(*Pasteurella*)	101	15131128101
								节杆菌属(*Arthrobacter*)	102	15131128102
								紫色杆菌属(*Janthinobacterium*)	103	15131128103
								放线杆菌属(*Actinobacillus*)	104	15131128104
						弧菌科(Vibrionaceae)	29	弧菌属(*Vibrio*)	101	15131129101
								盐弧菌属(*Halovibrio*)	102	15131129102
								斯顿氏菌属(*Listonella*)	103	15131129103
								发光菌属(*Photobacterium*)	104	15131129104
								盐弧菌属(*Salinivibrio*)	105	15131129105
						海洋螺菌科(Oceanospirillaceae)	30	海洋螺菌属(*Oceanospirillum*)	101	15131130101
								海螺菌属(*Marinospirillum*)	102	15131130102
						布鲁氏杆菌科(Brucellaceae)	31	中间根瘤菌属(*Mesorhizobium*)	101	15131131101
								枝动菌属(*Mycoplana*)	102	15131131102
								苍白杆菌属(*Ochrobactrum*)	103	15131131103
								枝面菌属(*Mycoplana*)	104	15131131104
								布鲁氏杆菌属(*Brucella*)	105	15131131105
						甲基杆菌科(Methylobacteriaceae)	32	甲基杆菌属(*Methylobacterium*)	101	15131132101
								玫瑰单胞菌属(*Roseomonas*)	102	15131132102
						分枝杆菌科(Mycobacteriaceae)	33	分枝杆菌属(*Mycobacterium*)	101	15131533101
						假单胞菌科(Pseudomonadaceae)	34	假单胞菌属(*Pseudomonas*)	101	15131134101
								嗜氮根瘤菌属(*Azorhizophilus*)	102	15131134102
								固氮菌属(*Azotobacter*)	103	15131134103
								根杆菌属(*Rhizobacter*)	104	15131134104
						红细菌科(Rhodobacteraceae)	35	红细菌属(*Rhodobacter*)	101	15131135101
								副球菌属(*Paracoccus*)	102	15131135102
								小红卵菌属(*Rhodovulum*)	103	15131135103
								鲁杰氏菌属(*Ruegeria*)	104	15131135104
								斯塔普氏菌属(*Stappia*)	105	15131135105
						红螺菌科(Rhodospirillaceae)	36	固氮螺菌属(*Azospirillum*)	101	15131136101
								红篓菌属(*Rhodocista*)	102	15131136102

（续表）

大类	代码	小类	代码	一级	代码	二级	代码	三级	代码	代码全称
微生物菌种资源	15	细菌	13	变形菌	11	根瘤菌科(Rhizobiaceae)	37	根瘤菌属(*Rhizobium*)	101	15131137101
								土壤杆菌属(*Agrobacterium*)	102	15131137102
								嗜碳杆菌属(*Carbophilus*)	103	15131137103
								中华根瘤菌属(*Sinorhizobium*)	104	15131137104
						嗜氢菌科(Hydrogenophilaceae)	38	硫杆菌属(*Thiobacillus*)	101	15131138101
						鞘氨醇单胞菌科(Sphingomonadaceae)	39	发酵单胞菌属(*Zymomonas*)	101	15131139101
								Novosphingobium	102	15131139102
								鞘氨醇单胞菌属(*Sphingomonas*)	103	15131139103
						弗郎西斯氏菌科(Francisellaceae)	40	弗郎西斯氏菌属(*Francisella*)	101	15131140101
						军团菌科(Legionellaceae)	41	军团菌属(*Legionella*)	101	15131141101
						罗尔斯通氏菌科(Rstoniaceae)	42	罗尔斯通氏菌属(*Ralstonia*)	101	15131142101
						盐单胞菌科(Halomonadaceae)	43	盐单胞菌属(*Halomonas*)	101	15131143101
								色盐杆菌属(*Chromohalobacter*)	102	15131143102
								食烷菌属(*ALcanivorax*)	103	15131143103
								发酵杆菌属(*Zymobacter*)	104	15131143104
						分类地位未定	44	醋厌氧菌属(*Acetoanaerobium*)	101	15131144101
						弯曲杆菌科(Campylobacteraceae)	45	弯曲杆菌属(*Campylobacter*)	101	15131145101
						叶瘤菌科(Phyllobacteriaceae)	46	茎瘤菌属(*ALlorhizobium*)	101	15131146101
						脱硫杆菌科(Desulfobacteraceae)	47	脱硫杆状菌属(*Desulfobacterium*)	101	15131147101
						脱硫微菌科(Desulfomicrobiaceae)	48	脱硫微菌属(*Desulfomicrobiumv*)	101	15131148101
						硫还原弧菌科(Desulfovibrionaceae)	49	硫还原弧菌属(*Desulfovibrio*)	101	15131149101
						巴斯德氏菌科(Pasteuressaceae)	50	嗜血菌属(*Haemophilus*)	101	15131150101
						红菌科(Rhodobiaceae)	51	红菌属(*Rhodobium*)	101	15131151101
						红螺菌科(Rhodospirillaceae)	52	红螺菌属(*Rhodospirillum*)	101	15131152101
						考克斯氏体科(Coxiellaceae)	53	考克斯氏体属(*Coxiella*)	101	15131153101
				芽孢菌	13	芽孢杆菌科(Bacillaceae)	11	芽孢杆菌属(*Bacillus*)	101	15131311101
								微小杆菌属(*Exiguobacterium*)	102	15131311102
								土芽孢杆菌属(*Geobacillus*)	103	15131311103
								喜盐芽孢杆菌属(*Halobacillus*)	104	15131311104
								解脲芽孢杆菌属(*Ureibacillus*)	105	15131311105

（续表）

大类	代码	小类	代码	一级	代码	二级	代码	三级	代码	代码全称
微生物菌种资源	15	细菌	13	芽孢菌	13	芽孢杆菌科(Bacillaceae)	11	枝芽孢菌属(*Virgibacillus*)	106	15131311106
								Filobacillus	107	15131311107
								Tenuibacillus	108	15131311108
								糖球菌属(*Gracilibacillus*)	109	15131311109
								Marinibacillus	109	15131311109
								Salinibacillus	110	15131311110
						环脂酸芽孢杆菌科(Alicyclobacillaceae)	12	环脂酸芽孢杆菌属(*Alicyclobacillus*)	101	15131312101
						类芽孢杆菌科(Paenibacillaceae)	13	类芽孢杆菌属(*Paenibacillus*)	101	15131313101
								解硫胺素杆菌属(*Aneurinibacillus*)	102	15131313102
								短芽孢杆菌属(*Brevibacillus*)	103	15131313103
						芽孢乳杆菌科(Sporolactobacillaceae)	14	芽孢乳杆菌属(*Sporolactobacillus*)	101	15131314101
								Marinococcus	102	15131314102
						葡萄球菌科(Staphylococcaceae)	15	葡萄球菌属(*Staphylococcus*)	101	15131315101
						气球菌科(Aerococcaceae)	16	气球菌属(*Aerococcus*)	101	15131316101
								乏养菌属(*Abiotrophia*)	102	15131316102
								格鲁比卡氏菌属(*Globicatella*)	103	15131316103
						明串珠菌科(Leuconostocaceae)	17	明串珠菌属(*Leuconostoc*)	101	15131317101
								魏斯氏菌属(*Weissella*)	102	15131317102
						肠球菌科(Enterococcaceae)	18	四联球菌属(*Tetragenococcus*)	101	15131318101
								肠球菌属(*Enterococcus*)	102	15131318102
						乳酸杆菌科(Lactobacillaceae)	19	乳酸杆菌属(*Lactobacillus*)	101	15131319101
								片球菌属(*Pediococcus*)	102	15131319102
						李斯特氏菌科(Listeriaceae)	20	盐水球菌属(*Salinicoccus*)	101	15131320101
								李斯特氏菌属(*Listeria*)	102	15131320102
						肉杆菌科(Carnobacteriaceae)	21	德库菌属(*Desemzia*)	101	15131321101
						链球菌科(Streptococcaceae)	22	链球菌属(*Streptococcus*)	101	15131322101
								乳球菌属(*Lactococcus*)	102	15131322102
						Planococcaceae	23	*Planomicrobium*	101	15131323101
						动球菌科(Planococcaceae)	24	动球菌属(*Planococcus*)	101	15131324101
								芽孢八叠球菌属(*Sporosarcina*)	102	15131324102

（续表）

大类	代码	小类	代码	一级	代码	二级	代码	三级	代码	代码全称
微生物菌种资源	15	细菌	13	放线菌	15	间孢囊菌科（Intrasporangiaceae）	11	地杆菌属（*Terrabacter*）	101	15131511101
						原小单孢菌科（Promicromonosporaceae）	12	原小单孢菌属（*Promicromonospora*）	101	15131512101
						诺卡氏菌科（Nocardiaceae）	13	诺卡氏菌属（*Nocardia*）	101	15131513101
								红球菌属（*Rhodococcus*）	102	15131513102
								小多孢菌属（*Micropolyspora*）	103	15131513103
						类诺卡氏菌科（Nocardioidaceae）	14	类诺卡氏菌属（*Nocardioides*）	101	15131514101
								脂肪杆菌属（*Pimelobacter*）	102	15131514102
						拟诺卡氏菌科（Nocardiopsaceae）	15	拟诺卡氏菌属（*Nocardiopsis*）	101	15131515101
						链孢囊菌科（Streptosporangiaceae）	16	链孢囊菌属（*Streptosporangium*）	101	15131516101
								小双孢菌属（*Microbispora*）	102	15131516102
								小四孢菌属（*Microtetraspora*）	103	15131516103
								野野村氏菌属（*Nonomuria*）	104	15131516104
								游动单孢菌属（*Planomonospora*）	105	15131516105
								游动多孢菌属（*Planopolyspora*）	106	15131516106
								游动双孢菌属（*Planobispora*）	107	15131516107
						链霉菌科（Streptomycetaceae）	17	链霉菌属（*Streptomyces*）	101	15131517101
								北里孢菌属（*Kitasatospora*）	102	15131517102
								小链孢菌属（*Microstreptospora*）	103	15131517103
								孢器放线菌属（*Actinopycnidium*）	104	15131517104
								孢囊放线菌属（*Actinosporangium*）	105	15131517105
								钦氏菌属（*Chainia*）	106	15131517106
								链轮枝菌属（*Streptoverticillium*）	107	15131517107
								嗜酸链霉菌属（*Streptacidiphilus*）	108	15131517108
								类链霉菌属（*Streptomycoides*）	109	15131517109
						微球菌科（Micrococcaceae）	18	节杆菌属（*Arthrobacter*）	101	15131518101
								考克氏菌属（*Kocuria*）	102	15131518102
								涅斯捷连科氏菌属（*Nesterenkonia*）	103	15131518103
								罗斯氏菌属（*Rothia*）	104	15131518104
								微球菌属（*Micrococcus*）	105	15131518104
						地嗜皮菌科（Geodermatophilaceae）	19	芽球菌属（*Blastococcus*）	101	15131519101
						戈登氏菌科（Gordoniaceae）	20	戈登氏菌属（*Gordona*）	101	15131520101

（续表）

大类	代码	小类	代码	一级	代码	二级	代码	三级	代码	代码全称
微生物菌种资源	15	细菌	13	放线菌	15	糖霉菌科(Glycomycetaceae)	21	糖霉菌属(*Glycomyces*)	101	15131521101
						嗜皮菌科(Dermatophilaceae)	22	嗜皮菌属(*Dermatophilus*)	101	15131522101
						动孢囊菌科(Kineosporiaceae)	23	隐孢菌属(*Cryptosporangium*)	101	15131523101
						小单孢菌科(Micromonosporaceae)	24	小单孢菌属(*Micromonospora*)	101	15131524101
								游动放线菌属(*Actinoplanes*)	102	15131524102
								链孢菌属(*Catellatospora*)	103	15131524103
								放线菌属(*Dactylosporangium*)	104	15131524104
								地嗜皮菌属(*Geodermatophilus*)	105	15131524105
						纤维单胞菌科(Cellulomonadaceae)	25	纤维单胞菌属(*Cellulomonas*)	101	15131525101
								厄氏菌属(*Oerskovia*)	102	15131525102
						微杆菌科(Microbacteriaceae)	26	微杆菌属(*Microbacterium*)	101	15131526101
								金杆菌属(*Aureobacterium*)	102	15131526102
								棍状杆菌属(*Clavibacter*)	103	15131526103
								冷杆菌属(*Cryobacterium*)	104	15131526104
								短小杆菌属(*Curtobacterium*)	105	15131526105
								Agromyces	106	15131526106
						双歧杆菌科(Bifidobacteriaceae)	27	双歧杆菌属(*Bifidobacterium*)	101	15131527101
								Parascardovia	102	15131527102
								Scardovia	103	15131527103
						束丝放线菌科(Actinosynnemataceae)	28	束丝放线菌属(*Actinosynnema*)	101	15131528101
								伦茨氏菌属(*Lentzea*)	102	15131528102
								糖丝菌属(*Saccharothrix*)	103	15131528103
						假诺卡氏科(Pseudonocardiaceae)	29	假诺卡氏属(*Pseudonocardia*)	101	15131529101
								异壁放线菌属(*Actinoalloteichus*)	102	15131529102
								双孢放线菌属(*Actinobispora*)	103	15131529103
								放线多孢菌属(*Actinopolyspora*)	104	15131529104
								拟无枝酸菌属(*Amycolatopsis*)	105	15131529105
								克洛氏菌属(*Crossiella*)	106	15131529106
								列契瓦尼而氏菌属(*Lechevalieria*)	107	15131529107
								类无枝菌酸菌属(*Pseudoamycolata*)	108	15131529108

（续表）

大类	代码	小类	代码	一级	代码	二级	代码	三级	代码	代码全称
微生物菌种资源	15	细菌	13	放线菌	15	假诺卡氏科(Pseudonocardiaceae)	29	糖多孢菌属(*Saccharopolyspora*)	109	15131529109
								库兹勒氏菌属(*Kutzneria*)	110	15131529110
								Prauseria	111	15131529111
								布劳氏菌属(*Prauserella*)	112	15131529112
								糖单孢菌属(*Sacharomonospora*)	110	15131529110
								异壁链霉菌属(*Streptoalloteichus*)	111	15131529111
								Crossiella	112	15131529112
						短杆菌科(Brevibacteriaceae)	30	短杆菌属(*Brevibacterium*)	101	15131530101
						棒杆菌科(Corynebacteriaceae)	31	棒杆菌属(*Corynebacterium*)	101	15131531101
								乳酪杆菌属(*Caseobacter*)	102	15131531102
						高温单孢菌科(Thermomonosporaceae)	32	高温单孢菌属(*Thermomonospora*)	101	15131532101
								马杜拉放线菌属(*Actinomadura*)	102	15131532102
								无定形孢囊菌属(*Amorphosporangium*)	103	15131532103
								小瓶菌属(*Ampullariella*)	104	15131532104
						共养单胞菌科(Syntrophomonadaceae)	33	热解纤维素菌属(*Caldicellulosiruptor*)	101	15131533101
						血杆菌科(Sanguibacteraceae)	34	血杆菌属(*Sanguibacter*)	101	15131534101
						丙酸杆菌科(Propionibacteriaceae)	35	丙酸杆菌属(*Propionibacterium*)	101	15131535101
						Beutenbergiaceae	36	*Georgenia*	101	15131536101
						Promicromonosporaceae	37	*Myceligeneris*	101	15131537101
				其他类细菌	17	梭菌科(Clostridiaceae)	11	梭菌属(*Clostridium*)	101	15131711101
								醋弧菌属(*Acetivibrio*)	102	15131711102
								氨基酸杆菌属(*Acidaminobacter*)	103	15131711103
								粪芽孢菌属(*Coprobacillus*)	104	15131711104
								八叠球菌属(*Sarcina*)	105	15131711105
						真杆菌科(Eubacteriaceae)	12	真杆菌属(*Eubacterium*)	101	15131712101
								醋酸杆菌属(*Acetobacterium*)	102	15131712102
						氨基酸球菌科(Acidaminococcaceae)	13	氨基酸球菌属(*Acidaminococcus*)	101	15131713101
								巨球形菌属(*Megasphaera*)	102	15131713102
								月形单胞菌属(*Selenomonas*)	103	15131713103
								嗜发酵菌属(*Zymophilus*)	104	15131713104

（续表）

大类	代码	小类	代码	一级	代码	二级	代码	三级	代码	代码全称
微生物菌种资源	15	细菌	13	放线菌	15	拟杆菌科(Bacteroidaceae)	14	拟杆菌属(*Bacteroides*)	101	15131714101
						梭形菌科(Fusobacteriaceae)	15	梭形杆菌属(*Fusobacterium*)	101	15131715101
						消化链球菌科(Peptostreptococcaceae)	16	微单胞菌属(*Micromonas*)	101	15131716101
						鞘氨醇杆菌科(Sphingobacteriaceae)	17	鞘氨醇杆菌属(*Sphingobacterium*)	101	15131717101
								土地杆菌属(*Pedobacter*)	102	15131717102
								土地杆菌属(*Pedobacter*)	103	15131717103
						消化球菌科(Peptococcaceae)	18	厌氧弧菌属(*Anaerovibrio*)	101	15131718101
								脱硫肠状菌属(*Desulfotomaculum*)	102	15131718102
						钩端螺旋体科(Leptospiraceae)	19	纤线螺旋体属(*Leptonema*)	101	15131719101
								钩端螺旋体科(*Leptospiraceae*)	102	15131719102
						好热厌氧杆菌科(Thermoanaerobacteriaceae)	20	好热厌氧杆菌属(*Thermoanaerobacter*)	101	15131720101
						异常球菌科(Deinococcaceae)	21	异常球菌属(*Deinococcus*)	101	15131721101
						栖热袍菌科(Thermotogaceae)	22	栖热袍菌属(*Thermotoga*)	101	15131722101
						栖热菌科(Thermaceae fam. nov.)	23	栖热菌属(*Thermus*)	101	15131723101
						丹毒丝菌科(Erysipelotrichaceae)	24	丹毒丝菌属(*Erysipelothrix*)	101	15131724101
						类香味菌科(Myroidaceae)	25	*Myroides*	101	15131725101
						泉发菌科(Crenotrchaceae)	26	红嗜盐菌属(*Rhodothermus*)	101	15131726102
						浮霉状菌科(Planctomycetaceae)	27	梨形菌属(*Pirellula*)	101	15131726102
				支原体	19	支原体科(Mycoplasmataceae)	11	支原体属(*Mycoplasma*)	101	15131911101
								血虫体属(*Eperythrozoon*)	102	15131911102
								血巴尔通体属(*Haemobartonella*)	103	15131911103
								解脲脲原体属(*Ureaplasma*)	104	15131911104
				植原体	21		00		000	15132100000
				立克次氏体	23	立克次氏体科(Rickettsiaceae)	11	立克次氏体属(*Rickettsia*)	101	15132311101
						无形体科(Anaplasmataceae)	12	无形小体属(*Anaplasma*)	101	15132312101
				衣原体	25	副衣原体科(Parachlamydiaceae)	11	副衣原体属(*Parachlamydia*)	101	15132511101
						西门坎氏菌科(Simkaniaceae)	12	西门坎氏菌属(*Simkania*)	101	15132512101
						石德菌科(Waddliaceae)	13	石德菌属(*Waddlia*)	101	15132513101
				蓝细菌	27		00		000	15132700000

（续表）

大类	代码	小类	代码	一级	代码	二级	代码	三级	代码	代码全称
微生物菌种资源	15	真菌	15	酵母	11	隐球酵母菌科(Cryptococcoideae)	11	隐球酵母菌属(*Cryptococcus*)	101	15151111101
								酒香酵母属(*Brettanomyces*)	102	15151111102
								假丝酵母属(*Candida*)	103	15151111103
								克勒克酵母属(*Kloeckera*)	104	15151111104
								红冬孢酵母属(*Rhodosporidium*)	105	15151111105
								红酵母属(*Rhodotorula*)	106	15151111106
								冠孢酵母属(*Stephanoascus*)	107	15151111107
								球拟酵母属(*Torulopsis*)	108	15151111108
								丝孢酵母属(*Trichosporon*)	109	15151111109
								三角酵母属(*Trigonopsis*)	110	15151111110
						内孢霉科(Endomycetaceae)	12	内孢霉属(*Endomyces*)	101	15151112101
								拟内孢霉属(*Endomycopsis*)	102	15151112102
						酵母科(Saccharomycetaceae)	13	神食酵母属(*Ambrosiozyma*)	101	15151113101
								节束酵母属(*Arthroascus*)	102	15151113102
								棉阿舒囊霉属(*Ashbya*)	103	15151113103
								固囊酵母属(*Citeromyces*)	104	15151113104
								阿舒假囊酵母(*Crebrothecium*)	105	15151113105
								德巴利酵母属(*Debaryomyces*)	106	15151113106
								德克酵母属(*Dekkera*)	107	15151113107
								假囊酵母属(*Eremothecium*)	108	15151113108
								有孢汉逊酵母属(*Hanseniaspora*)	109	15151113109
								汉逊酵母属(*Hansenula*)	110	15151113110
								伊萨酵母属(*Issatchenkia*)	111	15151113111
								克鲁维酵母属(*Kluyveromyces*)	112	15151113112
								考克娃酵母属(*Kockovaella*)	113	15151113113
								Kuraishia	114	15151113114
								白冬孢酵母属(*Leucosporidium*)	115	15151113115
								油脂酵母属(*Lipomyces*)	116	15151113116
								路德酵母属(*Lodderomyces*)	117	15151113117
								梅奇酵母属(*Metschnikowia*)	118	15151113118
								木拉克酵母属(*Mrakia*)	119	15151113119

（续表）

大类	代码	小类	代码	一级	代码	二级	代码	三级	代码	代码全称
微生物菌种资源	15	真菌	15	酵母	11	酵母科(Saccharomycetaceae)	13	拿逊酵母属(*Nadsonia*)	120	15151113120
								榛针孢酵母属(*Nematospora*)	121	15151113121
								管囊酵母属(*Pachysolen*)	122	15151113122
								孢突酵母属(*Pachytichospora*)	123	15151113123
								法夫酵母属(*Phaffia*)	124	15151113124
								毕赤酵母属(*Pichia*)	125	15151113125
								酵母属(*Saccharomyces*)	126	15151113126
								类酵母属(*Saccharomycodes*)	127	15151113127
								复膜孢酵母属(*Saccharomycopsis*)	128	15151113128
								裂芽酵母属(*Schizoblastosporion*)	129	15151113129
								裂殖酵母属(*Schizosaccharomyces*)	130	15151113130
								许旺酵母属(*Schwanniomyces*)	131	15151113131
								合轴酵母属(*Sympodiomyces*)	132	15151113132
								Sympodiomycopsis	133	15151113133
								威克酵母属(*Wickerhamia*)	134	15151113134
								亚罗酵母属(*Yarrowia*)	135	15151113135
								季氏酵母属(*Guilliermondella*)	136	15151113136
								Kazachstania	137	15151113137
						掷孢酵母科(Sporobolomycetaceace)	14	布勒弹孢酵母属(*Bullera*)	101	15151114101
								布勒担孢酵母属(*Bulleromyces*)	102	15151114102
								担孢酵母属(*Erythrobasidium*)	103	15151114103
								克氏担孢酵母属(*Kurtzmanomyces*)	104	15151114104
								梗孢酵母属(*Sterigmatomyces*)	105	15151114105
								锁掷酵母属(*Sporidiobolus*)	106	15151114106
								掷孢酵母属(*Sporobolomyces*)	107	15151114107
								原孢酵母属(*Sporopachydermia*)	108	15151114108
						其他类酵母	15	棒孢酵母属(*Clavispora*)	101	15151115101
								芽孢酵母属(*Aciculoconidium*)	102	15151115102
								本森顿酵母属(*Bensingtonia*)	103	15151115103
								Dioszegia	104	15151115104
								Fellomyces	105	15151115105

（续表）

大类	代码	小类	代码	一级	代码	二级	代码	三级	代码	代码全称
微生物菌种资源	15	真菌	15	酵母	11	其他类酵母		地霉属(*Geotrichum*)	106	15151115106
								生丝毕赤酵母属(*Hyphopichia*)	107	15151115107
								Kondoa	108	15151115108
								Ogataea	109	15151115109
								普通变形杆菌(*Prototheca*)	110	15151115110
								Ramichloridium	111	15151115111
								Saturnospora	112	15151115112
								有孢圆酵母属(*Torulaspora*)	113	15151115113
								Udeniomyces	114	15151115114
								Wardomyces	115	15151115115
								拟威尔酵母属(*Williopsis*)	116	15151115116
								Xylogone	117	15151115117
								接合囊酵母属(*Zygoascus*)	118	15151115118
								接合酵母属(*Zygosaccharomyces*)	119	15151115119
								芽生菌属(*Blastomyces*)	120	15151115120
								锁霉属(*Itersonilia*)	121	15151115121
								拟魏克酵母属(*Wickerhamiella*)	122	15151115122
						Cephaloascaceae	16	*Cephaloascus*	101	15151116101
						Dipodascaceae	17	*Dipodascus*	101	15151117101
								Galactomyces	102	15151117102
						线黑粉菌科(Filobasidiaceae)	18	线黑粉酵母属(*Filobasidium*)	101	15151118101
						外子囊科(Taphrinaceae)	19	畸形外囊菌(*Taphrina*)	101	15151119101
						银耳科(Tremellaceae)	20	拟线黑粉酵母属(*Filobasidiella*)	101	15151120101
				接合菌	13	无梗囊霉科(Acaulosporaceae)	11	无梗囊霉(*Acaulospora*)	101	15151311101
						新月霉科(Ancylistaceae)	12	耳霉属(*Conidiobolus*)	101	15151312101
						葡萄座腔菌科(Botryosphaeriaceae)	13	小穴壳菌属(*Dothiorella*)	101	15151313101
						刺枝霉科(Chaetocladiaceae)	14	刺枝霉属(*Chaetocladium*)	101	15151314101
						笄霉科(Choanephoraceae)	15	布拉霉属(*Blakeslea*)	101	15151315101
								笄霉属(*Choanephora*)	102	15151315102
						小克银汉霉科(Cunninghamellaceae)	16	小克银汉霉属(*Cunninghamella*)	101	15151316101

（续表）

大类	代码	小类	代码	一级	代码	二级	代码	三级	代码	代码全称
微生物菌种资源	15	真菌	15	接合菌	13	吉尔霉科(Gilbertellaceae)	17	吉尔霉属(*Gilbertella*)	101	15151317101
						被孢霉科(Mortierellaceae)	18	被孢霉属(*Mortierella*)	101	15151318101
								Haplosporangium	102	15151318102
								Micromucor	103	15151318103
						毛霉科(Mucoraceae)	19	犁头霉属(*Absidia*)	101	15151319101
								放射毛霉属(*Actinomucor*)	102	15151319102
								淀粉霉属(*Amylomyces*)	103	15151319103
								卷霉属(*Circinella*)	104	15151319104
								生丝毛霉属(*Hyphomucor*)	105	15151319105
								毛霉属(*Mucor*)	106	15151319106
								须霉属(*Phycomyces*)	107	15151319107
								根毛霉属(*Rhizomucor*)	108	15151319108
								根霉属(*Rhizopus*)	109	15151319109
								接霉属(*Zygorhynchus*)	110	15151319110
								Ambomucor	111	15151319111
								霉菌(*Gongronella*)	112	15151319112
								Protomycocladus	113	15151319113
								Umbellopsis	114	15151319114
						头珠霉科(Piptocephalidaceae)	20	头珠霉属(*Piptocephalis*)	101	15151320101
						共头霉科(Syncephalastraceae)	21	共头霉属(*Syncephalastrum*)	101	15151321101
						枝霉科(Thamnidiaceae)	22	丝枝霉属(*Aphanocladium*)	101	15151322101
								巴克斯霉属(*Backusella*)	102	15151322102
								刺杖霉属(*Chaetostylum*)	103	15151322103
								卷枝霉属(*Helicostylum*)	104	15151322104
								枝霉属(*Thamnidium*)	105	15151322105
								Pirella	106	15151322106
						Kickxellaceae	23	*Coemansia*	101	15151323101
						水玉霉科(Pilobolaceae)	24	*Pilaira*	101	15151324101
				子囊菌	15	裸囊菌科(Arthrodermataceae)	11	节皮菌属(*Arthroderma*)	101	15151511101
								假裸囊菌属(*Pseudogymnoascus*)	102	15151511102
						长喙霉科(Ceratocystidaceae)	12	长喙壳属(*Ceratocystis*)	101	15151512101

（续表）

大类	代码	小类	代码	一级	代码	二级	代码	三级	代码	代码全称
微生物菌种资源	15	真菌	15	子囊菌	15	长喙壳科（Ceratostomataceae）	13	黑孢壳属（*Melanospora*）	101	15151513101
						毛壳菌科（Chaetomiaceae）	14	毛壳菌属（*Chaetomium*）	101	15151514101
								毛葡孢霉属（*Botryotrichun*）	102	15151514102
								梭孢壳属（*Thielavia*）	103	15151514103
						大团囊菌科（Elaphomycetaceae）	15	红曲霉属（*Monascus*）	101	15151515101
						肉座菌科（Hypocreaceae）	16	肉座菌属（*Hypocrea*）	101	15151516101
								柱孢霉属（*Cylindrocarpon*）	102	15151516102
								赤霉属（*Gibberella*）	103	15151516103
								多头束霉属（*Tilachlidium*）	104	15151516104
								疣孢霉（*Mycogone*）	105	15151516105
						小球腔菌科（Leptosphaeriaceae）	17	小球腔菌属（*Leptosphaeria*）	101	15151517101
						小囊菌科（Microascaceae）	18	小囊菌属（*Microascus*）	101	15151518101
								Graphium	102	15151518102
								Lophotrichus	103	15151518103
								波氏足肿菌（*Pseudallescheria*）	104	15151518104
						瓜甲团囊菌科（Onygenaceae）	19	金孢霉属（*Chrysosporium*）	101	15151519101
						多孢菌科（Pleosporaceae）	20	离蠕孢（*Bipolaris*）	101	15151520101
								旋孢腔菌属（*Cochliobolus*）	102	15151520102
								多孢菌属（*Pleospora*）	103	15151520103
								核腔菌属（*Pyrenophora*）	104	15151520104
								德斯霉菌属（*Drechslera*）	105	15151520105
								明脐霉（*Exserohilum*）	106	15151520106
								Ulocladium	107	15151520107
						核盘菌科（Sclerotiniaceae）	21	核盘菌属（*Sclerotinia*）	101	15151521101
								链核盘菌属（*Monilinia*）	102	15151521102
						粪壳菌科（Sordariaceae）	22	麻孢壳菌属（*Gelasinospora*）	101	15151522101
								粪壳菌属（*Sordaria*）	102	15151522102
								四属均隶属于丝菌属（*Chrysonilia*）	103	15151522103
								Fimetaria	104	15151522104
						荚胞腔菌科（Sporormiaceae）	23	光黑壳属（*Preussia*）	101	15151523101
								荚孢腔菌属（*Sporormia*）	102	15151523102

（续表）

大类	代码	小类	代码	一级	代码	二级	代码	三级	代码	代码全称
微生物菌种资源	15	真菌	15	子囊菌	15	发菌科(Trichocomaceae)	24	丝衣霉属(*Byssochlamys*)	101	15151524101
								泡波曲霉属(*Emericella*)	102	15151524102
								翅孢壳属(*Emericellopsis*)	103	15151524103
								正青霉属(*Eupenicillium*)	104	15151524104
								散囊菌属(*Eurotium*)	105	15151524105
								半内果菌属(*Hemicarpenteles*)	106	15151524106
								新萨托菌属(*Neosartorya*)	107	15151524107
								石座菌属(*Petromyces*)	108	15151524108
								篮状菌属(*Talaromyces*)	109	15151524109
								沃卡菌属(*Warcupiella*)	110	15151524110
						黑腐皮壳科(Valsaceae)	25	黑腐皮壳属(*Valsa*)	101	15151525101
								Endothia	102	15151525102
						鹿角菌科(Xylariaceae)	26	刺囊壳菌属(*Ascotricha*)	101	15151526101
								孔座壳菌属(*Poronia*)	102	15151526102
								轮层炭菌属(*Daldinia*)	103	15151526103
						麦角菌科(Clavicipitaceae)	27	座壳孢属(*Aschersonia*)	101	15151527101
						小丛壳科(Glomerellaceae)	28	小丛壳菌属(*Glomerella*)	101	15151528101
						巨座壳科(Magnaporthaceae)	29	禾顶囊壳属(*Gaeumannomyces*)	101	15151529101
						圆孔壳科(Amphisphaeriaceae)	30	盘单毛孢属(*Monochaetia*)	101	15151530101
								莲雾果腐病菌属(*Pestalosphaeria*)	102	15151530102
								烟色拟多毛盘孢菌(*Pestalotiopsis*)	103	15151530103
						葡萄座腔菌科(Botryosphaeriaceae)	31	葡萄座腔菌(*Botryosphaeria*)	101	15151531101
								色二孢属(*Diplodia*)	102	15151531102
								梭壳抱菌属(*Fusicoccum*)	103	15151531103
								可可毛色二孢菌(*Lasiodiplodia*)	104	15151531104
								松球壳孢菌(*Sphaeropsis*)	105	15151531105
						麦角菌科(Clavicipitaceae)	32	麦角菌属(*Claviceps*)	101	15151532101
								香柱菌属(*Epichloe*)	102	15151532102
								Tolypocladium	103	15151532103
								多毛菌属(*Hirsutella*)	104	15151532104
								Neotyphodium	105	15151532105

（续表）

大类	代码	小类	代码	一级	代码	二级	代码	三级	代码	代码全称
微生物菌种资源	15	真菌	15	子囊菌	15	大团囊科(Elaphomycetaceae)	33	*Basipetospora*	101	15151533101
						Eremascaceae	34	*Eremascus*	101	15151534101
						丹毒丝菌(Erysiphaceae)	35	小麦白粉病菌属(*Blumeria*)	101	15151535101
						Gymnoascaceae	36	裸子囊菌属(*Gymnoascus*)	101	15151536101
						Hyponectriaceae	37	囊孢壳属(*Physalospora*)	101	15151537101
						Lasiosphaeriaceae	38	*Cladorrhinum*	101	15151538101
						巨座壳科(Magnaporthaceae)	39	*Pyricularia*	101	15151539101
						Melanconidaceae	40	矩圆黑盘孢属(*Melanconis*:*Melanconium*)	101	15151540101
						球腔菌科(Mycosphaerellaceae)	41	枝孢属(*Cladosporium*)	101	15151541101
								尾孢属(*Cercospora*)	102	15151541102
								芽枝霉属(*Cladosporium*)	103	15151541103
						Myxotrichaceae	42	树粉孢属(*Oidiodendron*)	101	15151542101
						赤壳科(Nectriaceae)	43	丽赤壳属(*Calonectria*)	101	15151543101
								猩红菌属(*Nectria*)	102	15151543102
								侵脉新赤壳属(*Neocosmospora*)	103	15151543103
						长喙壳菌科(Ophiostomataceae)	44	申克孢子丝菌属(*Sporothrix*)	101	15151544101
						圆盘菌科(Orbiliaceae)	45	鞭式节丛孢属(*Arthrobotrys*)	101	15151545101
								梨形指环菌属(*Dactylaria*)	102	15151545102
								Dactylellina	103	15151545103
								Gamsylella	104	15151545104
								单顶孢霉属(*Monacrosporium*)	105	15151545105
						块菌科(Tuberaceae)	46	*Tuber*	101	15151546101
						其他	99	*Botryotrichum*	101	15151599101
								Cephaliophora	102	15151599102
								毛喙壳菌属(*Chaetoceratostoma*)	103	15151599103
								Chaetosphaeronema	104	15151599104
								葡萄白腐病菌(*Charrinia*)	105	15151599105
								Cylindrocladium	106	15151599106
								Didymobotryum	107	15151599107
								Geomyces	108	15151599108
								Gilmaniella	109	15151599109

（续表）

大类	代码	小类	代码	一级	代码	二级	代码	三级	代码	代码全称
微生物菌种资源	15	真菌	15	子囊菌	15	其他	99	*Hormiscium*	110	15151599110
								Idriella	111	15151599111
								松针褐斑病菌属(*Lecanosticta*)	112	15151599112
								黑盘孢菌属(*Melanconium*)	113	15151599113
								刺黑乌霉属(*Memnoniella*)	114	15151599114
								干朽菌属(*Merulius*)	115	15151599115
								Monotospora	116	15151599116
								多节孢属(*Nodulisporium*)	117	15151599117
								卵孢霉属(*Oospora*)	118	15151599118
								Omphalia	119	15151599119
								阜孢霉属(*Papularia*)	120	15151599120
								Periola	121	15151599121
								Pleurage	122	15151599122
								Pleiochaeta	123	15151599123
								Phymatotrichum	124	15151599124
								Sphaeronaema	125	15151599125
								Sporomega	126	15151599126
								圆酵母菌属(*Torula*)	127	15151599127
								粉红单端孢霉菌属(*Trichothecium*)	128	15151599128
								Tritirachium	129	15151599129
								Xepicula	130	15151599130
								Xepiculopsis	131	15151599131
								Yunnania	132	15151599132
								Vermispora	133	15151599133
								黑粘座孢霉属(*Verticimonosporium*)	134	15151599134
				担子菌	17	耳匙菌科(Auriscalpiaceae)	11	耳匙菌属(*Auriscalpium*)	101	15151711101
						伏革菌科(Corticiaceae)	12	伏革菌属(*Corticium*)	101	15151712101
								罗代阿太菌属(*Athelia*)	102	15151712102
								Cylindrobasidium	103	15151712103
								Grammothele	104	15151712104
								薄壳菌属(*Hyphoderma*)	105	15151712105

（续表）

大类	代码	小类	代码	一级	代码	二级	代码	三级	代码	代码全称
微生物菌种资源	15	真菌	15	担子菌	17	伏革菌科(Corticiaceae)	12	*Hyphodontia*	106	15151712106
								Resinicium	107	15151712107
								白腐菌属(*Phlebia*)	108	15151712108
						革菌科(Thelephoraceae)	13	薄膜革菌属(*Pellicularia*)	101	15151713101
								座革菌属(*Thelephora*)	102	15151713102
								平革菌属(*Phanerochaete*)	103	15151713103
						多孔菌科(Polyporaceae)	14	栓菌属(*Trametes*)	101	15151714101
								红贝菌属(*Earliella*)	102	15151714102
								菜豆属(*Phaeolus*)	103	15151714103
								棱孔菌属(*Favolus*)	104	15151714104
								层孔菌属(*Fomes*)	105	15151714105
								Cryptoporus	106	15151714106
								囊孔菌属(*Hirschioporus*)	107	15151714107
								小孔菌属(*Microporus*)	108	15151714108
								多年菌属(*Perenniporia*)	109	15151714109
						柄锈菌科(Pucciniaceae)	15	柄锈菌属(*Puccinia*)	101	15151715101
						黑粉菌科(Ustilaginaceae)	16	黑粉菌属(*Ustilago*)	101	15151716101
						原迷孔菌科(Aporpiaceae)	17	*Elmerina*	101	15151717101
						牛肝菌科(Boletaceae)	18	厚鳞条孢牛肝菌(*Boletellus*)	101	15151718101
						粉孢革菌科(Coniophoraceae)	19	*Coniophora*	101	15151719101
								层孔菌属(*Fomes*)	102	15151719102
						革菌科(Coriolaceae)	20	蜡质菌属(*Ceriporia*)	101	15151720101
								酸味菌属(*Oxyporus*)	101	15151720102
								硬孔菌属(*Rigidoporus*)	101	15151720103
						Entylomataceae	21	水稻叶黑粉菌属(*Entyloma*)	101	15151721101
						Gloeocystidiellaceae	22	*Laxitextum*	101	15151722101
						Mycenastraceae	23	*Mycenastrum*	101	15151723101
						Pterulaceae	24	*Pterula*	101	15151724101
						Schizoporaceae	25	酸味菌属(*Oxyporus*)	101	15151725101
						Steccherinaceae	26	耙齿菌属(*Irpex*)	101	15151726101
						韧革菌科(Stereaceae)	27	小脊齿脉菌属(*Lopharia*)	101	15151727101
						Tilletiariaceae	28	*Tilletiopsis*	101	15151728101

（续表）

大类	代码	小类	代码	一级	代码	二级	代码	三级	代码	代码全称
微生物菌种资源	15	真菌	15	担子菌	17	其他	99	*Sakaguchia*	101	15151799101
								锈生座孢属(*Tuberculina*)	102	15151799102
				无性型	19	黑盘孢科(Amphisphaeriaceae)	11	刺盘孢属(*Colletotrichum*)	101	15151911101
								盘长孢属(*Gloeosporium*)	102	15151911102
								盘多毛孢霉属(*Pestalotia*)	103	15151911103
								痂圆孢霉属(*Sphaceloma*)	104	15151911104
						暗梗孢科(Dematiaceae)	12	链格孢霉属(*Alternaria*)	101	15151912101
								短蠕孢霉属(*Brachysporium*)	102	15151912102
								弯孢霉属(*Curvularia*)	103	15151912103
								烟霉属(*Fumago*)	104	15151912104
								黑星孢菌属(*Fusicladium*)	105	15151912105
								腾梗孢霉属(*Gonytrichum*)	106	15151912106
								蠕孢属(*Helminthosporium*)	107	15151912107
								黑孢霉属(*Nigrospora*)	108	15151912108
								粉孢属(*Oidium*)	109	15151912109
								阜孢属(*Papularia*)	110	15151912110
								柱隔孢属(*Ramularia*)	111	15151912111
								葡萄穗霉属(*Stachybotrys*)	112	15151912112
								匍柄霉属(*Stemphylium*)	113	15151912113
								根串珠霉属(*Thielaviopsis*)	114	15151912114
						丛梗孢科(Moniliaceae)	13	顶孢霉属(*Acremonium*)	101	15151913101
								曲霉属(*Aspergillus*)	102	15151913102
								短梗霉属(*Aureobasidium*)	103	15151913103
								白僵菌属(*Beauveria*)	104	15151913104
								葡孢霉属(*Botryosporium*)	105	15151913105
								葡萄孢属(*Botrytis*)	106	15151913106
								头孢霉属(*Cephalosporium*)	107	15151913107
								长囊头孢霉属(*Doratomyces*)	108	15151913108
								梭链孢属(*Fusidium*)	109	15151913109
								粘帚霉属(*Gliocladium*)	110	15151913110
								腐质霉属(*Humicola*)	111	15151913111

（续表）

大类	代码	小类	代码	一级	代码	二级	代码	三级	代码	代码全称
微生物菌种资源	15	真菌	15	无性型	19	丛梗孢科(Moniliaceae)	13	丛梗孢属(*Monilia*)	112	15151913112
								珠头霉属(*Oedocephalum*)	113	15151913113
								拟青霉属(*Paecilomyces*)	114	15151913114
								青霉属(*Penicillium*)	115	15151913115
								瓶霉属(*Phialophora*)	116	15151913116
								梨孢属(*Piricularia*)	117	15151913117
								帚霉属(*Scopulariopsis*)	118	15151913118
								黄瘤孢属(*Sepedonium*)	119	15151913119
								侧孢霉属(*Sporotrichum*)	120	15151913120
								木霉属(*Trichoderma*)	121	15151913121
								轮枝孢属(*Verticillium*)	122	15151913122
								毁丝霉属(*Myceliophthora*)	123	15151913123
								桔霉属(*Citromyces*)	124	15151913124
								穗霉属(*Spicaria*)	125	15151913125
						球壳孢科(Sphaeropsidaceae)	14	壳二孢属(*Ascochyta*)	101	15151914101
								球二孢属(*Botryodiplodia*)	102	15151914102
								盾壳霉属(*Coniothyrium*)	103	15151914103
								壳囊孢霉属(*Cytospora*)	104	15151914104
								大茎点霉属(*Macrophoma*)	105	15151914105
								亚大茎点霉属(*Macrophomina*)	106	15151914106
								脉孢菌属(*Neurospora*)	107	15151914107
								茎点霉属(*Phoma*)	108	15151914108
								拟茎点霉属(*Phomopsis*)	109	15151914109
								叶点霉属(*Phyllosticta*)	110	15151914110
								壳三毛孢属(*Robillarda*)	111	15151914111
						束梗孢科(Stilbaceae)	15	棒束孢属(*Isaria*)	101	15151915101
								毛束霉属(*Trichurus*)	102	15151915102
						瘤座孢科(Tuberculariaceae)	16	附球菌属(*Epicoccum*)	101	15151916101
								镰孢属(*Fusarium*)	102	15151916102
								绿僵菌属(*Metarrhizium*)	103	15151916103
								漆斑菌属(*Myrothecium*)	104	15151916104

（续表）

大类	代码	小类	代码	一级	代码	二级	代码	三级	代码	代码全称
微生物菌种资源	15	真菌	15	无性型	19	其他	17	端梗孢属(*Acrophialophora*)	101	15151917101
								烟管菌属(*Bjerkandera*)	102	15151917102
								粘鞭霉属(*Gliomastix*)	103	15151917103
								透孢穗霉属(*Hyalostachybotrys*)	104	15151917104
								小盘二孢属(*Marsoniella*)	105	15151917105
								丝葚霉属(*Papulaspora*)	106	15151917106
								丝核菌属(*Rhizoctonia*)	107	15151917107
								Ceratostoma	108	15151917108
								Cerocorticium	109	15151917109
								灰笋革菌属(*Lloydella*)	110	15151917110
								丝壳菌属(*Magnusia*)	111	15151917111
								蔷薇放线孢菌属(*Marssonina*)	112	15151917112
								发网菌属(*Stemonitis*)	113	15151917113
				食用菌	21	蘑菇科(Agaricaceae)	11	蘑菇属(*Agaricus*)	101	15152111101
								鬼伞属(*Coprinus*)	102	15152111102
								环柄菇属(*Lepiota*)	103	15152111103
								白鬼伞属(*Leucocoprinus*)	104	15152111104
						鹅膏菌科(Amanitaceae)	12	鹅膏菌属(*Amanita*)	101	15152112101
						木耳科(Auriculariaceae)	13	木耳属(*Auricularia*)	101	15152113101
						粪锈伞科(Bolbitiaceae)	14	田头菇属(*Agrocybe*)	101	15152114101
						牛肝菌科(Boletaceae)	15	疣柄牛肝菌属(*Leccinum*)	101	15152115101
								松塔牛肝菌属(*Strobilomyces*)	102	15152115102
								绒盖牛肝菌属(*Xerocomus*)	103	15152115103
								牛肝菌属(*Boletus*)	104	15152115104
						鸡油菌科(Cantharellaceae)	16	鸡油菌属(*Cantharellus*)	101	15152116101
						麦角菌科(Clavicipitaceae)	17	冬虫夏草属(*Cordyceps*)	101	15152117101
						革菌科(Coriolaceae)	18	纤孔菌属(*Bjerkandera*)	101	15152118101
								拟革盖菌属(*Coriolopsis*)	102	15152118102
								革盖菌属(*Coriolus*)	103	15152118103
								迷孔菌属(*Daedalea*)	104	15152118104
								拟层孔菌属(*Fomitopsis*)	105	15152118105

（续表）

大类	代码	小类	代码	一级	代码	二级	代码	三级	代码	代码全称
微生物菌种资源	15	真菌	15	食用菌	21	革菌科(Coriolaceae)	18	彩孔菌属(*Hapalopilus*)	106	15152118106
								硫黄菌属(*Laetiporus*)	107	15152118107
								桦剥孔菌属(*Piptoporus*)	108	15152118108
								卧孔菌属(*Poria*)	109	15152118109
								栓菌属(*Trametes*)	110	15152118110
								干酪菌属(*Tyromyces*)	111	15152118111
						红褶菇科(Entolomataceae)	19	斜盖伞属(*Clitopilus*)	101	15152119101
								赤褶菌属(*Rhodophyllus*)	102	15152119102
						牛排菌科(Fistulinaceae)	20	牛排菌属(*Fistulina*)	101	15152120101
						灵芝科(Ganodermataceae)	21	乌芝属(*Amauroderma*)	101	15152121101
								灵芝属(*Ganoderma*)	102	15152121102
						铆钉菇科(Gomphidiaceae)	22	铆钉菇属(*Gomphidius*)	101	15152122101
						彩孔菌科(Hapalopilaceae)	23	顶囊孔菌属(*Climacocystis*)	101	15152123101
						猴头菌科(Hericiaceae)	24	猴头菌属(*Hericium*)	101	15152124101
						刺革菌科(Hymenochaetaceae)	25	褐孔菌属(*Fuscoporia*)	101	15152125101
								纤孔菌属(*Inonotus*)	102	15152125102
								木层孔菌属(*Phellinus*)	103	15152125103
								菜豆属(*Phaeolus*)	104	15152125104
						Lentinaceae	26	革耳属(*Panus*)	101	15152126101
						马勃科(Lycoperdaceae)	27	秃马勃属(*Calvatia*)	101	15152127101
								马勃属(*Lycoperdon*)	102	15152127102
						羊肚菌科(Morchellaceae)	28	羊肚菌属(*Morchella*)	101	15152128101
						鬼笔科(Phallaceae)	29	竹荪属(*Dictyophora*)	101	15152129101
						侧耳科(Pleurotaceae)	30	亚侧耳属(*Hohenbuehelia*)	101	15152130101
								侧耳属(*Pleurotus*)	102	15152130102
						光柄菇科(Pluteaceae)	31	小包脚菇属(*Volvariella*)	101	15152131101
						多孔菌科(Polyporaceae)	32	粘褶菌属(*Gloeophyllum*)	101	15152132101
								拟多孔菌属(*Polyporellus*)	102	15152132102
								多孔菌属(*Polyporus*)	103	15152132103
								云芝属(*Polystictus*)	104	15152132104
								假栓菌属(*Pseudotrametes*)	105	15152132105
								密孔菌属(*Pycnoporus*)	106	15152132106
								褐层孔菌属(*Pyropolyporus*)	107	15152132107
								绵皮孔菌属(*Spongipellis*)	108	15152132108

（续表）

大类	代码	小类	代码	一级	代码	二级	代码	三级	代码	代码全称
微生物菌种资源	15	真菌	15	食用菌	21	小脆柄菇科（Psathyrellaceae）	33	小脆柄菇属（*Psathyrella*）	101	15152133101
						红菇科（Russulaceae）	34	乳菇属（*Lactarius*）	101	15152134101
								Russula		
						裂褶菌科（Schizophyllaceae）	35	榆耳属（*Gloeostereum*）	101	15152135101
								奇果菌属（*Grifola*）	102	15152135102
								革褶菌属（*Lenzites*）	103	15152135103
								裂褶菌属（*Schizophyllum*）	104	15152135104
						硬皮马勃科（Sclerodermataceae）	36	硬皮马勃属（*Scleroderma*）	101	15152136101
						绣球菌科（Sparassidaceae）	37	绣球菌属（*Sparassis*）	101	15152137101
						齿耳科（Steccherinaceae）	38	齿耳菌属（*Steccherinum*）	101	15152138101
						韧革菌科（Stereaceae）	39	盘革菌属（*Aleurodiscus*）	101	15152139101
								韧革菌属（*Stereum*）	102	15152139102
						球盖菇科（Strophariaceae）	40	垂幕菇属（*Hypholoma*）	101	15152140101
								鳞伞属（*Pholiota*）	102	15152140102
								球盖菇属（*Stropharia*）	103	15152140103
								Melanotus	104	15152140104
						乳牛杆菌科（Suillaceae）	41	乳牛肝菌属（*Suillus*）	101	15152141101
						银耳科（Tremellaceae）	42	银耳属（*Tremella*）	101	15152142101
						口蘑科（Tricholomataceae）	43	假蜜环菌属（*Armillariella*）	101	15152143101
								杯伞属（*Clitocybe*）	102	15152143102
								金钱菌属（*Flammulina*）	103	15152143103
								玉蕈属（*Hypsizigus*）	104	15152143104
								香菇属（*Lentinula*）	105	15152143105
								白桩菇属（*Leucopaxillus*）	106	15152143106
								小皮伞属（*Marasmius*）	107	15152143107
								小菇属（*Mycena*）	108	15152143108
								小奥德蘑属（*Oudemansiella*）	109	15152143109
								白蚁伞属（*Termitomyces*）	110	15152143110
								口蘑属（*Tricholoma*）	111	15152143111
								Lepista	112	15152143112
								离褶伞属（*Lyophyllum*）	113	15152143113
						丝膜菌科（Cortinariaceae）		*Cortinellus*	114	15152143114
						柄革菌科（Podoscyphaceae）		*Cotylidia*	115	15152143115

（续表）

大类	代码	小类	代码	一级	代码	二级	代码	三级	代码	代码全称
微生物菌种资源	15	真菌	15	内生菌根菌	23		00		000	15152300000
				壶菌	25		00		000	15152500000
				其他	99	腐霉科	11	疫霉属(*Phytophthora*)	101	15159911101
								腐霉属(*Pythium*)	102	15159911102
		原生动物	17	原虫	11	锥虫科(Trypanosomatidae)	11	锥虫属(*Trypanosoma*)	101	15171111101
								利什曼属(*Leishmania*)	102	15171111102
						隐孢子虫科(Cryptosporidiidae)	12	隐孢子虫属(*Cryptosporidium*)	101	15171112101
						艾美耳科(Eimeriidae)	13	艾美耳属(*Eimeria*)	101	15171113101
								等孢属(*Isospora*)	102	15171113102
								泰泽属(*Tyzzeria*)	103	15171113103
								温扬属(*Wenyonella*)	104	15171113104
						住肉孢子虫科(Sarcocystidae)	14	弓形虫属(*Toxoplasma*)	101	15171114101
								住肉孢子虫属(*Sarcocystis*)	102	15171114102
						巴贝斯科(Babesiidae)	15	巴贝斯属(*Babesia*)	101	15171115101
						疟原虫科(Plasmodiidae)	16	血变虫属(*Haemoproteus*)	101	15171116101
								住白虫属(*Leucocytozoon*)	102	15171116102
								疟原虫属(*Plasmodium*)	103	15171116103
						泰勒科(Theileriidae)	17	泰勒属(*Theileria*)	101	15171117101
				粘菌	13		00		000	15171300000
				其他	99		00		000	15179900000
		微藻类	19	卵菌	11		00		000	15191100000
				其他	99		00		000	15199900000
		非细胞类	21	病毒	11	腺病毒科(Adenoviridae)	11	禽腺病毒属(*Aviadenovirus*)	101	15211111101
								哺乳动物腺病毒属(*Mastadenovirus*)	102	15211111102
						双 RNA 病毒科(Birnaviridae)	12	禽双 RNA 病毒属(*Avibirnavirus*)	101	15211112101
						冠状病毒科(Coronaviridae)	13	冠状病毒属(*Coronavirus*)	101	15211113101
						疱疹病毒科(Herpesviridae)	14	单纯疱疹病毒属(*Simplexvirus*)	101	15211114101
								疱疹病毒甲亚科(*Alphaherpesvirinae*)	102	15211114102
						正黏病毒科(Orthomyxoviridae)	15	甲型流感病毒属(*Influenzavirus A*)	101	15211115101
								乙型流感病毒属(*Influenzavirus B*)	102	15211115102
								丙型流感病毒属(*Influenzavirus C*)	103	15211115103

（续表）

大类	代码	小类	代码	一级	代码	二级	代码	三级	代码	代码全称
微生物菌种资源	15	非细胞类	21	病毒	11	副黏病毒科(Paramyxoviridae)	16	*Avalavirus*	101	15211116101
								麻疹病毒属(*Morbillivirus*)	102	15211116102
								禽肺炎病毒(*Metapneumovirus*)	103	15211116103
								副流感病毒(*Paramyxovirus*)	104	15211116104
								呼吸道合胞病毒属(*Pneumovirus*)	105	15211116105
								腮腺炎病毒属(*Rubulavirus*)	106	15211116106
						细小病毒科(Parvoviridae)	17	细小病毒属(*Parvovirus*)	101	15211117101
						黄病毒科(Flavivirdae)	18	黄热病毒属(*Flavivirus*)	101	15211118101
								丙肝病毒属(*Hepacivirus*)	102	15211118102
								瘟病毒属(*Pestivirus*)	103	15211118103
								登革病毒属(*Pestvivirus*)	104	15211118104
						微 RNA 病毒科(Picornaviridae)	19	口蹄疫病毒属(*Aphthovirus*)	101	15211119101
								肠道病毒属(*Enterovirus*)	102	15211119102
								甲肝病毒属(*Hepatovirus*)	103	15211119103
						呼肠孤病毒科(Reoviridae)	20	轮状病毒属(*Rotavirus*)	101	15211120101
								环状病毒属(*Orbivirus*)	102	15211120102
								正呼肠孤病毒属(*Orthoreovirus*)	103	15211120103
						嵌杯病毒科(Caliciviridae)	21	类戊肝病毒属(*Hepatitis E-likeviruses*)	101	15211121101
								兔病毒属(*Lagovirus*)	102	15211121102
						痘病毒科(Poxviridae)	23	禽痘病毒属(*Avipoxvirus*)	101	15211123101
								山羊痘病毒属(*Capripoxvirus*)	102	15211123102
								软疣病毒属(*Molluscipoxvirus*)	103	15211123103
								多瘤病毒属(*Polyomavirus*)	104	15211123104
								正痘病毒属(*Orthopoxvirus*)	105	15211123105
						多瘤病毒科(Polyomaviridae)	24	水痘病毒属(*Varicellovirus*)	101	15211124101
						乳头瘤病毒科(Papillomaviridae)	25	乳头瘤病毒属(*Papillomavirus*)	101	15211125101
						逆转录病毒科(Retroviridae)	26	甲型逆转录病毒属(*Alpharetrovirus*)	101	15211126101
								乙型逆转录病毒属(*Betaretroviru*)	102	15211126102
								丙型逆转录病毒属(*Gammaretrvirus*)	104	15211126104
								丁型逆转录病毒属(*Deltaretrovirus*)	103	15211126103
								慢病毒属(*Lentivirus*)	105	15211126105

（续表）

大类	代码	小类	代码	一级	代码	二级	代码	三级	代码	代码全称
微生物菌种资源	15	非细胞类	21	病毒	11	弹状病毒科（Rhabdoviridae）	27	狂犬病毒属（*Lyssavirus*）	101	15211127101
						披膜病毒科（Togaviridae）	28	甲病毒属（*Alphavirus*）	101	15211128101
								基孔肯亚病毒属（*Chikungunyavirus*）	102	15211128102
								风疹病毒属（*Rubivirus*）	103	15211128103
						动脉炎病毒科（Arteriviridae）	29	动脉炎病毒属（*Arterivirus*）	101	15211129101
						嗜肝 DNA 病毒科（Hepadnaviridae）	30	乙肝病毒属（*Hepatitis B virus*）	101	15211130101
						布尼亚病毒科（Bunyaviridae）	31	布尼亚病毒 *Bunyavirus*）	101	15211131101
								汉坦病毒属（*Hantavirus*）	102	15211131102
								内罗病毒属（*Nairovirus*）	103	15211131103
				类病毒	13		00		000	15211300000
				朊病毒	15		00		000	15211500000
				噬菌体	17		00		000	15211700000
				DNA	19		00		000	15211900000
		其他	99	线虫	11		00		000	15991100000

病原微生物实验室生物安全管理条例

病原微生物实验室生物安全管理条例

中华人民共和国国务院令第424号

（2004年11月5日经国务院第69次常务会议通过，并于2004年11月12日予以公布）

第一章　总则

第一条　为了加强病原微生物实验室（以下称实验室）生物安全管理，保护实验室工作人员和公众的健康，制定本条例。

第二条　对中华人民共和国境内的实验室及其从事实验活动的生物安全管理，适用本条例。

本条例所称病原微生物，是指能够使人或者动物致病的微生物。

本条例所称实验活动，是指实验室从事与病原微生物菌（毒）种、样本有关的研究、教学、检测、诊断等活动。

第三条　国务院卫生主管部门主管与人体健康有关的实验室及其实验活动的生物安全监督工作。

国务院兽医主管部门主管与动物有关的实验室及其实验活动的生物安全监督工作。

国务院其他有关部门在各自职责范围内负责实验室及其实验活动的生物安全管理工作。

县级以上地方人民政府及其有关部门在各自职责范围内负责实验室及其实验活动的生物安全管理工作。

第四条　国家对病原微生物实行分类管理，对实验室实行分级管理。

第五条　国家实行统一的实验室生物安全标准。实验室应当符合国家标准和要求。

第六条　实验室的设立单位及其主管部门负责实验室日常活动的管理，承担建立健全安全管理制度，检查、维护实验设施、设备，控制实验室感染的职责。

第二章　病原微生物的分类和管理

第七条　国家根据病原微生物的传染性、感染后对个体或者群体的危害程度，将病原微生物分为四类：

第一类病原微生物，是指能够引起人类或者动物非常严重疾病的微生物，以及我国尚未发现或者已经宣布消灭的微生物。

第二类病原微生物，是指能够引起人类或者动物严重疾病，比较容易直接或者间接在人与人、动物与人、动物与动物间传播的微生物。

第三类病原微生物，是指能够引起人类或者动物疾病，但一般情况下对人、动物或者环境不构成严重危害，传播风险有限，实验室感染后很少引起严重疾病，并且具备有效治疗和预防措施的微生物。

第四类病原微生物，是指在通常情况下不会引起人类或者动物疾病的微生物。

第一类、第二类病原微生物统称为高致病性病原微生物。

第八条 人间传染的病原微生物名录由国务院卫生主管部门商国务院有关部门后制定、调整并予以公布；动物间传染的病原微生物名录由国务院兽医主管部门商国务院有关部门后制定、调整并予以公布。

第九条 采集病原微生物样本应当具备下列条件：

（一）具有与采集病原微生物样本所需要的生物安全防护水平相适应的设备；

（二）具有掌握相关专业知识和操作技能的工作人员；

（三）具有有效的防止病原微生物扩散和感染的措施；

（四）具有保证病原微生物样本质量的技术方法和手段。

采集高致病性病原微生物样本的工作人员在采集过程中应当防止病原微生物扩散和感染，并对样本的来源、采集过程和方法等作详细记录。

第十条 运输高致病性病原微生物菌（毒）种或者样本，应当通过陆路运输；没有陆路通道，必须经水路运输的，可以通过水路运输；紧急情况下或者需要将高致病性病原微生物菌（毒）种或者样本运往国外的，可以通过民用航空运输。

第十一条 运输高致病性病原微生物菌（毒）种或者样本，应当具备下列条件：

（一）运输目的、高致病性病原微生物的用途和接收单位符合国务院卫生主管部门或者兽医主管部门的规定；

（二）高致病性病原微生物菌（毒）种或者样本的容器应当密封，容器或者包装材料还应当符合防水、防破损、防外泄、耐高（低）温、耐高压的要求；

（三）容器或者包装材料上应当印有国务院卫生主管部门或者兽医主管部门规定的生物危险标识、警告用语和提示用语。

运输高致病性病原微生物菌（毒）种或者样本，应当经省级以上人民政府卫生主管部门或者兽医主管部门批准。在省、自治区、直辖市行政区域内运输的，由省、自治区、直辖市人民政府卫生主管部门或者兽医主管部门批准；需要跨省、自治区、直辖市运输或者运往国外的，由出发地的省、自治区、直辖市人民政府卫生主管部门或者兽医主管部门进行初审后，分别报国务院卫生主管部门或者兽医主管部门批准。

出入境检验检疫机构在检验检疫过程中需要运输病原微生物样本的，由国务院出入境检验检疫部门批准，并同时向国务院卫生主管部门或者兽医主管部门通报。

通过民用航空运输高致病性病原微生物菌（毒）种或者样本的，除依照本条第二款、第三款规定取得批准外，还应当经国务院民用航空主管部门批准。

有关主管部门应当对申请人提交的关于运输高致性病原微生物菌（毒）种或者样本的申请材料进行审查，对符合本条第一款规定条件的，应当即时批准。

第十二条 运输高致病性病原微生物菌（毒）种或者样本，应当由不少于 2 人的专人护送，并采取相应的防护措施。

有关单位或者个人不得通过公共电（汽）车和城市铁路运输病原微生物菌（毒）种或者样本。

第十三条 需要通过铁路、公路、民用航空等公共交通工具运输高致病性病原微生物菌（毒）种或者样本的，承运单位应当凭本条例第十一条规定的批准文件予以运输。

承运单位应当与护送人共同采取措施，确保所运输的高致病性病原微生物菌（毒）种或者样本的安全，严防发生被盗、被抢、丢失、泄漏事件。

第十四条 国务院卫生主管部门或者兽医主管部门指定的菌（毒）种保藏中心或者专业实验室（以下称保藏机构），承担集中储存病原微生物菌（毒）种和样本的任务。

保藏机构应当依照国务院卫生主管部门或者兽医主管部门的规定，储存实验室送交的病原微生物菌（毒）种和样本，并向实验室提供病原微生物菌（毒）种和样本。

保藏机构应当制定严格的安全保管制度，作好病原微生物菌（毒）种和样本进出和储存的记录，建立档案制度，并指定专人负责。对高致病性病原微生物菌（毒）种和样本应当设专库或者专柜单独储存。

保藏机构储存、提供病原微生物菌（毒）种和样本，不得收取任何费用，其经费由同级财政在单位预算中予以保障。

保藏机构的管理办法由国务院卫生主管部门会同国务院兽医主管部门制定。

第十五条 保藏机构应当凭实验室依照本条例的规定取得的从事高致病性病原微生物相关实验活动的批准文件，向实验室提供高致病性病原微生物菌（毒）种和样本，并予以登记。

第十六条 实验室在相关实验活动结束后，应当依照国务院卫生主管部门或者兽医主管部门的规定，及时将病原微生物菌（毒）种和样本就地销毁或者送交保藏机构保管。

保藏机构接受实验室送交的病原微生物菌（毒）种和样本，应当予以登记，并开具接收证明。

第十七条 高致病性病原微生物菌（毒）种或者样本在运输、储存中被盗、被抢、丢失、泄漏的，承运单位、护送人、保藏机构应当采取必要的控制措施，并在2小时内分别向承运单位的主管部门、护送人所在单位和保藏机构的主管部门报告，同时向所在地的县级人民政府卫生主管部门或者兽医主管部门报告，发生被盗、被抢、丢失的，还应当向公安机关报告；接到报告的卫生主管部门或者兽医主管部门应当在2小时内向本级人民政府报告，并同时向上级人民政府卫生主管部门或者兽医主管部门和国务院卫生主管部门或者兽医主管部门报告。

县级人民政府应当在接到报告后2小时内向设区的市级人民政府或者上一级人民政府报告；设区的市级人民政府应当在接到报告后2小时内向省、自治区、直辖市人民政府报告。省、自治区、直辖市人民政府应当在接到报告后1小时内，向国务院卫生主管部门或者兽医主管部门报告。

任何单位和个人发现高致病性病原微生物菌（毒）种或者样本的容器或者包装材料，应当及时向附近的卫生主管部门或者兽医主管部门报告；接到报告的卫生主管部门或者兽医主管部门应当及时组织调查核实，并依法采取必要的控制措施。

第三章 实验室的设立与管理

第十八条 国家根据实验室对病原微生物的生物安全防护水平，并依照实验室生物安全国家标准的规定，将实验室分为一级、二级、三级、四级。

第十九条 新建、改建、扩建三级、四级实验室或者生产、进口移动式三级、四级实验室应当遵守下列规定：

（一）符合国家生物安全实验室体系规划并依法履行有关审批手续；

（二）经国务院科技主管部门审查同意；

（三）符合国家生物安全实验室建筑技术规范；

（四）依照《中华人民共和国环境影响评价法》的规定进行环境影响评价并经环境保护主管部门审查批准；

（五）生物安全防护级别与其拟从事的实验活动相适应。

前款规定所称国家生物安全实验室体系规划，由国务院投资主管部门会同国务院有关部门制定。制定国家生物安全实验室体系规划应当遵循总量控制、合理布局、资源共享的原则，并应当召开听证会或者论证会，听取公共卫生、环境保护、投资管理和实验室管理等方面专家的意见。

第二十条　三级、四级实验室应当通过实验室国家认可。

国务院认证认可监督管理部门确定的认可机构应当依照实验室生物安全国家标准以及本条例的有关规定，对三级、四级实验室进行认可；实验室通过认可的，颁发相应级别的生物安全实验室证书。证书有效期为5年。

第二十一条　一级、二级实验室不得从事高致病性病原微生物实验活动。三级、四级实验室从事高致病性病原微生物实验活动，应当具备下列条件：

（一）实验目的和拟从事的实验活动符合国务院卫生主管部门或者兽医主管部门的规定；

（二）通过实验室国家认可；

（三）具有与拟从事的实验活动相适应的工作人员；

（四）工程质量经建筑主管部门依法检测验收合格。

国务院卫生主管部门或者兽医主管部门依照各自职责对三级、四级实验室是否符合上述条件进行审查；对符合条件的，发给从事高致病性病原微生物实验活动的资格证书。

第二十二条　取得从事高致病性病原微生物实验活动资格证书的实验室，需要从事某种高致病性病原微生物或者疑似高致病性病原微生物实验活动的，应当依照国务院卫生主管部门或者兽医主管部门的规定报省级以上人民政府卫生主管部门或者兽医主管部门批准。实验活动结果以及工作情况应当向原批准部门报告。

实验室申报或者接受与高致病性病原微生物有关的科研项目，应当符合科研需要和生物安全要求，具有相应的生物安全防护水平，并经国务院卫生主管部门或者兽医主管部门同意。

第二十三条　出入境检验检疫机构、医疗卫生机构、动物防疫机构在实验室开展检测、诊断工作时，发现高致病性病原微生物或者疑似高致病性病原微生物，需要进一步从事这类高致病性病原微生物相关实验活动的，应当依照本条例的规定经批准同意，并在取得相应资格证书的实验室中进行。

专门从事检测、诊断的实验室应当严格依照国务院卫生主管部门或者兽医主管部门的规定，建立健全规章制度，保证实验室生物安全。

第二十四条　省级以上人民政府卫生主管部门或者兽医主管部门应当自收到需要从事高致病性病原微生物相关实验活动的申请之日起15日内作出是否批准的决定。

对出入境检验检疫机构为了检验检疫工作的紧急需要，申请在实验室对高致病性病原微生物或者疑似高致病性病原微生物开展进一步实验活动的，省级以上人民政府卫生主管部门或者兽医主管部门应当自收到申请之时起 2 小时内作出是否批准的决定；2 小时内未作出决定的，实验室可以从事相应的实验活动。

省级以上人民政府卫生主管部门或者兽医主管部门应当为申请人通过电报、电传、传真、电子数据交换和电子邮件等方式提出申请提供方便。

第二十五条 新建、改建或者扩建一级、二级实验室，应当向设区的市级人民政府卫生主管部门或者兽医主管部门备案。设区的市级人民政府卫生主管部门或者兽医主管部门应当每年将备案情况汇总后报省、自治区、直辖市人民政府卫生主管部门或者兽医主管部门。

第二十六条 国务院卫生主管部门和兽医主管部门应当定期汇总并互相通报实验室数量和实验室设立、分布情况，以及取得从事高致病性病原微生物实验活动资格证书的三级、四级实验室及其从事相关实验活动的情况。

第二十七条 已经建成并通过实验室国家认可的三级、四级实验室应当向所在地的县级人民政府环境保护主管部门备案。环境保护主管部门依照法律、行政法规的规定对实验室排放的废水、废气和其他废物处置情况进行监督检查。

第二十八条 对我国尚未发现或者已经宣布消灭的病原微生物，任何单位和个人未经批准不得从事相关实验活动。

为了预防、控制传染病，需要从事前款所指病原微生物相关实验活动的，应当经国务院卫生主管部门或者兽医主管部门批准，并在批准部门指定的专业实验室中进行。

第二十九条 实验室使用新技术、新方法从事高致病性病原微生物相关实验活动的，应当符合防止高致病性病原微生物扩散、保证生物安全和操作者人身安全的要求，并经国家病原微生物实验室生物安全专家委员会论证；经论证可行的，方可使用。

第三十条 需要在动物体上从事高致病性病原微生物相关实验活动的，应当在符合动物实验室生物安全国家标准的三级以上实验室进行。

第三十一条 实验室的设立单位负责实验室的生物安全管理。

实验室的设立单位应当依照本条例的规定制定科学、严格的管理制度，并定期对有关生物安全规定的落实情况进行检查，定期对实验室设施、设备、材料等进行检查、维护和更新，以确保其符合国家标准。

实验室的设立单位及其主管部门应当加强对实验室日常活动的管理。

第三十二条 实验室负责人为实验室生物安全的第一责任人。

实验室从事实验活动应当严格遵守有关国家标准和实验室技术规范、操作规程。实验室负责人应当指定专人监督检查实验室技术规范和操作规程的落实情况。

第三十三条 从事高致病性病原微生物相关实验活动的实验室的设立单位，应当建立健全安全保卫制度，采取安全保卫措施，严防高致病性病原微生物被盗、被抢、丢失、泄漏，保障实验室及其病原微生物的安全。实验室发生高致病性病原微生物被盗、被抢、丢失、泄漏的，实验室的设立单位应当依照本条例第十七条的规定进行报告。

从事高致病性病原微生物相关实验活动的实验室应当向当地公安机关备案，并接受公安机关有关实验室安全保卫工作的监督指导。

第三十四条 实验室或者实验室的设立单位应当每年定期对工作人员进行培训，保证其掌握实验室技术规范、操作规程、生物安全防护知识和实际操作技能，并进行考核。工作人员经考核合格的，方可上岗。

从事高致病性病原微生物相关实验活动的实验室，应当每半年将培训、考核其工作人员的情况和实验室运行情况向省、自治区、直辖市人民政府卫生主管部门或者兽医主管部门报告。

第三十五条 从事高致病性病原微生物相关实验活动应当有 2 名以上的工作人员共同进行。

进入从事高致病性病原微生物相关实验活动的实验室的工作人员或者其他有关人员，应当经实验室负责人批准。实验室应当为其提供符合防护要求的防护用品并采取其他职业防护措施。从事高致病性病原微生物相关实验活动的实验室，还应当对实验室工作人员进行健康监测，每年组织对其进行体检，并建立健康档案；必要时，应当对实验室工作人员进行预防接种。

第三十六条 在同一个实验室的同一个独立安全区域内，只能同时从事一种高致病性病原微生物的相关实验活动。

第三十七条 实验室应当建立实验档案，记录实验室使用情况和安全监督情况。实验室从事高致病性病原微生物相关实验活动的实验档案保存期，不得少于 20 年。

第三十八条 实验室应当依照环境保护的有关法律、行政法规和国务院有关部门的规定，对废水、废气以及其他废物进行处置，并制定相应的环境保护措施，防止环境污染。

第三十九条 三级、四级实验室应当在明显位置标示国务院卫生主管部门和兽医主管部门规定的生物危险标识和生物安全实验室级别标志。

第四十条 从事高致病性病原微生物相关实验活动的实验室应当制定实验室感染应急处置预案，并向该实验室所在地的省、自治区、直辖市人民政府卫生主管部门或者兽医主管部门备案。

第四十一条 国务院卫生主管部门和兽医主管部门会同国务院有关部门组织病原学、免疫学、检验医学、流行病学、预防兽医学、环境保护和实验室管理等方面的专家，组成国家病原微生物实验室生物安全专家委员会。该委员会承担从事高致病性病原微生物相关实验活动的实验室的设立与运行的生物安全评估和技术咨询、论证工作。

省、自治区、直辖市人民政府卫生主管部门和兽医主管部门会同同级人民政府有关部门组织病原学、免疫学、检验医学、流行病学、预防兽医学、环境保护和实验室管理等方面的专家，组成本地区病原微生物实验室生物安全专家委员会。该委员会承担本地区实验室设立和运行的技术咨询工作。

第四章　实验室感染控制

第四十二条 实验室的设立单位应当指定专门的机构或者人员承担实验室感染控制工作，定期检查实验室的生物安全防护、病原微生物菌（毒）种和样本保存与使用、安全操作、实验室排放的废水和废气以及其他废物处置等规章制度的实施情况。

负责实验室感染控制工作的机构或者人员应当具有与该实验室中的病原微生物有关的传染病防治知识，并定期调查、了解实验室工作人员的健康状况。

第四十三条 实验室工作人员出现与本实验室从事的高致病性病原微生物相关实验活动有关的感染临床症状或者体征时，实验室负责人应当向负责实验室感染控制工作的机构或者人员报告，同时派专人陪同及时就诊；实验室工作人员应当将近期所接触的病原微生物的种类和危险程度如实告知诊治医疗机构。接诊的医疗机构应当及时救治；不具备相应救治条件的，应当依照规定将感染的实验室工作人员转诊至具备相应传染病救治条件的医疗机构；具备相应传染病救治条件的医疗机构应当接诊治疗，不得拒绝救治。

第四十四条 实验室发生高致病性病原微生物泄漏时，实验室工作人员应当立即采取控制措施，防止高致病性病原微生物扩散，并同时向负责实验室感染控制工作的机构或者人员报告。

第四十五条 负责实验室感染控制工作的机构或者人员接到本条例第四十三条、第四十四条规定的报告后，应当立即启动实验室感染应急处置预案，并组织人员对该实验室生物安全状况等情况进行调查；确认发生实验室感染或者高致病性病原微生物泄漏的，应当依照本条例第十七条的规定进行报告，并同时采取控制措施，对有关人员进行医学观察或者隔离治疗，封闭实验室，防止扩散。

第四十六条 卫生主管部门或者兽医主管部门接到关于实验室发生工作人员感染事故或者病原微生物泄漏事件的报告，或者发现实验室从事病原微生物相关实验活动造成实验室感染事故的，应当立即组织疾病预防控制机构、动物防疫监督机构和医疗机构以及其他有关机构依法采取下列预防、控制措施：

（一）封闭被病原微生物污染的实验室或者可能造成病原微生物扩散的场所；

（二）开展流行病学调查；

（三）对病人进行隔离治疗，对相关人员进行医学检查；

（四）对密切接触者进行医学观察；

（五）进行现场消毒；

（六）对染疫或者疑似染疫的动物采取隔离、扑杀等措施；

（七）其他需要采取的预防、控制措施。

第四十七条 医疗机构或者兽医医疗机构及其执行职务的医务人员发现由于实验室感染而引起的与高致病性病原微生物相关的传染病病人、疑似传染病病人或者患有疫病、疑似患有疫病的动物，诊治的医疗机构或者兽医医疗机构应当在 2 小时内报告所在地的县级人民政府卫生主管部门或者兽医主管部门；接到报告的卫生主管部门或者兽医主管部门应当在 2 小时内通报实验室所在地的县级人民政府卫生主管部门或者兽医主管部门。接到通报的卫生主管部门或者兽医主管部门应当依照本条例第四十六条的规定采取预防、控制措施。

第四十八条 发生病原微生物扩散，有可能造成传染病暴发、流行时，县级以上人民政府卫生主管部门或者兽医主管部门应当依照有关法律、行政法规的规定以及实验室感染应急处置预案进行处理。

第五章 监督管理

第四十九条 县级以上地方人民政府卫生主管部门、兽医主管部门依照各自分工，履行下列职责：

（一）对病原微生物菌（毒）种、样本的采集、运输、储存进行监督检查；

（二）对从事高致病性病原微生物相关实验活动的实验室是否符合本条例规定的条件

进行监督检查；

（三）对实验室或者实验室的设立单位培训、考核其工作人员以及上岗人员的情况进行监督检查；

（四）对实验室是否按照有关国家标准、技术规范和操作规程从事病原微生物相关实验活动进行监督检查。

县级以上地方人民政府卫生主管部门、兽医主管部门，应当主要通过检查反映实验室执行国家有关法律、行政法规以及国家标准和要求的记录、档案、报告，切实履行监督管理职责。

第五十条 县级以上人民政府卫生主管部门、兽医主管部门、环境保护主管部门在履行监督检查职责时，有权进入被检查单位和病原微生物泄漏或者扩散现场调查取证、采集样品，查阅复制有关资料。需要进入从事高致病性病原微生物相关实验活动的实验室调查取证、采集样品的，应当指定或者委托专业机构实施。被检查单位应当予以配合，不得拒绝、阻挠。

第五十一条 国务院认证认可监督管理部门依照《中华人民共和国认证认可条例》的规定对实验室认可活动进行监督检查。

第五十二条 卫生主管部门、兽医主管部门、环境保护主管部门应当依据法定的职权和程序履行职责，做到公正、公平、公开、文明、高效。

第五十三条 卫生主管部门、兽医主管部门、环境保护主管部门的执法人员执行职务时，应当有 2 名以上执法人员参加，出示执法证件，并依照规定填写执法文书。

现场检查笔录、采样记录等文书经核对无误后，应当由执法人员和被检查人、被采样人签名。被检查人、被采样人拒绝签名的，执法人员应当在自己签名后注明情况。

第五十四条 卫生主管部门、兽医主管部门、环境保护主管部门及其执法人员执行职务，应当自觉接受社会和公民的监督。公民、法人和其他组织有权向上级人民政府及其卫生主管部门、兽医主管部门、环境保护主管部门举报地方人民政府及其有关主管部门不依照规定履行职责的情况。接到举报的有关人民政府或者其卫生主管部门、兽医主管部门、环境保护主管部门，应当及时调查处理。

第五十五条 上级人民政府卫生主管部门、兽医主管部门、环境保护主管部门发现属于下级人民政府卫生主管部门、兽医主管部门、环境保护主管部门职责范围内需要处理的事项的，应当及时告知该部门处理；下级人民政府卫生主管部门、兽医主管部门、环境保护主管部门不及时处理或者不积极履行本部门职责的，上级人民政府卫生主管部门、兽医主管部门、环境保护主管部门应当责令其限期改正；逾期不改正的，上级人民政府卫生主管部门、兽医主管部门、环境保护主管部门有权直接予以处理。

第六章　法律责任

第五十六条 三级、四级实验室未依照本条例的规定取得从事高致病性病原微生物实验活动的资格证书，或者已经取得相关资格证书但是未经批准从事某种高致病性病原微生物或者疑似高致病性病原微生物实验活动的，由县级以上地方人民政府卫生主管部门、兽医主管部门依照各自职责，责令停止有关活动，监督其将用于实验活动的病原微生物销毁或者送交保藏机构，并给予警告；造成传染病传播、流行或者其他严重后果的，由实验室的设立单位对主要负责人、直接负责的主管人员和其他直接责任人员，依法给予撤职、开除的处分；有资格证书的，应当吊销其资格证书；构成犯罪的，依法追究刑事责任。

第五十七条　卫生主管部门或者兽医主管部门违反本条例的规定，准予不符合本条例规定条件的实验室从事高致病性病原微生物相关实验活动的，由作出批准决定的卫生主管部门或者兽医主管部门撤销原批准决定，责令有关实验室立即停止有关活动，并监督其将用于实验活动的病原微生物销毁或者送交保藏机构，对直接负责的主管人员和其他直接责任人员依法给予行政处分；构成犯罪的，依法追究刑事责任。

因违法作出批准决定给当事人的合法权益造成损害的，作出批准决定的卫生主管部门或者兽医主管部门应当依法承担赔偿责任。

第五十八条　卫生主管部门或者兽医主管部门对符合法定条件的实验室不颁发从事高致病性病原微生物实验活动的资格证书，或者对出入境检验检疫机构为了检验检疫工作的紧急需要，申请在实验室对高致病性病原微生物或者疑似高致病性病原微生物开展进一步检测活动，不在法定期限内作出是否批准决定的，由其上级行政机关或者监察机关责令改正，给予警告；造成传染病传播、流行或者其他严重后果的，对直接负责的主管人员和其他直接责任人员依法给予撤职、开除的行政处分；构成犯罪的，依法追究刑事责任。

第五十九条　违反本条例规定，在不符合相应生物安全要求的实验室从事病原微生物相关实验活动的，由县级以上地方人民政府卫生主管部门、兽医主管部门依照各自职责，责令停止有关活动，监督其将用于实验活动的病原微生物销毁或者送交保藏机构，并给予警告；造成传染病传播、流行或者其他严重后果的，由实验室的设立单位对主要负责人、直接负责的主管人员和其他直接责任人员，依法给予撤职、开除的处分；构成犯罪的，依法追究刑事责任。

第六十条　实验室有下列行为之一的，由县级以上地方人民政府卫生主管部门、兽医主管部门依照各自职责，责令限期改正，给予警告；逾期不改正的，由实验室的设立单位对主要负责人、直接负责的主管人员和其他直接责任人员，依法给予撤职、开除的处分；有许可证件的，并由原发证部门吊销有关许可证件：

（一）未依照规定在明显位置标示国务院卫生主管部门和兽医主管部门规定的生物危险标识和生物安全实验室级别标志的；

（二）未向原批准部门报告实验活动结果以及工作情况的；

（三）未依照规定采集病原微生物样本，或者对所采集样本的来源、采集过程和方法等未作详细记录的；

（四）新建、改建或者扩建一级、二级实验室未向设区的市级人民政府卫生主管部门或者兽医主管部门备案的；

（五）未依照规定定期对工作人员进行培训，或者工作人员考核不合格允许其上岗，或者批准未采取防护措施的人员进入实验室的；

（六）实验室工作人员未遵守实验室生物安全技术规范和操作规程的；

（七）未依照规定建立或者保存实验档案的；

（八）未依照规定制定实验室感染应急处置预案并备案的。

第六十一条　经依法批准从事高致病性病原微生物相关实验活动的实验室的设立单位未建立健全安全保卫制度，或者未采取安全保卫措施的，由县级以上地方人民政府卫生主管部门、兽医主管部门依照各自职责，责令限期改正；逾期不改正，导致高致病性病原微生物菌（毒）种、样本被盗、被抢或者造成其他严重后果的，由原发证部门吊销该实验室从事高致病性病原微生物相关实验活动的资格证书；造成传染病传播、流行的，该实验室设立单位的主管部门还应当对该实验室的设立单位的直接负责的主管人员和其他直接责任人员，依法给予降级、撤职、开除的处分；构成犯罪的，依法追究刑事责任。

第六十二条 未经批准运输高致病性病原微生物菌（毒）种或者样本，或者承运单位经批准运输高致病性病原微生物菌（毒）种或者样本未履行保护义务，导致高致病性病原微生物菌（毒）种或者样本被盗、被抢、丢失、泄漏的，由县级以上地方人民政府卫生主管部门、兽医主管部门依照各自职责，责令采取措施，消除隐患，给予警告；造成传染病传播、流行或者其他严重后果的，由托运单位和承运单位的主管部门对主要负责人、直接负责的主管人员和其他直接责任人员，依法给予撤职、开除的处分；构成犯罪的，依法追究刑事责任。

第六十三条 有下列行为之一的，由实验室所在地的设区的市级以上地方人民政府卫生主管部门、兽医主管部门依照各自职责，责令有关单位立即停止违法活动，监督其将病原微生物销毁或者送交保藏机构；造成传染病传播、流行或者其他严重后果的，由其所在单位或者其上级主管部门对主要负责人、直接负责的主管人员和其他直接责任人员，依法给予撤职、开除的处分；有许可证件的，并由原发证部门吊销有关许可证件；构成犯罪的，依法追究刑事责任：

（一）实验室在相关实验活动结束后，未依照规定及时将病原微生物菌（毒）种和样本就地销毁或者送交保藏机构保管的；

（二）实验室使用新技术、新方法从事高致病性病原微生物相关实验活动未经国家病原微生物实验室生物安全专家委员会论证的；

（三）未经批准擅自从事在我国尚未发现或者已经宣布消灭的病原微生物相关实验活动的；

（四）在未经指定的专业实验室从事在我国尚未发现或者已经宣布消灭的病原微生物相关实验活动的；

（五）在同一个实验室的同一个独立安全区域内同时从事两种或者两种以上高致病性病原微生物的相关实验活动的。

第六十四条 认可机构对不符合实验室生物安全国家标准以及本条例规定条件的实验室予以认可，或者对符合实验室生物安全国家标准以及本条例规定条件的实验室不予认可的，由国务院认证认可监督管理部门责令限期改正，给予警告；造成传染病传播、流行或者其他严重后果的，由国务院认证认可监督管理部门撤销其认可资格，有上级主管部门的，由其上级主管部门对主要负责人、直接负责的主管人员和其他直接责任人员依法给予撤职、开除的处分；构成犯罪的，依法追究刑事责任。

第六十五条 实验室工作人员出现该实验室从事的病原微生物相关实验活动有关的感染临床症状或者体征，以及实验室发生高致病性病原微生物泄漏时，实验室负责人、实验室工作人员、负责实验室感染控制的专门机构或者人员未依照规定报告，或者未依照规定采取控制措施的，由县级以上地方人民政府卫生主管部门、兽医主管部门依照各自职责，责令限期改正，给予警告；造成传染病传播、流行或者其他严重后果的，由其设立单位对实验室主要负责人、直接负责的主管人员和其他直接责任人员，依法给予撤职、开除的处分；有许可证件的，并由原发证部门吊销有关许可证件；构成犯罪的，依法追究刑事责任。

第六十六条　拒绝接受卫生主管部门、兽医主管部门依法开展有关高致病性病原微生物扩散的调查取证、采集样品等活动或者依照本条例规定采取有关预防、控制措施的，由县级以上人民政府卫生主管部门、兽医主管部门依照各自职责，责令改正，给予警告；造成传染病传播、流行以及其他严重后果的，由实验室的设立单位对实验室主要负责人、直接负责的主管人员和其他直接责任人员，依法给予降级、撤职、开除的处分；有许可证件的，并由原发证部门吊销有关许可证件；构成犯罪的，依法追究刑事责任。

第六十七条　发生病原微生物被盗、被抢、丢失、泄漏，承运单位、护送人、保藏机构和实验室的设立单位未依照本条例的规定报告的，由所在地的县级人民政府卫生主管部门或者兽医主管部门给予警告；造成传染病传播、流行或者其他严重后果的，由实验室的设立单位或者承运单位、保藏机构的上级主管部门对主要负责人、直接负责的主管人员和其他直接责任人员，依法给予撤职、开除的处分；构成犯罪的，依法追究刑事责任。

第六十八条　保藏机构未依照规定储存实验室送交的菌（毒）种和样本，或者未依照规定提供菌（毒）种和样本的，由其指定部门责令限期改正，收回违法提供的菌（毒）种和样本，并给予警告；造成传染病传播、流行或者其他严重后果的，由其所在单位或者其上级主管部门对主要负责人、直接负责的主管人员和其他直接责任人员，依法给予撤职、开除的处分；构成犯罪的，依法追究刑事责任。

第六十九条　县级以上人民政府有关主管部门，未依照本条例的规定履行实验室及其实验活动监督检查职责的，由有关人民政府在各自职责范围内责令改正，通报批评；造成传染病传播、流行或者其他严重后果的，对直接负责的主管人员，依法给予行政处分；构成犯罪的，依法追究刑事责任。

第七章　附则

第七十条　军队实验室由中国人民解放军卫生主管部门参照本条例负责监督管理。

第七十一条　本条例施行前设立的实验室，应当自本条例施行之日起6个月内，依照本条例的规定，办理有关手续。

第七十二条　本条例自公布之日起施行。

参考文献

[1] Anonym. Manual of Veterinary Parasitological Techniques, Ministery of Agriculture Fisheries and Food, The Majesty's Stationary OfficE: London, 1986.

[2] Bergey's Manual of Systematic Bacteriology. 2nd edition. Volume 2, Part B: New York: Springer, 2005.

[3] Bernardet JF, Nakagawa Y, Holmes B. Proposed minimal standards for describing new taxa of the family Flavobacteriaceae and emended description of the family, Int. J. Syst. Evol. Microbiol., 2002, 52: 1 049 ~ 1 070.

[4] Bissett J. A revision of the genus *Trichoderma*. Ⅱ. Infrageneric classification, Can. J. Bot., 1991, 69: 2 357 ~ 2 372.

[5] Bissett J. A revision of the genus *Trichoderma*. Ⅲ. Section Pachybasium, Can. J. Bot., 1991, 69: 2 373 ~ 2 417.

[6] Bissett J. A revision of the genus *Trichoderma*. Ⅳ. Additional notes on section Longibrachiatum, Can. J. Bot., 1991, 69: 2 418 ~ 2 420.

[7] Bissett J. A revision of the genus *Trichoderma*: Ⅰ. Section Longibrachiatum. new section. Can. J. Bot., 1984, 62: 924 ~ 931.

[8] Bissett J. *Trichoderma* atroviride. Can. J. Bot., 1992, 70: 639 ~ 641.

[9] Boone RD, Castenholz WR. Bergey's Manual of Systematic Bacteriology. 2nd edition. Volume 1. New York: Springer Verlag, 2001.

[10] Bricker BJ, Ewait DR. Evaluation of the Hoof Print assay for typing *Brucella abortus* strains isolated from cattle in the United States: results with four perfommnce criteria. BMC Microbiol, 2005, 5: 37.

[11] Brunt A A, Crabtree K, Dallwitz M J, Gibbs A J, Watson L and Zurcher E J (eds.) (1996 onwards). Plant Viruses Online: Descriptions and Lists from the VIDE Database. Version: 16th January 1997. URL http://biology. anu. edu. au/Groups/ MES/vide/.

[12] C Clavareau, V Wellemans, K Walravens, M Tryland, JM Verger, M Grayon, A Cloeckaert, JJ Letesson, and J Godfroid. Phenotypic and molecular characterization of a *Brucella* strain isolated from a minke whale (Balaenoptera acutorostrata). Microbiology, 1998, 144: 3 267 ~ 3 273

[13] Kurtzman CP. Three new ascomycetous yeasts from insect associated arboreal habitats. Can, J, Microbiol, 2000, 46: 50 ~ 58.

[14] Cletus P K, Jack W F. The Yeasts, a Taxonomic Study. 4th edition. Amsterdam: Elsevier Science B. V., 1998.

[15] Commonwealth Mycological Institute. CMI Descriptions of Pathogenic Fungi and Bacteria.

London: Commonwealth Agricultural Bureaux, 1964 ~ 1991.

[16] Couch J N. *Actinoplanes*, a new genus of the *Actinomycetales*. J Elisha Mitchell Sci Soc 1950, 66: 87 ~ 92.

[17] David Smith. The Implementation of OECD Best Practice WFCC Member Culture Collections. In Erko Stackebrandt. et al. Edit. Proceedings of the Tenth International Congress for Culture Collection, proceedings connections between collections (Science for Service, Service for Science) . Germany, 2007.

[18] Del Vecehio VG, Kapatral V, Elzer P, et a1. The genome of *Brucella melitensis*. Vet Microbiol, 2002, 90 (1 ~ 4): 587 ~ 592.

[19] Dropkin V H. Introduction to plant nematology. 2nd edition. Wiley interscience Publication, New York, 1988 .

[20] Eaton R A and Hale M D C. Wood: Decay, Pests and Protection. Chapman & Hall, 1993.

[21] Eggeling L, Bott M. Handbook of *Corynebacterium glutamicum*. CRC Press, 2005.

[22] Floegel Niesmann G, Bunzenthal C, Fischer S, Moennig V. Virulence of recent and former classical swine fever virus isolates evaluated by their clinical and pathological signs. J Vet Med B Infect Dis Vet Public Health, 2003, 50 (5): 214 ~ 220.

[23] Schurig GG, Pringle AT and Breesess SS. Localization of *Brucella antigens* that elicit a humoral immune response in *Brucella abortus* infected cells. Infect. Immun. , 1981, 34: 1 000 ~ 1 007.

[24] Gerald Reed. Industrial Microbiology. 4th edition, 1982.

[25] Goodey J B. The classification of the Aphelenchoidea Fuchs, 1937. Nematologica, 1960, 5: 111 ~ 126.

[26] Harley J L and Smith S E. Mycorrhizal Symbiosis. London: Academic Press, 1983.

[27] Hawksworth DL, Pitt JI. A New Taxonomy for *Monascus* Species based on Cultural and Microscopical Characters. Aust. J. Bot. , 1983, 31: 51 ~ 61.

[28] Hong Yin, Jianxun Luo. Leonhard Schnittger, Bingyi Lu. Phylogenetic Analysis of *Theileria* Species Transmitted By *Haemaphysalis qinghaiensis*. Parasitol Res, 2004, 92: 36 ~ 42.

[29] http: //www. wfcc. info/newsletter. html.

[30] Hugo Cesar Ramirez Saad. Molecular ecology of *Frankia* and other soil bacteria under natural and chlorobenzoate stressed conditions. Wageningen, Netherlands: Wageningen Agricultural University, 1999.

[31] Imhoff J F and Trüper H G. The genus *Rhodospirillum* and related genera. In *The Prokaryotes*, 2nd edition, vol. Ⅱ, Edited by A. Balows, H. G. Trüper, M. Dworkin, W. Harder & K. H. Schleifer. Berlin: Springer, 1992, 2 141 ~ 2 155.

[32] International Committee on Taxonomy of Viruses (ICTV) . The Universal Virus Database based on the seventh report of the ICTV. Canberra (Australia): International Union of Microbiology Society, 2000.

[33] Barnett JA, Payne RW, arrow DY. Yeasts: Characteristics and Identification. 1st edi-

tion. The United Kingdom: Cambridge University Press, 1983 .

[34] Barnett JA, Payne RW, Yarrow D. Yeasts: Characteristics and Identification. 3rd edition, 2000.

[35] Pitt JI, Hocking AD. Fungi and Food Spoilage. 2nd edition, 1997.

[36] Eckert J, et al. Guidelines on techniques in coccidiosis research. Agriculture Biotechnology. European Commission, 1995.

[37] Jafar Mahdavi J, Berit Sonden B, Thomas Boren T, et a1. Helicobacter pylori SebA Adhesin in Persistent Infection and Chronic Inflammation. Science, 2002, 297 (5581): 573 ~578.

[38] Jinkyung Ko, Annette Gendron Fitzpatrick, Thomas A. Ficht and Gary A. Virulence Criteria for *Brucella abortus* Strains as Determined by Interferon Regulatory Factor 1 Deficient Mice. Infect. Immun. , 2002, 70: 7 004 ~7 012.

[39] Brenner DJ, Krieg NR, Staley JT. Bergey's Manual of Systematic Bacteriology. Volume 2. New York: Spring Verlag, 2005.

[40] John G. Holt, et al. Bergy's Manual of Determinative Bacteriology. 9th edition. Williams & Wilkins co, Baltimore, 1994.

[41] Kew, Surrey. Description of Plant Viruses. U K: Common wealth Mycological Institute of Applied Biologists, 1998.

[42] Kirk P M. et al. Dictionary of the Fungi. 9th edition. Wallingford, Oxon, England: CABI Publishing, 2001.

[43] Klich MA. Identification of Common *Aspergillus* Species. 1st edition. Netherlands: Centraalbureau voor Schimmelcultures, 2002.

[44] Kreir J P, et al. Parasitic Protozoa Vol IV. New York Academic Press, 1977.

[45] Krieg RN, Holt GJ. Bergey's Manual of Systematic Bacteriology. Baltimore: Williams & Wilkins Co, Baltimore. , 1984, 1: 353 ~361.

[46] Prescott LM, Harley JP, Klein DA. Microbiology. 5th Edition, 2002.

[47] Le Fleche P, Fabre M, Denoeud F, et al. High resolution, on line identification of strains from the *mycobacterium tuberculosis* complex based on tandem repeat typing. BMC Microbiol, 2002, 2 (1): 37.

[48] Lechevalier M P, H A Lechevalier. Genus *Frankia* Brunchorst 1886, 174[AL], Williams S T, Sharpe M E, Holt J G (ed.), Beygey's manual of systematic bacteriology. the Williams Wilkins Co, Baltimore, 1989, 4: 2 410 ~2 417.

[49] Lechevalier M P. Taxonomy of the Genus *Frankia* (Actinomycetales) . Int J Syst Bacteriol, 1994, 44 (1): 1 ~8.

[50] Levine N D. Veterinary Protazoology. Iowa State University Press, Ames, 1985.

[51] Liu B, Zhang F, Feng X, Liu Y, Yan X, Zhang X, Wang L, Zhao L. *Thauera* and *Azoarcus* as functionally important genera in a denitrifying quinoline-removal bioreactor as revealed by microbial community structure comparison. FEMS Microbiology Ecology, 2006, 55 (2): 274 ~286.

[52] Lu Y, Conrad R. In situ stable isotope probing of *methanogenic archaea* in the rice rhizo-

sphere. Science, 2005, 309 (5737): 1 088 ~ 1 090.

[53] Lalonde M, Camire C and Dawson JO. *Frankia* and actinorhizal plants, distributors for the United States and Canada. Kluwer Academic Publishers, 1985.

[54] Madigan MT, Martinko JM. Brock Biology of Microorganisms, 1997.

[55] Makoto M. Watanabe. et al. Proceedings of the Tenth International Congress for Culture Collection, (Innovative roles of Biological Resources Centers) . Japan, 2004.

[56] Marguerite Clyne M, Paul Dillon P, Stephen Daly S, et al. *Helicobacter pylori* interacts with the human single domain trefoil protein TFF1. Proc Natl Acad Sci USA, 2004, 101 (19): 7 409 ~ 14.

[57] Mehlhorn H and Schein E. Redescription of *Babesia Equil* Laveran, 1901 as *Theileria Equi* Mehlhorn, Schein 1998. Parasitol Res, 1998, 84: 467 ~ 475.

[58] Mittelholzerl C, Moser C, Tratschin JD. Hofmann MA Analysis of classical swine fever virus replication kinetics allows differentiation of highly virulent from avirulent strains. Vet Microbiol. , 2000, 74 (4): 293 ~ 308.

[59] Molina R, Massicotte HB and Trappe JM. Ecological role of specificity phenomena in Ectomycorrhizal Plant Communities Potentials for interplant linkages and guild development, in Read D. J. , Lewis D. H. , Fitter A. H. , A1exander I. J. (Eds), Mycorrhizae in Ecosystems, Cambridge University Press, UK, 1992, 106 ~ 112.

[60] Mukerji KG, Chamola BP and Singh Jagjit, Mycorrhizal biology, New York, Boston: Kluwer Academic/Plenum Publishers, 2000.

[61] Mukerji KG, Manoharachary C and Chamola BP. Techniques in Mycorrhizal Studies, Dordrecht, Boston: Kluwer Academic Publishers, 2002.

[62] Reva N. et al. Simplified technique for identification of the aerobic spore-forming bacteria by phenotype. Int. J. Syst. Evol. Microbiol. 51, 2001, 1 361 ~ 1 371.

[63] N. J. W Kreger van Rij. The Yeasts, a Taxonomic Study . 3th edition. Amsterdam: Elsevier science B. V. , 1984.

[64] Nickle WR, Golden AM, Mamiya Y, et al. On the taxonomy and morphology of the pine wood nematode, *Bursaphelenchus xylophilus* (Steiner & Buhrer 1934) Nickle 1970. J. Nematol. , 1981, 13 (3): 385 ~ 392.

[65] Normand P, S Orso, B Cournoyer, P Jeannin, C Chapelon, J Dawson, L Evtushenko, A K Misra. Molecular phylogeny of the genus *Frankia* and related genera and emendation of the family Frankiaceae. Int J Syst Bacteriol, 1996, 46: 1 ~ 9.

[66] Kampfer P. Describing new Bacteria Taxa the role of phenotype. In Erko Stackebrandt, et al. Edit. Proceedings of the Tenth International Congress for Culture Collection, proceedings connections between collections (Science for Service, Service for Science). Germany, 2007.

[67] Park HG, Stamenova EK, Jong SC. Phylogeneic relationships of *Monascus* species inferred from the ITS and the partial b tubulin gene. Bot. Bull. Acad. Sin, 2004, 45: 325 ~ 330.

[68] Peter H. A. Sneath, et al. Bergey's Manual of Systematic Bacteriology. Volume 2. Williams & Wilkins Co, Baltimore. 1986.

[69] Pitt JI. The Genus *Penicillium* and its teleomorphic states *Eupenicillium* and *Talaromyces*. New York: Academic Press INC, 1979.

[70] Prescott LM, Harley JP, Klein DA. Microbiology. 5th Edition. Columbus: McGraw Hill Companies, 2002.

[71] Raper KB, Fennell DI. A Manual of the Penicillia. Illinois: The Williams & Wilkins Company, 1949.

[72] Raper KB, Fennell DI. The Genus Aspergillus. Baltimore: The Williams & Wilkins Company, 1965.

[73] Rifai M, A. J Webster. A revision of the genus *Trichoderma*. Mycol. Pap, 1969, 116: 1 ~ 56.

[74] Robert A. Z. and Jeffrey J. M. Wood Microbiology: Decay and Its Prevention. Academic Press, inc 1992.

[75] Roger Hull. Matthews' Plant Virology. 4th Edition. London: Academic Press, 2002.

[76] Ryss A, Vieira P, Mota M. Kulinich O. A synopsis of the genus *Bursaphelenchus* Fuchs, 1937 (Aphelenchida parasitaaphelenchidae) with keys to species, Nematology, 2005, 92: 393 ~ 458.

[77] Samuels G J. *Trichoderma*: a review of biology and systematics of the genus. Mycol. Res., 1996, 100: 923 ~ 935.

[78] Schenck N. C. Methods and Principles of Mycorrhizal Research, St. Paul, Minn: American Phytopathological Society, 1982.

[79] Schnitzler, BE et al. Avian Pathology, Taylor and Francis Ltd, 1999.

[80] Sears BB and Kirkpatrick BC. Unveiling the evolutionary relationships of plant pathogenic mycoplasmalike organisms. ASM News, 1994, 60 (6): 307 ~ 312.

[81] Shiba T. The genus *Roseobacter*. In The Prokaryotes, 2nd edition, vol. Ⅱ. Edited by A. Balows, H. G. Trüper, M. Dworkin, W. Harder & K. H. Schleifer. Berlin: Springer, 1992, 2 156 ~ 2 159.

[82] Stackebrandt E, Wozniczka M, Weihs V, Sikorski J. eds. Science for service, service for science-connections between collections. Proceedings of the 11th International Conference on Culture Collections, ICCC 11, Goslar, Germany, 2007.

[83] Stackebrandt, E. and Kroppenstedt. R. M. Union of thegenera *Actinoplanes* Couch, *Ampullariella* Couch, and *Amorphosporangium* Couch in a rede (r) ned genus *Actinoplanes*. *Syst Appl Microbiol*, 19879, 110 ~ 114.

[84] Steiner, G. and E. M. Buhrer. *Aphelenchoides xylophilus* n. sp. a nematode associated with blue stain and other fungi in timber. J. Agric. Res., 1934, 48: 949 ~ 951.

[85] Straatsma G, Ayer F, Egli S. Species richness, abundance, and phenology of fungal fruit bodies over 21 years in a Swiss forest plot. Mycological Research, 2001, 105: 515 ~ 523.

[86] Sue Macauley Patrick, Mariana L. Fazenda, Brian McNeil and Linda M. Harvey. Heterologous protein production using the *Pichia pastoris* expression system. Yeast, 2005, 22: 249 ~ 270.

[87] Sule Senses Ergul, Réka ágoston, ágnes Belák, Tibor Deák. Characterization of some

yeasts isolated from foods by traditional and molecular tests. International Journal of Food Microbiology, 2006, 108: 120 ~ 124.

[88] Trüper H. G. and Imhoff, J. F. The genus *Rhodocyclus* and *Rubrivivax*. In *The Prokaryotes*, 2nd edn, vol. Ⅱ. Edited by A. Balows, H. G. Trüper, M. Dworkin, W. Harder & K. H. Schleifer. Berlin: Springer, 1992, 2 556 ~ 2 561.

[89] Tully. J G. International Committee on Systematic Bacteriology Subcommittee on the taxonomy of Mollicutes. Minutes of the interim Meeting, 17 and 26 July 1994. Bordeaux. France. International Journal of Systematic Bacteriology. 1995, 45 (42): 415 ~ 417.

[90] Van der Heijden M. G. A., Sanders (eds.) I. R.. Mycorrhizal Ecology, Berlin, Heidelberg: Springer, 2002.

[91] Van Regenmortel M H V, Fauquet C M, Bishop D H L, et al. Virus Taxonomy: Seventh Report of the International Committee on Taxonomy of Virus. London: Academic Press, 2000.

[92] Williams S. T., Sharpe M. E., Holt J. G. Bergey' s Manual of Systematic Bacteriology Williams & Wilkins, London, 1989.

[93] Yongqun He, Sherry Reichow, Sheela Ramamoorthy, Xicheng Ding, et al. *Brucella melitensis* Triggers Time Dependent Modulation of Apoptosis and Down Regulation of Mitochondrion Associated Gene Expression in Mouse Macrophages. Infect. Immun., Sep 2006, 74: 5 035 ~ 5 046.

[94] Yu YN and Ma GZ. The genus *Pythium* in China. Mycosystema, 1989, 2: 1 ~ 110.

[95] 〔美〕P. R. 默里等著，徐建国等译. 临床微生物学手册. 第七版. 北京：科学出版社，2005.

[96] Alexopoulos CJ, Blackwell M, Mims CW. 1996. 菌物学概论. 第四版. 姚一建，李玉等译. 北京：中国农业出版社，2002.

[97] B. W. 卡尔尼克. 禽病学. 第十版. 北京：中国农业出版社，1999.

[98] Fauquet CM. 病毒分类，国际病毒分类委员会第八次报告. 2004, 1 147 ~ 1 161.

[99] H. J. 法夫. 酵母菌的生活. 王民俊译. 第二版. 贵阳：《酿酒科技》编辑部，1984.

[100] J. A. 巴尼特，R. W. 佩恩，D. 亚罗. 酵母菌的特征与鉴定手册. 胡瑞卿译. 青岛：青岛海洋大学出版社，1991.

[101] M. T. 马迪根，J. M. 马丁克，J. 帕克. 微生物生物学. 杨文博译. 北京：科学出版社，2001.

[102] M. J. 小佩尔扎. 微生物学. 武汉大学微生物学教研室译. 北京：科学出版社，1987.

[103] 白启，刘光远，殷宏等. 牛中华泰勒虫（*Theileria Sinensis* sp. nov）新种Ⅰ传统分类学研究. 畜牧兽医学报，2002，33（1）：73 ~ 77.

[104] 白启，刘光远，殷宏等. 牛中华泰勒虫新种Ⅱ分子分类学研究. 畜牧兽医学报，2002，33（2）：185 ~ 190.

[105] 白启，刘光远，张林等. 牛血孢子虫单一种的分离技术及其保藏方法的研究. 中国农业科学，1992，25（1）：83 ~ 88.

[106] 毕志树，郑国扬，李泰辉．广东大型真菌志．广州：广东科技出版社，1994.
[107] 曹一化，刘旭．自然科技资源共性描述规范．北京：中国科学技术出版社，2006.
[108] 岑沛霖，蔡谨．工业微生物学．北京：化学工业出版，2000.
[109] 陈代杰．微生物药物学．上海：华东理工大学出版社，1999.
[110] 成俊卿．木材学．北京：中国林业出版社，1985.
[111] 程光胜．方心芳——我国现代工业微生物学的开拓者（1907～1992）．中国科学技术专家传略（来源 http：//www. wmw. cn，2006. 12. 7）．
[112] 池振明．微生物生态学原理、方法及应用．北京：中国农业出版社，1999.
[113] 崔恒林，杨勇，迪丽拜尔·托乎提等．新疆两盐湖可培养嗜盐古菌多样性研究，微生物学报，2006，46（2）：171～176.
[114] 戴芳澜．真菌的形态和分类．北京：科学出版社，1987.
[115] 戴芳澜．中国真菌总汇．北京：科学出版社，1979.
[116] 单丽伟，冯贵颖，范三红．产甲烷菌研究进展．微生物学杂志，2003，23（6）：42～46.
[117] 东秀珠，蔡妙英．常见细菌鉴定手册．北京：科学出版社，2001.
[118] 杜连祥．工业微生物学实验技术．天津：天津科学技术出版社，1992.
[119]〔日〕山田常雄等，岩波生物学辞典．第三版．1983. 鄂永昌等译．生物学词典．北京：科学出版社，1997.
[120] 樊昊心，Derek J. Fairley，王革娇．中国和美国原始土壤中非高温泉古菌的发现和鉴定，生物多样性，2006，14（3）：181～187.
[121] 范华鹏，薛燕芬，曾艳等．西藏扎布耶茶卡盐碱湖古菌多样性的非培养技术分析．微生物学报，2003，43（4）：401～408.
[122] 范在丰，李怀方．植物病毒的分类与命名现状．植物病理学报，2003，33（2）：112～115.
[123] 公维佳，李文哲，刘建禹．厌氧消化中的产甲烷菌研究进展．东北农业大学学报，2006，37：838～841.
[124] 谷守林．脊椎动物病毒分类的新进展．预防兽医学进展，1999，1（3）．
[125] 郭瑞．苹果锈果类病毒辽宁分离物的克隆和序列分析．植物病理学报，2005，35（5）：472～474.
[126] 郭秀珍，毕国昌．林木菌根及应用技术．北京：中国林业出版社，1989.
[127] 郭志儒．动物病毒分类新动态．中国兽医学报，2003，23（3）：305～309.
[128] 国际病毒分类命名委员会网站．http：//www. ncbi. nlm. nih. gov/ICTV/.
[129] 郝鲜俊，洪坚平，高文俊．产甲烷菌的研究进展．贵州农业科学，2007，35（11）：111～113.
[130] 洪健，李德葆，周雪平．植物病毒鉴定图谱．北京：科学出版社，2001.
[131] 洪健，周雪平．ICTV 第八次报告的最新病毒分类系统，2005，1 003～5 153.
[132] 胡弘道．林木菌根．台北：中华出版公司，1990.
[133] 花晓梅．林木菌根研究，北京：中国科学技术出版社，1995.
[134] 黄年来．我国食用菌产业的现状与未来．中国食用菌，2000，19，3～5.
[135] 黄镇亚．木材微生物及其利用．北京：中国林业出版社，1985.

[136] 姜成林，徐丽华，许宗耀．放线菌分类学．昆明：云南大学出版社，1995.
[137] 姜丽晶，彭晓彤，周怀阳等．非培养手段分析珠江口淇澳岛海岸带沉积物中的古菌多样性，海洋学报，2008，30（4）：114～122.
[138] 姜瑞波．微生物菌种资源描述规范．第一卷．北京：中国农业科学技术出版社，2005.
[139] 蒋金书．动物原虫病学．北京：中国农业大学出版社，2000.
[140] 金奇等．医学分子病毒学．北京：科学出版社，2001.
[141] 景跃波．我国树木外生菌根菌资源状况及生态学研究进展．西部林业科学，2007，36，135～140.
[142] 柯为．嗜盐古菌资源的研发，微生物学通报，2005，32（2）：9.
[143] 兰进，曹文芩，徐锦堂．中国羊肚菌属真菌资源．资源科学，1999，21：56～61.
[144] 李俊明．植物组织培养教程．北京：北京农业大学出版社，1992.
[145] 李曙光，皮昀丹，Zhang Chuan-lun. 古菌研究及其展望．中国科学技术大学学报，2007，37（8）：830～838.
[146] 李泰辉，宋斌．中国食用牛肝菌的种类及其分布．食用菌学报，2002，9：22～30.
[147] 李祥瑞．动物寄生虫病彩色图谱．北京：中国农业出版社，2004.
[148] 李钟庆，郭芳．红曲菌的形态与分类学．北京：中国轻工业出版社，2003.
[149] 李钟庆．微生物菌种保藏技术．北京：科学出版社，1989.
[150] 凌代文，东秀珠．乳酸细菌分类鉴定及试验方法．北京：中国轻工业出版社，1999.
[151] 刘培贵，王向华，于富强等．中国大型高等真菌生物多样性的关键类群．云南植物研究，2003，25：285～296.
[152] 刘培贵，袁明生，王向华等．松茸群生物资源及其合理利用与有效保护．自然资源学报，1999，14：245～252.
[153] 刘志恒，姜成林．放线菌现代生物学与生物技术．第一版．北京：科学出版社，2004.
[154] 刘志恒．现代微生物学．北京：科学出版社，2002.
[155] 刘仲健，罗焕亮，张景宁．植原体病理学．北京：中国林业出版社，1999.
[156] 刘祖同，罗信昌．食用蕈菌生物技术及应用．北京：清华大学出版社，2002.
[157] 陆承平．兽医微生物学．第三版．北京：中国农业出版社，2001.
[158] 陆承平．兽医微生物学．第四版．北京：中国农业出版社，2007.
[159] 陆承平．最新动物病毒分类简介．中国病毒学，2005，20（6）.
[160] 陆德源．医学微生物学．第五版．北京：人民卫生出版社，2001.
[161] 陆家云．植物病原真菌学．北京：中国农业出版社，2001.
[162] 马雅．古菌的命运交响曲．大科技，2007，1：22～23.
[163] 卯晓岚．中国菌物物种多样性研究与资源开发利用．吉林农业大学学报，1998，20：33～36.
[164] 卯晓岚．我国野生食用菌的驯化选育近况．北京农业，2006：19～20.
[165] 卯晓岚．中国大型真菌．郑州：河南科学技术出版社，2000.
[166] 孟成艳，金嘉琳，阮斐怡等．布氏杆菌分子亚型分析方法的建立与应用研究．国

际流行病学传染病学杂志，2006，10（5）：296～300.
[167] 农业部厌氧微生物重点开放实验室．产甲烷菌及其研究方法．成都：成都电子科技大学出版社，1997.
[168] 潘海莲，周成，王红蕾等．内蒙古锡林浩特地区嗜盐古菌多样性的研究，微生物学报，2006，46（1）：1～6.
[169] 潘晓驹，焦念志．海洋古菌的研究进展．海洋科学，2001，25（2）：20～23.
[170] 齐景文．布鲁氏菌病概述．中国兽医杂志，2004，40（9）：50～53.
[171] 齐祖同，孔华忠．中国真菌志．第五卷．曲霉属及其相关有性型．北京：科学出版社，1997.
[172] 裘维蕃．植物病毒学．第二版．北京：中国农业出版社，2001.
[173] 全国农业技术推广服务中心．植物检疫性有害生物图鉴．北京：中国农业出版社．2001.
[174] 任立成，李美英，鲍时翔．海洋古菌多样性研究进展，生命科学研究，2006.
[175] 阮继生，刘志恒，梁丽糯等．放线菌研究及应用．第一版．北京：科学出版社，1990.
[176] 邵力平，沈瑞祥，张素轩等．真菌分类学．北京：中国林业出版社，1984.
[177] 沈杰，黄兵．中国家畜家禽寄生虫名录．北京：中国农业科学技术出版社，2004.
[178] 沈培垠，李明，李红梅等．伞滑刃线虫属分种检索．植物检疫，2005，19（2）76～83.
[179] 沈昭文．英汉/汉英生物化学词汇．北京：科学出版社，1996.
[180] 索勋，李国清．鸡球虫病学．北京：中国农业大学出版社，1998.
[181] 索勋，杨晓野．高级寄生虫学实验指导．北京：中国农业科学技术出版社，2005.
[182] 陶天申．原核生物系统学．菌种保藏在原核生物分类研究中的应用．北京：化学工业出版社，2007.
[183] 田国忠．组织培养法繁殖和长期保藏枣疯病和泡桐丛枝病植原体不同分离物的比较研究．植物病理学研究进展．第五卷．北京：中国农业科学技术出版社，2002.
[184] 田新朋，张玉琴，唐蜀昆等．云南黑井古盐矿可培养极端嗜盐古菌初步研究．微生物学通报，2006，33（6）：1～7.
[185] 王成彬，林久志．中国外生菌根资源的研究进展与展望．中国林副特产，2006，04.
[186] 王国平．中国果树类病毒的发生及其研究进展．果树学报，2005，22（1）：51～54.
[187] 王贺祥．食用菌学．北京：中国农业大学出版社，2004.
[188] 王恺．木材工业实用大全 木材保护卷．北京：中国林业出版社，2002.
[189] 王晓娥，姚方杰，李玉．食用块菌的研究进展．中国食用菌，2005，24：6～9.
[190] 王在时．猪瘟防治研究的回顾和展望．畜禽重大疫病免疫防治研究进展．中国兽医药品监察所研究论文汇编，1999，65～93.
[191] 王祖农．微生物学词典．北京：科学出版社，1990.
[192] 魏景超．真菌鉴定手册．上海：上海科学技术出版社，1979.
[193] 魏玉莲，戴玉成．木材腐朽菌在森林生态系统中的功能．应用生态学报，2004，

15，1 935 ~1 938.
[194] 文成敬，陶家凤，陈文瑞．中国西南地区木酶属分类研究．真菌学报，1993，12（2）：118 ~130.
[195] 闻玉梅．现代医学微生物学．上海：上海医科大学出版社，1999.
[196] 无锡轻工大学．微生物学．第二版．北京：中国轻工业出版社，1990.
[197] 武汉大学，复旦大学生物系微生物学教研室．微生物学．北京：人民教育出版社，1979.
[198] 谢辉．植物线虫分类学．合肥：安徽科学技术出版社，2000.
[199] 谢庆阁．口蹄疫．北京：中国农业出版社，2004.
[200] 邢来君，李明春．普通真菌学．北京：高等教育出版社，1999.
[201] 徐耀先．病毒命名与分类系统研究进展．中国病毒学，1999，3（14）：200 ~204.
[202] 许学伟，吴敏，迪丽拜尔·托乎提等．新疆艾比湖和伊吾湖可培养嗜盐古菌多样性．生物多样性，2006，14（4）：359 ~362.
[203] 许学伟，吴敏，吴月红等．新疆阿牙克库木湖可培养嗜盐古菌的种群结构. 生态学报，2007，27（8）：3119 ~3123.
[204] 杨苏生，周俊初．微生物生物学．北京：科学出版社，2004.
[205] 杨苏生．细菌分类学．北京：中国农业大学出版社，1997.
[206] 杨新美．中国食用菌栽培学．北京：农业出版社，1986.
[207] 殷震，刘景华．动物病毒学．第二版．北京：科学出版社，1997.
[208] 余永年．余永年文选．北京：学苑出版社，2003.
[209] 余永年．中国真菌志．第六卷．霜霉目．北京：科学出版社，1998.
[210] 俞大绂．微生物学．北京：中国林业出版社，1965.
[211] 张成良，张作芳，李尉民等．植物病毒分类．北京：中国农业出版社，1996.
[212] 张树庭，P. G. Miles. 食用蕈菌及其栽培．杨国良，张金霞等译．保定：河北大学出版社，1992.
[213] 张树庭．关于蕈菌种类的评估．中国食用菌，2002，21：3 ~4.
[214] 张致平．微生物药物学．第一版．北京：化学工业出版社，2003.
[215] 张中义，冷怀琼，张志铭等．植物病原真菌学．成都：四川科技出版社，1988.
[216] 章初龙，徐同．木霉属分类研究进展．云南农业大学学报，2000，15（3）：269 ~274.
[217] 赵一章．产甲烷细菌及研究方法．成都：成都科技大学出版社，1997.
[218] 郑小波．疫霉菌及其研究技术．北京：中国农业出版社，1997.
[219] 中国标准出版社第一编辑室．标准化工作导则、指南和编写规则标准汇编．北京：中国标准出版社，2003.
[220] 中国科学院微生物研究所．真菌名词及名称．北京：科学出版社，1976.
[221] 中国科学院微生物研究所．菌种保藏手册．北京：科学出版社，1980.
[222] 中国科学院中国孢子植物志编辑委员会．中国真菌志．北京：科学出版社，1987.
[223] 中国农业微生物菌种保藏管理中心．中国农业菌种目录．北京：中国农业科学技术出版社，2001.
[224] 中国兽医药品监察所，中国兽医微生物菌种保藏管理中心．中国兽医菌种目录．

第二版．北京：中国农业科学技术出版社，2002.
[225] 中国微生物菌种保藏管理委员会．中国菌种目录．北京：机械工业出版社，1992.
[226] 中华人民共和国北京动植物检疫局．中国植物检疫性害虫图册．北京：中国农业出版社，1999.
[227] 中华人民共和国动植物检疫局、农业部植物检疫实验所．中国进境植物检疫有害生物选编．北京：中国农业出版社，1997.
[228] 中华人民共和国农业部．中华人民共和国兽用生物制品质量标准，2001 年版．北京：中国农业科学技术出版社，2001 .
[229] 周德庆，徐世菊．微生物学词典．天津：科学技术出版社，2005.
[230] 周德庆．微生物学教程．第二版．北京：高等教育出版社，2002.
[231] 周德庆．微生物学教程．北京：高等教育出版社，1993.
[232] 周慧明．木材防腐．北京：中国林业出版社，1991.
[233] 周立平，Philipppe JB，孙佰申等．2004 东方红曲国际学术研讨会论文集．杭州：浙江工业大学，2004.
[234] 周梅先，向华．极端嗜盐古菌遗传转化系统的研究．生物工程学报，2002，18（3）：267 ~271.
[235] 周鹏程．猪瘟病毒部分蛋白基因的克隆表达以及抗猪瘟病毒新途径的探索研究．北京大学博士研究生学位论文，1999.
[236] 朱其太．新的病毒分类简介．中国兽医杂志，1999，25（11）.
[237] 诸葛健，王正祥．工业微生物实验技术手册．北京：中国轻工业出版社，1994.
[238] 苎心影．药理学．北京：人民卫生出版社，1992.